科学出版社“十三五”普通高等教育本科规划教材
国家级工程训练实验教学示范中心系列教材

创造学与创新实践

（第二版）

陈吉明　编著

科学出版社
北　京

内 容 简 介

创造力是知识经济时代人才的通行证。怎样开发和提高个人与团体的创造力已经成为政府、科学教育、企业等各行各业迫切需要解决的课题。本书是在总结“创造学与创新实践”教学经验的基础之上编写的一本高校创造学教材。

本书分为创造学理论篇和实践篇，共 11 章，以简明的语言，引人入胜的大量实例，系统地介绍了创造学的基本理论，创造力的构成，创造力的普遍性和可开发性，创造力开发的途径，创造性思维的特征、过程、形式及训练，常用的创造技法，怎样进行科学发现、技术发明、技术创新等多种创造实践活动，如何成为高创造力的科学家、发明家和创新者，创造成果的保护及国家创新体系等内容。

本书理论和实践相结合，创造发明实例丰富，以例释理，以理析例，通俗易懂，体现出较强的理论性、知识性、技能性、实用性和趣味性。

本书可作为大学本、专科创造力开发和素质拓展的通用教材；也可作为企业员工创造力开发的培训教材，教师开展素质教育的参考书；还可以作为拓宽视野，创新才能自我培养的自学用书。

图书在版编目(CIP)数据

创造学与创新实践/陈吉明编著. —2 版. —北京：科学出版社，2016.1

（科学出版社“十三五”普通高等教育本科规划教材·国家级工程训练实验教学示范中心系列教材）

ISBN 978-7-03-044985-6

Ⅰ.①创… Ⅱ.①陈… Ⅲ.①创造学-高等学校-教材 Ⅳ.①G305

中国版本图书馆 CIP 数据核字（2015）第 130044 号

责任编辑：邓 静 张丽花 / 责任校对：桂伟利
责任印制：张 伟 / 封面设计：迷底书装

科学出版社 出版
北京东黄城根北街 16 号
邮政编码：100717
http://www.sciencep.com

涿州市般润文化传播有限公司 印刷

科学出版社发行 各地新华书店经销

*

2016 年 1 月第 二 版 开本：787×1092 1/16
2023 年 1 月第七次印刷 印张：20
字数：474 000

定价：59.00 元

（如有印装质量问题，我社负责调换）

前　言

在奴隶社会，奴隶主以拥有奴隶的多寡作为权利和财富的象征，奴隶是社会的推动力；在封建社会的农业经济时代，人们梦想占有更多的土地；在资本主义社会的工业经济时代，人们希望拥有更多的资本；在20世纪末的知识经济时代，人们追求更多的知识，出现了“知本家”；进入21世纪的创造力经济时代，人们梦寐以求地开发自己的创造力，创造力是财富和成长的唯一源泉，人力资本是唯一的财产，创造力是推动经济发展的重要生产力。“创新是一个民族进步的灵魂，是国家兴旺发达的不竭动力。一个没有创新能力的民族，难以屹立于世界先进民族之林。”

创新是科学技术和经济发展的原动力，是国民经济发展的重要因素。当今，社会发展比以往任何时候都要更加依赖于创造、创新以及对创新观念与创新事物的扩散和应用。世界各国之间在政治、经济、军事和科学技术方面的竞争，归根结底是人才的竞争，而人才竞争的关键是人才创造力的竞争。哈佛大学前校长陆登廷认为：“一个人是否具有创造力，是一流人才和三流人才的分水岭”。美国学者洛顿也认为“孕育着创造力的小学生，远远比扼杀了创造力的哈佛大学毕业生有更多的成功机会。”

创造力是一个人产生新思想、新观念、用新方法创造性地解决问题的能力，即是通过创造活动获得新颖性成果的能力。那么创造力是人人都具有的能力吗？创造力能够开发吗？创造力怎样开发和提高？这正是创造学所关心和解决的问题。

在“创造学与创新实践”精品课程建设和教学实践中，我们于2006年总结编写了《创造学与创新实践》讲义。2009年在武汉理工大学出版社出版了《创造力开发与实践》教材，2011年在科学出版社出版了《创造学与创新实践》教材，得到了有关高校和同行的关注，提出了一些改进意见，鼓励我将本书补充、修改，以便让更多的读者受益。

本次出版为第二版《创造学与创新实践》，包括创造学理论篇和创新实践篇，共11章内容。创造学理论篇包括第一章至第六章，先后对创造学的基本原理、创造力的普遍性和可开发性、创造力开发的途径、创造性思维和创造技法等内容进行了较为系统的阐释。创新实践篇中的第七章至第九章，分别从科学发现、技术发明、技术创新等具体创造活动领域分析高创造力者的形成条件，开发和提高自我的创造力；第十章和第十一章分别介绍了创造成果的保护和国家创新体系建设等制度保障方面是如何促进创造力开发的。

本书的编写不局限于某专业具体创造发明，而是以创造力的开发和培养为目标，力图总结规律、理论与实践相结合，通过大量创造发明实例来启发读者，以例释理，以理析例，使读者通过学习和实践，激发创造欲望、增强创造意识、培养创造性思维、掌握创造技法、坚定创造意志、开发创造潜能、增长创造能力。使原来认为只有科学家、发明家和艺术家等才具有的十分神秘的创造力，最终成为每个普通人都能具有的能力。

本书在编写过程中参考、引用了许多文献资料，由于篇幅所限，未能将所有出处一一列出，主要文献列于书后，在此谨向所有参考文献中涉及的作者表示歉意，并致以诚挚的敬意和感谢。

由于作者水平有限，书中不足之处在所难免，恳请读者批评指正。

陈吉明
西南科技大学
2015年10月

目　录

第一篇　创造学理论篇

第二篇　创新实践篇

第一篇

创造学理论篇

创造学是研究人类创造活动规律和方法，探索其过程、特点和机理，开发人们创造力的科学。创造学的研究目就是把研究探索出来的创造发明规律应用于一般人的创造活动过程中，有效地开发人们的创造潜力，培养其创造性，增强其创造力，从而不断提高人们创造活动的质量直至产生独创性的价值。其根本宗旨是研究和揭示人类创造活动的心理机制、生理机制和社会机制，总结和归纳创造的一般方法、特点和规律，培养和开发人的创造力，挖掘人类的最大潜能。本篇将以创造力的开发和提高为目标，分别阐释创造学的基本理论、创造力的构成和开发途径，创造力的核心创造性思维的训练和创造技法的学习，以提高个体的创造力。

第一章　创造和创造学

第一节　人人都是创造之人

在人类语言的海洋中，有一个最诱人、最珍贵的词汇——创造。有了创造，才有我们人类自身。有了创造，才有今天这个充满生机、丰富多彩的世界。创造为人类带来了巨大的财富、利益和幸福，带来了高度的物质文明和精神文明。那么，什么是创造呢？我们普通人能不能创造呢？这是本节和大家讨论的问题。

一、创造的涵义

要了解什么是创造，我们先看看下面的例子。

【例 1-1】　奥斯本与创造工程学

20 世纪 30 年代的一天，在美国的一座城市，有一个身材清瘦的青年人正在街头徘徊。他年纪 20 出头，由于失业而流落街头，贫困潦倒。他就是后来开拓了创造工程学事业的奥斯本。

突然，奥斯本被招贴栏上的一则招聘广告吸引住了。读完广告，他飞也似的奔进一家报社，正好赶上了那里即将结束的招聘考试。

主考人问他："你从事写作有多少年了？"

奥斯本回答说："只有三个月，但是请您先看一看我写的文章吧！"

主考人看完后，对他说："从你写的文章来看，你既无写作经验，又缺乏写作技巧，文句也不够通顺，可内容富有创造性，可以留下来试一试。"

"创造性"？虽然这在当时还是一个十分模糊的概念，但奥斯本却因此领悟到它的可贵。正是这个意义非凡的"创造性"使他获得了改变人生困境的绝好机会。找到工作以后，他力求"月行一创"，积极主动地开发自己的创造潜能，尽力在工作中大胆创新。后来，这位没受过高等教育的小职员不仅成了一家著名的广告代理公司的董事长，而且还撰写了著名的畅销书《思考的方法》(1941) 和《创造性想象》(1953)，首创了"头脑风暴法"(Brain Storming) 等创造技法，在欧美工商业界激荡起创造力开发和创造工程学的阵阵浪潮，成为美国当代著名的创造工程学家。

特别值得一提的是，奥斯本 1953 年出版的《创造性想象》一书共发行了 1.2 亿册，在当时只有一亿多人口的美国几乎人手一册，曾先后被翻译成 20 多种文字公开发行，并使"创造性研究"成为世界性的话题。奥斯本之所以能写出具有如此影响力的畅销书，正是因为他的"创造性"和真知灼见，他所表达的东西或许是人人都能体会但却无法言说的真理。

"创造性思考"和"创造力开发"，不仅使奥斯本获得了无限广阔的发展空间，而且也使奥斯本拓展出一片生机无限的事业疆域。因为其"创造性"的贡献，奥斯本不仅成为这一领域的先驱者和思想家，而且还是其持续发展的组织者和社会活动家。1954 年，奥斯本倡议成立了"创造教育基金会"，旨在促进创造教育的开展，加速创造型人才的培养。由于奥斯本等一批创新者的不断努力和探索，开发个人创造力潜能的各类教育培训活动最终成为一项人类社会文明史上伟大的事业。

【例 1-2】　月球上人类的第一个脚印

1969 年 7 月 16 日，美国的阿波罗 11 号宇宙飞船点火升空，经过 77 小时的飞行到达月球附近，开始绕月飞行。1969 年 7 月 21 日格林尼治时间 2 时 56 分，美国宇航员尼尔·阿姆斯特朗站在月面已经安全着陆的登月舱的扶梯上，伸出他穿着靴子的脚，在月球上踩出了人类的第一个脚印。接着，他说了一句意味深长的话："这对一个人来说只不过是小小的一步，可是对人类来讲却是一个巨大的飞跃。"

【例 1-3】　人类基因组计划

2000 年 6 月 26 日，参与人类基因组计划的科学家向全世界公布了人类基因工作草图。这是破译人类全部基因密码的初稿，该工作草图覆盖了人体 97%的基因组，并精确地测定了其中 85 %的基因组序列，它包含了人体约 30 亿个碱基对的正确排序。这一宏大的工程，被科学家们称为生物学上的阿波罗登月计划。

奥斯本首创了头脑风暴法，是人类第一次认识到头脑中巨大的创造潜力并进行创造力的开发；阿波罗登月把人类送到 30 万公里外的月球，使人类第一次登上地球外的大地；第三个例子揭示了人类基因组 30 亿个碱基对的序列，使人类第一次在分子水平上全面地认识自我。这三项成就一个开发我们的大脑、一个"出其外"、一个"入其内"，是人类千万年创造活动的集大成者和杰出代表。

起初，可能正是人类在创造上迈出的一小步，演化成今日人类社会的突变和飞跃。

当然，创造并非都如上述那样巨大复杂，事实上，我们身边的衣、食、住、行等一切都离不开创造。人类创造的内容和成果令人眼花缭乱，相互之间差异之远令人吃惊。它可能是工厂中的一个新产品，农业上的一个新品种，文学上的一件新作品，科学上的一个新发现，管理或销售中的一个新点子，技术上的一个新方案……甚至日常生活中的一个新窍门或一句幽默的话，均属创造的范畴。

那么，什么是创造呢？到目前为止，世界各国的创造学学者还没有一个很一致的说法，这在许多比较年轻的学科发展中是很常见的现象。

《辞海》(1999 年版) 中将"创造"一词解释为"首创前所未有的事物"。这是关于创造的最一般阐述。在创造学研究中，由于创造现象的复杂性，要用一个定义概括创造的全部内涵，并不是件容易的事。不同的人根据自己在生活、工作和创造活动中的体会，对创造有不同的理解，从不同的视角考察创造某个或某些方面的性质、特征，给出创造的定义各不相同，因此至今"创造"的定义还是五花八门，没有达成共识。特别有意思的是，日本创造学会 1982 年 6 月向全体会员征集对创造概念的定义，得到了许许多多、各种各样的定义。1983 年在该学会会刊《创造学研究》上发表了从中选择出的 83 位学者的 83 种定义。

为了更深刻理解、进一步明确创造丰富而复杂的内涵，下面我们列举国内外一些有特色、典型的定义。

"创造行为就是产生具有独特性和价值性成果的行为。这种成果对小群体、一个组织、整个社会乃至一个人都具有独特性，价值性。"(美国创造学家帕内斯)

"创造，是在综合概念和表象、解决问题过程中、产生新东西时而显出的具有特异性的人类活动。"(穐山贞登)

"创造，是人类智慧行为的一种，通过对储存的信息资料做出选择和判断，产生出新的有价值的东西。"(饭岛喜太郎)

“创造，是把素材按新的形态组合产生出新事物的过程。”(薮内宪雄)

“创造，依据创新的趋势和思考本性的组合，产生出有新价值的有形或无形的事物、体系等的活动。”(片方善治)

“创造，是从自己本身的全新观点(角度)冲破原来的水平线的活动。”(末本利笃)

“创造，是造出对人类活动有价值的新事物的意欲和能力，无论何人都潜在地具有这种可能性。”(佐藤三郎)

“创造是指人们所从事的各种具有新颖性的活动。”(庄寿强)

“创造，是指人们在各种社会实践中，充分利用自己的聪明才智，发现新事物、研究新问题、解决新矛盾、产生新思想或新产品，以满足人类社会物质生产和精神生产的需要，从而推动社会发展的活动过程。”

从上述不同学者关于“创造”的定义可以看出创造包含以下几方面的性质或特征：创造的主体是人，创造过程(创造活动)、创造产品(精神产品和物质产品)是新颖的。

创造的主体是人，创造活动是由现实的人来进行的，而不是自然界变化的结果，更不是上帝、神仙魔力操纵的结果。

创造和创造活动是同等意义上的描述语言，创造活动广泛存在于人类社会生活的方方面面，小到日常生产、生活及学习中提出的新创意、新点子、新方法等，例如，把苏打粉放在冰箱里吸附冰箱异味，发明了冰箱除臭剂；用香蕉皮来堵汽车水箱的漏洞；用废弃易拉罐制作电视天线；人工养殖苍蝇，用苍蝇蛆做鸡饲料；把废旧自行车改装成播种机、施肥机等；把扳手的厚度变薄一点，改变一下工作的顺序等。大到科学发现和技术发明创造，例如，航天飞机、磁悬浮列车的发明，相对论、大陆板块学说的提出等。从类型来说，有生活中的小创造小发明、技术改造、发明与革新、科学创造和艺术创造，以及其他社会创造，如人才的培养创造、新人际关系的创造、新的管理方法的创造、政治体制、经济体制的创造等。

创造成果既可能是有形的物质产品，也可能是无形的精神产品，如新的概念、原理、思想、理论等。

尽管创造类型林林总总，各式各样，但是，我们看到，创造总是与“新”联系在一起的。用新的观点来解决问题，对原有的、现存的材料进行新的组合，用新的方式代替原来旧的过程，用新的方法解决旧的问题，产生新的思想、新的事物、新的东西等，这就是创造的新颖性特征。这种新成果对于创造者本人，或群体，或社会来说，是一种前所未识的新事物。也就是说，创造的新颖性指任何一种创造活动的结果都是前所未有的、推陈出新的，也包括独创的、独特的、预想不到的。

综合以上分析，创造的特征性定义：创造就是人们所从事的能够提供新颖的、有价值的事物的活动。这里的“新颖”，是指前所未有，或称首创，这里的“有价值”是指产生了新的思想、新的产品是有用的，或者有社会价值，或者有个人价值，深化了人类对客观世界的认识或者满足了人类的某种需求。

二、人人都能创造

我国教育家陶行知先生 1943 年在“新华日报”发表了一篇叫做“创造宣言”的文章，他说：“处处是创造之地，天天是创造之时，人人是创造之人，让我们至少走两步退一步向着创造之路迈进吧！”他又说：“死人才无意于创造，只要有一滴汗，一滴血，一滴热情，便是创造之神所爱住的行宫，就能开创造之花，结创造之果，繁殖创造的森林。”

关于人人都能创造，许多心理学家和创造学家都做过论述，几乎是一致的看法。日本创造学家高桥浩曾经用下面的这故事论证“人人都能创造”。

【例 1-4】　扩大味精销量的创意

有一天，日本某味精公司总裁向全公司职员提出一个要求：“在本周结束之前，每个职员至少提出一种‘成倍增加味精的销售量’的办法。”于是，营业部、制造部和宣传部等部门立即行动，设想各种办法，包括采用“抽奖”“赠送”等吸引人的广告，以及改变味精容器形状等。然而，公司一女职员到期限临近的前一天还未提出什么办法，她有点怀疑自己的创造能力，本想以“无论如何也想不出”为由而拒绝参加。但考虑到总裁的强硬态度，总觉得不提点什么有些不合适。晚上，吃面条时她拿起装胡椒粉的瓶子，往碗里撒胡椒粉。可是，由于受潮，瓶子的口洞被堵住，她就拿一根牙签捅了一下。这时，灵感来了！她想，把公司装味精的瓶子的口洞搞大一点，家庭主妇们买回这种与原来看似没有什么两样的味精瓶子一定按原来习惯加两下或三下味精，但实际上味精的使用量却增加了。真是个好办法。第二天她就把这个创意提交给公司，后来经评比挑选出来的优秀创意中就有这个创意，受到公司的嘉奖。在具体实行后，公司味精的销售量大增。因此，总裁再次授予她特别奖。

事后，这位女工说：“出主意，原以为很难。本来是应付才提交的创意，没想到这样的提案竟获得了特别奖。像这样的提案一天能提两三个。”果然，这位女工从此来了兴趣，又为公司提出了不少的创意和点子。

从这个例子，高桥浩分析说，创造不是少数杰出人才的专属活动，一般人也具有创造性，只是平时缺乏注意和锻炼而已。

事实上，创造并不神秘，人人都具有创造的潜力。将创造仅仅视为学者、专家、教授等少数精英人物的专利是错误的。许多伟大的创造，也并非都是专家学者的杰作。地质学中著名的大陆漂移说就是由德国气象学家魏格纳(A.L.Wegener)提出并加以论证的；近代化学之父道尔顿(J.Dalton)在提出化学原子论时也还是一个化学知识很少的气象学家。很多发明都是“外行”创造的。例如：

1903 年首次把飞机开上天的美国人莱特兄弟，未上过大学。

发明火车的斯蒂文森是一个煤矿的小办事员。

发明轮船的美国人富尔顿是个画匠。

发明蒸汽纺纱机的英国人阿克赖特是个理发员。

发明显微镜的荷兰人列文虎克是绸布店的售货员。

发明发电机的法拉第是书店里的装订工。

发明电报机的莫尔斯是个美术师。

发明电话的格雷姆·贝尔是聋哑学校的教师。

发明照相机的法国人达在拉是画家。

发明坦克的斯文顿是一名英国记者。

发明潜水艇的霍兰是美国的爱尔兰籍教师。

发明方便面的吴百福是在日本做生意的台湾商人。

发明大王爱迪生也曾经是一个失学的报童。

翻开人类的创造发明史，我们可以发现，许多发明，其结构非常简单，实在没有多少“技术含量”，任何人只要能想到，就不难做到。例如像安全剃刀、尼龙搭扣、拉链、方便面等被称为二十世纪的重大发明。

近几年，在我国涌现了许多技术创新的能手和业余发明爱好者，他们的发明并不复杂，却也产生了巨大的社会效益和经济效益。

【例 1-5】 “一个中国农民的梦”

1994 年 5 月 10 日，《科技日报》头版头条刊登了题为“一个中国农民的梦”的报道，记述了四川省汶川县农民发明家姚若松发明了“屎壳郎耕作机”，提前几十年实现了美国教授的预言，是耕作机设计的一次革命。

姚若松生活在丘陵山区，无法使用大型机械耕作，只能靠人力或畜力，劳动强度大，且效率极低。姚若松迫切希望尽快改变这种状况，他苦苦地思索着，认真地观察着。一天，他受昆虫屎壳郎推动大团泥土的启发，并用屎壳郎做实验，发现“一个拉不动的东西，却能推动”。于是，决心设计制造采用“用推不用拉”原理的小型山区拖拉机。对于只有初中文化程度的一位农民来说，要实现制作出新型耕作机械的梦想，除了最大限度地开发自身的潜能之外，别无他途。18 年来，从模型到机械，他经历了成百上千次的失败。改进、试验，再改进，几近倾家荡产，濒临绝望，耗去了平生积蓄及给女儿的学费、嫁妆，还借了几万元的债，历经千难万苦，终于创造了一种适合丘陵山区使用的体积小、重量轻(64 公斤)、可爬 45° 坡地、十分轻便灵活，一个人就是能背起来上山，能耕尽田边地角的推式耕作机。该机一小时可耕地 0.8 亩，耗油只 0.5 公斤，价格仅 2000 多元(相当于一头牛的价格)，两小时工作量相当于一头牛一天的耕地，极受山区农民欢迎。1994 年 3 月 12 日在四川省农业局的鉴定会上，该创造成果得到肯定，正式向全国推广。

【例 1-6】 中学生的发明走向了世界

上海的一位初中女学生王珍，看到宴会上祝酒时提着大手帕很不雅观，想到了把防脏的大手帕与台布结合在一起，发明了“荷花台布”，深受欢迎，现已投产，并大量出口加拿大、德国、荷兰等国，取得很好的经济效益。

由此可见，创造发明确实并不神秘。通过学习创造学知识，人们将会有更深的体会。

第二节 创造的主要表现形式

一、创造的主要分类

由于人们对于创造概念理解角度不同，因而对于创造的分类也不尽一样，随之形成了不同的分类方案。

(一)泰勒创造的分类

创造心理学家泰勒(I. Taylor)曾根据创造产品的性质与复杂性而将创造分为以下五个层次：

1. 即兴式的创造(expressive creativity)

这种创造老少咸宜，往往是即兴而发，因境而生，参与者率性而为，尽情而欢，或高谈阔论，或即席挥毫，或高歌一曲，或手舞足蹈，不计(产品的)高低与上下，不计作用与效果，是一种快乐自怡的表露式创造活动。这既是一种创造，也是一种游戏，在活动中，人的知、情、意达到高度和谐，真、善、美达到有机统一，充分显示了创造的自由境界。泰勒认为这是其他各种创造的基础。

2. 技术性的创造(technical creativity)

这种创造是发展各种技术以产生完美的产品。这一层次是以技术性、实用性、客观性、精密性、优美性为其特点的。创造者可以模仿、应用已有原理原则以解决具体的实际问题，并不注重产品的创新程度。从事技术的创造时创造者往往牺牲即兴式的表露而使其思路适应客观要求。

3. 发明的创造(inventive creativity)

这种创造不产生新的原理原则，但产品有较强的创新性，有较重要的社会应用。如爱迪生的电灯、贝尔的电话、瓦特的蒸汽机等。这些发明没有原理性的理论实践，但比技术性创造有更高层次的创新，产品产生了广泛的社会影响。

4. 革新的创造(innovative creativity)

这种创造要求革新的人物必须有高度抽象化、概念化的技巧，以及敏锐的观察力与领悟力，以洞察隐藏在原理原则以及各种概念背后的真理。除此之外，他们还必须具备各种必要的知识，尤其对于所需要改造的领域先有充分了解，才能发掘问题，产生革新的成果。例如：在马克思主义原理指导下，在实践中总结有中国特色的社会主义建设理论，就是一种革新的创造。画家或书法家常师学临摹名家之笔法，等到技术纯精，达到形似之后，便熟能生巧，开始取长补短，融一己之意而开拓神似之境。

5. 突破的创造(emergentive creativity)

这一层次的创造最为复杂，创造者必须有处理千头万绪、复杂资料的能力，并能以简御繁，一以贯之，将资料之抽象的概念整理成崭新的原理或有系统的新学说，其深度为少数该领域的专家才能了解。例如量子论、相对论都属深奥的创造，没有专门、扎实的物理基础，就无法掌握这些理论。

以上五个层次的创造，除了第一层次之外，其他各种创造都是解决问题的过程。即使是第一层次，除了孩童式的游戏外，高层次即兴创造也与解决问题的过程有密切联系。同时，第一层次又是其他层次的基础，所以其他层次也包含着舒情尽意，知情意高度和谐，真善美有机统一的追求。

(二)按创造产品的基本属性进行的创造分类

按创造产品的基本属性进行划分，创造可以分为物质的创造和非物质的创造两大类。

1. 物质的创造

物质的创造，即科学创造和技术创造。包括：科学发现、技术发明和技术创新三大类。

2. 非物质的创造

非物质的创造，即精神产品的创造。包括：重大理论的提出、文学艺术的创作等。

(三)依据创造产品的新颖程度进行的创造分类

从创造的定义可知，创造产品的新颖性是创造的根本特点，即“唯创必新”。创造的新颖程度有高低之分的，依据新颖程度的高低将创造分为四类。

1. 世界性创造

即对于全人类或世界范围内都具有新颖性的创造，创造的新颖程度最高。通常称作“原创性知识产权”“国际领先水平”等皆指对于全人类或世界范围内的创造发明等。如我国历史上的“火药、指南针、造纸术和活字印刷术”四大发明；蒸汽机、飞机、电话等的发明；相对论、大陆漂移学说的提出等皆属此类。

2. 地区性创造

即针对某个地区、国家、民族等范围内具有新颖性的创造。如1964年我国在罗布泊试爆了第一颗原子弹，尽管这在世界范围已不属首创(1945年美国在日本广岛和长崎投放了原子弹)，但却是使我国核武器实现了突破性的首创，具有重要的意义。这便应属于这一层次或类别的创造。

3. 部门性创造

即对于一个地区或国家内各种业务部门、公司等范围内具有新颖性的创造。如我国上海卷尺厂一位工程师将人们司空见惯的钢皮卷尺金属外壳改造成塑料壳，使之能压制成多种形状，变换多种颜色；结果既缩短了工艺，降低了成本，还美化了造型而使销量激增。这一类创造在新颖度层次上显然不如前两类，但对于一个部门或单位来说，其作用和影响也是巨大的。

4. 个体性创造

这是指创造产品对创造者本人来说是全新的，对他人则不一定。在科学实验、工程技术等日常科技活动中，产生一个新想法、提出一个新方案、设计一样新工艺等，都应属于这一类创造。这类创造一般不一定会及时获得社会的认可，但对于创造者本人却甚为重要，有时，它们甚至可能正是其高层次、乃至作出“伟大创造”的坚实基础。此外，从理论上说，这一类创造对于任何普通人来说都是可能的。

此外，中国矿业大学创造学家庄寿强教授根据相对新颖和绝对新颖将创造分为相对创造和绝对创造。相对创造——是仅仅对于创造者自己来说是新颖的，即所谓创造的相对新颖性，比如一个大学生通过自己的思索而做出了一种别人早已发明成功的“自动鞋刷”；绝对创造——是对于其他人甚至对于全人类来说都是新颖的，即所谓创造的绝对新颖性，比如爱迪生发明电灯。

二、创造的主要表现形式

根据创造的内涵大小将创造分为发现、发明、创新和创作。

1. 科学发现

科学发现是对客观事物自身的状况及规律的认识有了新的突破、新的进展，获得了新的认识，即指对前人没有觉察到的、在客观世界本来就存在的事物、现象和规律的揭示。它以发现新事物、新规律或事物的新特征为己任，它包含新的科学事实的发现和新的科学理论的发现两类。其目的侧重于“探索未知”，主要解决“是什么”“为什么”的问题。其标志就是提出新概念、新假设、新模型、新方法或新结构等。例如，马克思对剩余价值规律的揭示、门捷列夫对化学元素周期律的发现、牛顿三大定律的提出、爱因斯坦相对论的提出等；哥伦布发现美洲新大陆、美国科学家发现火星上有冰；加拿大渥太华皇家医院的一个研究小组经过10年研究得出结论，认为许多人的自杀行为与基因变异有关，他们正在寻找一种基因检测办法，以避免一些悲剧的发生；美国心理学家南希·埃特科夫博士发现最善于察觉别人在撒谎的人是那些因脑部受伤与失去语言能力的失语症患者，等等，这些发现都是前人未曾发现过的但是的确存在的事物和规律。人们进行的这些发现活动也属于创造。

2. 发明

发明又称发明创造，是指利用自然科学原理、法则，创造前所未有的人工事物的创造活动，即“创制新的事物，首创新的制作方法”。其目的侧重于运用科学原理去改造世界。其基本任务是解决“做什么”和“怎样做”的问题。

我国《专利法实施细则》第二条明确指出：“专利法所称发明，是指对产品、方法或者其改进所提出的新的技术方案。”我国专利法同时规定，发明专利应当具备新颖性、创造性和实用性。因此，发明的成果(即创造产品)——实物产品、方法或技术方案都必须具有明显的新颖性。可见，发明的本质与创造是相同的。从这个意义上来看：发明即是创造，所有的发明都是创造。

发明它包含新产品的发明和新的制造方法的发明两大类，而不包括在非技术领域的创造。例如，中国古代的四大发明：造纸术、印刷术、指南针、火药；照相机、电冰箱、复印机、拉链、电话、固体炸药等的发明；侯德榜制碱法的发明；北大的王选教授带领的课题组发明了激光照排技术，使中国的印刷技术永远告别了“铅与火”；袁隆平发明的被西方世界称为“东方魔稻”的杂交水稻比一般水稻的亩产量增加了 20%以上，不仅在很大程度上解决了中国人的吃饭问题，而且也被认为是解决 21 世纪世界性饥饿问题的法宝；美国北卡罗来纳大学的研究人员发明一种快速高效消毒“笔”，杀菌率高达 99.99%等，这些都属于技术发明。而人们在经营上的策划、文学上的创作、理论上的探究，如邓小平提出的“一国两制”设想、爱因斯坦的相对论等虽然都属于创造之列，但却并不属于发明范畴，因此按规定也不能申请国家发明专利。

3. 创新

关于创新，江泽民同志作过多次论述：“创新是一个民族进步的灵魂，是一个国家兴旺发达的不竭动力”。“没有创新能力的民族，是不能屹立于世界先进民族之林的”。“创新是一个政党永葆青春的源泉”。创新能力关乎一个国家、民族、政党的兴衰存亡，可见创新是多么的重要。在 2006 年 1 月第五次全国科学技术大会上，党中央国务院提出建立“创新型国家”的伟大构想。那么什么是创新呢？它和创造之间的关系如何呢？

创新这一概念是瑞典裔美籍著名经济学家熊比特于 1912 年出版的著作《经济发展理论》中首先提出的。他把创新定义为：“创新是建立一种新的生产函数，把一种从来没有过的关于生产要素和生产条件的‘新组合’引入生产体系，这种新组合包括以下五种情况。

(1) 引入一种新的产品。

(2) 引用新技术，即新的生产方式。

(3) 开辟新的市场。

(4) 控制原材料的新供应来源。

(5) 实现企业的新组织。”

中共中央国务院《关于加强技术创新发展高科技实现产业化的决定》中把技术创新定义为：“应用创新的知识和新技术、新工艺、采用新的生产方式和经营管理模式，提高产品质量、开发生产新的产品，提供新的服务，占据市场并实现市场价值。”

从以上定义可看出：

(1) 原始的“创新”强调的是经济领域和市场价值。

(2) 创新是“有中生新”。即在创造发明基础之上再创造。

(3) 创新强调的是结果，创造注重过程。

从历史上重大技术创新例子可看出，技术创新相对于发明通常存在“滞后期”(表 1-1)，说明先有“发明创造”，后有“创新”，创新是在创造发明的基础之上的创造。例如，青霉素是1929年在英国发明的，十年后在美国创新的。

表1-1 典型发明与技术创新年份

技术与产品	发明年份	创新年份	滞后期(年)
水泥	1750	1844	94
蒸汽机	1690	1780	90
日光灯	1859	1938	79
采棉机	1889	1942	53
拉链	1891	1918	27
喷气发动机	1929	1943	14
雷达	1922	1935	13
复印机	1937	1950	13
电视	1919	1930	11
尼龙	1928	1939	11
无线电报	1889	1897	8
三极真空管	1907	1914	7
圆珠笔	1938	1944	6

可以将创新简单理解为："创新是新技术、新发明、新思想的第一次应用"。

由此可总结出创新概念：创新是人们根据既定的目的，调动已知信息、已有知识，开展创造性思维，产生出某种新颖、独特、有社会价值的新概念，或者新设想、新理论、新技术、新工艺、新产品等新成果的智力活动过程。

由于对创新和创造的认识不同，创新与创造之间的关系目前存在这以下几种认识。

(1)"等同说"。认为"创造"就是"创新"。不少学者认为，"创造"和"创新"不存在实质性的差别，他们都是研究"创造学"的逻辑起点，对"创造"与"创新"内涵的认识可以兼容，视为一个相同的概念，不必将它们在逻辑意义进行严格的区分。

(2)"本质不同说"。认为创造本身是一个过程，不同于创新的结果，因而"创造"和"创新"是完全不同的概念。这种观点认为"创造"是"无中生有"，即创造出一个自然界没有的东西出来。而"创新"是"有中生新"，在已有的基础上进行变革和改进，具有新的功能和效益。"创造"指科学技术的发明；"创新"是指这种发明第一次商业性运用。

(3)"两种包含说"。一种"包含说"认为"创造"包含了"创新"。"创新"仅是人类创造活动的一种，它专指经济领域的创造，是创造成果的商业性运用，是创造的一个突出环节和核心，是创造价值的最高体现。另一种"包含说"认为"创新"包含了"创造"，创造是创新的第一阶段，是创新的一部分。"创造"是"创新"的一个环节，一种新的想法、概念或新的产品，只要发明或制造出来就叫"创造"。而"创新"既要提出和制造出来，又要推广使用，并产生一定的经济和社会效益。

(4)"交叉说"。认为"创造"和"创新"的内涵既有相容又有不相容，呈交叉状态。

从创造和创新的概念可看出，创造和创新本质都是"新"，即"创造"和"创新"都要出成果，其成果都具有首创性和新颖性。表现的差异是："创新"的每一个阶段只要是新颖的，都可以称作创造，是创造的基础上提炼出来的结果，是新设想、新概念发展到成功应用的阶段，它代表了人类先进的生产力和先进文化，有益于人类社会进步。创造包含创新，创新只是那些在商业上成功了创造。我们知道，专利中绝大多数发明创造没有推广应用，没有获得商业上的成功，因而这些发明创造不能称作创新。

4. 创作

主要指文学艺术作品的产出、社会制度和管理制度的革新、战略战术的策划和制定、工作方法的改进等，这些都是创作，也都属于创造。在文学艺术领域中，作家或艺术家依据丰富的生活经验，用创造性思维构思作品。艺术领域的创造也称创作或塑造艺术形象。其目的是“通过渗透了作者思想感情的形象，反映社会生活的意识形态”。例如，李白的诗歌、曹雪芹的小说《红楼梦》、达·芬奇的名画《蒙娜丽莎》等都是创作；孙膑的《孙子兵法》、毛泽东的《论持久战》也是创作；1640 年首创的资本主义制度、邓小平提出的“一国两制”等也是创作。

第三节　创造学研究内容与基本原理

一、创造学的涵义

创造学作为一门独立的学科诞生于 20 世纪 40 年代，其标志性事件就是奥斯本于 1938 年创造的“头脑风暴法”，并应用于人们创造力开发。创造学是研究人类创造活动规律和方法，探索其过程、特点和机理，开发人们创造力的科学。

在国外，创造学称为“创造性研究”（Creative Study 或 Creativity Research）。创造学的研究对象是创造活动，它以创造者、创造过程、创造力、创造性思维、创造技法、创造环境、创造教育、创造评价等为主要研究领域，涉及数学、物理、化学 、历史、社会、教育、心理、哲学、思维、管理等众多门类的自然科学和社会科学。目前已形成创造学的分支主要有：创造哲学、创造性心理学、创造工程学、创造教育学、创造性人才学、经济创造学、材料创造学、医学创造学和地质创造学等。

创造学的研究目的就是把研究探索出来的创造发明规律应用于一般人的创造活动过程中，有效地开发人们的创造潜力，培养其创造性，增强其创造力，从而不断提高人们创造活动的质量直至产生独创性的价值。创造学的根本宗旨是研究和揭示人类创造活动的心理机制、生理机制和社会机制，总结和归纳创造的一般方法、特点和规律，培养和开发人的创造力，挖掘人类的最大潜能。

二、创造学的基本原理

创造学的基本原理：

（1）人人都有创造潜力；

（2）人的创造潜力可以通过教育、训练和创造实践而被激发出来、转化为外显的创造力并不断得到提高的；

（3）当今世界不是完美无缺的，需要人们去创造而变得更加完美。

三、创造学研究内容

创造学研究内容，包括创造活动、创造过程、创造性思维、创造性人格、创造力及其开发、创造环境、创造性人才的开发和创造评价等。

1. 创造活动

创造和创造活动是同意义的不同描述，也就是说创造就是指创造活动。创造活动也是创造学研究对象。

2. 创造过程

创造过程，也就是提出问题、分析问题和解决问题的思维过程。目前主要有三阶段模式、四阶段模式和五阶段模式、七阶段模式等。以华莱士的四阶段模式最为全面，我们将在第四章介绍。

3. 创造性思维

创造性思维是创造力的核心。探讨创造性思维的特点和基本形式，研究创造性思维培养和训练。

4. 创造性人格

研究什么样人格是创造性人格？创造性人格的基本特征，创造性人格在创造力开发的重要作用，并提出开发和完善自我的创造性人格。

5. 创造力及其开发

研究创造力的普遍性和可开发性，创造力开发的影响因素等。

6. 创造环境

既然创造活动是一种社会活动，它从来不是孤立发生的，那么创造活动总是需要一定的环境条件的。创造环境有宏观环境和微观环境之分。宏观环境指社会制度、国家政策、社会价值观和社会风气等。微观环境主要体现在创造者从事具体创造活动时直接接触的社会、文化和经济状况。环境对创造既有促进作用，也有抑制作用。创造学要研究最适合创造才能发挥的环境条件和不适合创造才能发挥的环境条件。创造学认为良好的创造环境也需要人去创造，因而良好的创造环境的创设也是创造学的研究内容。

7. 创造性人才开发

创造学的最终目的就是开发人们的创造力、培养和提高人们的创造性。由此，创造学与教育结合形成一个新的分支学科——教育创造学或创造教育。

8. 创造评价

创造的评价主要有两层含义：一是创造者个人的评价。主要包括创造者的素质的评价和创造性的评价。创造性的评价主要通过各种创造力的测试。二是对创造成果的评价。创造成果是成功的创造活动的最后结果，即具有新颖性和价值性。创造成果既可能是有形的物质产品，也可能是无形的精神产品。由于创造性思维是在人脑这个“黑箱”里进行的，而目前还没有能够直接研究创造性思维过程的科学手段，对创造性成果的评价与分析就显得十分必要。通过对创造成果的分析和评价，人们可以得到有关创造力的诸多信息。因此，研究创造成果评价的原则、规则和方法非常重要。

第四节 创造学的诞生和发展

自从人类开始利用工具征服自然以来，创造就与人类文明的发展发生了密切联系，人类的发展史就是一部创造史。尽管对人类文化发展极为重要，但人们对创造的本质和过程的了解长期以来一直是一知半解的，并且受到了很多习俗或迷信观念的影响。创造学的诞生也是近半个世纪的事情，它还是一门年轻的学科。纵观人类几千年的文明史，创造学的萌芽可以追溯到很远的古代。其发展过程大致可划分为三个阶段：第一阶段是 20 世纪 30 年代以前的萌芽期；第二阶段以智力激励法的诞生为标志的创造学兴起期；第三阶段以吉尔福德发表“创造力”演讲的 1950 年为开始的发展期。

一、创造学的萌芽期(20 世纪 30 年代以前)

对人类的创造活动最早可追溯到 2000 多年以前。如我国春秋时期，儒家经典之一的《大学》就主张“苟日新，日日新，又日新。”孔子则曰：“不愤不启，不悱不发。举一隅不一三隅反，则不复也。”这些都明确地反映了不断更新、不断创造的思想。公元前 300 多年，古希腊著名科学家、哲学家亚里士多德就著有《工具论》《论灵魂》等著作。在《论灵魂》中，亚里士多德论述过“想象”的思维形式，提出了联想思维，并进一步将其区分为至今人们仍在使用的相似联想、接近联想和对比联想。此外，苏格拉底提出有思考力的人是万物的准绳；古希腊数学家帕普斯在总结前人数学研究成果所著的《数学汇编》一书中，首先使用了“试探法”(heuristics)一词，明确论及了创造性。

以后，人们对于创造学中的一些思维和方法逐步有了较深入的理解。比如，法国诗人龙萨(Pierre de Ronsard)在公元 1565 年发表的《法国诗学要略》中曾论述了创造的意义，认为“创造是一切东西的本源”；英国哲学家培根(F. Bacon)1620 年出版的《新工具》一书，即是对创造的实验方法和归纳方法的总结。1637 年，法国哲学家、数学家笛卡儿(R·Descartes)在其专著《方法论》中明确指出“神话使我们相信完全不可能事件的可能性”，将理性思维和幻想思维相提并论。此外，法国哲学家伏尔泰(Voltaire)在 1764 年出版的《哲学辞典》中，也研究了想象力这一概念，并把想象分为消极想象、积极想象和创造想象。在该阶段末期，德国哲学家康德(I. Kant)提出了当时最完善的创造理论。他分析了创造过程的构成，认为创造性想象力是多样的感性印象与统一的知性概念之间的联系环节，同时具有印象的明显性和理解的综合性，想象是直觉和活动的统一，是两者共同的根源。德国哲学家黑格尔(G.W.F.Hegel)第一个系统地阐述了唯心的辩证方法，进一步探讨了人类的创造活动，把创造分为科学的创造和艺术的创造。他在《美学》一书中，对艺术创造的规律做了较深入的阐述。

在这一漫长的历史阶段，人们大多数都是从哲学和心理学角度研究和探索创造问题，缺乏实证性研究。人们从事发明创造活动主要的还是采用效率极低的试错法。

19 世纪，近代工业兴起，科学技术有了较大的发展，各门自然科学随着哲学、心理学、教育学、社会学的发展相继出现，人类的创造力得到很大的发挥，创造成果也不断出现。这时人们试图用科学的研究方法揭示人类创造发明的奥秘，系统研究创造性的先驱应当首推英国学者高尔顿(P. Galton)，他于 1869 年出版了《遗传天才》一书，用案例统计分析方法对英国历史上各个领域的数百名杰出人物的家谱进行了分析研究，得出了人的创造力源自于遗传的观点，虽然其观点颇有争议性，但他的研究方法为后来的研究者所继承。《遗传天才》出版后，引起了心里学界的兴趣，激发了一些有关创造性及其特征的研究，有关创造学方面的心理学研究成果大量涌现。受高尔顿影响，德国精神病学家伦布罗卓对天才人物与精神病的关系进行了研究，并于 1891 年发表了《天才人物》一书，认为天才与精神错乱有密切关系，两者都受遗传因素影响。另外，他还研究了环境对创造力的影响，认为温暖的气候比炎热的天气更有利于创造性工作。心理学家敦克尔(K. Dunker)认为，创造和解题的本质就是选择方案。随后，哈佛大学教授迪尔伯恩(W. F. Dearborn)1898 年编制了一套供大学生使用的《创造性想象测验》(Productive lmagination Test)；其后，切塞尔(Chassell)于 1916 年发表了《首创性测验》(Tests for Originality)。

20 世纪初，人们对于创造学的研究出现了两个方向：一是对创造过程的研究。如 1926 年，沃勒斯出版了《思想的艺术》，提出了著名的创造思维过程“四阶段论”，即准备期、酝酿期、明朗期和验证期，并对每一阶段进行剖析。四阶段论至今仍为大家所采用。二是对创造性人格特征和动机因素的研究，如美国的心理学家卡特尔(J. M. Cattell)在 1903—1932 年对 3637 位杰出人物进行了多次统计研究等。三是对创造学应用的研究。1906 年，美国专利审查员普林德尔向美国电气工程师协会提交的论文《发明的艺术》，阐述了发明的技巧，并建议对工程师进行发明艺术训练。1931 年，美国心理学家罗斯曼(J. Rossman)从美国专利局文献中挑选出 700 名高产发明家，对他们进行调查，总结并出版了《发明家的心理学》一书。同年，美国内布拉斯加大学教授克劳福德(R. P. Crowford)制定了“特性列举法”创造技法，并首次在大学开设了创造性思维课程。1933 年，美国电气工程师奥肯写成发明教育讲义，并申请开办训练发明方法的课程。这些研究的进一步深入，都为创造学作为一门独立科学的问世奠定了坚实基础。

20 世纪 30 年代工业革命以后，随着科学技术上的发现、发明高潮的出现，创造成果不断地涌现，多数自然科学的基础理论逐步完善，许多生产和技术部门的改造和革新也已完成。随着各国在经济发展中竞争的加剧，第二次世界大战一触即发。人们已不满足于无意识的、自发的低效率的创造了，迫切希望了解创造发明的本质和机理、总结创造活动规律，以便进一步发挥人类的创造才能，为科技发展和生产服务。于是，创造学便应运而生了。

二、创造学的诞生(20 世纪 30～50 年代)

创造学(Creative study)或称为创造性研究作为一门独立学科的问世，是以两件大事的发生作为标志的。

第一件是以 1936 年 A·R·斯蒂文森在美国通用电气公司系统开设“创造工程”训练课程为标志。当初通用电气公司规定职工只有经过创造工程课程教育训练后方可安排工作，这是工业企业在创造力开发方面的首次尝试。次年，通用电气公司的专利申请量猛增 3 倍，表明其创造能力开发获得了极大成功。有人研究，首批收于 1900 年道琼斯指数的 12 家企业中，只有通用电气公司唯一幸存至今，这在很大程度上得益于 1936 年就开始并一直延续至今的创造工程教育。

第二件是以奥斯本 1941 年出版《思考的方法》一书并提出赫赫有名的“智力激励法”为标志。该书发行 1.2 亿册，在当时只有 1 亿多人口的美国，平均人手一册，在国际上广为流传。“智力激励法”是一种集思广益的群体思维方法，是最基本、最重要的创造技法。为了普及这种创造技法，奥斯本在布法罗大学创立了“想象夜校”，并亲自深入到学校、工厂、社团推广传授创造技法，使群众性的创造发明活动形成热潮。自那以后，创造学便以极快的速度发展并在全世界广泛地传播着。

1942 年，美国天文学家兹维基(F. Zwieky)制定了“形态分析法”，并应用于火箭的研制。1944 年，美国哈佛大学教授戈登(W. J. J. Gordon)开发了“综摄法”，用于鱼雷的研制。1948 年，美国麻省理工学院开设“创造性开发”课程，创造学正式列入大学教育内容。之后，哈佛大学、加利福尼亚大学等著名大学以及许多军事院校，IBM 公司、美国制铝公司、美国钢铁公司和美国奇异公司等工商企业也先后都开设了创造性开发和创造性思维等有助于人的创造力有效发挥的训练课程。1954 年，奥斯本发起成立了“创造教育基金会”，旨在推动创造教育的开展和创造性人才的培养。

三、创造学的发展(20 世纪 50 年代以后)

创造学诞生以后，创造性的研究开始了突飞猛进的发展。

1950 年，美国加利福尼亚大学心理学教授吉尔福德(J. P. Guilfoed)在就任美国心理学会主席时，发表了题为“创造力”的著名演讲，在美国学术界引起了巨大震动。他根据对美国心理学摘要的统计，发现有关创造性的条目只有 186 条，指出美国社会对创造性的研究重视不足及由此产生的严重后果，号召心理学家加强对创造性的研究。在他讲话后的十年间，每年有数百种与此有关的出版物问世，而且后来几乎以几何级数增加。因此，吉尔福德被认为是创造学研究新阶段的开创者。

1957 年苏联人造地球卫星发射成功，使得美国政府各界思考并检讨美国在太空竞争方面落后的原因。以此为契机，美国教育界加强了创造学的研究，又一次推动了创造学的发展。美国形成了十多个创造学研究中心，而且几乎所有大学、大公司和军政部门都开设创造性思维训练课程。

20 世纪 40 年代起，美国的创造热潮迅速传播到世界各地，许多国家形成了有自己特色的独立研究系统。日本、苏联、英国、德国、瑞典等国相继开展了对创造学的研究，使创造学的理论研究得到迅速发展，各种创造技法不断产生。其中日本和苏联的进展尤为突出。

日本从美国引进创造学研究成果以后，迅速地消化、吸收和改进，涌现出一批卓有成效的创造学家，发明了一系列适合日本民族特点的创造技法，形成了自己的教材和创造学理论体系，并迅速在全国普及。1949 年，日本东京大学市川龟久弥教授发表《独创性研究的方法论》，随后又出版《创造工程》，详细介绍了“等价变换法”。受此激励，日本创造学家不断开发具有日本特色的创造技法，如 KJ 法、NM 法、ZK 法、CBS 法等。

1959 年日本开始在大学里设置了创造能力训练课程，各地先后建立了“创造研究会”“创造工程研究所”“创造学会”等组织，各县都建立了“星期日发明学校”。东京电视台 1981 年 10 月首创了《发明设想》专题节目。日本还将每年 4 月 18 日定为“发明节”，这一天在全国举行表彰创造者和纪念成绩卓著的发明家等活动。日本国家奖章既授予发明隧道二极管的诺贝尔奖获得者江崎，也授予发明透气纸口罩的上西等小发明家。日本号称有 600 万发明大军，据说其中有 350 万是家庭妇女。

在日本企业界的心目中重视小发明胜于诺贝尔奖，把企业员工的创造力称为“最重要的能源”。许多企业在最困难的时候，由创造力开发恢复了生机。比如，三菱电机公司一度陷入困境，后来通过利用电吹风的原理发明的被褥烘干机复苏，该产品成为当年最受日本家庭主妇欢迎的商品。

20 世纪 90 年代以后，日本政府甚至把创造力开发视为通向 21 世纪的战略资源，十分重视发明创造和合理化建议。就在今天，日本企业家经常说的一句话仍然是“我们不怕资源缺乏，只担心智慧和创造性缺乏。”

在欧洲，1968 年，英国医生德 · 波诺提出“横向思维”理论，强调利用局外信息发现解题途径的思维能力，他因此设计了一套创造力训练课程，在世界各地得到传播和推广，产生了积极的影响。德国人对创造学也做出了自己的贡献，早在 1945 年，德国心理学家维特海默（M.Wertheimer）就在《创造性思维》一书中分析了儿童、成人和一些名人甚至爱因斯坦等的创造性思维，随后创造力研究受到重视。在引进了美国的创造学理论和技法后，提出了适合本民族特色的创造技法，如 635 法等。1993 年在德国成立了欧洲创造与创新协会（The European Association for Creativity and Innovation），开展一系列创造学活动。

创造学在苏联的推广也取得了令人瞩目的成就，20 世纪 60 年代至 70 年代，由著名发明家和创造学家根里奇 · 阿利特舒列尔（G. S. Altshuller，1926—1998）提出的解决发明问题的理论（TRIZ 理论）经过 50 多年的发展，被认为是可以帮助人们挖掘和开发创造潜能、最全面系统地论述发明创造和实现技术创新的新理论，被美国及欧洲一些国家称之为“超级发明术”。

阿利特舒列尔以技术系统进化原理为核心，构造了具有辩证思想的解决发明创造问题的体系，初步建立了技术发明、理论体系框架，它比较适合企业解决技术矛盾和冲突，因而有力地推动了企业技术的创新。1978 年在 80 多个城市建立了近百所发明创造学校，还在阿塞拜疆创办了全世界第一所创造发明大学，该校独特的训练方法可使学生的创造力提高 9～10 倍。大学生参加创造发明实践蔚然成风，有力地促进了科技的发展。

20 世纪 60 年代，创造性理论和技法就传入我国台湾，掀起了研究、推广和普及的热潮，出版了一批论著，台湾的研究主要面向中小学生创造学的普及和创造力的开发。1980 年前后，上海交通大学的许立言率先把创造工程学引入我国大陆，很快引起了科技界、产业界和教育界的注意，全国各地出现了创造教育的热潮，创造学从此在我国兴起。1985 年，中国发明协会成立，并创办了刊物《发明与革新》，举办了首届全国发明展览会。1990 年中国发明协会召开了“首届全国创造力开发与促进发明活动讨论会”，成立了中国发明协会创造学研究委员会。1994 年，中国创造学会成立，学会设立了创造教育专业委员会。1995 年，中国创造学会会刊《创造天地》创刊发行。中国发明协会和中国创造学会的创立和会刊的出版发行，标志着中国“创造学”研究和推广活动已从散兵游勇的状态进入到整体协作阶段、也预示着中国创造教育事业成长壮大。

20 世纪 80 年代后期，在我国大陆，创造学课程和创造力开发培训课程开始进入了大学课堂和企业培训活动中，并有相对完善的课程体系。1988 年，中国矿业大学首先在全校系统地开设创造学选修课。据统计，到 1993 年已有 20 余所高校开设了创造学选修课。1984 年，袁张度为工会系统编写了《创造与技法》。1985 年，中国机械冶金工会机械系统群众技术进步工作委员会做出《推广运用创造学的决议》。之后，各类创造发明培训班在各级各类企业持续走热。

20 世纪 80 年代以后，创造性研究和创造力开发引起了很多国家政府的高度重视，继提出知识经济的概念后，又提出了“创造力经济”的概念。在美国、英国、瑞士、日本、俄罗斯、德国、法国、波兰、匈牙利等许多国家都设立了创造学究中心和创造学研究基金会，并在大学甚至中小学开设相关课程，加强对学生创造性思维、创造技法的训练和创造力的开发。据不完全统计，从 19 世纪 30 年代至今，全世界已提出了 300 多种创造技法、10 多种创造原理，70 多个国家和地区开展了创造学研究，创造学已被广泛应用于政治、军事、经济、科学、教育和文化等社会各方面。在美国、加拿大、欧盟诸国、俄罗斯等国家和组织中，每年要举行 10 多次与创造学有关的国际研讨会。

至此，创造学其框架体系已初步形成。

思考与训练

1. 为什么说人类的本质就在于创造？如何理解人类的发展史就是一部创造史？

2. 什么是创造，它与创新、创作和科学发现有什么关系？

3. 2006 年我国提出建设创新型国家的伟大构想，试分析创造学在创新型国家建设中独特作用。

4. 谈谈创造学产生发展的历史，分析总结创造学产生的原因。

第二章 创造力概述

第一节 创造力的涵义

创造力(creativity)是由拉丁语“creare”一词派生出来的。“creare”的意思是创造、创建、生成、造成，大意是指在原先一无所有的情况下创造出新的东西。

《辞海》(1999 年版)对于创造力的解释是：“对已积累的知识和经验进行科学的加工和创造，产生新概念、新知识、新思想的能力”。

创造力的内涵十分丰富，对此，不同研究者常常是从心理、思维、知识、能力、素质或环境等各个方面对创造力作出不同的概括，从各自角度给创造力下了不同的定义。

心理学家布赖安·马提曼指出：“创造力最简单的表现形式就是在两个或两个以上看上去毫不相干的事物或概念之间建立起某种联系。”

著名心理学家沃尔施勒格认为，创造力是人“揭示新的内在联系的能力，是改变现行规范的能力”。

德雷夫达尔(J. E.Drevdahl)从“目的性”出发认为，创造力是人产生任何一种形式思维结果的能力，而这些思维结果在本质上是新颖的，是产生它们的人事先所不知道的。

美国心理学家华莱士等人强调创造活动的过程性，他们认为，创造力是一种特殊的解题能力，在提出问题和界定问题上，在解题的方法和思路上，在解题成果等方面均有独到之处。

著名心理学家吉尔福德从创造过程的主体意义上总结说：“从狭义上说，创造力是指创造者最富有特色的能力。”

美国心理学家巴伦、布鲁纳等则突出创造成果的重要性，认为获得创造性成果才是创造力的明显标志，而且创造性成果必须具备新颖性、独创性与价值性。或许可以说，创造力就是看到的是每个人看得到的，想得到的却是别人没有想到的。

美国心理学家罗伯•史登堡(R.J.Sternberg)和特得·鲁巴特在《不同凡响的创造力》中强调说：“所谓的创造力是带来更新、更好的改变。”他们分析说，当一个产品更新颖、更适宜时，我们说这是一个有创意的产品。他将创造力定义为“创造力是一种创造既新颖又适用的产品的能力”。这一界定是根据结果来判定创造力的，新颖(novel)和适宜(appropriate)是创意或创造性设想的两个必要条件。所谓新颖，从创意上说是不寻常的、前所未有的、不同于一般人所制造出来的东西。一个新颖的东西一定是独创的、独特的、预想不到的，要有原创性。所谓适宜性，指在特定的情境中，不超出现有条件的限制，并且产品是有用的，或者有社会价值，或者有个人价值。所以，创造力是产生有创意的产品的能力。具有创造力的人，是指那些能够把想法落实，用富有想象力的技巧和方式创造出新东西的人，或能够赋予现有的东西一种新的价值和意义的人。

上述关于创造力的涵义都是不同学者根据自己的研究和对创造力的认识概括总结出来的，不同程度地揭示了创造力的种种属性，这对于我们认识创造力的本质、开发自己的创造力潜能具有重要的意义。但是，仅仅罗列诸种定义还难以为我们进一步研究提供必要的理论背景。根据众多已有的研究成果，我们对创造力的理解可概括如下：

1．创造力是人们运用已有的知识和经验创造出新颖独特、有价值产品的能力

人的创造力只有通过进行创造实践活动、产生创造产品才能体现出来。创造的产品通常是可以触摸的客观物质产品，或是可以交流的思想观念、精神产品，通过对创造产品创造性评价可间接地评价个体的创造力。创造产品的新颖性就是对过去的知识和经验的一种突破和超越，包括在旧事物基础之上的“推陈出新”和不依赖旧事物的“前所未有”两层表现形式。创造产品的价值性是创造的社会属性，创造是一种新颖的、有价值的社会活动，它不能仅按某人自己的说法作为判断的标准。除非通过社会的评价，否则无法分辨出它是否新颖、是否有价值。社会的价值性，即创造产品的主要作用是推动社会发展，对人类文明的进步具有一定的历史意义。而个人价值性，即创造产品的主要作用是帮助个体解决问题，有利于个体自身的活动。

2．创造力是人的创造性(创造潜力)外化的能力，是人的自我完善的结果，也是人自我实现的基本素质

创造性是人类所特有的，利用一定条件产生新颖、适用的产品的心理素质。创造性这种素质是与动物相区别的、人类所特有的、同时也是所有人都具有的一种自然属性。那种把创造看作是某种特殊的智力活动，是发生在某些特殊人物头脑里的创意的说法具有误导性，它会让人觉得创造力是个成功人士的专利品，从而看轻自己的创造发明潜能，失去积极进取的自信和动力。但是，人的创造性并非任何时候都能表现出来、并非人人都能充分展现，它的开发还需要相应的知识、技能以及使创造活动顺利进行的智力品质、人格，同时还受到众多外部因素，如机遇、环境条件的影响。只有多种条件都具备时创造性这种潜能才有可能转化为外显的创造力并产生新颖和适用的产品。一个人要发现和开发自己的创造性，必须通过自我完善和自我教育来完善其个性和人格。

第二节　创造力构成要素

国内外创造学者对创造力的构成进行了大量的研究，提出了多种看法。中国创造学家庄寿强教授在《普通(行为)创造学》一书中将创造力分为创造潜力和创造能力，提出了创造能力的经验表达公式：

$$创造能力=K\times 创造性\times 知识量$$

式中，K 为一常量，在式中亦可视为个体的创造潜力；个体的创造性，主要包括创造者的创造性人格、创造性思维及其所掌握的创造原理(技法)的总和。于是，创造能力的经验表达公式又可表示为：

$$创造能力=K\times (创造人格+创造性思维+创造原理)\times 知识量$$

国内一些学者还提出创造力是智力因素和非智力因素构成。其中智力因素包含有观察能力、记忆力、想象能力、直觉力、逻辑思维能力、操作力等；非智力因素主要包含有好奇心、动机、兴趣、情感、意志和性格等。

近年来，美国心理学家罗伯•史登堡和特德 •鲁巴特在分析以往关于创造力构成的各种理论和实验研究的基础上，于 1993 年提出了“创造力多因素理论”，试图对创造力的构成做出较完整全面的解释。他们分析说，创造潜能和创造力是有区别的。创造力就是去形成或看到别人尚未看出价值的想法或念头。有些人可能很有创造力潜能，但是它只是潜伏着，除非他们懂得利用可获得的资源将这个潜能显现出来，不然，别人是很难对他的创造力做出评价和认同的。他们认为，一个人把自己的创造力潜能转化为已经呈现出来的创造力的资源有六项，它们主要是：

1. 智慧

一个有创造力的人必须要有三种智慧。

(1) 能产生新构想的综合智慧，如重新定义问题等，其中包含着信息处理的领悟力，包含着把旧的信息、理论等组装成新的东西的能力，也包含着利用周围现有的物质创造出与众不同的东西，以及改变方向采用别的方式的能力等。比如，3M公司的一位工程师在发明强性粘胶剂时，做出来的却是一种弱性的粘胶剂(不干胶)。他于是重新界定了所要研究解决的问题，找出了这个不干胶最佳的用途。智力的综合功能常常有助于我们分析和把握问题解决中出现的各种“例外”和“反常”的价值。

(2) 能认清问题、发现问题、调度资源以及评价构想价值的分析智慧，它有助于我们看出哪一个新的想法是个好的、有前途的想法，然后有效地调动资源，把问题的基本部分分别加以解决。在我们周围，总有一些人不断有新点子冒出来，但就是不能区分各种点子的优劣，这就使他们的各种点子和想法常常停留在半空中，无法最终实现。一个真正有高创造力的人，不但要能提出很多点子，而且要能看出这些点子的潜力得以实现的途径。

(3) 能根据别人的批评知道如何宣传、改进自己的构想的实用智慧，它能使我们有效地把自己的成果展现给别人看。在新创意的开发上，“卖点”是很重要的，好的销售策划可以提高这个想法的价值。一个人应该从他的工作中得到回馈，知道怎样回馈就是实用智慧的表现。这个批评值得采纳吗？我们应该改变产品吗？如何改才能达到最高效益？以新的而非故步自封的方式看事情、重新界定问题及把事情反转过来看的能力；能够建构问题、分配资源和评估一个想法是否可行的能力；能够宣传一个想法、善用别人的批评的能力，所有这些都是综合、分析和实用智慧的具体表现，也是创造力有效发挥的重要条件。

2. 知识

要组合或超越已有的想法，你必须先要知道这个想法是什么；不要随便接受别人已经接受的东西，你必须预先知道什么是别人所能接受的；要去质疑基本的原则，你必须预先知道什么是基本的原则。创造力不可能凭空存在，即使它跟现有的理念完全不一样，你也必须预先知道什么是现有的理念。因此，知识是一个从事创造性活动的人必备的智力资源。

3. 思维形态

思维形态不是一种能力，而是一个人解决某个特定问题所用的方法，具体体现在一个人开发和利用自己的知识和创造力潜能的独特方式上。高创造力的人常常“随时依情境应变”及“质疑社会规范、真理及假设”，而不人云亦云，这种宁可自己去制定规则，而不愿遵守既定的规则，是高创造力者的注册商标。思维形态是创造力的基本因素，一个人的创造力潜能需要借助于特定的思维形态才能完全激活。

4. 人格

创造力不仅仅是认知的或心智上的特质，也有人格方面的特质。很多有高创造力的人很少或永远没有把他们的能力展现出来，最主要的原因是他们没有必备的人格。由于创造性想法和观点的独特性和不合时宜性，一个高创造力的人必须有勇气讲出自己的创造性想法和观点，而且还必须坚持不懈地去克服种种困难来捍卫和实现自己的想法。

5. 动机

要发挥自己的创造力潜能，一个人必须有很强的动机才行。这些动机可能是外在的，如奖励、金钱、权利、名誉等；也可以是内在的，如自我实现、自我挑战等。动机可以使一个人专注于手边的工作，并促使他不断地克服各种困难，做出更多能表现出他的创造力的发现和发明成果来。绝大多数高创造力的人所从事的都是他们有兴趣、很喜欢的工作。内在的动机常常使一个人保持高度专注力，进入“衣带渐宽终不悔”的人生状态，并最终做出重要的创造性的工作和成果来。

6. 环境情境

创造性想法或创意是一个人跟环境互动的产物。一个可以刺激创意的环境，在创意被提出时能够及时给予鼓励、奖励的环境，才可能造就出一流的有原创性的科学家和发明家。相反，一个过于排斥异端思想或另类创意的社会环境，会使许多真正有创造力潜能的人把自己的创意深埋在自己的心中而不说出来，这无论对那些富有创造精神的个人来说还是对整个社会来说都是很可悲的事。

第三节　创造力测评

在对创造力的研究探索中，最有实践色彩和影响最广的成果就是有关创造力测试方面的研究。所谓创造力测评就是为了评价一个人创造力的大小而采用科学的方法对人的创造力进行测量和评价的过程。创造力测评是创造学重要的研究课题之一，也是一项非常有意义的研究工作。

一、创造力测评的作用和注意的问题

创造力测评能更有效地预测个体的才能，也适合创造性人才选拔的需要。具体的作用主要有：

1. 鉴别预测作用

创造力测评可以有效地鉴别和预测被测量者的创造潜力和开发水平，发现他们的特殊才能，对于发现和开发被测评者的创造潜力具有重要的指导作用。通过测评，被测评者可以了解自己的创造力状态，以便自觉地开发个体创造力。取长补短，坚持创造力开发和训练，教师才能更好地因材施教，创设良好的发展环境，使每个人的创造力潜能都能得到开发和完善。

2. 选拔作用

创造力测评对于特殊人才选拔具有重要的指导意义。有时为了适应特定工作需要，需要选拔在某些专项上具有特殊才能的人，需要借助于科学有效的测量手段进行筛选。通过创造力测评对被测者的创造性工作和创造力发展水平进行有效地鉴别测试，根据测试成绩，选择高创造潜力和创造力开发水平较高的人，以满足需要。

3. 培养作用

创造力测评的最初目的往往只是想鉴别和选拔具有独特创造性的人，但实际运用中，各种创造力测评手段事实上已经获得了另外一种功能——培养功能。一方面，创造力测评的过程是一个激发人们发挥其创造性思维的过程，如发散思维流畅性、灵活性和独特性测评，要求提高个体的发散思维水平来回答，这同时就起到了一种训练个体创造性思维能力的作用。另一方面，一些创造力测评的项目，目前已被引入到教学活动中，作为培养和训练学生创造力的重要教学内容之一，并日益得到推广和普及。因此，创造力测评，有助于在创造教育和培训中做到使人的创造潜能得到充分的发挥。

在实施创造力测评时，应注意以下问题：

(1) 正确对待创造力测评。创造力测评的工具不是万能的，利用其评价创造力有其局限性。进行测评时，要正确对待测评工具和测评过程。测评前，测评者要充分理解创造力的概念，测评工具的理论背景，对于这种工具具体测什么，其结果说明什么，要十分清楚。只有这样，才能正确选择和使用创造力测评工具。

(2) 选择的测评工具应能反映出创造力的共性与复杂多样性。

(3) 选择恰当的主测者。由于创造力本身的复杂性，这就要求测评的选择、施测、记分、和解释都必须有经过训练的专业人员来完成，尤其是在个别施测的情况下，应主要依赖专业水平较高的主测者来进行。

(4) 客观科学地解释结果。创造力研究者不可过分迷信测量分数，无论是为了筛选还是鉴别个体的创造力，分数都不是绝对的依据。大量研究表明各种创造力测量的预测性都不太令人满意。抛弃测量技术本身的误差不算，就个体的创造力而言，创造力也是可以培养和开发的。即使测量中没有表现出很高创造力的人，也不能断定其终生就没有创造成就；即使在某方面没有表现出创造性，有时在其他方面创造潜力可能很大。所以，主测者面对受试者，在解释测量分数时，应客观地科学地就其所能说明的方面、程度加以分析，决不可夸大其词，这是决定测量质量的最后一个环节，也是关键的一步。只有客观、科学地解释结果，才能算得上是科学的创造力测评。

二、创造力测评的主要类型

纵观国内外创造力测评研究结果，归结起来，主要包括创造性思维测评、创造性人格测评、创造性产品测评和综合测评等类型。下面将介绍目前影响大、使用广的测评方法。

1. 创造性思维品质的测评

主要以发散思维为指标而编制有关测试量表。

过去智商测验，主要是测定智力水平和思维能力，而创造力的测验，则是测定创造性思维能力，尤其是发散思维能力。在创造力测验里，一般会准备一系列一问多答的问题，这些问题尽管预先设想了许多答案，但还是不容易估计全的。比如，对“尽可能列举出报纸的利用法”这个问题，会提出像“包东西”“用来引火”“传播信息”“剪成碎片或纸条做玩具”等各种各样的答案。

创造力评价标准主要包括：

(1) 思维流畅性（思考速度）：观察受试者在一定的时间内可以出现多少想法，或者在规定的时间内产生正确答案的数量。

(2) 思维的灵活性（思考的广度）：观察受试者提出的想法主要分布在哪些方面、哪种类型、涵盖多大的范围，重点是在规定的时间内产生答案的种类有多少。

(3) 思维的独创性（独立性和新颖性）：观察受试者有没有提出别人想不到的有价值的想法和构思，即在规定的时间内产生新颖别致答案的多少和深度。

如果一名学生在发散思维测试中，与同组被试者中的其他人相比，不仅写出的正确答案多，而且这些答案是从多种角度答出的，新颖独特，这名学生的创造能力就会得到较高的评价。

发散思维的测试虽然很简单，但它的确可以测量创造能力的主要成分。1959 年，美国心理学家托兰斯曾跟踪研究了一批高中学生，对他们实施了创造力测验，12 年之后，他对这批学生的创造性成果进行了评定，评定的标准是：

(1)创造性成果的数量。

(2)由五名评定者对被试者的三个有代表性成果做质量评定。

(3)想象被试者以后生涯中的创造力水平。

研究结果表明，他们在高中读书时的创造力测试得分，与其 12 年之后的创造性成果有 0.51 的相关。

20 世纪 50 年代之后编制的几种著名的创造力测验，如 1986 年戈德温(L.J.Godwin)和茉兰(J.D.Moran)编制的多维流畅性测验，1991 年布莱恩男(M.A.Brennan)编制的舞蹈创造力测验，尽管在具体测验内容上有许多差异，但从编制测验的指导思想看，它们都是以发散思维为指标的，其中的各项测验都可以归入到不同类型的发散思维能力中去。

2. 创造性人格测评

以创造性个性为指标而编制的调查问卷，也是一种较常见的测试创造力的指标体系。这方面的主要成果有托兰斯编制的“你是哪一种人”量表、戴维斯(G.A.Davis)利姆(S.Rimm)编制的“发现创造性才能的集体调查表”(简称 GIFT)，等等。

1976 年，戴维斯等编制的 GIFT，包括适合于小学年级(1～2 年级)、中年级(3～4 年级)、高年级(5～6 年级)使用的三套量表。每套量表均由 36 个项目组成，每个项目都是陈述一种创造性个性的表现，如“我总是爱提问题”“我喜欢做难做的事情”等，前一项目表现好奇心，后一项目表现毅力等创造性个性。要求儿童按是否符合自己的情况回答，以此测量儿童是否具有某种创造性个性。这个量表主要考察小学生独立性、好奇心、毅力、对文学和写作的兴趣以及兴趣广泛性等一些创造性个性品质。

研究结果表明，以创造性个性为指标评定个性的创造能力也是可行的。这种方法不仅同发散思维测验一样有效，而且与发散思维测验等方法相比，具有经济、方便、易实施的特点。

20 世纪 90 年代以来，仍有许多研究者在探讨创造性人才所具有的个性特点，以便编制出能更有效地测量一个人创造能力的测试量表。总体而言，各类个性测试都强调自尊、自我意象、对模糊状况的容忍力和幽默感等个性品质，同创造力测验分数有较高的相关性。

3. 创造产品测评

创造产品是个体所有创造活动的最后产物，它最直接地体现了创造力的高低，因此，也有一些学者认为创造力研究应该从分析个体的创造产品出发。分析创造产品还可能会解决发散思维测量和人格测评量表中长期存在的一些问题。但是，因为客观上并没有一种绝对不容置疑的创造力评判标准，所以这种方法也存在衡量评判标准的客观性问题。

分析个体的创造产品，从方法上说，可以使用评判量表，也可以使用理论上相当复杂的公众评价技术，但人们测量创造产品的最普遍的方式就是使用外部评判(一般采用专家或教师来进行评判)。

一般而言，外部评判所遵循的步骤为：①选择具有丰富的知识经验的评价者(教师或是专家)。②评价者对产品进行独立的评价。③评价时要同时对多个预先确定的评价标准进行衡量和权衡。④根据对象的年龄选择与之相适应的评价标准。⑤随机安排评价产品的顺序，避免产生顺序效应。

1)专家评判

产品测量的第一种方式就是由专家来评判个体创造产品的创造性特征。

当依赖专家评判时，他们的评判标准是影响评判结果准确性的最重要的因素。若评判标准不一致，就很难说明创造性的高低。例如有研究者在要求艺术家和艺术评论家根据技法、新颖性和审美价值来评判艺术系学生的绘画作品时，就出现了信度和效度的问题。运用专家测量评判并非没有问题。决定用于评价的专门知识的必要水平依赖于许多因素，包括被试的技能、目标领域、测量目的等。况且，能有效判断自身作品的专家并不一定具有测量评判他人创造性产品的能力。

2）教师评判

由于多方面的原因，长期以来教师评判在教育界得到了广泛使用。各种教师评判工具都需要教育者来评判学生创造性产品的具体特征。例如，创造性产品的语义量表就要求测量者来判断产品的新颖性、问题答案的严密性和综合性；学生产品评价表则提供了产品创造性的九种评价标准(如问题聚焦、资源的适宜性、新颖性、动作定向等)。也有人设计量表用新颖性、技术的适宜性和审美倾向等三项指标来分析学生发明的作品的创造性的高低。每种测量工具都给出了信度指标，尽管效度方面仍有待证实。

3）公众测量技术

创造产品的公众测量技术(CAT)是由阿玛比尔(T.Amabile，1982)为了弥补专家测量技术的缺陷而设计的。她的研究证实了当这种技术用于创造力的社会心理学研究中时，可以觉察到有外部指导的产品测量技术的一种缺陷：由于测量者过分依赖所指定的创造力定义或标准，传统的产品测量强调创造力的具体领域技能(以及随之而来的个体差异)，而忽略了创造环境效应的鉴别能力。阿玛比尔认为，通过使用一种无形的创造力定义——“不同的观察者对于具有创造性的产品在一定程度上应都同意它具有创造性”——可以避免衡量标准问题，环境对创造过程的影响也能很好地被检查出来。

由于 CAT 技术强调了人们对高创造产品会有一致的评价，因此，这种技术的拥护者相信它比传统的创造性测量技术更有效。由于该项技术的信度比较令人满意，已有部分学者在研究中应用 CAT 技术。

虽然研究者可以运用公众测量技术来有效地测量创造性的个体差异，但在群体间比较上(当在测量每组产品应用不同判断标准时)并未达到完美的程度。

4. 综合测评

1977 年，帕雷斯(Parnes)提出创造力的万花筒模型，认为创造力是知识、想象力和判断力的函数。

1983 年，塔伦鲍姆(Tannenbacm)指出，一般能力、特殊能力、非智力因素、环境以及机遇等因素的综合，可以很好地预测创造力。同年，阿玛比尔提出充分理论，认为创造力是动机、有关领域的知识技能和有关创造力技能综合作用的结果。

1991 年，威特利(Wheatley)提出对创造力的评价，应包括认知风格、个性定向、控制点和想象力等诸多方面。

总体上，综合能力测试设计的一个基本预设是，一个人创造力潜能及其实现不能仅仅通过其创造性思维品质和人格特点加以评价，它实际上一个人综合素质和能力的外显结果。

必须指出的是，以上各种测试只是一种可能性的评价，它与一个人后来的创造性贡献没有多少必然的关联性。由于一个人的创造力，作为一种潜在的特质，总是要通过特定的创造活动才能表露于外，而且常常凝固在具体的活动产品或成果之中。因此，现代社会一般采取后验性的各种评价办法来评价个体创造力，亦即根据他对社会提供的创造成果或做出的创造性贡献来评价。尽管如此，上面的各种测试和探索依然是有意义的，它对于我们发现和开发自己的创造潜能具有重要的指导作用。

三、典型创造力测评工具

1. 普林斯顿法

美国普林斯顿创造才能研究公司总经理、心理学家尤金·劳德塞根据几年来对善于思考、富有创造力的男女科学家、工程师和企业经理的个性品质的研究，设计了下面这套“你的创造力有多大？”的测验方法。这里有 50 个句子，句子不复杂，也不故意“捉弄人”。回答应尽量做到准确、坦率。每一句后面用一个字母表示对这一提法的同意或反对的程度：同意用 A 表示；不清楚用 B 表示；不同意用 C 表示。然后，对选出的答案按评分表(表 2-1)进行统计分数，测出自己的创造能力水平。试验者只需 10 分钟左右的时间，就可知道自己是否具有创造才能。当然，如果需要慎重考虑一下，适当延长试验时间也不会影响测试效果。

(1)我不做盲目的事，也就是我总是有的放矢，用正确的步骤来解决每一个具体问题。【　】

(2)我认为，只提出问题而不想获得答案，无疑是浪费时间。【　】

(3)无论什么事情，要我发生兴趣，总比别人困难。【　】

(4)我认为，合乎逻辑的、循序渐进的方法，是解决问题的最好方法。【　】

(5)有时，我在小组里发表的意见，似乎使一些人感到厌烦。【　】

(6)我花费大量时间来考虑别人是怎样看待我的。【　】

(7)做自认为是正确的事情，比力求博得别人的赞同要重要得多。【　】

(8)我不尊重那些做事似乎没有把握的人。【　】

(9)我需要的刺激和兴趣比别人多。【　】

(10)我知道如何在考验面前，保持自己的内心镇静。【　】

(11)我能坚持很长一段时间以解决难题。【　】

(12)有时我对事情过于热心。【　】

(13)在无事可做时，我倒常常想出好主意。【　】

(14)在解决问题时，我常常单凭直觉来判断“正确”或“错误”。【　】

(15)在解决问题时，我分析问题较快，而综合所收集的资料较慢。【　】

(16)有时我打破常规去做我原来并未想要做的事。【　】

(17)我有收藏癖。【　】

(18)幻想促进了我许多重要计划的提出。【　】

(19)我喜欢客观而又理性的人。【　】

(20)如果我要在本职工作和之外的两种职业中选择一种，我宁愿当一个实际工作者，而不当探索者。【　】

(21)我能与自己的同事或同行们很好地相处。【　】

(22)我有较高的审美观。【　】

(23)在我的一生中，我一直在追求名利和地位【　】

(24)我喜欢坚信自己的结论的人。【　】

(25)灵感与获得成功无关。【　】

(26)争论时，使我感到最高兴的是，原来与我观点不一致的人变成了我的朋友。【　】

(27)我更大的兴趣在于提出新的建议，而不在于设法说服别人接受这些建议。【　】

(28)我乐意独自一人整天深思熟虑。【　】

(29)我往往避免做那种使我感到低下的工作。【　】

(30)在评价资料时，我觉得资料的来源比其内容更为重要。【　】

(31)我不满意那些不确定和不可预计的事。【　】

(32)我喜欢一门心思苦干的人。【　】

(33)一个人的自尊比得到一个人的敬慕更为重要。【　】

(34) 我觉得那些力求完善的人是不明智的。【　】
(35) 我宁愿和大家一起努力工作，而不愿意单独工作。【　】
(36) 我喜欢那种对别人产生影响的工作。【　】
(37) 在生活中，我经常碰到不能用“正确”或“错误”来加以判断的问题。【　】
(38) 对我来说，各得其所、各在其位，是很重要的。【　】
(39) 那些使用古怪和不常用的词语的作家，纯粹是为了炫耀自己。【　】
(40) 许多人之所以感到苦恼，是因为他们把事情看得太认真了。【　】
(41) 即使遭到不幸、挫折和反对，我仍然能够对我的工作保持原来的精神状态和热情。【　】
(42) 想入非非的人是不切实际的。【　】
(43) 我对“我不知道的事”比“我知道的事”印象更深刻。【　】
(44) 我对“这可能是什么”比“这是什么”更感兴趣。【　】
(45) 我经常为自己在无意之中说错话而闷闷不乐。【　】
(46) 即使没有报答，我也乐意为新颖的想法而花费大量时间。【　】
(47) 我认为“出主意没有什么了不起”这种说法是中肯的。【　】
(48) 我不喜欢那种显得无知的问题。【　】
(49) 一旦任务在身，即使受到挫折，我也要坚决完成之。【　】
(50) 从下面描述人物性格特点的形容词中，挑选出10个你认为最能说明你性格的词。【　】

精神饱满的	有说服力的	实事求是的	虚心的	观察力敏锐的
谨慎的	束手束脚的	足智多谋的	自高自大的	有主见的
有献身精神的	有独创性的	性急的高效的	乐于助人的	坚强的
老练的	有克制力的	热情的	时髦的	自信的
不屈不挠的	有远见的	机灵的	好奇的	有组织力的
铁石心肠的	思路清晰的	脾气温顺的	爱预言的	拘泥形式的
不拘礼节的	有理解力的	有朝气的	严于律己的	精干的
讲实惠的	感觉灵敏的	无畏的	严格的	一丝不苟的
谦逊的	复杂的	漫不经心的	柔顺的	创新的
实干的	泰然自若的	渴求知识的	好交际的	善良的
孤独的	不满足的	易动感情的		

表 2-1　评分表

题号	1	2	3	4	5	6	7	8	9	10	11	12	13	14	15	16	17	18	19	20
A	0	0	4	−2	2	−1	3	0	3	1	4	3	2	4	−1	2	0	3	0	0
B	1	1	1	0	−1	0	0	1	0	0	1	0	1	0	0	1	1	0	1	1
C	2	2	0	3	0	3	−1	2	−1	3	0	−1	0	−2	2	0	2	−1	2	2
题号	21	22	23	24	25	26	27	28	29	30	31	32	33	34	35	36	37	38	39	40
A	0	3	0	−1	0	−1	2	2	0	−2	0	0	3	−1	2	1	2	0	−1	2
B	1	0	1	0	1	0	1	0	1	0	1	1	0	0	1	2	1	1	0	1
C	2	−1	2	2	3	2	0	−1	2	3	2	2	−1	2	2	3	0	2	2	0
题号	41	42	43	44	45	46	47	48	49											
A	3	−1	2	2	−1	3	0	0	3											
B	1	0	1	1	0	2	1	1	1											
C	0	2	0	0	2	0	2	3	0											

第 50 题中，下列词各得 2 分：精神饱满的、观察敏锐的、不屈不挠的、柔顺的、足智多谋的、有主见的、有献身精神的、有独创性的、感觉灵敏的、无畏的、创新的、好奇的、有朝气的、热情的、严于律己的；下列词各得 1 分：自信的、有远见的、不拘礼节的、不满足的、一丝不苟的、虚心的、机灵的、坚强的；其余词不得分。

累积得分总数分为五个等级：110～140 分，说明有非凡的创造力；85～109 分说明有很强的创造力；56～84 分，说明有较高的创造力；得 30～55 分，说明创造力一般；得 30 分以下，说明创造力较弱，有待提高。被测者可以根据问题判断自己在思维的敏感性、流畅性、灵活性、独特性、精确性和变通性等方面有哪些地方有待改善。

2. 托兰斯创造性人格自陈量表

在完成测验时，被试者根据自己相符合的情况，在每项后面的括号力打上“×”“√”。

(1) 办事情、观察事物或听人说话时能专心致志。　(　)

(2) 说话、作文时经常用类比的方法。　(　)

(3) 能全神贯注地读书、书写和绘画。　(　)

(4) 完成老师布置的作业后，总有一种兴奋感。　(　)

(5) 敢于向权威挑战。　(　)

(6) 习惯于寻找事物的各种原因。　(　)

(7) 能仔细地观察事物。　(　)

(8) 能从别人谈话中发现问题。　(　)

(9) 在进行创造性思维活动时，经常忘记时间。　(　)

(10) 能主动发现问题，并能找出与之有关的各种关系。　(　)

(11) 除日常生活外，平时大部分时间都在读书学习。　(　)

(12) 对周围事物总持有好奇心。　(　)

(13) 对某一问题有新发现时，精神上总感到异常兴奋。　(　)

(14) 通常能预测事物结果，并能正确地验证这一结果。　(　)

(15) 即使遇到困难和挫折，也不气馁。　(　)

(16) 经常思考事物的新答案和新结果。　(　)

(17) 具有敏锐的观察力以及提出问题的能力。　(　)

(18) 在学习中，有自己选定的独特研究课题，并能采取自己独有的发现方法和研究方法。　(　)

(19) 遇到问题时，常能从多方面探索可能性，而不是固定在一种思路或局限在某一方面。　(　)

(20) 总有新设想在脑子里涌现，即使在游玩时也能产生新设想。　(　)

评价标准：

每符合上述标准的打“√”的给一分，打“×”的不给分，最后算出总分。对照表 2-2，就可知道创造人格优势。

表 2-2　评分表

分数	0～9	10～13	14～17	18～20
等级	差	一般	好	很好

第三章　创造力开发

第一节　创造力的普遍性和可开发性

一、创造力的普遍性（人人都能创造）

在我国古代，孟子就有“人皆可以为尧舜”的说法，这可谓是“创造力人人皆有”的一种朴素思想。20 世纪 30 年代，我国著名教育学家陶行知在“创造宣言”中说，“处处是创造之地，天天是创造之时，人人是创造之人。”实际上就肯定了“人人皆有创造力”，即肯定了创造力的普遍存在性。

现代科学和创造学研究表明，创造力是正常人的一种心理品质，创造力并不是神秘的、只有少数伟人才具有的特殊才能，创造力是每个正常人都具有的一种变革事物的创造性潜力，是人类亿万年来智力进化的结果。法国哲学家亨利·伯格森认为，创造力是人类生命本身的属性，对于未形成稳定的创造人格的人来说，它只不过还处于一种潜在的状态罢了。在《创造的进行中》一书中，伯格森将创造潜力的发挥称为“生命力的激发”。

大量事实表明，不仅像爱因斯坦、牛顿、爱迪生、达尔文等伟人具有创造力，而且每一个普通人都蕴藏着巨大的创造潜力。因为在人生的旅程中人们总会解决一些从未遇到过的问题，例如：个人在修理一台机器时，发现了以前从未遇到的故障，经过思考找到一种特殊方法迅速排除故障，或者制造出以前没有的维修工具，维修方法或者工具是新颖适宜的，这说明他就具有创造力。日本有一位家庭主妇在切菜板上挖了洞，一下子提高了切菜效率，她的“有洞的切菜板”是新颖且适宜的，这位主妇就具有创造力。

从日常生活中的问题的解决，到颇具影响力发明的诞生，到处可见创造力的魅力；从乳臭未干的孩童，到白发苍苍的老人，人人都具有创造力。相反，倘若真要寻找一个没有创造力的人倒是十分困难的。人与人之间不存在“有无创造力之差”，只存在创造层次高低之别。

创造力主要反映在人的大脑的结构功能上。近代研究表明，人们的创造力主要蕴藏在人的右脑之中并亟待开发。

我们知道，大脑是思维的器官，是意识的发源地。人类的一切创造活动都离不开大脑。从脑生理学意义上说，创造力主要反映在人的大脑的结构功能上。人脑由左右两个半球组成，结构相同，但功能并不相同。大脑左右两个半球的功能（起着交叉控制人体的作用）的发现，最早可追溯到 19 世纪中叶。那时，生理学家和外科医生就已经发现，人大脑的各个部位分别具有不同的功能。大脑皮层中央沟前回区域为“运动区”，刺激该区可以引起四肢的运动；视觉区域分布在枕叶锯状裂两侧；身体右侧的感觉通过神经传递给大脑的左半球，而左侧的感觉则传递给大脑的右半球等，这样就逐渐形成了与此相关的“特殊定位说”。根据这一看法，人们认为大脑左半球上集中了占主导地位的逻辑和语言中枢，它管理着人的右侧身体和右手的活动，因而被称为是优势半球；相反，大脑的右半球一直被认为缺乏高级活动功能，它只管理身体的左侧和左手的活动，因而被称为劣势半球。

20 世纪 80 年代，美国加州理工学院心理学家斯佩里（R.W.Sperry）教授通过研究，进一步阐明了人脑的左半球除具有抽象思维、数学运算和逻辑语言等各项重要机能外，它还可以在关系很远的资料间建立想象联系，在控制神经系统方面人脑的左半球也很积极并起着主要作用。同时，他还发现并纠正了过去对人脑右半球的低估，他发现人脑右半球也同样具有许多高级功能，如对复杂关系的理解能力、整体的综合能力、直觉能力、想象能力等创造力。此外，人脑右半球还被证实是音乐、美术及空间知觉的辨识系统，因此人的右脑蕴藏着很大潜力。他通过左、右脑“割裂术”研究，斯佩里还发现大脑左右半球间有大约 20 亿根神经纤维相互联系着，每秒钟由一侧向另一侧传送 400 亿次脉冲信息。同时，两半球之间还具有“转移机能”效应，即当某一半球机能受损时，其机能可转移到另一半球去，这即动摇了“特殊定位说”。另外，他对于人右脑的深入研究也冲击了“优势半球”观念。据此他认为，大脑两半球在功能上虽有一定分工，但其功能是互补的。两半球相辅相成、紧密配合而构成为一个统一的控制系统。斯佩里因该项研究成果而与美国学者 D.休伯尔和瑞典学者 T.N.维塞尔共享 1981 年诺贝尔生理学及医学奖。

根据斯佩里的研究，大脑右半球承担着形象思维、直观思维功能并具有掌握空间关系和艺术认知的能力，因此，右脑被认为是创造的脑，它主要通过直观思维和想象思维进行创造性思维和创造活动。后来，在运用放射性示踪原子研究确定大脑区域血流量多少时发现，当遇到新问题时，放射性示踪原子密集的区域就是创造性解决新问题的脑区。在大脑工作状况的照片上清楚表明，创造性工作主要是由右脑承担的。因此，可以说右脑是创造性解决问题的脑区。从表 3-1 可以清楚看出左右脑的优势功能。

然而，由于人体右侧的活动总是多于左侧，如吃饭、写字用右手，踢球用右脚，接受传统教育一直注重左脑的使用和训练(从功能看)，久而久之，强化了左脑的功能。而右脑管理人体左侧的活动，使用活动相对较少，尚处于待开发状态。因此，右脑这一创造的脑区有着巨大的开发潜力。所以，现在有人提出“开发右脑”，这当然是提高创造能力的一项措施。人们的右脑尚未开发或较少开发，这是每个人都具有的巨大潜力，据此人们编制了各种开发右脑的健脑体操，重视如何恢复、启用左手的各项活动以锻炼右脑，从而增强人们的创造能力。

表 3-1　半脑优势的临床及实验证据(奈德.赫曼《全脑革命》)

左脑(右半边身体)	右脑(左半边身体)	俗世的	性灵的
语言/文字	空间(音乐)	积极的	感受力强的
逻辑、数学	整体的	好分析的	综合的、完形的
线性、细节	艺术、象征	阅读、写作、述说	辨认面目
循序渐进	同时并进	顺序整理	同时理解
自制	易感的	善于查知重大秩序	感知抽象图形
好理智的	直觉的、创造力强的	复杂动作顺序	辨识复杂的数字
强势的	弱势的(安静)		

对爱因斯坦等天才人物的大脑生理基础的研究也说明了创造力是人脑的特有属性，是普遍存在的。加州大学伯克利分校、麻省理工学院的研究人员在苦苦的探索造就像爱因斯坦这样的天才人物的生理和心理基础。他们的研究方法不尽相同，有的分析人脑的形状和构造，有的利用电脑模拟人脑的创造性思维过程，有的则试图发明一种能够自我创造的电脑。通过多年的研究，人们已经逐步接受了这样一种观念，即创造力是一种多层面的现象，一个人只有在和他身处的环境相互作用时才能迸发出智慧的火花。

美国的达利亚·扎德尔博士为了研究天才人物与平常人物的大脑到底有什么不同，特意对爱因斯坦死后不久取下的两块脑片进行了分析。这两片包含爱因斯坦脑部海马区的细胞，这个区域主要承担记忆和语言功能，扎德尔将爱因斯坦的大脑组织与10位普通人的大脑组织进行了比较，结果发现，爱因斯坦脑部海马区的左侧神经细胞比右侧神经细胞大得多。他分析说，这可能意味着其左脑海马区和大脑皮层之间神经细胞的联系较之右脑更加紧密。由于无法确定爱因斯坦脑部的上述不对称现象的形成原因，扎德尔明确表示：“我也不清楚这种不对称现象到底与爱因斯坦具有超常智商之间有什么联系。”

加州大学伯克利分校的M.戴蒙德教授为了揭示爱因斯坦现象，特别仔细地观察了从1955年起就保存在甲醛内的爱因斯坦大脑，结果发现：人脑的下顶骨小叶中有一个被称之为“胶形脑回”的大脑区，其中有神经胶质小细胞，而爱因斯坦的这部分神经胶质小细胞的密度特别大。“胶形脑回”的主要作用是控制有关数量信息的处理。

总体而言，科学家还没有发现天才人物与普通人在大脑生理结构方面的明显不同之处。不管最终的结论如何，对大脑进行创造性思维的生理活动机制的研究只是对大脑潜能的认识，是对创造力发挥的可能性研究。创造力是人脑普遍存在的。要使创造力潜能和可能性变成现实，主要取决于一个人与社会其他因素的互动作用。

由上可知，从人的生理方面来看，创造力确实是人们普遍存在的一种自然属性和巨大的潜力。

二、创造力的可开发性

创造力的普遍性告诉我们，创造力并不神秘，每一个神智健全的人都有创造潜力，“人人是创造之人”。是不是我们可以高枕无忧了？不经过努力，人人都能有所发现、有所发明，有所创造了？显然不是这样的。这很简单，一个人天生就有一个好嗓子，这为他日后成为音乐家提供了良好的先天素质，然而更需要后天的教育与训练，尤其是磨炼，才有可能成为真正的音乐家。创造力也是这样，虽然人人都有创造潜力，但是每一个人的创造潜力并非在任何情况下都能够自由地表现出来，事实表明，创造力可以蕴藏在人脑中几年、十几年甚至几十年之久。如果你不去开发的创造潜力，它永远不会显露出来，就会被埋没，就像有好嗓子不会运用去唱歌一样。一些所谓“无创造力”的人，其实他们并不是真的没有创造力，而只是其创造力没有得到应有的开发，没有或者很少转变成外显的创造力而已。

实践证明，通过教育和训练，任何一个人的创造力都能得到显著的提高，这就产生了人们创造力大小的差异，而一个人事业的成就与他创造力的大小成正比。也就是说，一个人的创造力越高，他事业的成就也越大。

美国通用公司1936年对职工进行创造力开发的培训，一年后，其职工的创造力以专利数统计提高了三倍。

美国的帕内斯(S.J.Parnes)等曾在布法罗大学对330名大学生进行观察和研究，发现受过创造教育的学生在产生有效的创见方面与没有受过这种教育的学生相比，前者在自信心、主动性和指挥能力方面都有较大幅度的提高。

从中国矿业大学创建招收的国内第一个工业自动化创造工程试点班的办学情况来看，通过教育和训练创造力是可以提高的。该班27人，入学前全为一般高中学生，无一人有发明创造成果，也无一人听说过创造学。然而，经过科学的创造教育，毕业时全班共有几百项发明创造成果，获国家专利25项，在校内外引起了很大反响。

可见，只要进行科学开发，人们的创造潜力是完全可以被激发出来并转变为显性创造力的。

三、影响创造力发挥的心理因素

人人都是创造之人，人人都有创造力，而且创造力是可以开发的，这是不可否认的事实。然而，许多人却终生没有搞出一项发明创造，这也是现实情况。究其原因，这些人的创造力长期处于潜伏状态之中，由于社会环境、传统教育及自身的心理障碍影响和思维定势等条条框框的束缚，使创造力无法由潜在到迸发。众多心理学家研究，在众多因素中，自身的心理因素是创造力发挥的最大障碍。我们进一步分析阻碍创造力发挥的心理因素，并提出一些克服这些因素影响的方法，帮助创造者充分地认清和注意阻碍创造的心理因素，在创造中自觉地克服和抵制消极因素，解放创造力，提高创造效率。

许多创造学家和心理学家对影响创造力的主观心理因素进行了研究。我们仅列出奥斯本和伊区的观点。

1. 奥斯本的观点

奥斯本在《应用想象力》一书中，将影响创造力的心理因素归结为以下四点：

(1) 习惯性有碍问题的解决。教育和经验阅历的结果、使人们产生一种限制，思考时囿于固定的形式，而且，这些习惯上的限制，妨碍我们运用想象力的方法去解决新的问题。

(2) 自我沮丧是创造力的障碍。有很多人常会因对自己失去信心，而感到失望与沮丧，对任何事情失去尝试的勇气，以致不敢提出自己的看法，而埋没了创造能力。

(3) 企求“一致”，阻碍了创造力的趋向。由于怕别人讥笑，怕被别人视为奇异，因此，凡事以跟别人一样为主，而不敢稍有不同，形成守旧的传统，因而阻碍了创造力的产生。

(4) 胆怯有抑制观念的倾向。一般人常对自己产生怀疑，缺乏信心，因此，即使产生若干观念、构想，常被犹豫不决的心理所阻，而不敢提出。胆怯的心理常阻碍了创造力的发展。

2. 伊区的观点

伊区博士在《当头棒喝》一书中列举了如下影响创造力发挥的“心理枷锁”：

(1) 正确答案。目前教育制度倾向于教导学生只有一个正确答案，因此，当得到一答案之后，就会停止追求其他的答案。如此一来，严重影响我们面对问题、思考问题的方式，相对地影响到产生解决问题的创新方法。

(2) 这不合逻辑。在创造的构想需付诸实行时，逻辑性的思维是非常必要的。但是，当要寻找灵感、创意时，过多的逻辑思维，将使创造性思维发生“短路”现象，因为逻辑只能了解本质一致而无矛盾的事物，却无法开启人类善于探索的心灵，不探索也就影响了创造力的产生。

(3) 遵守规则。日常生活中的行为，常会在有意无意间，依循一定的方向去做。遵守某种规则行事的结果是，常会忽略其他方式的可行性。因此，也就无从发现其他创新的构想了。

(4) 实事求是。由于人们惯以实际的标准来衡量一件事物，因此无法脱离实际事物去想象、思维，一旦缺乏想象思维，创造也就无从产生。

(5) 避免模棱两可。常有人认为模棱两可的情况，会使人迷惑，而无法清晰、正确地了解事物。殊不知在模棱两可的情况下，常会刺激想象力，激发你产生疑问，而运用思考力去孕育新创意。

(6) 犯错是坏事。在人类的观念中，总认为犯错是不好的，要求一切都要正确，但在力求正确之前，总是要产生错误的。然后针对错误，加以修正改良，最后才能正确无误。由此可见，犯了错，会刺激人去思考自己的错误所在，也才能产生创造性思维。

(7)游玩是无意义的。有人认为在严肃的工作气氛中才能办好一件事、想出构想，而把游玩当作无意义的活动。殊不知嬉戏的态度是创造性思维的起点，这是因为解除了防卫心理，打开了心理枷锁，不必实事求是，不必墨守成规，而且不怕犯错，可以自由学习、想象，自然创造性的构想应运而生。

(8)这不是我的领域。就创造性思维的策略而言，一旦划定范围，则足以导致封闭的态度，将自己禁锢在一个狭小的领域中。对于其他领域的知识，无法触类旁通、寻求新创意或新见解。

(9)别傻了。通常傻子的行径和愚蠢的思想，对人们心灵的冲击，就如同泼冷水使熟睡的人清醒一般，可迫使人们运用思考力去思考一些习以为常的事情，使视野大大扩展，激发出创造灵感。

(10)我没有创造力。通常一个有创造力的人，总是认为自己有创造力，而缺乏创造力的人，认为自己欠缺创造力。换句话说，凡对创造力深具信心的人，在创意萌芽阶段，善于运用自己的智慧，并反复思考自己拥有的知识，如此一来，创意也就产生了；反之，自认“我没有创造力”的人，则会封闭自己的创造力、限制自己的思维、想象力。

第二节　创造力开发的途径

开发人的创造力是创造学的中心任务，也是学习创造学的主要目的。

一、加强学习、注重知识的更新和积累，建构合理的知识结构，提升创造力

知识是人类在社会实践活动中所获得的认识和经验的总结，是构成创造力的重要因素。在创造力开发中，是不是知识越多越好呢？知识和创造力之间的关系怎样？什么样的知识有利于创造力开发，什么样的知识是创造力开发的障碍？

(一)知识与创造力的关系

知识和创造力之间存在着复杂的关联性，知识对创造力的影响可以说是一把双刃剑。一方面，在任何领域，一个人必须要有相当程度的专业知识和经验，他才可能谈到创造。如果一个人对于某个领域知之甚少，他不可能对于该领域有足够好的理解以至于不能做出有意义的贡献。另一方面，过多的专业知识和经验会阻碍创造力的发挥。如果一个人对于某个领域了解太深，他会被现有的一些逻辑和范式所羁绊，使他难以提出需要有不同观念才能提出的一些想法。许多知识渊博而终身未有发明创造者，比比皆是。

1. 知识是创造力的基础

创造需要一定的专业领域知识，很难想象对量子物理一无所知的人能够在该领域有所发现和创造。知识包括基础理论知识、专业知识及相近学科知识、方法论知识，还有如何做的隐性知识。具备这些知识，才最有利于创造潜力的发挥。知识如同大厦的基础一样，地基越扎实，建成的大厦越坚固。

在创造活动中，知识可帮助一个人创造出新的作品，它使你免去了重新发明的无知风险。很多人因为缺乏相关研究领域的背景知识，总以为自己是第一个想出某种构想或创意的人，其实不然。一个非常令人沉痛的例子就是印度的大数学家拉马纽安，他穷其一生，“重新发

现”了许多数学定理，因为没有和外界接触，他不晓得这是西方数学家早已进行的研究结果。假如他事先对这个领域有所了解的话，他就有可能把这些精力用于新的数学知识和理论的发现。

美国心理学家海斯(Hayes，1989)等研究表明，认为知识和创造力之间呈正相关关系，知识越丰富，创造力越强。而且认为一个人只有学习了大量的知识才会有所创造。威斯伯格(Weisberg)等对成功的专家进行研究完全支持这种地基观。

海斯通过对众多需要创造性的领域(音乐、绘画、诗歌等)研究认为杰出专家的出现一般遵循“十年定律”：即个体从接触某领域到他真正掌握该领域知识、第一件有水平的作品问世，需要投入大量时间——“十年”。在十年期间，个体进行大量的研究学习，掌握该学科领域及其相邻学科的知识，并坚持长期培训专业技能，为创造打下基础。另外加德纳(Gardner，1993)对七个领域的杰出人物，即爱因斯坦(逻辑数学)、毕加索(绘画)、格雷厄姆(动觉协调)、斯特拉文斯基(音乐)、甘地(政治)、弗洛伊德(精神分析)和艾略特(语言学)进行了研究，得出的结论是，个体在成名之前要在该领域有相当长的发展期。也就是说，这些著名人士的创造生涯也同样遵循“十年定律”。

科学研究领域中，广博的知识对创造力的发挥有着重要的作用。牛顿说：“如果我能看得比别人远的话，那是因为我站在巨人肩上的缘故。”这句话非常形象地说明了知识继承与知识发展的关系。科学发现大都来自于对某领域知识的深刻学习，都是建立在已有知识经验的基础之上的。DNA 结构的发现事例就能够说明这一点。

DNA 的双螺旋结构模型是由沃森(Watson)和克里克(Crick)发现的。关于脱氧核糖核酸的结构，他们在泡琳(Linus Pauling)研究的基础上，初步认为 DNA 可能是某种螺旋结构，这就使得他们把注意力集中在探索结构的具体细节上。可以说，正是在前人工作的基础上，才有了他们的成功。当然，DNA 结构的发现过程中也存在先前知识的阻碍现象。DNA 双螺旋结构由两个“磷酸盐一糖”主骨架结合在一起形成类似螺旋楼梯的结构，中间有成对的氮盐梯级。在得出正确的梯级“对结构”之前(如“腺嘌呤—胸腺嘧啶”梯级)，沃森花了大量的时间考虑“A—A”式(如“腺嘌呤—腺嘌呤”)对结构的可能性。而他之所以有这样的想法也是受他已有知识经验的影响。不过，应该说虽然在具体的“对结构”问题上存在着知识对发现的负迁移现象，但从整体上来说毫无疑问存在着正迁移现象，而且这种正迁移(即大方向上的正确性)对研究有着更重要的作用。也就是说，若 Watsdon 和 Crick 最初没有 DNΛ 为螺旋结构的假设(这是从 Pauling 那里来的正迁移)，其研究便根本不可能成功。

在这方面，正好有一个例子可以从反面说明已有知识对科学发现的重要性。在 Watson 和 Crick 研究的同时，还有一位研究者弗兰克林(Rosalind Franklin)也在研究 DNA 的结构，但她尝试着不用任何已有知识，即没有对 DNA 的结构做出螺旋结构的假设，而是从零开始对 DNA 的结构进行探索研究，结果她没有成功。这从反面说明科学发现对已有知识的依赖性，最起码可以说，适当的已有知识可以加速科学发现。

另外，DNA 双螺旋结构的发现包含了多方面的知识，就拿搞清楚主骨架的数量和位置来说，就需要知道 X 射线的知识，要知道如何才能得到 X 射线以及 X 射线的衍射模式等。因此，没有扎实的专业知识和广泛的相关知识是绝不可能攻克这一科学难题的。

知识在专家的创造中尤其显得重要。专家对各种情况有很强的驾驭能力，对他们所在领域的基本原则很了解，并且知晓其他专家的观点。从创造力的角度来讲，第一，他们能很快地识别信息的重要性和意义并用它来综合形成新的知识，尤其是专家在处理意外事件时能运用想象力和类比推理从一个知识领域跨越到另一个知识领域。第二，他们形成了发现新手无法发现的某些模式的能力，而且拥有解决该领域特有问题的“诀窍”。例如，在象棋界，顶级棋手能够立即看出初学者无法理解的格局，大师们正是凭借这一重要能力击败了在基本计算方面远远胜过他们的计算机。

牛顿是科学大师，他奠定了经典力学基础。牛顿对他所取得的科学成就是这样描述的：“如果说我比别人看得远一些，那是由于我站在巨人们的肩膀上。”这句话非常形象说明了知识继承与知识发展的关系。

2. 过多的专业知识和经验会阻碍创造力的发挥

知识和经验对一个人的创造力呈现具有十分重要的基础作用，但在创造活动中，知识和经验是不是越多越好呢？是否与一个人的创造力成正比关系呢？

传统的教育大多是以传授知识为主的教育，因此，一般情况下一个人所受的教育程度越高，其知识的拥有量也越多，但这并不能简单地表明他的创造能力就越强。知识多的人其否定条件也同时知道得多，这正是妨碍其创造力开发的关键所在。

专业知识和经验是对过去研究事实的提炼和总结，它对进一步的创造活动有积极的指导作用，但一味拘泥于已有的专业知识和经验无疑会影响创造力的发挥和创造活动的开展。在一些情况下，拥有过多的专业知识可能会变成一件危险的事情，它可能是你陷入已有知识的架构而不能看见更富有价值的东西。20 世纪 50 年代初，美国发明家贝利曾参加“6A14 射频放大管”的试制小组，但是接到一个指令，不许查阅任何文献资料。结果他们完成了这项高达 1000 兆赫兹的放大管的发明。事后，他们查看有关的专业资料时经大吃一惊，因为有关资料上明明白白写着这种玻璃管子的极限频率是 250 兆赫兹。贝利后来说，如果我们当时看了这些资料，一定会怀疑能否造出这种放大管，很可能会放弃对高性能放大管的研制工作。

日本物理学家汤川秀树讲得好：“知道许多事情有一个好处，就是至少在理论上可以有一个发现新事物的基础，但是，它也有一种逐步僵化的效应，不管发生什么他都不会惊讶，这也就失去了显示创造能力的机会。”天文学家勒莫尼亚，从 1750 年到 1769 年，先后 12 次观察到天王星，完全有条件可以做出重大的发现，但他受当时的“太阳系的范围只到土星为止”这个知识的束缚而不敢讲述自己的发现，使这颗星多次“被看见而未被发现”。直到 12 年后赫舍尔对此加以认证后他才追悔莫及。

一个人由于积累过多的专业知识，因而其头脑中的“条条框框”就多，造成的思维僵化，形成固定观念，结果往往会束缚其创造能力的发挥、阻碍其创造活动的开展。例如，飞机发明之初，知识掌握可谓极为丰富的法国数学家勒让德、德国电工学家西门子、德国物理学家赫尔姆霍茨、美国天文学家纽康等根据各种数据计算和理论分析“证明”飞机不但飞不上天，而且它根本就不可能离开地面。然而，1903 年首次把飞机送上天空的却是当时名不见经传的美国人莱特兄弟。他们没有上过大学，但他们思想活跃、富于创造，凭着自学成才、勇于探索未知领域的大无畏精神，在科学技术上获得了巨大成功。再如，交流输电技术的发明，就曾遭到电器发明大王爱迪生的极力反对；释放原子能的技术则被打开原子奥秘的卢瑟福视为胡说八道；流体空气动力学的权威冯·卡门在评价喷气推进技术用于飞机发动机的发明时竟然投了反对票；等等。

相反，有的人在某一领域显示出很强的创造性，但在该领域并不具有特别的专业知识，这种情况经常发生。例如，地学中著名的大陆漂移说就是由德国气象学家魏格纳(A. L.Wegener)提出并加以论证的；被恩格斯誉为“近代化学之父”的英国化学家道尔顿(J. Dalton)在提出化学原子论时，也还是一个化学知识很少的气象学家，正是由于他的化学知识少，不了解当时化学家用来解释混合物与化合物区别的亲和力理论，才使得他未受任何框框的束缚，因而从当时化学家感到迷惑不解的溶液均匀性问题中揭示了关于元素化合的倍比定律，并进一步提出了“化学原子论”。研究还表明，20 世纪初的许多科学上的重大发现和突破，如分子生物学的建立(奥地利物理学家薛定谔)、DNA 双螺旋模型的提出(美国遗传学家沃森和英国物理学家克里克)以及控制论的创立(美国数学家维纳)等，可以说都是由其他领域专家最先提出或完成的。同时，一些理工类知识并不很多的文职人员做出重大创造发明的例子也很普遍。日本创造学家丰泽丰雄在《文职人员的创造力》一书中就列举了大量实例，如显微镜、照相机、彩色胶卷、电报、电话等都是由一些文职人员经过努力而发明的。

1984 年，美国心理学家西蒙顿(Simonton)指出，历史上最有创意的人其实只在其熟悉的领域接受过中等程度的教育，既不是最多也不是完全没有背景知识。太多的背景知识可能会使人思想僵化，不能超越原有领域的疆界。一个人做事做久了，会习惯地从同一个角度来处理问题，无法跳出旧有框框而从另一个角度寻找答案。富有创意的人除了知识之外还要能够超越原有知识的限制。事实上，研究还发现某一领域的知识与创造力之间存在倒 U 形关系，即一个对于某个特定领域有中等程度知识的人，比那些对于该领域有更深入了解的人，更能提出具有创造力的解决方案。

诺贝尔奖获得者免疫学家麦克法兰·博内特说道：“我认为，一个研究人员在他将要从事的领域受到太好的训练是危险的。”诺贝尔奖获得者化学家彼得·德拜也发表了同样的观点，“在二战刚开始的时候，贝尔实验室的 R.R.威廉姆斯来到康奈尔大学，试图说服我从事聚合物的研究。我对他说：‘我对聚合物一无所知，我从来没有想过它们。’而他给我的回答却是，‘这正是我们为什么要你的原因’。”

有时否定条件知道得很多的人却反而提不出新的设想。贝弗里奇(W.I.B.Beveridge)在其《科学研究的艺术》一书中曾说：“如若研究的对象是一个仍在发展的学科，或是一个新的问题，或问题虽已解决但是一种新的看法，这时内行最有利。但是，如若研究的是一个不再发展的学科，这一领域的问题业已解决，那么就需要一种新的革命的方法，而这种方法更可能由一个外行提出。内行几乎总是对革新的思想抱着怀疑的态度，这正说明已有的知识成了障碍。”

由上可知，知识与创造力不一定成正比，知识与创造力之间是既统一(创造必须有一定知识做基础)又矛盾(知识太多又可能会束缚创造力的发挥)的关系。所以有人将“知识与创造力之间的关系”形象地比作为“数学中底数与指数的关系，底数再高，如果指数为 0，其幂值也永远为 1”。并指出，“这就是发明创造的核心奥秘！”

(二)构建合理的知识结构

【例 3-1】　大侦探福尔摩斯的知识构成

《福尔摩斯探案全集》中记述了大名鼎鼎的福尔摩斯大侦探的知识构成。在柯南道尔笔下，它的知识构成是什么样呢？《福尔摩斯探案全集》第一集里，华生列出福尔摩斯的整个知识构成。

歇洛克·福尔摩斯及其学识范围：

(1)文学知识——无。

(2)哲学知识——无。

(3) 天文知识——无。

(4) 政治学知识——浅薄。

(5) 植物学知识——不全面、对于鸦片和有毒植物了如指掌，但对实用园艺学一无所知。

(6) 地质学知识——有限，但很实用。

一眼就能分辨出不同的土壤。他散步回来后，能把溅在裤子上的泥点指给我看，并能根据它们的颜色和硬度告诉我那是在伦敦的什么地方溅上的。

(7) 化学知识——渊博。

(8) 解剖学知识——精确，但不系统。

(9) 恐怖文学——广博。近一个世纪里发生的每一个恐怖事件都知道得一清二楚。

(10) 小提琴拉得很好。

(11) 精通棍棒、拳击和剑术。

(12) 能全面了解和充分运用英国的法律。

"你听我说，"他解释道，"在我看来，一个人的脑袋本来就像一个空空的阁楼，装什么家具得有选择，一个笨蛋会把他碰到的各种各样的破烂全部装进去，而有用的东西要么被挤了出去，要么和许多其他的东西掺杂在一起。于是，他在取用时就感到非常困难。所以，一个善于工作的人在选择把什么装进他的脑袋这间小阁楼里去时，确实非常仔细。他只选择那些能对他的工作有帮助的工具，而且会样样具备，并且摆放得井井有条。如果认为那小房间的墙壁有伸缩件，可以伸缩自如，那就大错特错了。请相信我的话，总有一天，你每增加一个新的知识时，就得把你原来掌握的某个知识忘记掉。因此，最重要的是不要让无用的知识把有用的知识挤出去。"

创造力的发挥不仅要求人们有较高的知识水平，还要求具备合理的知识结构。

合理的知识结构应该包括以下五个方面：

1) 一定的基础知识

基础知识也称一般知识或外围知识，是指语言文学、数理化、生物等知识以及社会生活各个领域的一般常识。基础知识不牢固，就很难掌握更加高深的专业知识。

2) 深厚的专业知识

专业知识也称学科知识，即所从事的创造活动领域中的知识系列。它是一个包括同一领域、同一方向的相关学科的联合体。专业知识包括基础专业知识和最新的专业知识，特别是掌握最新的专业知识可使创造者站在学科发展的前沿。因为新的研究成果都具有很强的活力和发展空间，可以激发创造者的积极性，诱发他们的创造，并为其创造活动提供新的起点。

爱因斯坦是学物理专业的，如果他对当时理论物理的最新专业知识不掌握，不是站在当时的科学前沿，即使他有高深的数学基础和创造潜能，对牛顿力学也不可能再认识，也就不可能发现相对论。

在科学技术突飞猛进的今天，要想掌握最新的专业知识，就得自觉地学习，阅读最新的科技书刊，从多种渠道获取信息，这样才能使自己站得高，看得远。

3) 广泛的邻近学科知识

创造力高的创造者往往都知晓两到三个其他学科的知识。过于专业化容易产生的狭隘观念。在解决问题时，一味固守自己的专业知识，总是从自己的专业知识出发来思考问题，总是试图用自己专业知识来解决问题，总是应用本专业常解决的方法来解决问题，思维故步自封，往往使解决问题走进死胡同。实际上，一个专业只是关注其中的一个方面，但是，事物的性质是多方面的，既有这方面的性质，又有其他方面的性质，而且不同的性质之间是相互联系、相互关联，可能是互为因果、互为表里、互为条件、互为前提。所以，某一方面性质的研究，可以从正面、直接地进行研究，也可以从与之相关联的其他方面间接地研究。一个问题的解决，既可以应用某专业领域的知识来解决，也可以应用其他专业领域的知识来解决。

回顾人类发明创造的历史，我们常常会看到这种情形，对于一个问题，应用本专业领域的知识解决问题往往是复杂的、甚至不能解决问题。但是，如果应用其他专业领域的知识解决问题却变得简单、明了。例如，自动对焦距照相机的发明。设计人员是电气专家，一提到自动，马上就想到马达。但马达体积过大，如果装在照相机内，照相机的体积就变得很大，与原来设计的目标——照相机小型化相违背。表面上看好像不能解决问题。在一次技术部门的会议上，搞这个项目的设计人员提出了这个难题，这时，一位搞机械的专家听了情况介绍后说："不就是调节一下镜头吗？为什么非用马达不可？用一根弹簧就够啦。"从而简便地解决了自动调节问题。

可见，对创造而言，专业化事实上是非常危险的现象。

现代科学技术发展的另一特点是越来越综合，即解决一个问题往往需要同时应用多学科知识才能解决。当然这可以通过团体合作的方式来解决，但是，如果你不了解你同伴知识结构的特点，不了解你同伴专业领域的工作方法和特点，这都将影响你们友好的合作关系，影响到你们合作的成效。

因此，我们要走出本专业的象牙塔，广泛接触其他专业，向其他专业人员请教，这对创造是很有益处的。每一学科领域、专业，均有其处理问题的一套方法，以及独特的秘诀和窍门，值得其他领域的人员借鉴。大多数最佳创造构思均来自跨专业领域，是向其他领域寻求新创意、新见解的结果。为了消除专业化而产生的狭隘观念对创造的消极影响，我们应当牢记爱迪生的一段话："应该习惯性地密切注意导致其他人成功所采用的新奇而有用的创意。只有这样，在解决问题时，你才能获得独树一帜的创意。"

4）哲学知识

哲学知识是在科学认识与实践活动的背后起作用的高度抽象的知识结晶，是最概括的方法论。它对人的认识和实践有巨大的指导和催化作用。

5）方法论知识

这方面的知识包括科研方法、学习方法、记忆方法、思维方法、创造技法等。掌握方法知识能使已有的基础知识和专业知识得到更加合理有效地运用，从而提高创造效率。

合理的创造性知识结构应是上述五种知识构成的一个完整的有机体，它们的作用各有不同：基础知识为创造活动提供主体框架；专业知识在创造活动中起动源作用，接受与整合外来信息，确定创造方向；哲学知识对创造方向和姿态起主要调控作用；方法论知识和创造技法知识为创造活动提供辅助手段，保证其顺利完成。

合理的知识结构对创造性的积极影响主要集中在以下四个方面：

(1) 对流畅性的影响。人们遇到问题时，首先就要在头脑中形成解决问题的设想。知识面越广，掌握得越扎实，可供提取的信息就越多，就能在短时间内迅速发散出许多思维结果。

(2) 对变通性的影响。要使思维从一个维度向另一个维度转换，实现从一个领域到另一个领域的跨越，就必须以丰富的专业、基础知识和纯熟的创造技法知识为先决条件。

(3) 对新颖性的影响。缺乏专业知识使人创造才源枯竭，缺乏哲学知识可能迷失创造方向，未掌握创造技法知识易使人思维禁锢。三者俱备才能对实践要求和研究动态进行全面分析，瞄准空白点，创造出既新颖又有价值的东西。

(4)影响创造优势。专业知识领域的宽窄和水平的高低、前沿知识的精尖程度在很大程度上决定了一个人的创造优势。创造活动的成败往往是由知识结构上的一点点差距造成的。

美国科学史家托马斯·库恩在《科学革命的结构》一书中指出，一个人运用某一种特殊模式取得成功的时间越长，当该模式不再适用时，抛弃它就越难。我“不能指望某个领域中的创造性工作仅仅由该领域的专家来完成。在实际的创造活动中，没有人能预测出谁将拥有或具备创新活动所必需的重要条件。作为大学中一位试验仪器管理员，谁能说瓦特是最有条件对蒸汽机进行重大创新的人选？虽然专业领域中的知识存在于那些最初被人们称为专家的惯用模式和诀窍中，而且这些诀窍的确能够提高专业领域的工作效率，但它们同时也会使人难以做出截然不同的事情，即用新的方式去分离和重组他们经验和知识中的各部分。”

由此可见，一个知识结构不合理、一个只知道自己专业内知识而其他知识很少的人，其创造性是难以充分发挥的，也不利于创造出新的知识。创造在某种意义上是信息的重新组合，但这种组合并不是知识简单的堆砌。德国化学家利希腾贝格说过：“一个只知道化学的化学家，他未必真懂得化学”。日本教育家也曾认为，除自己的专业以外对其他一无所知的人与对该专业一点也不懂的人差不多。所以，一个合理的知识结构，或者说优化的知识结构，对于开发创造力十分重要。

二、积极参加各种实践活动，培养和提高综合能力

1. 敏锐的观察力

什么是观察？“观”是看的意思。指用眼睛看事物或现象。“察”是仔细看、调查的意思。仔细调查包含着思维的过程，有一定的指向内容，所以，观察不仅在于看见事物，还包括思维过程在内，是人们通过感觉器官进行感知，获取对象所提供的信息，并加以思考的心理过程。因此，观察是有一定目的的、有组织的、主动的感知觉过程。

全面地、正确地、深入地观察事物的能力，称为观察能力。观察能力，对于发明创造和科学研究来说，都是一种十分重要的、最基本的能力。创造者的创造意向，即创造者要在哪一方面进行探索，问题来源于哪里，需要加以解决的问题是什么，这些不是凭空产生，不是关起门来冥思苦想就能得到的，它是来自观察！比如人们所熟知的英国细菌学家弗莱明(A.Fleming)通过观察发现了青霉素，瑞典化学家诺贝尔(A. B. Nobel)通过对砂土吸收硝酸甘油现象的认真观察而制成了安全炸药，奥地利遗传学家孟德尔(G. J. Mendel)因仔细观察分析豌豆杂交试验过程而发现了划时代的遗传规律，英国博物学家达尔文在观察大量动植物后最终发现了著名的物种进化规律，德国气象学家魏格纳在观察了世界地图后提出了“大陆漂移说”，等等。日本三足鼎设计公司总裁中川哲，在日常生活中他观察到很多妇女提着很沉的购物袋时会用手绢或毛巾垫着手。由此他设计发明了一个彩色虫形塑料手柄，它可以钩住袋子，把重量分配得更均衡。这种零售价为 3 美元的产品已经卖出了 60 万个。

不善于观察对创造是不利的，甚至可以说，谈不上进行创造。观察是创造的一个基本条件，它为创造提供方向、素材和证据。达尔文曾说过：“我既没有突出的理解力，也没有过人的机智，只是在觉察那些稍纵即逝的事物并对其进行精细观察的能力上，我可能在众人之上。”可见，观察力是进行创造所必须具备的基本能力之一。巴甫洛夫说过：“不学会观察，你就永远当不了科学家。”

影响观察能力因素：

(1)生理素质。观察离不开视觉、听觉、嗅觉、味觉和触觉等感觉器官，只有感觉器官健全，才能具有正常的观察能力。借助现代的科学仪器，如放大镜、显微镜、望远镜等，可以弥补我们感知觉器官的不足，放大我们的观察能力。

(2)知识因素。知识越丰富，观察能力越强。一个人的知识范围就是能观察到事物的范围，知识的深浅也就是能观察问题的深浅。爱因斯坦说："你能不能观察眼前的现象，取决于你运用什么样的理论。理论决定着你到底能够观察到什么。"德国诗人歌德说，"我们看到的，只是我们知道的"。

另一方面，错误的理论或传统习惯的束缚常常影响人们的观察结果。例如，在亚里士多德提出"重物比轻物先落地"以后面1800多年中，竟没有人能够发现他的错误。倒是伽利略注意观察了大、小石头从山上滚下来时大石头并非先落地的现象，经过创造性思考以后，终于推翻了亚里士多德的"理论"。石头从山上滚向山下是极为普遍的现象，很多人经常会见到，然而其中的奥秘却久久未被人们揭露，其中一个重要的原因就是对亚里士多德的崇拜，是对于他的"理论"采取了全盘接受的态度，于是人们对于类似的现象就不再仔细观察，即便是看到了一些"反常"现象也未加以留意和思考，或者虽留意了还会找一些其他理由为其"解释"，甚至还会怀疑自己观察的准确性。

(3)注意力。看不等于看见，看加上注意才等于看见。注意力就是对一定事物的指向和集中的心理活动。

(4)习惯性的、先入为主的知觉定势是影响观察结果准确性的重要因素。如图3-1如果我们不能克服先入为主的知觉定势，就很难判断这块木块是大于 $1000cm^3$，还是小于 $1000cm^3$。

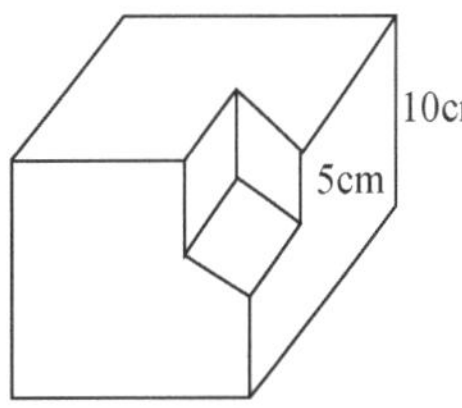

图3-1　木工师傅锯下的一块废木块

因此，为了保证观察得正确，一是要注意消除错觉的影响，注意消除先入为主而产生的知觉定势；二是要注意坚持观察的客观性、细致性、全面性和重复性，还要注意观察对象的代表性；三是应该及时注意并抓住偶然发生的意外现象，特别是被一般人容易忽略的地方更要加以仔细观察，观察时始终带着"是什么？"和"为什么？"两个问题，以提高自己的观察能力、激发自己的创造力。只有在正确思想、专业理论及创造性思维的指导下，观察才会成为创造的源泉。否则，就很难从观察中做出创造性的判断。

培养观察能力，应从以下几方面着手训练：用熟悉的眼光看熟悉的事物——不放过任何细节；用陌生的眼光看熟悉的事物——发现问题；用熟悉的眼光看陌生的事物——进行类比、联想；用陌生的眼光看陌生的事物——探索、深思。

2. 丰富的想象能力

想象是人脑在过去感知的基础上对所感知过的形象进行加工、改造，创造出新形象的心理过程。心理学研究表明，想象力是人人都有的一种能力。想象是创造的一个必要的而且是重要的因素。

想象在创造活动中的作用是极为明显的，从某种意义上讲，没有想象就不可能有创造。通过想象可以使信息产生出乎意料的、异乎寻常的新结合和新联系，想出甚至是别出心裁的事物。新、出乎意料、异乎寻常、别出心裁正是创造的本质。古往今来很多显赫的成果都是通过想象取得的。像鸟一样飞翔的飞机、不用马拉自动行走呼啸奔驰而过的车、千里眼顺风耳的电视电话、上九天揽月的航天飞行器、下五洋捉鳖的深海航行器……

具有创造性的人都一致充分肯定想象在创造中的作用。所谓开发一个人的创造力，从某种意义上说就是帮助他恢复孩童时代敢于想象、富于想象的能力。爱因斯坦十分推崇想象力，他在总结了自己的研究经验时说："想象力比知识更重要，因为知识是有限的，而想象力概括着世界上的一切，推动着进步，并且是知识的源泉。严格地说，想象力是科学的实在因素。"英国诗人雪莱说："想象是创造力"。哲学家康德强调说："想象力作为一种创造性的认识能力，是一种强大的创造力量，它从实际自然所提供的材料中，创造出第二自然。"黑格尔也说过，最杰出的艺术本领就是想象。

想象可引导出新的发现，同时，它使人看到有可能实现的前景，从而激励人们去做出新的努力，这就表现为科学研究中的导航作用和催化作用。

由此可知，一个人要开发自己的创造力，可以从培养和训练想象能力入手。那些认为只有诗人才需要想象能力的看法是片面的。从创造学的角度看，只要人们进行创造活动，就一定离不开想象。科学的想象往往是科学发展的先导。大到开普勒的行星运动三定律、拉瓦锡的氧化学说、普朗克的量子理论和魏格纳的大陆漂移说，小到对一个答案的猜估、一场轰动的演讲、一道习题的新解和一支圆珠笔的改进，无一不是以创造性想象为开路先导，任何创造发明离开了想象都会寸步难行。

培养想象能力的方法很多，其中最重要的一种即是"假如……那么……"的模式练习，比如，"假如飞机飞行能达到光的速度，那么将会……"，"假如兔子比人聪明，那么……"等等。多做这方面的练习，可以不断提高自己的想象能力。

3. 自学能力

任何创造，都是在前人已有知识和经验的基础上进行的。离开已有的知识和经验，就不可能创造出新的知识。这就要求我们必须继承和学习前人留下的宝贵知识财富。无论对于自学成才者还是对于在校学生来说，自学能力都是最基本、最重要的能力，是获得知识的重要手段。

未来世界的竞争，是围绕着知识资源的竞争而展开的，是获取或拥有知识能力的竞争，人的学习能力的竞争特别重要。20 世纪 50 年代以来，科学技术迅猛发展，知识更新周期不断缩短，人们称之为知识爆炸时代。有人估计，在 1950 年的时候人类知识的总量翻一番大概要 50 年，而到了 2020 年人类知识总量翻一番只要 73 天。因此，在科学技术迅猛发展的今天，对于创造者来说，单靠学校中老师传授的那一点知识，不是显得不太实用、太多、太繁杂，就是到使用时显得太少和不够用。所以，为了建立对于某一创造目标所需要的最佳知识结构，就不能不依靠自学。真正的创造者，因为他们要创造前人所没有的新东西，可以说无一不具备很强的自学能力。爱迪生、法拉第等虽然没有在学校正规学习过，但他们非常喜爱动手做实验，自己改装、设计和制作仪器设备。正是由于他们刻苦自学、勇于实践、勤于动手，法拉第才发现了电磁感应现象，爱迪生才能在一生中拥有一千多项发明专利。联合国教科文组织在《学无止境》的报告中指出："学会学习是今后教育改革与发展的主题"。

在知识成为最重要资本的时代，重要的是"学习怎样学习和怎样思考"，即学会学习。自学能力是学习中最重要的一种能力，当代创造性人才靠勤奋自学获得成功的比比皆是。人的一生中大部分知识是通过自学完成的，因此培养自学能力，是提高创造力的重要方式。叶圣陶曾说过：教是为了不需要教。著名科学家钱伟长也曾指出：我们必须改变那种认为只有通过老师教才能学到知识的陈旧的教育思想，要使学生从"不教不会"变成"无师自通"的人。

这些都深刻说明了培养自学能力的重要性。

在社会竞争日趋激烈的今天，任何人都只能边干边学，即通过实践学习，把学习变成工作的一部分，把工作变成学习的过程。既善于通过学习继承前人财富，又善于培养运用知识的能力，才能真正成为创造性人才。

4．进行创造性思维训练，提高思考能力

从某种意义上讲，创造力的核心是创造性思维，一个不善于进行创造性思维的人，就很难发挥自己的创造力。作为一个创造者不仅应有较好的思考能力，也应养成勤于思考的习惯。

物理学家卢瑟福有一次问他的一个学生："你今天上午准备做什么？"学生回答："做实验。"又问："下午呢？"答："做实验。"再问；"晚上做什么？"学生仍旧回答："做实验。"卢瑟福遂不满地问道："你整天都做实验，那么你用什么时间来思考呢？"这件事告诉人们，要很好地进行创造，必须要有专门时间进行思考。不善于思考就不可能把学到的知识进行消化，就不可能发现问题，当然就谈不上会有更多的想象和创造了。爱尔兰作家萧伯纳(G．B．Shaw)曾说："难得有人一年会思考二三次以上，我则因一星期思考一两次而博得了国际声誉。"由此可知思考的重要作用。

5．操作能力

如果有了新颖的观念、思想，但没有把它们转化成现实的新成果，也只是纸上谈兵，也构不成一个成功的创造。由创造性思维成果(观念、设想)转变成实际的物质产品的过程是一个物化过程，需要一定的技术和技能，即通过操作能力来实现。所谓的操作是指按照一定的程序和技术要求完成一系列动作的活动过程。操作能力也称动手能力，如科学家应该具有进行科学研究、开展科学试验和撰写科学论文的能力；工程技术人员应该具有使用设计工具进行设计和使用仪器设备进行检测试验的能力；从事音乐创作的人应该具有一定的作曲、演奏的技能……总而言之，无论从事何种行业，都应该具有一定的操作能力，对于创造者更是如此。李政道博士曾经说过，动手能力是创造发明者所必备的基本素质。

心理学家发现，动手能活跃思维、启发思维，使大脑清醒，提高意识功能，促进注意力集中等作用。操作能帮助我们发现问题、分析问题，激发解决问题的新思路。在我们的日常生活中常常会发生这样的事情，面对一个问题，任凭你怎样冥思苦想仍不得其解。但是，如果动手画画、写写、拆拆、摸摸、装装、试试，偶然间就会发现解决问题的办法。如果单靠脑子是很难同时思考两个问题的，但是，操作却可以使我们同时考虑各种不同的情况，不同的问题。所以，通过操作可以帮助我们综合不同的情况，发现不同信息间的新联结，产生新的观念。苏联教育学家苏霍姆林在谈到手与脑之间的互动作用时说："手使脑得到发展，使它更加聪明。脑使手得到发展，使它变成创造的、聪明的工具，变成思维的工具和镜子。"通过操作使智力得到物化，得到创造的实际成果。同时，通过操作来检验创造构思的正确性，及时发现创造中不符合实际的问题，修正创造构思，保证创造的成功。高超的操作能力是优秀创造者所必须具备的基本功。

1982年，澳大利亚的作家和企业家辛迪·开普兰在《创造力的配方——唤醒你的商业创造意识》中写道：对于创造而言，观念和心态像天赋和智力一样同等重要。那些头脑里总是充满奇思妙想的人和那些真正把它们付诸实践的人有很大的不同。现实生活中，有很多人想法很多，但只想不做，因而有大成就的人不多。真正有创造力的人是那些实践者，是那些将自己的想法变成现实的人，是那些做事的人。他们作画、写书、发现、发明、制造奇迹等。他们凭借自己独特的才能为自己打造各种充满激情和诗意的生活。

操作能力是非常重要的智力因素，是智力外显和实现的基本途径，在创造活动中起着关键的作用。创造者要注意养成自己动手计算数据、绘制图形、修理和制作各种仪器设备的习惯，在实践中培养、增强自己的动手能力。

三、培养创造性人格，提升创造能力

人格在心理学上亦称个性，是指一个人稳定的心理品质。包括两个方面，即人格倾向性和人格心理特征。前者包括人的需要、动机、兴趣和信念等，决定着人对现实的态度、趋向和选择；后者包括人的能力、气质和性格，决定着人的行为方式上的个人特征。总体上说，每一个人都有区别于他人的个性特征。如有的人坚毅果敢，有的人优柔寡断；有的人热情开朗，有的人冷漠孤僻；有的人思维敏捷，有的人反应迟钝等。人格差异是先天遗传因素和后天生活、学习、锻炼及环境因素共同作用的结果。

创造性人格就是创造者的各种心理品质的总合。爱因斯坦说："科学上的成就，在很大程度上取决于人格的伟大。"大量事实表明，创造力的开发与个体的人格因素关系极为密切。从某种意义上讲，特别是在一些关键性时刻，有些人格因素的重要性并不低于知识因素和能力因素。

人格因素是个体创造力潜能发挥的重要前提。只有具备某些重要的创造性的人格特征，人才可能完成超越一般的创造性成果。著名心理学家马斯洛分析说，伟大的天才及其作品不仅要有思想的闪光、新颖的智慧、高峰体验等公认的观念力量，还要有完善整合的内在人格、艰苦训练与劳作毅力、经受逆境与误解的能力。他们的创造力不仅体现在科学、艺术、哲学、宗教方面，而且也体现在社交、工艺、教育、管理、技术等方面，他们通常能够在众多领域中贡献自己的新思想和新创意。

在《自我实现的人》一书中，马斯洛分析说："在创造力的激发阶段，创造者忘记了自己的过去和未来，只生活在此时此刻，他完全沉浸、陶醉和专注于现在的时刻和眼前的情形，倾心于现在的问题。"这种"专注于此刻"的能力是任何一种创造必不可少的前提。

爱因斯坦曾这样评价居里夫人，他说："第一流人物对于时代和历史过程的意义，在其道德品质方面，也许比单纯的才智成就方面还要大。"其实，这个评价也适合于一切创造者，他们不仅在用自己的创造性"作品"服务社会，而且也在用他们闪光的人格和独有的精神品德鼓舞人。

作为一个创造者，要以拥有无穷的创造力和养成良好的创造性人格为目标，不断增强自身有利于创造的人格因素，抑制和消除阻碍创造的人格因素。下面我们首先分析高创造力人才所具有的人格特征，体会他们的人生感悟，继而培养自己的创造性人格。

（一）高创造力人才的人格特征

不同类型、不同领域的创造者，其创造性人格特征是有不同的。那么，高创造力者具有什么样的人格特征呢？不同的研究者从不同的角度研究了各类创造者的人格特征，提出了自己的看法。艺术家说有创意的艺术家是愿意冒风险的人，愿意不计危险后果坚持做下去的人；工商人士说有创意的人是那些躲开大多数思考陷阱的人；哲学家认为有创意的人从来不自动接受所谓已经"被接受"的原则；物理学家却强调质疑大家所接受基本原则的重要性。同时也研究了在各类高创造力的人身上所共有的人格特征。下面，我们概要介绍一些心理学家和创造学家在创造性人格方面的一些研究成果。

美国学者特曼早在1921～1923年间就曾从25万学龄儿童中选出高智商的1528人(其中男生857人、女生671人)作为对象，研究、探索他们的成才规律。这一探索一直延续到1972年，中途因特曼逝世而由其他美国心理学家继续进行。最后，研究者对这些儿童天才人物中150名最成功者和150名最不成功者进行了比较研究和分析，发现两者在智力程度上并没有什么不同，其差别主要是在非智力的人格因素上。那些取得高成就的人，均具有良好的个性心理品质，如自信、毅力、努力和热情等。

德国的创造教育家海纳特在《创造力》一书中，概括了众多研究结果，提出高创造力人才应具备以下个性特征：

(1)不受利己主义干扰，即不竭力追求强权、威望和功绩。克服自身有意识和无意识障碍，是产生创造行为不可缺少的和最重要的前提。利己主义会导致过强的自我意识，竭力追求强权威望和功绩。争夺权力、追求名望、畏惧他人、害怕威望受到哪怕最微不足道的损失，这些因素的共同作用可能变成扼杀思想的力量。

(2)不受冲突、畏惧和强迫的干扰，即敢坚持真理，不怕冒风险。为了给创造力的发展铺平道路，必须克服冲突、畏惧和顾忌的干扰，这也是发挥创造力的重要前提。担心自己让人失望、怕冒风险、不敢坚持真理、害怕公众舆论的压力是畏惧心理的通常表现。

(3)不受紧张刺激的干扰。在紧张刺激的情况下，一个人由于受到的挑战过于强大，常常会迫于压力而做出妨碍创造力的反应。

(4)减少不必要信息的输入，即克服不必要信息的干扰，专心于自己的事业。在现代，人被各种各样的传播工具所包围，无穷无尽的信息使深刻的思想化为乌有。英国广播公司的调查表明，过多地看电视会产生如下值得警惕的伴随现象：自信心减弱、人与人之间的交往迅速减少以及创造力被毁灭。因此，一个有志于创造的人也要注意保护自己免受信息泛滥的干扰，并学会对众多的“诱惑”说不。

(5)与集体协作对话。必须树立这样一种思想，即创造性活动需要彼此对话和交流。

(6)自我与对象的统一。把解决问题作为动机和动力，为此而忘我工作，直至将问题同自我视为统一。

(7)扩展个性，将发散思维与收敛思维综合地加以运用。

吉尔福德(Guilford，1959)对创造性个体的人格特征进行了深入的研究，结果表明高创造力的人有以下个性特征：①有高度的自觉性和独立性，不肯雷同；②有旺盛的求知欲；③有强烈的好奇心，对事物的机理有深究的动机；④知识面广，善于观察；⑤工作中讲求条理性、准确性与严格性；⑥有丰富的想象力、敏锐的直觉、喜好抽象思维，对智力活动与游戏有广泛兴趣；⑦富有幽默感，表现出卓越的文艺天赋；⑧意志品质出众，能排除外界干扰，长时间地专注于某个感兴趣的问题之中。他认为才能中的创造性是最重要的因素，其他因素有：需要方面的认知需求、兴趣方面的趋向、态度方面的坚持性等，各种因素之间有机联系，互相作用促成了真正的创造行为。

1962年，心理学家托兰斯在分析了大量的研究案例的基础上制作了一个包含有84种人格特征的量表，以测定一个人的创造性个性品质。他指出，一个高创造力的人应该是利他主义的、精力旺盛的、刻苦勤勉的、百折不挠的、自我肯定的和多才多艺的。同时他们易于受到神秘难解事物的吸引，蔑视常规，独立判断与思考，有怪癖，好极端，有时甚至是遇事不满的、喜欢挑剔的、爱犯错误的等。他们有敏锐的感受力和独立自主性。

同年，玛丽·亨纳尔总结说，要获得创造性的成果，一个人首先需要有感受性。她说：

“我们并不能靠寻找而得到创造性观念。但是如果我们不去感受它们，它们也不会出现。换句话讲，创造性观念并不处于我们随心所欲地控制之中，它要求我们具备某种态度。”“感受”包括脱离日常关心的事务、不抱有特别期望而要留心于所出现的念头。感受性要求思想意识要积极主动地迎接它们。第二个条件是做到主观上专心致志。专心致志不仅能使我们得到想得到的材料，而且还能使我们理解问题的困难所在。最后，要具备发现正确答案的能力、从错误中获得有益教训的能力以及一种超然的热诚。创造活动似乎既需要热情又需要一定程度的超脱。

1963年，心理学家弗兰克·巴伦指出，独创性对于具有高创造力的人来说几乎就是一种习惯。他在《独创性的气质》和《对秩序与不规则的追求》等著作中对高创造力的人的人格特征提出了如下五条假设：

(1)他们喜欢复杂的和某种程度上显得不均衡的现象。

(2)他们有更为复杂的心理动力和更广阔的个人视野。

(3)他们在做出判断方面有更大的独立性。

(4)他们更坚持己见和具有支配权，这里的支配权是指“追求一种不仅仅对其他人也对一切经验的个人控制权”。

(5)他们拒绝把抑制作为一种控制冲动的机制。因为独创性“在最少压抑的情况下以及在最高整体利益容许某些规范被打破的情况下就会活跃和兴盛起来”。

他还在《想象心理学》一书中总结出高创造力的人所具有的个性特征：

第一，敏于观察，比别人更重视准确、能说明真理的观察。

第二，常常表达部分真理，但方式是生动的，他们表达的部分真理，通常是未被重视的，他们以重点或者不均衡陈述的方法来指明那些往往被人忽视的事实。

第三，他们对事实的看法和感受有时与常人相同，有时异于常人。因此，他们除了看到别人也看到的事物以外还能看到别人没有看到的事物。

第四，他们有更强的能力同时抓住许多概念，并对它们进行比较，从而做出更丰富的综合。

第五，他们禀赋异常，精力充沛，身心健旺，因而经常受到自身才能和自身评价的激励。

1982年，澳大利亚的作家和企业家辛迪·开普兰在《创造力的配方——唤醒你的商业创造意识》中总结说，有高度创造力的人一般具有如下品质：

(1)敢于冒险。

(2)做好失败的心理准备。

(3)愿意琢磨一些新奇的想法。

(4)以一种平常心对待错误。

(5)乐在其中。

(6)有持之以恒、愈挫愈奋的精神。

她说，对于创造而言，观念和心态像天赋和智力一样同等重要。那些头脑里总是充满奇思妙想的人和那些真正把它们付诸实践的人有很大的不同。现实生活中，有很多人想法很多，但只想不做，因而有大成就的人不多。真正有创造力的人是那些实践者，是那些将自己的想法变成现实的人，是那些做事的人。他们作画、写书、发现、发明、制造奇迹等。他们凭借自己独特的才能为自己打造各种充满激情和诗意的生活。

1985年，心理学家罗伯·史登堡博士通过一项研究分析指出，高创造力的人最主要的特质是：

(1)去作别人认为做不到的事情，即敢于向一切不可能性挑战。

(2)不顺从别人，有自己的独立见解。不附和别人的做法，不盲从别人很可能会使自己变成别人的笑柄，但是要做一个有创造性的人，就一定要冒这个险。因此，高创造力者多是敢于“冒险”的人。

(3)不按常理出牌。

(4)质疑社会规范、道理和假设。

(5)愿意表明立场。一个高创造力的人名须表明自己的立场，他不但愿意而且要坚持去克服障碍，还要有勇气为他的理想挺身而出，即使这样被别人耻笑也在所不惜。

对于创造者的人格特征，一些科学家、发明家和企业家还结合自己在某些学科和领域的研究经验提出自己的看法。

1999 年，著名物理学家丁肇中在北京大学的一次演讲中说：“我所经历的 20 世纪的物理学可凝练成四个小故事，每个故事都有各自的结论——‘永远对自己充满信心’，‘不要盲从专家的结论’，‘对意外现象要有准备’，‘要有好奇心，对你所做的事情感兴趣，并为之努力奋斗’。”这 4 个结论都与创造性的人格因素有关。

爱因斯坦回忆说，“我有时自问，怎么偏偏是我创立了相对论呢？我认为其原因如下：一个正常的成年人不见得会去思考空间和时间问题，他会认为这个问题在孩童时代就搞清楚了。我则正相反，智力发展很慢，成年以后才开始思考空间和时间问题。很显然，我对这个问题比儿童时期发育正常的人想得更深。”“我认为，马赫的真正伟大，就在于他的坚不可摧的怀疑态度和独立性。在我年轻的时候，马赫的认识论对我有过很大的影响。”他回忆说：“由于读了通俗的科学书籍，我很快就相信，《圣经》里的故事有许多不可能是真实的。其结果就是一种真正狂热的自由思想，并且交织着这样一种印象：国家是故意用谎言来欺骗青年人的。这是一种令人目瞪口呆的印象。这种经验引起我对所有权威的怀疑，对任何社会环境里都存在的信念完全抱一种怀疑的态度。”

俄国作家列夫·托尔斯泰以自己的亲身体验总结说，天才是十分之一的灵感和十分之九的血汗；受苦和牺牲永远是思想家与艺术家的命运。法国作家罗曼·罗兰认为：“天才的使命是创造，而要依着内心的法则创造一个崭新的世界，自己必须全身心地整个儿生活在里面。一个艺术家决不嫌太孤独；有些不幸的天才缺乏表现力，他们把深思默想得来的秘密都带到了坟墓中。”

日本创造学家高桥浩从高创造力呈现的角度概括了创造者的人格特征，它们是：

(1)具有某种类型的强烈的发现问题的意识。所谓发现问题的意识，是指不停顿地思索对某事物“总应当干点什么”的念头，“到某日某时仍解决不了此问题，公司就要垮台”的焦虑，或者具有“压根儿就是个思考迷”，“把改进某事物或把对某书物做些新改进视为乐趣”的素质。其他诸如总想反复推敲某人的念头、反抗精神摆脱老一套的思考问题的框框等，也可以认为是发现问题的意识。顽强地坚持这种发现问题意识的人，才可能开动脑筋提出创造性的构想。

(2)灵活性。那些思想执拗、顽固、缺乏随机应变的素质和生活态度的人是很难推出新思想的；反之，高创造力的人具有机动灵活性，他们常常采取与众不同的思维途径，使具有特定功能的物品和观念派上其他用场。

(3)勤于动脑。有创造力的人每天都在思索着什么，头脑一直处于兴奋状态。

(4)很注意材料的收集和活用。

我国研究者周昌忠认为创造性的特征有：①勇敢，敢于对公认的东西表示怀疑；②甘愿冒险；③富有幽默感，对饶有趣味的事物很敏感；④独立性强；⑤有恒心；⑥一丝不苟。

我国学者张庆林根据众多的研究结果总结出高创造力者具有以下 8 个方面的个性品质：①求知欲强，喜欢接受各种新事物；②想象力丰富，富于幻想；③好孤独，全身心投入所从事的事业中；④对未知东西有强烈的好奇心，敢于探索，渴望发现，不满足于已有的结论；⑤坚忍不拔，执著追求，深深理解自己行为的价值；⑥独立自信，不从众，不轻易相信别人的看法；⑦自制力强，能克服困难达到成功为目的，并在此过程中体验到快乐；⑧反叛，不顺从。

一般来说，高创造力的人自信、独立性强，勇敢、敢于冒险，具有好奇心，勤奋有毅力，有理想抱负，不轻易听从他人的意见，对于复杂奇怪的事物感到一种魅力，而且有艺术上的审美观和幽默感，他们的兴趣既广泛又专一。

应该指出，把高创造力的人的人格特征绝对化是不恰当的，有些对立的特征往往会反映在同一个体身上，如既内向又外向，既聪慧又天真，既谦虚又傲慢，既极端又现实，既超前又保守。一些有自信、有抱负的创造者，可能存在自大、敌意、霸道、傲慢的个性，具有强烈的独立意识，表现出不合作和孤独的特点。创造者应在尽力放大自己优势的同时，不断用情感智力梳理自己，努力完善理想个性，修炼成熟的个性品质。在某种意义上，可以这样讲，你修炼出了这些理想人格，你同时也就开发了自己的创造力。

(二)培养自己的创造性人格

从高创造力的人才所具有的人格特征可以看出，创造性人格对于个体的创造潜力开发具有十分重要的作用。与创造力开发最为密切的人格因素有自信、质疑、勇敢、勤奋、热情、紧迫感、好奇心、兴趣、情感和动机等。要培养自己的创造性人格，你首先得端正态度，认清自己的个性，并培养自己不向任何困难和挫折屈服的坚韧毅力。

1. 确立积极向上的创造动机

任何意志行动总是有一定的动机所引起的。所谓动机，是指激起一个人去行动或者抑制这个行动的一种意图、打算或心理上的冲动。动机分为外在动机和内在动机两种。外在动机是指个体在外在刺激、外在力的作用下所产生的动机，例如获得奖励、奖赏、升迁、社会上的名誉地位以及其他受到他人认同的形态等。内在动机包括信仰、理想、贪婪与虚荣心、兴趣、爱好等。外在动机是由内在动机所决定的，如虚荣心愈强的人，愈想得到别人的赞赏、名誉地位，因而愈加努力。信仰和理想是为了自我实现的需要所产生的动机，这种动机往往会引导人们为人类做出伟大的贡献。

创造动机，就是推动人进行创造活动的动机，它是从事创造活动的发动机。要开发创造力潜能，真正做出创造性的成果，一个人必须要有很强的创造动机才行。

虽然一个经常打算创造的人不一定都能有创造的成果，但是，从来都不打算创造(即没有创造动机)的人则可以肯定他什么也创造不出来。所以，创造动机非常重要。从心理学角度来看，对没有创造动机的人是难以开发其创造力的。一个人要保持创造的动机，就应该经常问自己有关创造方面的问题，只有长期沉浸于这种心理状态之中，他才会在时机一旦成熟时即顺利地进入创造境界。

在众多科学家、发明家和企业家的传记中，我们发现，他们都是很有活力、目标明确的人，他们为了实现自己的人生目标排除万难、自强不息。他们的创造动机既有外在的，如金钱、地位、名誉；也有内在的，如自我实现、自我挑战等。所有这些动机使他们能够专注于自己的工作，最终取得丰硕的创造性成果。在科学研究领域中，他们研究成果比别人多；在工业领域中，他们发明的东西比别人多，经营的事业比别人兴旺。爱因斯坦最著名的作品是关于相对论的论文，此外，他还发表了 248 篇论文，出版了《科学的进化》等一批专著。托马斯·爱迪生给自己确立了 10 天一项小发明，半年一项大发明的目标，以此来保持创造力。他一生中共获得 1093 项专利。

追求卓越是创造者在观念上和行动上坚持把事情做得更好的品质，创造者只有坚持追求卓越，才能实现奉献人类的理想。这是创造者创造动机的体现。即使在很平常的工作岗位上，因为有了强烈的创造动机，也可能会做出创造性效果来。例如，在东京的迪斯尼乐园，曾经有一些有很强创造动机的打扫厕所的青年工人，他们竟然想出把打扫卫生当作一项艺术表演的创意进行“表演”，这种“表演”居然吸引了不少游客。时间一长，到该迪斯尼乐园来游玩的人便把观看青年工人打扫厕所作为一个“节目”对待了。

心理学家艾曼贝尔曾系统研究过个人动机(分为外在动机和内在动机)与创造力的相关性。他发现，外在动机有时会摧毁创造力，而内在动机则相反。一个受外在动机支配的人，往往过度关注回报，结果常常放弃对风险的尝试。而恰恰在回避风险的同时，一个人也可能错失了做出原创性科学成果的机会。相反，如果一个人的功利心不是太强，他就会专注于探索，不断地尝试新的想法，他的创造力潜能就会得到很大发挥，他做出原创性成果的可能性也就会大大提高。也就是说，内在动机更有利于个体创造活动的产生和创造力的发挥和发展。

因此，创造者树立正确的世界观、人生观、价值观和造福社会的崇高理想对培养自己内在的创造动机有着重要的意义。

但是，强调内在动机并不意味着外在激励没有任何意义。不同领域不同类型的创造者，其创造动机侧重有所不同。科学家的研究与社会大众的联系往往不直接，许多课题来自于理论和实验的需要，对社会的影响也多是间接的，因而他们的创造动机也多出自内在动机的需要，如兴趣、爱好和好奇心、自我实现等。

发明家和企业家则不然，他们必须首先考虑其创造成果能否推向社会成为商品。什么赚钱，创造发明什么，外在创造动机起的作用较大。美国著名发明家 W.E.考克，曾获得 235 项发明专利，当问他为什么发明时，他谈到三个理由：金钱、地位和帮助他人。

追求金钱和财富也并不是什么不好的动机，问题是不能仅仅满足于金钱。安·哈特利是一名理财方面的顾问，她在《无忧无虑》一书中写道，由于受童年所接受的教化系统的潜移默化的影响，我们很多人对金钱和成功有一种错误的认识。人们常对我们说：“别想美事了”“你做不到”“钱不是书上长出来的”，所有这些话都暗示了对金钱和前程的一种消极态度。如果你不想做到最好，那你就永远也做不到最好。如果相信自己能做到最好，我们就有可能做到最好。

作家夏洛蒂·肯德勒在《最大的诱惑》一书中，对一些成功人士进行了专访，他总结说：“对所有这些成功的人来说，生活中最大的诱惑就是工作。”在这些成功者看来，“生活有了目标，运气就会随之而来”。“你心中要拥有一个梦想，这样你早晨才能起床。”

有些心理学家认为，具有创造力的人总认为自己有创造力，而缺乏创造力的人则总认为自己缺乏创造力，此话当然正确。然而，从开发创造力的角度来说，作者认为这话最好是反过来去加以理解。即：认为自己具有创造力的人实际上常具有创造力，而认为自己缺乏创造力的人则在实际上常常缺乏创造力。其原因十分简单，因为人人都有创造的潜力，认为并相信自己有创造力的人一定会想方设法去开发它，所以在实际生活中就表现出具有创造力；相反，认为自己缺乏创造力的人其实是对创造力的一种曲解，在这种错误思想指导下就不可能主动地开发自己的创造潜力，因而在实际生活中常常显得缺乏创造力。由此可见，每个人都应该相信自己确实具有创造潜力并想方设法地去开发它。有了这样的创造动机，一个人的创造才能就一定会显露出来，也就一定会在创造的道路上有所作为。

2. 自信、坚忍不拔的毅力

所谓自信，是指人们对于自己的能力、才智、力量作出充分评估时的一种自我心理体验，是人们根据主客观条件的分析对自己的主观能动性的恰当肯定。

具有创造能力的人往往具有很强的自信心。国外一家石油公司发现其研究人员中有些极富创造力，有些则创新意识淡薄。于是公司请来一批心理学家，探其原因。经过 3 个月的分析研究，心理学家得出了一个既寻常也不寻常的结论，富有创造力者认为自己创造力强。而那些缺乏创造力者都认为自己本来在创新方面就属无能。两者的最大差别仅仅在于有无自信心。

教育心理学家尼思•哈伍德比较了创造成果高和低的两组年轻的科学家，结果发现前一组表现了相当高的自信和对抗“社会压力”的能力。后一组经常试图在周围人中建立良好印象，表现出相对较低的自信水平。

这种自信的效应，在“皮格马利翁效应”中表现得淋漓尽致——美国心理学家罗森塔尔和雅各布森曾在一所中学做的一个著名的实验，他们在一个班级进行了智力测验，然后将根据学生名单随机地抽取的 20%的学生名字抄出并告知班主任和任课教师，说这些学生是有潜力的，经过学习肯定会大有长进，结果果然如此。一学年下来，这部分学生的确获得比班里其他同学更为显著的进步。

为什么会有这种现象呢？显然，教师接受了心理学家们的暗示，对这部分学生抱有特殊的希望。教师的这种关怀期望通过各种方式与途径潜移默化地感染、影响了学生，转化成为充分肯定自己、激发上进的自信心和力求实现志向的渴望与行动，因而获得了较大进步。

在创造中，有的人之所以陷入各种困境，缺乏自信，原因就在于他们怀疑自己的创造力，不敢坚持走自己的路。也就是说缺乏创造的自信心。自信的反面就是自卑，缺乏创造的自信心主要表现为，怀疑自己的创造力、胆怯、害怕批评、从众心理和迷信权威等心理定势。

只有你克服了恐惧，只有当你真正有了自信心时，你会发现并感受到自己的力量和潜能。恐惧是什么？恐惧是自我约束。当你的自信心放大时，各种恐惧就会萎缩和不复存在。天生我才必有用，一个人只要不用别人的眼光、大众化的视角审视自己，不从众、不迷信权威，就会发现自己的潜力和可爱之处。接受和正视自己是一切成功人才最宝贵的经验。矮个子邓亚萍，如果仅仅以教练和他人的眼光看自己，这辈子恐怕就不会有人知道她是否有赢得奥运金牌的潜能和实力。她 5 岁时，就颇为自豪地进入市少年体校练起了乒乓球，而与她同龄的小朋友这时候都还在幼儿园大班里玩耍嬉戏。小学二年级时，邓亚萍参加了省少年乒乓球集训队。然而，在集训队，她遇到的却是省队教练们失望与惋惜的目光，他们认为她身材太矮，没有发展前途。面对现实，邓亚萍没有气馁，她认识到个子矮、手臂短这些天生的缺陷虽然无法改变，但如果她比别人多吃苦，多受累，下工夫，练出自己的特长和绝招来，也一定会取得成功。在这种坚定信念的支配下，她勤学苦练，最终在世界体坛上获得了多项世界大赛的冠军，并赢得了国际奥委会主席萨马兰奇先生的赞许。世界著名的心理学家钱德勒在《战胜自卑》一书中指出，一个人生活的热情来自于他对生活意义的把握和理解，来自于对生活的态度和对自己的认识。面对现实，接纳你自己，你就会获得自信，就会创造一个属于你的奇迹。

美国保险业怪才克里蒙•斯通是一位专门为人传授成功道理的哲学家。他成功的奥秘是一种叫做“肯定人生观”或“积极人生观”的东西。他信奉的座右铭是：“如果你做了，没有损失，还可能有大收获，那就动手去做。”“马上就做！”

童年时期，他曾卖报贴补家里的生活。卖报纸可不是个好差事，必须克服许多困难。有家餐馆把他赶出来好几次，他还是一再地溜进去，而且手里拿的报纸更多。尽管他的屁股被踢痛了，口袋里却装满了钱。斯通成年以后，总是喜欢从过去的经验里寻找一些可以利用的东西。“哪一点我做对了呢？哪一点我做错了呢？下次我该怎样处理同样的情形呢？”他一生中都在问这样的问题。渐渐地，他找到一套引导性的座右铭，一套简短有力的指示，一套应对个人问题和商业困境的成功之道。

当他开始推销保险业务时，当年卖报纸的遭遇重现在他的眼前，于是他站在将要去推销业务的大楼外的人行道上，一面发抖，一面默念自己的座右铭：“如果你做了，没有损失，还可能有大收获，那就动手去做。”“马上就做！”于是，他走进了大楼。心里想：如果他被踢出来，他就像当年卖报纸一样，再不屈不挠地进去。结果，他没有被踢出来。大楼里的每一间办公室，他都去了。他的脑海里一直想着那句话：“马上就做！”虽然那天，只有两个人向他买了保险，从推销数量上说，他是失败的，但是在了解自己和推销术方面，他的收获可不小。他发现自己“行”，也发现立即投入“战斗”的积极效应。

有人问比尔•盖茨：“成功的秘诀究竟是什么？”盖茨回答说：“不愿付出就想成功，是不可能的事；小付出、小努力也不会成功的；加倍努力，双倍努力也不够，要三倍甚至十几倍，只要你比任何竞争对手都努力，你就会非常自信，你就一定会超过所有竞争对手，迈向成功的巅峰。”为确保成功，要充分认识自己的长处和不足，对自己的经验和知识、信息资源进行合理的配置，努力学习，依靠坚强的毅力，始终发扬开拓精神，在思想观上突破传统的思维定势，做出最大贡献。法国文学家巴尔扎克说：“勇气是成功的一半，而毅力是成功的另一半”。毅力具有百折不挠、勇往直前、永不半途而废的特点。爱迪生认为：“伟大人物最明显的标志就是坚强的意志，不管环境变化到何种地步，他的初衷与希望仍不会有丝毫的变化，并最终克服障碍达到期望的目的。”爱迪生为了发明电灯，光是寻找一种合适的灯丝，前后就曾试验了6000多种材料，而灯丝只不过是电灯里许多部件中的一个，如若没有顽强的毅力，爱迪生是绝对不会取得成功的。再如，诺贝尔奖获得者美国科学家科吉耶曼为了研究下丘脑激素用了35年，经过27万次的试验，忍受了无数的耻辱痛苦，最后取得了成功。

进行创造性工作就像闯迷宫，有路可循，但你却不知道它最终通向哪儿。你付出的努力越多，你离迷宫的出口越近。黎明前的一段时间是最黑暗的。一位成功人士说：“你越是接近绝望的境地，你离迷宫的出口也就越近，所以切不可以半途而废。毅力是所有天分中最重要的。在你力所能及的范围内将事情做到最好，尤其要戒掉嫉妒心。学会以虚心的态度欣赏别人的才华。我乐于与别人合作，但即使在合作中也力争保持自己的独立性、独立的个性和思考问题的能力与工作方法。”

一个人如果没有坚韧不拔的毅力，就很难开发出自己的创造力。比如，人类第一次发现烈性炸药硝酸甘油的是意大利化学家索布雷罗，1846年，索布雷罗偶然将制造肥皂的副产品甘油和浓硫酸混合在一起，得到了一种烈性炸药，但就在他刚意识到发现了什么的时候，突然的爆炸差点使他丧命，于是他退缩了，对于这一发现便不再问津。18 年后的 1864 年，试验中，诺贝尔父亲的实验室发生爆炸，他的弟弟和四名助手被炸死，房屋被毁，诺贝尔没有被这些吓倒，却凭着顽强的毅力继续实验，相继发明了雷管、黄色炸药、无烟炸药等并获得一系列专利，终于取得了伟大成功。

在创造中，常常是谁能坚持到最后一步，谁就可能发现一条畅通的道路，谁就会取得成功。

3. 勇于反思、质疑、发现问题的探索精神

大文豪巴尔扎克有句名言："打开一切科学的钥匙都毫无异议的是问号，我们大部分的伟大发现都应归功于'如何'，而生活的智慧大概就在于逢事都问个'为什么'。"古人就曾提倡"学贵有疑"，"勇于质疑"，"疑则有进"。也就是说，有疑则是发现矛盾，释疑则是探索解决矛盾的途径和方法。求异是创造性思维品质的重要特征。只有敢于求异，向权威和传统挑战，社会才会向前发展，历史才能进步。从一定意义上说，无疑就无发现，无异就无新。置疑和求异是培养人创造性人格，从而进行创造性劳动的出发点。陶行知曾形象地讲述："发明千千万万，起点是一问。人力胜天工，只在每事问。""我有八位好朋友，肯把万事指导我，你若想问真姓名，名字不同都姓何：何事、何故、何人、何如、何时、何地、何去，好像弟弟和哥哥。还有一个西洋派，姓名颠倒叫几何，若向八贤常指教，虽是笨人不会错。"

在创造活动中，没有怀疑精神和挑战精神，就不可能产生创造的落点，更不可能有突破。古往今来，凡是有重大突破的创造者，都是从怀疑开始，最后挣脱传统观念的束缚而获得巨大成功的。近代自然科学的奠基人伽利略，对亚里士多德的自由落体速度的学说提出怀疑，发现了惯性定理，从而为牛顿完成经典力学体系奠定了"逻辑的和历史的起点"。过去外国学者认定陆相地层不可能有大油田，而我国地质学家李四光不信这个邪，向这种传统的理论挑战，结果发现世界罕见的大庆油田。怀疑是从已知通向未知的大门，创造者应当大胆而又理智地用怀疑的目光去搜寻创造的突破口。这是创造活动的前奏曲。

巴甫格夫曾说："怀疑，是发现的设想，是探索的动力，是创造的前提。"创造力强的人尊重的是事实而不是权威，对传统见解、权威结论或他人观点常具有质疑精神。

蒸汽机车车轮的发明，就是史蒂芬森"喜欢质疑"的一例。1804 年，世界上第一辆沿铁轨行驶的蒸汽机车在英国诞生。创造者是 33 岁的机械技术专家持里维西克。他制造的机车依靠齿轮啮合轨道前进，运行时发出"吱吱"的声音，而且速度不快，很难投入使用。当时年仅 23 岁的史蒂芬森是个喜欢发明的司炉工，他做了许多试验，想找个办法提高机车的速度，但总不见效。当时的专家们一致认为，机车在铁轨上前进，要想不打滑或者脱轨，就必须通过齿轮和轨道啮合。受此理论的影响，史蒂芬森做试验时都安着齿轮。然而，不论他采用什么方法，车速都提不高。几年的光阴过去了，他开始怀疑起来，"莫非专家们的话有错误？"一天，他横下心把齿轮取下来试验。结果，令人惊奇的事出现了，机车飞快地奔向前方，车速一下子提高了 5 至 10 倍，车轮既没有打滑也没有脱轨，而且还消除了吱吱的响声，无齿轮机车车轮终于成功了。

据说牛顿曾请瓦匠砌围墙，要求在墙上开一大一小两个猫洞，好让大猫小猫分别从各自的洞中穿行。但瓦匠觉得开两个洞很不美观，只开了一个大洞。牛顿很不满意。瓦匠说，小猫也可以从大洞进出。牛顿这才恍然大悟。瓦匠的做法可以说是尊重事实而不是权威，是喜欢质疑的"典范"。

不敢质疑的具体表现：

1）迷信权威不敢质疑

迷信权威的具体表现为，认为领导、专家的话一定比自己高明，对领导、专家做出的判断和他使用的方法深信不疑，往往作为真理全部接受下来，不敢轻易发表自己的意见。这就是过分迷信权威而产生的自卑感，从而抑制创造的火花。实际上，即使是科学界的泰斗也难免会在判断上发生错误。牛顿在关于透镜色散问题的研究上就出现了错误，牛顿选择的玻璃折射率正好与水的折射率相等，因而观察不到原先所预料的偏差。玻尔认为β衰变中能量不守恒的观点被中微子的发现所否认。认识到这一点能增强你创造的自信心。在这种场合你不妨在心里做一下自我暗示，专家意见可能是错的，我的意见说不定就比他高明。

不惧怕权威、不迷信权威，敢于质疑，这是提高和发挥自己创造力的关键因素。人们在探讨犹太人何以在世界上比起其他民族能够取得更大的成就、获得巨大成功的秘诀时发现，犹太人成功的秘诀之一就是其反权威主义的民族性。公元70年，犹太人的祖国被毁灭，此后一直到1948年才建立了自己的国家——以色列，在这段漫长的时间里，犹太人一直没有自己的国土，他们流散到世界各地，过着寄人篱下的生活，常常遭到迫害，这种迫害造就了犹太人思想的反叛精神，产生了犹太人反权威主义的民族性。正是这种不重视权威、不迷信权威、不惧怕权威的性格，才产生了社会改革家卡尔·马克思、科学家爱因斯坦、心理学家弗罗伊德等伟大的人物。

2）胆怯、害怕批评和从众心理，而不敢质疑

人人都有创造力，这是不可否认的事实。只要用心去思考，便能使创造开花结果。但有些人常常因为怀疑自己的创造能力，常常考虑自己的意见是否已达到了一定的水准，常常想到别人对此会怎么想，常常觉得别人肯定对此会说三道四、横加批评，从而在临发表意见的阶段，仍然犹豫不决，不敢提出自己的想法和成果，这岂不是功亏一篑？莎士比亚说过：怀疑，可以说是最大的背叛者，只要实行，便有成功的希望，然而一般人因为唯恐失败而怯于实行。因为胆怯、害怕批评，害怕自己被他人认为是傻瓜、笨蛋，害怕自己被他人说成是白日做梦、狂想者，所以，在表示意见时只敢同意他人的意见，说自己想法和他人完全一样，随波逐流、盲从、人云亦云、毫无主见，不敢提出自己的真实想法、自己的意见、自己的思想、自己的创造性设想。

不仅我们有这样的思想负担，有一些伟大的科学家在年青的时候也是一样，有些科学家在自己研究的基础上，提出了与现行的观点、思想等相矛盾的成果，但由于胆怯、害怕批评和从众心理而不敢提出来，失去了重大的发现、发明的机遇，实在令人扼腕叹息。例如，大家熟悉的以简便的方法得出1加到100的总和的高斯，他是19世纪最伟大的数学家，赢得了世人的广泛尊敬。在1824年以前，他已经独立地得到了非欧几何学的令人满意的结果。欧氏几何就是大家在中学学过的平面几何。平面几何认为，空间是直的，这就是欧几里得空间。但非欧几何学认为，空间是弯曲的。显然这种思想与当时占据统治地位的、传统的欧几里得空间观念相矛盾。像康德就这样说道：空间观念是天赋的，人生下来就有了空间观念，这种空间就是欧几里德空间，它是唯一的空间。高斯发现的非欧几何学则突破了这一传统的空间观念，所以高斯害怕他的非欧几何学与传统空间观念相违背，引起不理解的反对，因此这一研究成果到他死后才被人们披露出来。1826年，俄国数学家罗巴切夫斯基在喀山大学物理学会议上宣布他创立了非欧几何学。此后，他又连续发表了一系列非欧几何学著作。所以，现在的非欧几何学发现归功于罗巴切夫斯基和另一位数学家黎曼。可见，一代数学巨匠高斯，因为缺乏与传统观念斗争的勇气，胆怯、害怕批评和从众心理，使得当成功已经展现在他的眼前，已经来到了他的鼻尖上时，却让它溜走了，让世人感到惋惜。

实际上，任何一项创造都是经历多次失败才最后获得成功，一举成功的创造微乎其微。前述爱迪生为了得到一种实用的灯丝曾经尝试过一千多种不同的东西，棉线、竹子、头发，甚至连他朋友的胡子都成为他试验的材料，经过几千次失败才找到实用的灯丝。所以，每个人应该认识到，谁都曾失败过，谁都有过痛苦的经历，感觉前途黯淡无光，然而，失败是成功之母。失败和痛苦可以升华，只要抱着正确的信念，不畏艰难，终可成功。整个发明史就是一个不断犯错误，不断失败，在错误和失败的基础上产生新创意、新思想、新创造的历史。开普勒由错误的理由得到正确的假设，提出了行星间引力概念；凯特林因为错误的类比而解决了汽车的"爆震"问题；卢瑟福在错误的布丁面包的原子模型的基础上提出了太阳行星结构原子模型；拉瓦锡在批判物质燃烧的燃素学说的基础上提出了正确的燃烧氧化学说。大家想想看，幼儿是怎样学会说话、走路和做其他事情的？你见过一开口就马上会说话、一下地就会走路、一拿起笔就会写字画画的幼儿吗？显然没有。说话是在不断地讲错话，不断地纠正错误的过程中学会的；走路是在不断跌倒，爬起来，再跌倒，在步履蹒跚中学会的；其他也是一样，都是在不断犯错误，纠正错误的过程中学会的。如果你不经常犯错误、失败，你就无法发挥创造力，犯错是创造的必然副产品。就像《愈错愈成功》的作者迈尔克·波恩所说的："身而为人，我们可以完全准确地预测，有两件事一定会发生。第一件事就是，人终究会死。第二件事就是，在一生中，人难免会犯错。""大家都会犯错。不管你多成功、多聪明、多有自信或多睿智，你还是会犯错。不管你是所属领域的专家、还是刚上学的孩童，你一样会犯错。犯错是生活中无可避免的事。"创造也是如此，在创造过程中不犯错误是不可能的。既然创造中错误、失败是必然存在的东西，想创造，就必须要有犯错误、失败的心理准备，就必须克服胆怯和害怕批评的心理。犯错误、失败并不可怕，关键在于你要能从错误和失败中学习，吸取教训和经验，不要再犯同样的错误，遭到相同性质的失败。可怕的是屡犯同样的错误，反复遭受相同性质的失败。

所以，当你有了新的思想、新的想法、新的创意，但在临发表意见又犹豫不决时，要下意识暗暗地反复对自己说："人人都会犯错误，犯错误并不可怕。""如果你不把想法提出来，就不知道是正确的，还是错误的，岂不是白费工夫。""大不了遭人白眼，受人耻笑，有什么关系呢？""伟人也经常犯错误。牛顿、爱因斯坦也犯过大错误、遭遇过失败。"在潜意识的促动和暗示下，克服胆怯心理，大胆地发表自己的意见。

为了克服胆怯、害怕心理，应该多为自己创造在大庭广众面前讲话、演说的机会，要经常有意识地在大众场合发言、发表意见，有了新的想法就要拿出来跟别人进行交流，听取别人的意见，接受别人的批评，学会耐心听别人的批评意见、正确处理别人的批评意见，逐渐地学会在众人面前发表意见，养成敢于面对批评的习惯。

有时要主动寻求反对意见，努力使自己不烦恼。选择一个肯定会提出不同意见的人，正视他的意见，沉着冷静地、有理由地坚持自己的观点，你将逐渐学会不因反对意见而感到烦恼，并且在有理的情况下不轻易改变自己的观点。

4. 敢冒风险的大无畏勇气

由于创造是充满风险的探索活动，没有冒险精神和献身精神，就没有创造的胆略和勇气。20 世纪初，美国医生卡纳罗为了治疗黄热病，用自己的身体做试验。年轻的助手和好友拉紫考虑到他要抚养妻子和 5 个子女，极力劝阻他不要冒险。卡纳罗拒绝了，他认为作为一个探索者，是需要献身精神的，而这种冒险的实验不能用别人的身体来进行，只能自己承担这一切。狂犬病在一百多年前是多么可怕的魔鬼，立志战胜它的巴斯德先要从疯狗嘴里吸取唾液，在助手做好准备工作之后，他嘴里咬着一根管子，脸几乎凑到离狗头几英寸的地方，他取完唾液后，巴斯德太太跑到丈夫身边哀求他快停下来，巴斯德坚定地回答："玛莉，我现在怎么能停下来？我已发过誓，一定要找到治狂犬病的办法！为了在全世界消灭这种致命的疾病，哪怕耗尽我的全部精力，我也要不停地干下去啊！"

心理学家罗伯·史登堡博士指出，高创造力的人是领袖而不是追随者，作为一个走在时代前面的人，第一个吃螃蟹的人，他必须要坚持自己理想，接受别人奚落和嘲笑，甚至迫害的勇气。

诺贝尔奖获得者居里夫人说："我的最高原则是：不论对任何困难，都决不屈服！"青年马克思曾经写下了这样的名言："在科学的入口处，正像在地狱的入口处一样，必须提出这样的要求：'这里必须根绝一切犹豫，这里任何怯懦都无济于事。'"何止是科学，任何创造性的工作都需要一种勇气，这或许是一个成功的创造者最重要的心理品质。因为任何创造性行为离开了勇气就无法实现。对公认的东西表示质疑，想象现实中不可能的事情，都需要有开拓者的大无畏勇气。

俄国诗人普希金曾经写道："做勇敢的人吧。勇于扫视广阔的视野，创造性思想皆与之俱来……"正是这种"思想上的大无畏"，才能使创造者冲破思想束缚，登高远望，志在千里，才能使创造者保持清醒的理性精神，做出更有价值和独创性的创造性成果来。

创造力的潜能发挥的最危险的敌人就是胆怯。在创造过程中，胆怯和怯懦往往会磨灭想象力和独创精神，胆怯常常会使一个正在叩敲真理大门的人失去发现真理的机会。英国青年纽兰兹在门捷列夫周期律发表的前三年就已经发现了元素分布的周期规律，但由于胆怯、害怕别人的嘲笑而放弃了对元素的进一步研究，成为不可弥补的遗憾。德国数学家高斯早在1824年以前就独立发现"非欧几何学"，但同样是由于胆怯未发表，一直到死也不敢公布该项研究成果。相反，一个人如能克服内心的胆怯和怯懦，战胜并超越自我，他一定能够在未来某一天为社会和他人贡献出自己独创性的创造成果。没有人能在压抑的情绪下产生伟大的创意和构想。英国工人史蒂文森制造的第一辆火车，开始只能拖30吨煤，时速仅4英里，而且声音很大，还把路轨震坏了。有人讥笑他说，他的车子虽然不用马拉，但吼起来却比几千匹马还要吵闹，把附近的牛都吓跑了。然而史蒂文森并没有因此而后退，他又用了11年时间的努力终于制成了第一辆客、货运蒸汽火车"旅行号"，时速达12英里，完成了人类交通史上的伟大创造。

失败也是创造性活动过程中必然要遭遇的现实问题，如何对待失败、应对困难和挫折就成为一个高创造力的人能否取得成功的关键。爱迪生曾说："失败也是我所需要的，它和成功对于我一样有价值。只有在我知道一切做不好的方法以后，我才会知道做好工作的方法是什么。创造力开发，也要勇敢地面对失败。一位作者曾经写道："失败能培养出进行创造性活动的性格，因为一个人经受的失败越多，他就越有充分的准备来应对再次的失败。所以承担的风险越大，成功的机会就越多。如果一个期望创新的人害怕被人称作傻瓜，那他就不会提出有创意的想法。冒风险和创造力总是并肩而行的。"

要应对失败，首先要克服怯懦。如果一个人不能从怯懦中走出，他就很难讲述伟大的思想，创作精妙的作品。怕羞、谦卑、多虑、爱面子、怕人耻笑而作罢，不敢越雷池一步，这些性格怯懦的表现，虽在许多人眼里是一种修养，然而，正是这种修养抑制了许多人创造力潜能的正常发挥，封杀了无数在我们头脑中酝酿许久的好的创造、构想和创造发明的冲动。我们常有这样的经历，在讨论会上，就某个问题进行自由发言时，大家你一言我一言地各抒己见，作为与会者的一员，你可能对这个问题也有你自己的想法，但你却认为自己的想法无足轻重，或怕说出来大家笑话，就一而再再而三地放弃了自己发言的机会。等到别人把解决这个问题的方法总结出来后，你却发现这一切竟与你的观点很相似，此时你又很后悔当时没有把你的这个具有创新性的想法说出。

英国作家莎士比亚说："这种踌躇和犹豫，其实是对自己的背叛。当幸福之神来到眼前而不抓住，那是没有第二次机会的。如果遇事连试都不敢试，那你一生都不会与幸运有缘。"担心别人耻笑，担心自己要说的别人都懂，若不及早纠正这些不良的心理习惯，你可能会丧失掉许多做出重大创造发明的时机。歌德的话是值得我们记取的：你若失去了财产，你只失去了一点儿；你若失去了荣誉，你就失掉了许多；你若失掉了勇敢，你就把一切都失掉了！

一个立志于创造发明的青年人，要敢于向别人公开自己的见解与设想，也要敢于实践自己的设想。作家雷·布拉德里说，生活就是"尝试种种事物，看看它们是否有用"。他认为，在现实生活中，尝试既可能带来丰厚的报酬，也可能带来失败的风险。如果报酬压倒风险，我们过的就是一种充满刺激和激情的生活。逃避失败就是逃避创造和逃避生活。逃避的方式可以是不持己见唯命是从，可以是因循守旧不求进取，也可以是引经据典照本宣科。如此谨小慎微，也许不会捅大娄子，但作为一个完整的人，就可以说是一败涂地。因为人之所以为人，就在于有能力反省和破除自己一手建立起来的习惯，有能力使用和限制自己的生物本能，创造性地发展和生活。

因此，创造力的开发需要勇敢，需要过人的胆略，需要为真理而献身的勇气；创造力的开发需要毅力，需要顽强拼搏的坚持力和忍耐力；创造力的开发需要决心，需要百折不挠的坚定信心。总而言之，开发创造力需要有勇敢的精神和坚强的意志。

5. 强烈的好奇心、兴趣

所谓兴趣，是指人们力求接触、认识某种事物、研究某种现象的心理特征。兴趣可促使一个人尽力去发现和思索问题从而创造性地解决问题，它能高度凝聚人们的注意力，极大地激发人们的创造热情。广泛普遍的兴趣爱好能使人们开阔思路，开拓视野，从多方面、多角度、展开联想，激发灵感，充分发挥人脑思维的创造力。反之，兴趣狭窄，孤陋寡闻，则会妨碍创造力的开发。兴趣还可以把一些在别人看来很艰苦的工作变得很愉快，丁肇中教授经常在实验室里连续几天几夜地进行工作，有人问他苦不苦时他答道："一点儿也不苦。正相反，我觉得很快活，因为我有兴趣，我急于要探索物质世界的秘密。"

许多具有创造性的科学家就不仅仅对科学知识有极大的兴趣，而且在其他方面也有广泛的兴趣爱好。比如，爱因斯坦、海森堡、玻尔和普朗克都酷爱音乐；居里夫人爱好旅行、游泳和骑自行车；钱三强喜欢古典文学、唱歌、打篮球；数学家苏步青教授喜欢作诗、读古典文学、欣赏音乐等；华罗庚喜欢填词等。正如培根所说："历史使人明智，诗歌使人巧慧，数学使人精细、博物使人深沉。"广泛的兴趣可以陶冶科学家的创造性人格。

一般说来，兴趣是人人都有的，但各个人的兴趣对象差异却很大，即使同一个人随着不同时间和地点的变化，其兴趣也是变化的。因此，对于开发创造力来说，首先应该培养广泛的兴趣，在其基础上及时确定某一中心兴趣(或称专一兴趣)，并有意识地在理性指导下把专一兴趣上升到追求的高度、上升到理性的高度，这样，兴趣才会对开发创造力具有真正的促进作用。

好奇心，通常是指由力图弥补已有知识与未知领域的差距而产生的一种心理现象。高创造力的人，往往有很强的好奇心和求知欲。大发明家爱迪生小时候看到母鸡能孵出小鸡来，便好奇地蹲在鸡窝里，看自己能不能将蛋变成鸡，直到家人发现，才把他拉了出来。科学巨匠爱因斯坦说："我没有特殊的天赋，我只有强烈的好奇心。"他一直到老始终保持着 5 岁发现指南针时的好奇心，这种人们常说的童心般的好奇，促成了许许多多的重大发明。

1907 年的一天，法国化学家贝奈第特斯在实验室里整理药品，不小心把一只药瓶碰掉在石板地上，拾起来看时，只见瓶体完好，只是药瓶上布满了裂纹，贝奈第特斯觉得很奇怪，因为通常这种瓶子一掉地就摔得粉碎。好奇心使他看了看药瓶上的标签，然后不假思索地放回原处。事隔不久，他接连在报纸上看到汽车车窗玻璃破碎伤人的报道，联想到瓶子裂而不碎的现象，很快产生了一个念头，他跑到实验室，仔细检查了保留下来的那个药瓶，发现药瓶里的化学药品经长期蒸发，在瓶子的内壁上沉积一层坚韧而又透明的薄膜，这种薄膜牢牢地粘在瓶子上，因此瓶子摔在地上，只震出裂纹而没破碎，贝奈第特斯由此制成了防震安全玻璃。

发现电磁原理的著名物理学家法拉第，开始摸索磁—电转化规律时纯粹出于好奇。他想："如果在马蹄形磁铁的两极间放上一个转盘，使之回转，不知道会发生什么现象？"实验中，当他发现回转盘所产生的竟是电流时，还大吃一惊。一个名叫亨特的科学家，有一天在伦敦郊外的里士满公园看见一群鹿、对鹿角发生了兴趣。他想：如果将鹿的头部一侧的血液供给切断会怎样？于是，他动手试验，将鹿头部一侧外颈脉系住。顿时，相应的鹿角冷了下来，一段时间内不再生长。但过了一段时间。鹿角又暖了过来，继续生长。他查明，系带并未松，而是邻近的血管扩张了，输送了充足的血液。侧支循环的存在及其扩张的可能性就是这样被发现的。这一发现，确立了今天外科上称为亨特氏法的手术。

强烈的好奇心之所以有利于创造，在于它能够使人们把心理活动集中到某个特定的事物上来，观察细致敏锐，注意集中持久，情绪高涨饱满，为创造活动顺利进行保持着最佳状态。大量事实足以证明德国启蒙思想家莱辛(G.E.Lessing)的一段颇富哲理的话："好奇的目光常常可以使一个人看到比他所希望看到的更多的东西。"因此有人说，好奇心是科学创造的出发点和原动力。

6. 乐观豁达的态度和与人交流、合作精神

创造力研究发现，创造性活动大致分为四个阶段：准备阶段、孕育阶段、豁朗阶段、验证阶段。在这整个阶段过程中，作为创造性活动两大认识支柱的创造性想象和创造性思维的发挥，与个体的个性品质有着重要的关系。能否产生新颖独特的产品，在很大程度上取决于主体是否具有不墨守成规、兴趣广泛、好奇心强、富有想象、独立自主等个性品质。勇敢、敢于突破权威、幽默及不怕失败等，也发挥着重要作用。富于创造力的人具有高度的灵活程度、自信心、坚持力、自尊感，他们对待自己和世界的动力、兴趣、态度待都不同于缺乏创造力的人。在这些体现创造性个性的个性品质中，最重要的应是乐观自信，在这种条件下，其他的个性品质才能发挥良好的作用。只有把前途看得很光明，主体才能产生强烈的动机、投入极大兴趣，以坚强的毅力和不屈的精神去探索，进行创造性的想象和思维，诱发灵感，达到成功。

虽然独立自主是决定创造力的一个重要因素，在现今及以后社会，合作能力逐渐体现出在创造性活动中的巨大潜力，也应成为创造性人才必须具备的一项能力素质，这从诺贝尔奖的集体得主那儿即可得到印证。

1985 年，美国生理医学家戈尔斯坦和布朗因在血脂生成和调控机理上的突出贡献而共享诺贝尔生理学和医学奖。早在 1972 年，他俩在美国德克萨斯大学西南医学院任助教时便开始了合作研究。30 多年来，两位顶尖科学家一直保持着长久而珍贵的友谊和默契。布朗教授透露了他们成功的“秘诀”：相互尊重。他说，在科学研究过程中，我们常会有不同意见，这就需要不断讨论、交流。虽然有时也会为一个问题争得面红耳赤，但最终还是能抛弃偏见，吸收对方的思想精华。总的来说，要尊重对方，尊重科学。合作促进了我们的共同发展。关于杰出科学家的人格品质，布朗概括说：“好奇，对科学充满热情。”格尔斯塔的看法则是：“有战胜困难的勇气，还要有那么点运气。”

如果没有与人合作相处的能力，没有领导与被领导的能力，不能较好地处理个人与社会的关系问题，即使有创造性的思维，创造性产品也不容易产生；如果没有吴建雄博士的创造性实验支持，“宇宙不守恒定律”也不会很快得到认同。而且有研究发现，讨论(相关主题、内容、兴趣等)对于激活知识、激发创造有不可忽视的作用，尤其是思维角度的转换常常使人拨云见日、灵感顿生。

7. 认真求实的工作作风

创造活动过程一般经历准备阶段、孕育阶段、豁朗阶段、验证阶段等四个阶段，特别是“验证阶段”是任何创造活动都要经历的一个过程，以验证在孕育阶段和豁朗阶段提出的假设的真伪。实践是检验真理的唯一标准。因此，重视实践、重实效的认真求实精神是科学精神的重要内容，也是创造性人格最重要的素质之一，是每一个创造者都应该具备的品德。

意大利物理学家伽利略被认为是第一个创造通过实验检验理论推导的科学研究方法的科学家。他以实验推翻了亚里士多德流传两千多年的落体的下落速度与其质量成正比的定律，提出了自由落体定律。当前，随着市场经济快速发展，随着创新竞争日趋激烈，社会上刮起了阵阵不尊重客观事实的歪风。比如，从工商界的假奶粉到科技教育界的假数据、假报告、假论文、假文凭等一系列不良现象，都严重干扰了人们正在进行的各项创造发明活动。事实证明，有一些创造者并不都能始终坚持尊重客观事实的科学态度。2005 年，韩国科学家黄禹锡的克隆造假；2006 年，中国陈进打磨芯片的“汉芯造假”案等事件在全世界掀起轩然大波，科技创造者的人格引起人们的极大关注。

只有尊重客观事实，才能真正开发创造力；只有尊重客观事实，才会取得实在的创造成果；只有尊重客观事实，其研究成果才能经得起时间的检验。因此，真正的创造者不但要敢于正视客观事实，而且还要敢于以事实为根据进行创造，在创造中维护自己的科学人格，不趋炎附势，不搞假、不造假，脚踏实地地按照创造的科学规律办事。

以上所述表明，人们要提高自己的创造能力、开发自己的创造力，就应该主动地、自觉地加强各种创造性人格修养。

四、创设良好的环境氛围，促进创造能力的提高

大多数人都深信，一个有创造力的人不管在什么样的环境下都会成功，其实并非如此，时间和地点的有利结合为那些具有恰当的资质、又恰好在合适的时间处于合适的地点的人开启了机会之门。因此，不管一个人多么有天赋，除非生活圈为你提供了良好的环境，否则就不可能做出任何创造成就。如果迈克尔·乔丹生活在一个不打篮球的国家，他就不可能提高自己的球艺，他在篮球方面的卓越能力也就无法得到体现和承认。这就像森林里一棵大树轰然倒地，如果没有人在场，这声音就没人听见。一个能把训练机会和创造力潜能有效结合起

来的环境肯定能有助于其成员做出更多的创造性成果。

创造力的开发离不开必要的环境因素。环境，是指人类实践活动所涉及的一切社会关系和自然关系的总和。所谓创造环境，是指人们在创造活动中，除了创造者自身以外的社会、家庭、组织及自然等环境因素。

一个有利于创造力开发的环境，会随时支持和鼓励而不是棒杀或抑制成员的创造活动，进而有可能激励社会成员大胆地尝试和探索，获得更多原创的创造发明成果。为了创设有利的创造环境，改进不利于创造力潜能开发的环境因素，我们从社会环境、职业环境、学校环境和家庭环境等方面探讨。

1. 激励创造的社会环境

纵观人类社会发展史，发现天才、高创造力的人物的出现并不是平均地分布于各个历史时期和各个地方，在某个特定时期在某个具体的地方出现了一个或几个，甚至是一大群具有很高创造力的人。如古希腊时期、意大利文艺复兴时期，以及 19 世纪以来大批犹太天才做出了贡献的那些年代。而在另外的历史时期内，或某个地方却鲜有创造性人物出现，如中世纪时期。以诺贝尔自然科学奖获得者人数为例，美国已有两百余人获奖，接近总获奖人数的一半。在英国，单是牛津、剑桥两所大学就培养了 50 名诺贝尔奖获得者，而我国至今尚未实现零的突破。但是，有六位在美国工作的华人却获得了诺贝尔自然科学奖。这是为什么呢？很重要的原因之一是社会环境因素。

关于社会环境，美国当代著名心理学家西尔瓦诺·阿瑞提在《创造的秘密》一书中认为，有利于创造的九个社会环境因素是：文化手段的便利；对文化刺激的开放；注重正在生成而不只是注重已经存在的；无差别地让所有人自由使用文化手段；在严重压迫或专制排外之后获得的自由；或者哪怕是保持着适当的差别；接受不同的甚至对立的文化创造；对不同观点的容纳；重要人物的相互影响；对鼓励和奖励的提倡。总而言之，概括起来就是三点：自由创造、提倡和鼓励创造的社会风气、榜样的作用。

自由创造的社会风气为创造者提供了一个安全、稳定的社会环境，解决了创造者担心由于创造所可能带来的社会压力，如说三道四、批评、攻击甚至是人生迫害等后顾之忧，激励人的创造欲望，使创造者以轻松、愉快的心情进行创造，提高创造效率。许多事例表明，一个不公正、受限制、充满惩罚和压迫的社会对于创造来说实际上是一个恶魔、一个刽子手，扼杀了人们的创造力。

提倡和鼓励创造对于创造者来说无疑是一剂强身壮骨的良药，没有什么东西会比奖励更令创造者高兴、喜悦的了。提倡和鼓励创造能增强创造动力，激发创造热情，提高创造效率。现在，世界各国都很重视国民创造力的培养、训练和开发，例如日本把开发创造才能作为一项国策写入科技白皮书，兴办各种各样发明创造俱乐部、学校，设立各色各样的政策和奖励制度，鼓励和促进国民进行创造活动。每年的四月十八日是日本的“发明节”，在这一天，全国各地都要召开会议，表彰一年来在发明创造中取得成绩的人。正是有这样提倡和鼓励创造的社会风气，使得日本这个只有 1.2 亿人口的国家，竟有 600 多万人投入创造活动，每年的专利申请高居各国之首。

一个人在树立自己的理想时，往往具体地把某个人或某种类型树立为自己的未来形象，“我要成为像他这样的人。”作为自己的未来形象的某个人或某种类型就是所谓的榜样。从具有很高创造性的榜样中你学到了榜样的思考和工作的风格，科学兴趣的对象，以及评价工作的标准等，即从榜样中你学到了榜样的专业技能和创造，使得你逐步培养成为具有很高创造性的人，如果你周围的人都是些具有创造性的人，不知不觉中也会成为你的榜样，激发你的创造意识，鼓励你无所畏惧地进行创造。特别是当某个人与你在各方面相差无几，却作出了创造时，就可能成为具有强烈刺激性的榜样，使得你从他的创造中体会到创造的本质，看到自己的创造潜力。“原来这样就是创造”，“他能创造，我也能创造。”极大地激发你的创造欲望、热情和动力。榜样的力量是无穷的！

2. 宽松和谐、交流互补、鼓励创造力开发的职业环境

职业环境，又称单位环境，是指有利于创造活动开展、创造力潜能开发的工作单位环境。回顾历史，那些大凡做出重大创造成果的单位，无不创造宽松和谐、尊重自由和个性、交流合作的创造环境的。杰出物理学家波尔由于他所领导的丹麦哥本哈根物理研究所倡导的交流互补、友爱合作、扶持青年学者的哥本哈根精神，致使在该所工作过的科学家有十几位获得了诺贝尔科学奖。

20 世纪以来，素以世界物理学家摇篮著称的英国剑桥大学卡文迪许实验室，从 1874 年创立以来的 120 多年的漫长岁月中，由于十分重视营造各种别开生面的创造发明环境，它始终处于在物理发展的前沿，并因其在放射性、原子物理、核物理、分子生物学、射电天文学和凝聚态物理等领域所取得的大量的创造性的研究成果而为世界科学界所关注，至今已有近 30 位成员获得了诺贝尔科学奖。卡文迪许的理念是：科学发现和科学创造只有建立在自由探索的基础之上，而且只有在尊重个性和自由基础上的合作才能取得重大成就。

贝尔实验室由于历届领导者都具有非凡的创造才能和战略眼光，使贝尔实验室始终保持创新活力，得以不断获得辉煌的创造成果。自 1925 年建立至今，贝尔实验室取得专利数已超过 26500 个，有 11 位诺贝尔奖获得者的获奖工作是在该所完成的。正如中国科学院院长路甬祥院士说：“在诺贝尔自然科学奖获得者中，大部分人得益于他们所处的学术环境，杰出人才也对他们所在研究单位的学术与环境产生主要影响，使他们所在的研究单位进入世界一流水平。”

3. 倡导创造教育，注重全面发展的学校环境

在学校教育中以培养学生的创造精神、树立创造意识、提高学生创造力为目标，构建学校的教育环境氛围。首先要有创造性的教师、创造性的教材、创造性的教学方法、创造性的组织管理制度和创造性的学生评价制度、方法等。其次要有创造性的硬件环境设施等。只有这样我们的学校教育才能快出创造型人才、多出创造型人才。

4. 和睦、和谐的家庭环境

事实证明，和睦、和谐的家庭环境有利于家庭成员的创造活动，家庭环境在创造力开发中是十分重要的。一个注重全面素质培养、鼓励创造的家庭环境是家庭成员培养创造精神、开发创造力和从事创造活动的最佳环境。一些大科学家、大发明家之所以成为世界伟人，是与其家庭影响特别是其孩童时代的家庭教育环境密不可分的。爱迪生小时候出于好奇曾用自己的身体去孵鸡蛋的故事人人皆知，然而令人敬佩的是其母亲不但未责怪他，反而却向他仔细地解释为什么他孵不出小鸡的原因，并进一步鼓励他去探索世界。这样的优良家庭教育，极大地促进了爱迪生创造力开发的速度。

从上述情况来看，创造者总希望能有一个良好的具体创造环境，但这样良好的具体创造环境又常常不会自动到来。当遇到不利于创造、阻碍人们创造力开发的环境时，创造者不能“守株待兔”，死等着良好的创造环境的到来，要主动出击。第一，主动寻找适合创造的环境，实施流动。“树挪死，人挪活。”现在，国家已为人才的流动制定了许多政策条文，由此，社会上出现了许多挪岗位、换地方、大跳槽的现象。应该说，这些做法在一定意义上对于人们创造力的开发是有利的。第二，创造一个适合创造的良好环境。创造需要良好的创造环境，良好的环境更需要人们自己去创造，只有创造出一个良好的创造环境，才能更好地开发人们的创造力。

五、培养有准备的头脑，抓住机遇，提高创造力

机遇是一个涵义较广泛的概念。一般而言，机遇即含有“机会”的意思。《辞海》(1999年版)对机遇的解释是：“有利于社会发展、工作开展和科学发现的机会、时机。”在创造学中，机遇是指人们在有意识、有计划、有目的地进行创造发明活动时出乎意料遇到的新现象。机遇除具有环境的成分以外，它与创造者自身的素质也密切关联。勤于实践，勇于创新，敏锐的识别能力，科学的想象力，丰富的知识和经验等，均是创造者捕捉机遇必不可少的条件。因而可以说，机遇是创造者自身素质与环境有机结合的产物。创造者应当要及时认识机遇、高度珍惜机遇、善于抓住机遇。

在人类的创造发明史中，机遇是非常重要的。前些年有人曾做过统计，自1901年颁发诺贝尔奖金以来，在自然科学各学科的获奖成果中，成果总数与可被认为是通过机遇发现的成果数的比例是：物理学为86∶3；化学为77∶1；医学和生物学为79∶4。由此可知，在创造力开发中人们不应当忽视机遇的作用。

1. 机遇的类型

根据机遇的结果与预定目标的关系，机遇可分为如下两类。

(1)同向机遇——所谓同向机遇，是指实际结果与预定研究方向相一致的机遇。即，在发明创造中要寻找的目标是十分明确的，但是发现(明)的方式方法或场合却是非常意外的。

【例3-2】 同向机遇——橡胶硫化技术的发明

在硫化橡胶出现以前，橡胶一直没有太大的用处，开始只是做擦铅笔字的“橡皮”。1823年，有人曾用它制成了防雨衣，但由于这种雨衣冬天发硬、夏天变得又软又臭，因而并不受人欢迎。为了克服这些缺点，美国人古德伊尔在经济十分困难的情况下对橡胶研究了多年，他曾把橡胶分别与盐、糖，砂、皂乃至乳酪等各种可想到的物质混在一起做实验，也曾把这些混合物放在水里、石灰水里煮过，但都失败了。直到1839年的一天，在一次实验时不小心，他把橡胶与硫磺的混合物跌落在炙热的火炉上，随即便把这种混合物从炉子上刮了下来，这时他意外地发现，热橡胶并没有发粘的现象，却变得柔软而富有弹性了。后来经过反复实验，他又改变了橡胶与硫磺的比例，遂发明了橡胶的硫化技术，大大提高了橡胶的使用价值，为以后蓬勃发展的橡胶工业奠定了基础。

(2)异向机遇——指的是最后创造目标与创造者事先预定的研究方向不一致的机遇，即是说，人们本想寻找(发明)某种预期的现象或目标，但结果却意外地发现或发明了完全不同的另一种现象或目标，甚至是比原计划更有意义的现象或目标。即，本希望得到A，但实际上却发现了B。有人把这类机遇比喻为“射獐得马”或“擒龙获鲸”。

【例 3-3】　异向机遇——合成染料的发明

1856 年，德国著名化学家霍夫曼教授提出能否用化学方法合成奎宁，以弥补天然奎宁的不足，用以治疗当时欧洲流行的疟疾。霍夫曼的学生柏琴(W. H. Perkin)作为一个青年人接受了这项从焦油中提炼奎宁的任务。柏琴花了很多精力，做了一次又一次实验，结果并没有把奎宁合成。有一次，柏琴用苯胺和重铬酸钾合成，还是没有成功，但却偶然发现其反应后的黑色黏液中闪耀着紫色的光泽。进一步实验，他发明了苯胺紫(氯化苯胺的衍生物)合成染料。后来，他把苯胺紫做为染料申请了专利，于 1857 年办起了世界上第一个合成染料厂，奠定了合成染料化学基础。

【例 3-4】　异向机遇——太阳黑子活动周期的发现

德国人亨利·施瓦伯通过天文研究，认为在水星与太阳之间应有一颗行星存在。经过长期连续观察，到 1843 年他认真分析研究了多年的资料，并没有找到那颗意想中的行星，但却发现了太阳黑子活动的周期为 11 年。这一发现，使他荣获英国皇家天文学会授予的金质勋章。

【例 3-5】　异向机遇——不锈钢的发明

19 世纪下半叶，钢已成为普遍使用的金属，但由于钢抗腐蚀性差，易生锈，严重影响它的寿命，这成为当时急需解决的问题。不少科学家都在寻找不受腐蚀的合金钢。1913 年，英国的冶金学家亨利·布里尔利(H.Brearley)在研制可用作枪管的耐热耐磨合金钢的过程中，长时间没有取得成功。在一次冶炼时，他在钢中掺进了一定量的铬，但感到这种钢耐磨性能和机械强度不够理想而被扔进了废料堆。过了很久以后，有一次经过废钢材堆时，偶然间发现在到处都是生锈的钢材中有块在阳光下闪闪发光的钢块，亨利觉得很奇怪，走过去拿起这块钢回去进行分析实验，原来这是前段时间他冶炼的掺铬钢合金，于是他便紧紧抓住这一机遇继续研究下去，由此发明了不锈钢。1915 年，布里尔利在美国获得了不锈钢的专利。

2. 机遇的一般性质

(1) 机遇的意外性——由于事物的本质与现象之间有时并不完全是统一的，再加上人们对事物的认识总要有一个过程，因此，当已有的科学理论和知识体系尚无法解释某些新现象时，人们便会感到意外。创造，就是要探索未知领域，这种探索是在一定的理论指导下有目的、有计划、有步骤地进行观察和实验。既然是探索未知，就难免会出现预想不到的现象、情况和问题，使人们感到意外，这是不足为怪的。意大利科学家伽伐尼(L.Galvani)做青蛙解剖实验，原想研究青蛙的生理构造，却意外地发现了电流；英国化学家拉姆赛(W. Ramsay)原想从铀矿中寻找氩，却意外地发现了氦；杨斯基本来所做的是无线电通信干扰实验，却意外地发现了天体射电。所有这些发现和发明，相对于原来的研究目的和研究计划来说，确实都是“意外”的。由此可见，机遇的意外性是很明显的。

(2) 机遇的异常性——这里所说的异常，是指相对于传统理论、习惯见解、流行看法上的异常。这是因为，机遇发现往往会突破旧的科学理论或技术方法，因而常常使人们感到异常。比如，X 射线的发现，使“原子是最小的物质单元、再不可分”的旧观念受到冲击；铀放射性的发现与能量不灭原理发生了“矛盾”；尿素的合成“违背”了“生命力论”等。所有这些，人们在开始时之所以对它们感到异常，正是由于人们还没有真正认识到它们的规律。一旦人们了解并掌握了这些规律，就不再会感到异常而被认为是正常的了。

机遇的意外性和异常性是一个问题相互联系的两个侧面。许多因机遇引起的发现表明，任何一种机遇的出现都有其深刻的内部根据。机遇的意外性反映偶然性与必然性的关系，而机遇的异常性则反映现象与本质之间的联系。由于此，发明创造就可借助于机遇，通过偶然性而揭示必然性、透过现象而把握事物本质。

(3)机遇的易逝性——大量事实表明，机遇既会意外而突然地来临，又会像电光石火一样地稍纵即逝，真可谓在此之前不见影、略后一刻即无踪。这便是机遇的易逝性。

【例 3-6】　电话的发明

美国发明家贝尔为了发明电话，曾经过 3 年努力仍无结果。1875 年 6 月的一天，贝尔和助手共同做实验，助手看管发送机，贝尔在另一个房间接收。突然，贝尔收到了一种微弱的声音，他连忙冲进发送机房。助手告诉贝尔，机器坏了、正在修理，原来是发送机上的一个弹簧突然不振动了，而已被磁化的钢条却还在磁铁前振动着。这一瞬间的意外发现给贝尔很大启发，继而经过进一步研究，最后于 1876 年发明了电话。试想，如果贝尔听到异常的微弱声音后没有立即抓住时机探个究竟，那么以后就很难再听到这个突发的声响了。

所以，人们常用“机不可失，时不再来”描述机遇的这种易逝性。正是它的这种来去匆匆的属性，常使不少人视而不见、有机未遇而悔恨莫及。

机遇的上述三种属性，使其被蒙上了神秘的色彩。面对变幻莫测、难以捉摸的机遇，常有两种片面观点：一是完全否认机遇的作用，说什么“偶然性是科学的敌人”；二是强调机遇的神秘化，过分夸大机遇在创造中的作用，以为发明创造全凭运气和碰巧，从而盲目崇拜偶然性。这两种观点对于创造力的开发都没有益处。

3. 机遇的捕捉

研究表明，机遇的出现需要具备一定的客观条件。例如，只有有了玻璃和凹凸透镜的诞生，才会出现发明望远镜和显微镜的机遇；只有有了显微镜的发明，才会出现发现细菌的机遇等。当然，对于开发创造力来说，主要还应当强调其个体的主观素质，以便在条件成熟时注意发现机遇、捕捉机遇、利用机遇，使自己的创造力得到充分开发。这些主观素质概括起来主要有如下几个方面。

(1)要有强烈的“问题意识”——几乎所有因机遇而产生创造的人，其头脑中都存在强烈的“问题意识”，他们事先都经历过长时间的思考和探索，从而使他们保持着高度警觉、时时留心意外之事。即是说，在科学研究和创造过程中，人的头脑应当做好各种准备。机遇，仅仅是向研究者提供一个机会而已。

【例 3-7】　X 射线的发现过程

德国物理学家伦琴在研究阴极射线管的放电现象时，有一次偶然在旁边放了一包密封在黑纸里的照相底片，当他把底片显影时，发现底片已经走光了。根据这一偶然现象，他分析一定有某种射线在其作用，并称之为 X 射线。经进一步实验，他证实了这一设想，意外地发现了 X 射线，伦琴由此于 1901 年荣获首届诺贝尔物理学奖。

同样的机遇其他人也遇到过，但没有抓住。早在 1879 年，英国科学家克鲁克斯(W. Crookes)在做高真空放电管(即克鲁克斯管)实验时，就已发现在管子附近的照相底片上有模糊阴影，遗憾的是他并没有穷追下去，而以为是“底片走光了”。指出“以后把它们放得离管子远一点就是了”；1890 年，美国科学家古兹皮德和詹宁斯也曾看到演示克鲁克斯管以后照相底片特别地发黑，但他们也满不在乎，没有继续观察并深究下去；1892 年，勒纳德和其他德国物理学家甚至还观察到了克鲁克斯管附近的荧光，但由于其全部注意力都集中在研究阴极射线的性质上，因而对于管子外部的效应也没有引起警觉。就这样，X 射线这个“睡美人”在许多科学家的眼皮底下就一次又一次地被冷落了。

【例 3-8】　青霉素的发现

弗莱明是英国圣玛利学院的细菌学讲师，青霉素是在他的一次奇遇中发现的，以致有人称之为由一粒灰尘引起的伟大发现。1928 年 9 月，弗莱明正在研究毒性很大的葡萄球菌，希望发明一种有效的杀菌药物。有一次，他偶然发现，有些原来在培养液中生长得很好的葡萄球菌消失了，是什么原因呢？他经过仔细观察后发现，原来培养液受到灰尘的污染，有些青霉菌掉到上面去了。显然，杀死葡萄球菌的不是别的，正是这些青霉菌。他抓住这一重要线索，进一步研究，从而发现了青霉素。弗莱明等三人因发现青霉素作出了主要贡献，于 1945 年获得诺贝尔生理学和医学奖。

而在英国细菌学家弗莱明发现青霉素之前，斯科特、古在由直等就都看到过霉菌抑制葡萄球菌的现象，但前者对这一现象感到厌恶，后者则认为这一现象不足为怪；所以他们也都没有进一步研究下去。

在魏格纳提出大陆漂移说的前几十年，很多人都已注意到了世界各大陆之间在形态上的吻合关系，然而他们均未完整地提出大陆漂移说。此外，众所周知，达尔文并不是第一个发现生物进化的人，英国医师哈维(W. Harvey)也绝不是第一个观察到动物血液循环现象的人，意大利航海家哥伦布(C.Clombo)也不是第一个到达美洲的欧洲人，牛顿更不是第一个看到苹果落地的人。法国微生物学家巴斯德有句名言：“机遇只偏爱那种有准备的头脑”这是捕捉机遇中最重要的一点。

(2) 要有敏锐的观察力和洞察力——机遇的偶然性和易逝性使某些现象往往在人们意料之外出现且一瞬即逝，因此只有具备十分敏锐洞察力的人才能及时抓住微不足道的偶然事件，通过深入细致的思考而真正抓住机遇。细菌学家弗莱明在谈到发现青霉素时说：“我的唯一功劳是没有忽视观察。”敏锐的判断力能够使人从各种线索中抓住有希望的线索，使人抓住有价值、有潜在意义的机遇。

【例 3-9】　尼龙的发明

尼龙的发明就是抓住机遇而获得的。第一次世界大战期间，德国开创了聚合物研究领域，接着杜邦公司也进行聚合物研究。杜邦公司的研究进行了好几年都毫无结果。1928 年的一天，一个研究助理回家前忘了将炉子关掉，让它燃烧了整个周末。到了星期一早晨，公司主管化学家卡罗瑟斯发现，炉子上水壶中的东西已经凝结成纤维。随后，杜邦公司又花了十年时间，终于发明了如何制造尼龙。同样的机遇在德国大型化学公司的实验室里也发生过好几次，而且发生时间要早得多。那时，德国人一直在寻找聚合纤维，他们本可以得到它，而且比杜邦公司早十年制造出尼龙，并因此获取世界化学工业的领导地位。但是，德国人并没有打算尝试这个试验，他们抛弃了试验结果，将机遇产生的纤维倒掉，随后一切重新开始。

(3) 要有科学的批判精神——要具备不受传统观念、权威、教条束缚的批判精神，就需要有广博的知识和经验作为基础，否则，机遇即使碰到你的鼻子尖上也会很快溜走。例如，物理学家在 1930 年发现：从放射性元素镭的核内发出的β射线粒子能量值呈连续分布，而当时的量子论观点却认为它应该是跳跃变化的，于是丹麦物理学家玻尔(N.H.Bohr)认为这种现象说明能量守恒定律在微观世界里无效了，在微观世界中占支配地位的是统计偶然性规律。然而，波尔的学生瑞士籍奥地利物理学家泡利(W.Pauli)则认为，能量守恒原理是正确的，量子论也是对的，要解决这个矛盾必须走出传统观念的死胡同，于是他创造性地提出了β衰变中的中微子假说，到1956年中微子假说便被实验证实了。

事实说明，在人们的创造过程中，新颖的机遇经常与传统的陈见相遇，只有随时准备突破传统观念、突破权威和教条的人，才容易抓住机遇并获得成功。

了解了创造力开发的有关因素，就可以在创造实践中发挥有利的因素、扼制或改变不利的因素(即障碍因素)，从而尽快地发挥人的创造性。当然，要全面提高自己的创造能力，还应该了解并学会创造性思维和创造技法。

4. 机遇在科学技术发展中的实例

偶然机遇引发了许多科学发现和技术发明，除了前述的机遇导致发现和发明的实例 3-2 到例 3-9 外，科学技术史上还有许多机遇直接导致发现和发明及重大理论的突破。下面介绍几个典型机遇导致发现和发明的实例。

【例 3-10】　放射性元素铀的发现

1896 年法国科学家柏克勒尔选取了能在太阳光下发磷光的硫酸钾铀来验证是否所有发磷光的物质都能产生 X 射线。当他准备做实验时，正好接连几天都是阴天，他只得把硫酸钾铀和密封好的底片一起放在暗箱里。但几天之后他发现底片走光了，而硫酸钾在暗箱里是不会发磷光的。他抓住这一偶然发现进一步实验，意外地发现了放射性元素铀，也因此成为 1903 年诺贝尔物理学奖获得者之一。

【例 3-11】　超导体的发现

1911 年，在荷兰物理学家卡麦斯·翁纳斯的实验室里，人们意外发现，在-269℃的液化氦中，水银的电阻消失了，实验电路中电流为无穷大。根据这一现象，人们继续进行了试验、观察和研究，发现了在极低温度下，存在着没有电阻的物质，后来人们称之为“超导体”。

【例 3-12】　导电塑料聚乙炔的发现

日本东京大学白川英树教授在制取聚乙炔时，因偶然误加了比实际要求量多 1000 倍的催化剂，产生了一种银白色薄膜，结果发现聚乙炔在掺碘后居然能导电，从而发现了导电塑料。白川英树于 2000 年因此获得诺贝尔化学奖。

【例 3-13】　伏打电池的发明

1800 年，意大利的伏打在研究生物电问题时，意外地发现，把两块不同的金属浸在酸溶液里，外电路接通后会产生电流，由此，他发明了伏打电池。

【例 3-14】　诺贝尔发明安全烈性炸药

瑞典著名化学家诺贝尔因发明安全炸药而闻名于世。这种炸药正是他进行实验时的意外产物。1867 年，他在一次实验中无意把棉胶丢进硝酸甘油里了，万万没有想到这一小小的“失误”却给他带来了巨大的成功。他看到丢入的棉胶和硝酸甘油发生剧烈的反应，经过对这种反应的进一步探究，便发明了安全烈性炸药。

【例 3-15】　非晶态金属——金属玻璃的发明

1959—1960 年间，美国的杜维丝(Duwez)等采用熔融金属急冷的方法制备细晶粒合金时偶然得到一种奇异的合金(非晶态金属)。当时，杜维丝的同事们第一次看到该合金的 X 射线衍射图谱时，发现其反映晶体周期性的衍射峰不见了，由于对这一新合金不了解而把它嘲笑为“愚蠢的 Duwez”合金。然而杜维丝并没有放弃，经过多次反复实验后发现，此现象是可以重复的，这种合金的内部结构像玻璃那样呈现出非结晶状态，因此被命名为金属玻璃。

【例 3-16】　瑞士雄班发明了另一种烈性炸药硝化纤维

瑞士化学家雄班于 1846 年用硝酸和硫酸混合液来处理纤维素。一次他在慌忙中不慎把一瓶硫酸和硝酸混合液打翻，他随手抓起一件棉布围裙把流出的液体擦干净，并把围裙放在火炉旁烤干。此时，意外事件发生了，围裙在强烈爆炸声中化为灰烬，而且毫无浓烟。这样，他发明了被称为“火药棉”的烈性炸药。

【例 3-17】　摩擦焊接法的发明

摩擦焊接法是前苏联一位青年工人丘吉科夫发明的。有一次他正在用超硬合金车刀(碳化钨钴合金)切削软钢圆棒时突然工厂停电，此时车刀已接触到旋转的软钢棒，当圆棒停止转动时，车刀已经与圆棒粘(焊接)在一起了。因此，人们称该方法为摩擦焊接法。

【例 3-18】　金属黏合剂的发明

金属黏合剂的发明是一个大学生做错事的“结果”。日本久留米工业专科学校的大和达实的教授指导着两名大学生分别做内容完全相同的毕业论文实验。本来应该用烧瓶将氯化橡胶和环化橡胶溶解到甲苯中，这时有位学生错把前两者与 PF(聚酯黏合剂)混合，没想到，这次失误却带来了一种性能良能良好的金属黏合剂。

【例 3-19】　磁性合金的诞生

日本东京大学三岛德七教授指导助手藤岛进行合金研究，当时已知把铁和镍加热或冷却时会出现异常现象。为了研究添加其他元素对此现象有何影响，他们把铁、镍、铝做成各种各样的三元合金，在研磨各种样品时，发现飞散的研磨粉末都粘附到了放在附近的铁片上。他们从未想过这种合金是否会具有磁性，现在却出乎意料地得到了磁性合金，这就是通常所称的阿尔尼科永磁合金。

【例 3-20】　贝色麦吹氧炼钢技术的发明

贝色麦炼钢法的出现是炼钢技术史上的一件大事。1856 年前后，亨利 · 贝色麦有一次在操作反射炉时因供给的焦炭不足，生铁没有充分熔化，操作失败了。他本想终止这天的工作，但后来又想，与其坐等这炉生铁报废，不如吹入空气试试。没有料到，吹入空气反使原来微红的生铁变得更红了，最后竟开始熔化，直至全部熔化了。第二天他和往常一样用铁锤打前一日浇注的铸件，想把它击碎，一听响声，感到异常，原来，生铁中的碳素因吹入空气而部分脱去，铸铁已变成钢了。由此，贝色麦发明了“吹氧炼钢法”。

【例 3-21】　硒光电池的发明

1818 年瑞典化学家柏齐力阿斯发现了化学元素硒，在很长时间里它并没有被人们注意。1873 年英国一位名叫拉 · 施密斯的研究人员发明了硒光电池，它宣告了电子工程学黎明时刻的到来。据说，施密斯在研究室里测定硒的电阻值时，因北欧冬天的太阳出来很晚，当他在暗室里做了整个上午的测定后，忙着拉开窗帘，此时阳光照进室内，这时他意外地发现：暗时和亮时，硒的电阻值差别很大，硒晶体在光辐射下电阻会减小，这就是光电效应，硒光电池就这样被发明了。

【例 3-22】　聚乙烯的发现

当今聚乙烯已成为用途很广的一种塑料，它是由聚乙烯聚合而成。最早的高压聚乙烯是在一次偶然事件中得到的。20 世纪 30 年代，英国帝国化学公司佩林等人用一氧化碳和乙炔进行高压反应时，反应塔的压力下降，许多实验人员见实验无望纷纷离去，而佩林等决心坚持实验，他们在拆除装置时，发现有少量的白色粉末。这种粉末有优良的性质，能冷拉成丝或压成薄膜，具有抗化学腐蚀性和电绝缘性，这就是聚乙烯。

思考与训练

1. 什么是创造力，谈谈你对创造力的理解。
2. 对照书中所列的创造性人格特征，看看自己是否具备作为一个创造者的基本的心理品质？
3. 分析几个成功人士的案例，谈谈他们是如何利用自己心理优势或克服自己心理局限取得成功的。
4. 回想自己的创造经历，谈谈创造力的可开发性。
5. 举例说明创造力和天赋、知识、人格之间的关系。
6. 为什么说知识只是创造力的必要条件，而不是充分条件？
7. 企业在招聘过程中是如何识别那些具有很强创造力的人？
8. 选取一创造力测评工具，自测一下自己的创造力，分析它是否真正测出了你自己的创造力。如果没有，那么应该怎样修改和完善，你能提出更好的建议吗？
9. 在创造发明活动中，如何对待机遇、抓住机遇进行创造？

第四章　创造性思维及其训练

恩格斯在《自然辩证法导言》中指出，思维着的精神“是地球上最美丽的花朵”，那么创造性思维是其中最璀璨的一枝。创造性思维活动是人的创造力得以发挥和创造成果得以形成的决定性因素。可以说，创造性思维是创造力的核心。科学家埃尔伯特·森特·格奥尔基说：“创造性思维就是以不同于人的方式看同样的事情。”以不同的方式思考问题，并适时改变思维方向、思维方法和思维过程，这是创造性思维的本质特征，也是获得新颖性思维成果的前提条件。

第一节　思维和创造性思维

一、思维概述

（一）思维的概念

思维是人类特有的一种极为复杂的生理和心理现象，它和感觉、直觉一样，是人脑对客观事物的反映。一般说来，感觉和直觉是人脑对客观事物的直接反映，而思维是“人脑对客观事物的本质属性和事物之间内在联系的规律性所作出的能动地、间接地和概括地反映”。思维的特点就是间接性和概括性。

思维在反映客观事物的方式上与感觉、知觉不同，感觉、知觉是对事物的直接反映，只能反映事物的表面现象，思维却能反映事物的本质属性和事物之间的内在联系规律。

我们知道，在现实认识中，有许多事物仅靠直接感知是达不到目的的。例如，医生不能直接看到病人内脏的病变，但却可以通过“望、闻、切、问”和化验等之间媒介，经过思维加工间接地推断出病人的疾病。这就是说，思维同感知觉不同，它不是直接地，而是间接地反映客观事物。这就是思维的间接性特点。所谓思维的间接性，就是指思维通过其他事物的中介作用间接地认识客观事物。正因为思维有这种间接性，所以人们才能了解历史，预测未来，揭示事物的本质，提出行动的目标和计划，从而扩大了对事物认识的深度和广度，是人具有智慧和创造力。

思维的概括性是指人们通过思维把同一事物所具有的本质属性抽取出来，得到一个普遍结论。例如，人们对鸡、鸭、鹅、雀、鹰等的研究，发现这类事物的共同特征是两只脚，有羽毛，所以把具有“二足而羽”特征的动物概括地成为鸟类。同样，把具有“四足而毛”的动物称之为兽。又如，“月晕风、础润雨”就是多次观察到月亮周围有晕就会刮风，墙根潮湿就会下雨的概括。正是由于思维的概括性才能揭示事物之间的内在联系。

人们总是在通过分析与综合、比较、抽象和概括、迁移、判断和推理、想象等过程，方能对客观事物的本质属性和事物之间的内在联系全面的认识。

1. 分析与综合

思维的过程总是从分析开始的。分析，就是指把事物的整体分解为部分，分别认识事物各个部分的特征、因素和作用的思维过程。综合，则相反，是把事物的个别属性、部分、因素和作用结合联系起来，整体地认识事物的思维过程。分析和综合是思维的对立统一的两个方面，分析是综合的基础，综合整体则为分析把握方向。通过分析和综合，可以显露事物的本质，并用语言文字或符号表达出来。

2. 比较与分类

在分析和综合的基础上，通过了解事物的各个组成部分的属性，把各种事物进行对比，确定它们之间异同点的思维过程。比较后人们常会进行更进一步思维，进行分类。分类是依据事物或现象的某一或某些共同的特征，把它们归入适当的类别中去的思维过程。即把具有某一或某些相同特征的事物或现象归为一类，所以，分类是以比较为基础的，没有比较，就不能确定它们之间的异同点，就不能确定一事物或现象是不是归为某一类，或不归为某一类。

3. 抽象和概括

抽象是在事物比较的基础上，抽取事物的普遍属性，舍弃非本质属性的思维过程。概括是把从某些具有若干属性的事物中抽取出来的特有属性，推广到具有这些相同属性的一切事物，从而形成关于这类事物的普遍概念。比较是抽象的前提，抽象是概括的前提和基础，没有抽象就无从概括，只有把事物共同的普遍属性抽取出来后，才有可能进一步从中抽取出特有属性，并将其联结起来进行概括。概括也有助于抽象。

4. 迁移

迁移是思维过程中的特有现象，是人的思维发生空间上的转移。人们对一些问题的解决经过迁移往往可以促使另一些问题的解决。如掌握了创造学的基本原理有助于解决众多学科的创造问题，某些物理(化学)方法可以应用于化学(物理)等。

5. 判断和推理

人们对某个事物的肯定或否定往往都是通过判断和推理形成的。判断是对思维对象有所断定的思维形式。具体地说，是运用概念对客观事物之间的关系有所肯定或有所否定的思维形式。推理是根据已知的判断推出新判断的思维形式。

人们在认识过程中，不仅要用概念来反映事物的本质属性，用判断对事物情况作出断定，而且要根据已有的知识反映各种事物之间的复杂联系，扩大认识范围，获取新知识。这些都是通过推理的思维活动完成的。推理主要有三种形式：归纳推理、演绎推理和类比推理。

6. 想象

想象是人在头脑中塑造过去未曾感触过的事物的形象，或者将来才有可能实现的事物的形象的思维方式。想象最大特征就是形象概括性。爱因斯坦对想象力也作出很高的评价：“想象力比知识更重要，因为知识是有限的，而想象力概括着世界上的一切，推动着进步，并且是知识进化的源泉。”

(二)思维的类型

随着认识的发展，思维的形式也随之变化和发展，产生了各种各样的思维形式。由于人们对于思维概念理解角度不同，因而有不同的分类标准，形成了不同的分类方案。

1. 根据思维所借以进行的方式不同，可将思维分为直观动作思维、形象思维、抽象思维、辩证思维和灵感思维

(1)直观动作思维——又叫动作思维，是指借助于实际动作或操作过程而进行的思维。特点是在实际动作引导下进行思维，边操作边思考，操作一停止，动作思维也就停止。例如，在中学学物理时，物理老师常强调解物理题时要画出物理过程示意图，这是要求我们利用动作思维来帮助解题。画出物理过程示意图的好处大家都有体会：当我们想不出如何解，解不出来时，我们用手画出物理过程的图示，画着画着突然间豁然开朗，知道如何解题了。这是动作思维的功劳，画图的动作引导着我们进行思维，找出解决问题的关键、方向、思路等。发明创造过程中的某些实验、操作或制作阶段，均包含有一定的动作思维。

在思维过程中，动作思维起着很重要的作用，其作用是形象思维和抽象思维所不能代替的。动作的过程，一是能长久地保持住当时思维的内容，引导进一步的思维；二是能加强思维的内容，起加深理解思维内容的作用，为后面的进一步思维打好基础；三是能确保思维的连贯性，而不至于因记忆因素作用而导致思维的堵塞；四能帮助你更好地进行形象思维和抽象思维。总之，形象思维和抽象思维需要良好记忆力相配合，不具备良好记忆力的人进行形象思维和抽象思维是有困难的，动作思维刚好弥补了这一缺点。单凭思考是写不出文章的，构思好怎么写，就得操笔写，利用动作思维引导你写文章，调动你的思维，使思维处于灵活、敏捷的状态，在写作过程中常常会冒出不曾想到的新观念、新问题和新内容。所以，进行创造的时候，我们提倡边想边写，通过文字、图形、线条来引发你的创造灵感。

(2)形象思维——是借助于事物的表象或具体形象从整体上综合反映和认识客观世界而进行的思维。例如，画家在进行创造之前，要进行构思，构思就是凭借过去感知过的种种事物的表象进行思考，创造过程始终渗透着形象思维。形象思维常表现出较高的创造性。

(3)抽象思维——又叫逻辑思维，是指以概念、判断、推理的方式抽象地、从某方面条分缕析地、符号式地进行的思维。在科学技术研究中，所面临的问题常常是要求运用抽象思维来解决，应用各学科领域的公式、定理、法则、定律等进行推导、证明与判断。

(4)辩证思维——是指按照辩证规律而进行的思维。辩证思维注重从矛盾性、发展性、过程性考察对象和从多样性、统一性把握对象。

(5)灵感思维——是指凭借直觉而进行的快速的、顿悟性的思维。

2. 根据思维的方向，可分为发散思维和聚合思维

(1)发散思维——也叫求异思维，是针对一个问题，从某一点出发，向四面八方去思考，以求得多种解决问题的方法、答案的思维。通过发散思维，可以提出多种设想和方法，以便我们获得新设想和新方法，从而创造性地解决问题。所以，发散思维是创造性人才必须具备的一种思维品质，习惯于发散性思维的人，不受既成理论的影响，突破条条框框，善于提出超常的构想和不同凡响的新观念、新方法，因而易于创造。

(2)聚合思维——也叫求同思维，指根据已知条件和目的，在众多的设想中选择一种最合理，最正确的方案的思维。发散具有突出的重要作用，通过发散思维可以得到许多别出心裁的、异乎寻常的新设想，但若不经过聚合思维评判和筛选，最终还是不能得出最佳方案。所以，聚合思维在创造过程中验证阶段具有重要的作用。解决一个复杂的问题，往往要经过从发散思维到聚合思维，再从聚合思维到发散思维的多次反复，这样，才能真正地创造性地解决问题。所以，创造过程中，聚合思维也是一种重要的思维方式。

3. 根据思维是否按照逻辑规律进行，可分为逻辑思维和非逻辑思维

(1)逻辑思维——又叫抽象思维，是指根据逻辑法则应用概念、判断、推理的方式进行的思维。逻辑思维明确地指出了思维过程中各个部分的前后因果关系和逻辑关系。

(2)非逻辑思维——是指没有经过明确的思考步骤，而迅速地对问题作出合理地选择、猜测、想象的思维，包括形象、想象、直觉、联想、灵感等。即在做出这种猜测和解答的时候，并没有意识到得出这种判断、结论的理由和根据。它具有突发性、瞬时性、跳跃性、粗略性和模糊性等特性，例如，当阿基米德在洗澡时，当他走进装满水的浴缸，水溢出浴缸，从这个现象中，阿基米德突然想到了解决判断真假皇冠的方法，一跃而起，“我想到了！”人们常说第六感官，这所谓第六感官就是非逻辑思维。我们在睡觉、打瞌睡的时候突然想到解决问题的办法也是非逻辑思维。由于人们无法预计非逻辑思维的内容，无法凭意志使它产生，非逻辑思维的内容是突然闪现，稍纵即逝，所以，如果不及时抓住，很容易忘掉。非逻辑思维的内容只是指出了解决问题的方向，而不是终结。所以，需要对它进行精细的加工，方能创造性地解决问题。非逻辑思维在创造过程中具有很重要的意义，常常能带来异乎寻常的创造性成果。像德国有机化学家凯库勒对苯的环状结构的发现、物理学家格尔塞在啤酒店受啤酒气泡溢出的启示发明“液态气泡室”、物理学家威尔逊受太阳照耀在山顶云层产生的光环启发发明一种研究放射性物质的仪器——云雾室，等等。

4. 根据思维的结果是否新颖、独创，可将思维分为再造性思维和创造性思维

(1) 再造性思维——又叫常规思维，是指思维的结果不具有新颖性的思维。它一般是基于利用已有的知识或使用现成的方案和程序进行的一种重复性思维。

(2) 创造性思维——是指思维的结果具有明显新颖性的思维，或者说是产生新思想的思维活动。

二、创造性思维的涵义

前面，我们介绍了思维的概念、方式和基本过程、思维类型，显然创造性思维也是思维的一个类型，并不是脱离思维的基本形式和基本过程的某种特殊的思维。创造性思维是相对于常规思维(又称再造性思维)来说的。常规思维就是运用已获得的知识经验，按现成的方法解决问题的思维。运用常规思维可以解决日常工作和生活中大多数问题。在创造活动中往往遇到的是新问题，没有可作为参考的知识经验，或用惯常的方法无法解决，这是就需要创造性思维了。创造性思维要求打破惯常的解决问题的方式，将过去的知识经验更新、综合使问题得以解决。

对于什么是创造性思维，我们将通过“解决圆珠笔漏油问题”的思维过程，来分析说明。

【例 4-1】　解决圆珠笔漏油问题的思维过程

圆珠笔是一种使用方便的书写工具。用很小的圆珠作笔尖的设想可追溯到 1938 年匈牙利人拉奥丁 • 拜罗的发明，拜罗圆珠笔专利采用的是活塞式笔芯，由于有油墨经常外漏的缺点，曾风行一时的“拜罗笔”在 20 世纪 40 年代几乎被消费者所抛弃 。但只要把漏油的问题解决，圆珠笔的市场依然广阔。因而许多人尝试寻找解决漏油的途径。在解决过程中，主要表现出两种解决的途径。

第一种方法是从分析圆珠笔漏油的原因入手去寻找解决的办法。经过观察和思考等发现，漏油是由于圆珠的磨损变小，使油墨从磨损所产生的间隙中漏出，于是试图增加圆珠的耐磨性来解决，甚至用耐磨性能好的宝石和不锈钢制造圆珠。

此方式的结果并不令人满意。且不说采用宝石和不锈钢带来的工艺复杂性和产品价格上升的问题，连漏油的问题也未能解决，因为耐磨性能好的圆珠使笔芯头部内侧与圆珠接触的部分被磨损，使间隙依然增大，油墨照样外漏。

第二种方法是从控制油量方面寻找解决的方法。1950 年，日本发明家中田藤三郎发现，圆珠笔一般写到 2 万个字就漏油，于是逆向思考，即控制圆珠笔的油量，使之写到 15000 字左右刚好用完，再换新的笔芯。中田经过一系列试验终于解决了圆珠笔漏油的难题，为圆珠笔的大量使用立下了汗马功劳。

这个事例中可以看出，面对同一个问题，人们采取不同的思维方法，可能产生完全不同的实际效果。正所谓“思路决定着出路”。

从思维的类型来看，两种解决方法的思维主要采用的都是逻辑思维。这说明了，人的任何思维形式和任何思维环节都具有创造的本性，它自觉或不自觉、或多或少地体现了人的创造成分。所以，创造性对人类思维活动来说具有普遍的意义。就是说，任何一个人，只要他能进行正常的思维，他就具有创造性，就能进行创造。

第一种是沿用大多数人的方法，即直线性思维，针对漏油问题，利用现有的知识和经验分析、综合、判断和推理，千方百计寻找“堵”的办法，经过验证，以失败告终。日本发明家中田藤三郎不是沿着一般的思维路线，即没有采用“堵”的办法。而是创造性地从相反的方向进行思维，要使圆珠笔不漏油，并非一定要堵，从相反的方向考虑，如果笔管里没有油，也就不会漏油了。在思维过程中拐了一个弯，逆向思考，创造性地解决了问题。

但是，同样的思维类型，同样的思维形式，在某个思维过程中能得到奇迹般的创造性成果，而在其他时候却不能得到创造性成果。这一事实说明，在不同思维个体和不同思维过程之间存在着一些决定性的因素，这些因素决定了不同思维个体和不同思维过程存在着创造性的明显差别。这些因素就是创造性思维的特质，是区别于其他思维的本质内涵。这些因素是什么呢？

在上例中，如果从思维过程来看，显然存在着与日常思维过程不同的、具有独特意义的思维方式和思维环节。当用日常思维不能解决问题时，不是固守着日常思维路线，不是紧紧抓住不能解决问题的日常思维方法不放，而是“从相反的方向考虑会怎么样？换个角度思考会怎么样？”尝试着转换从另一角度进行思维，使思维过程在这个节点上产生了质的变化，转换成与原来不同的思维路线进行思维，创造性地解决了问题。所以，创造性思维的独特本质是思维过程中的转换性，即适时地改变。改变原来的思维方向，改变原来的思维方式，改变原来的思维过程，改变原来的思维方法，转换用新思维方向、新的思维方式、新的思维过程、新的思维方法来解决问题。

总之，创造性思维是一种有别于其他常规思维过程的独特思维方式和思维环节，这种独特的思维方式和思维环节的特征就是转换，或者说，改变。因此，我们给创造性思维下了这样的定义：

创造性思维是指人们在的复杂的思维活动中适时地改变思维方向、思维过程、思维方式和思维方法，以产生具有独特性(新颖性)和价值性结果的思维。

三、创造性思维的品质

创造性思维具有以下十大基本特性。

1. 突破性

创造性思维是突破性思维，要创新首先必须对已掌握的知识信息进行加工处理，从中发现新的关系，形成新的组合，并产生突破性成果。《孙子兵法》中“置之死地而后生”、《三国演义》中“草船借箭”、“空城计”就是突破常规思维而取得成功的。人类的科技进步是在批判和否定旧事物的基础上取得并完善的。创造创新者应敢于怀疑、敢于批判、敢于提出问题。要用好奇的眼光积极主动地转换视角，从尽可能多的角度去观察事物，运用自己的潜能，激发灵感和直觉，突破各种成见、偏见和思维定势，推动人们沿着创造和创新之路一步一步前进。当旧的问题被突破时，人们积极主动的好奇心得到一定的满足，心理产生满足感和自信心。在新的问题出现后，再次激发人们创造和创新的思维热情，创造、创新的火花将绽放绚丽多彩，并能使创造、创新的冲动延续下去。

2. 结果的新颖性

创造的本质是求异、求新、寻找前所未有的特征。新颖性是创造性思维的唯一特点，思维结论超越了原有的思维框架，具有前无古人的独到之处。更新知识和理念，发现新原理、新规律，对改变人类的生活方式和促进社会进步起着深刻的作用。

3. 思维方向的多向性

多向思维是创造者应具有的思维方法，必须在创造实践中逐步形成和练习。从创造性思维方向观察，创造性思维有发散思维和聚合思维、顺向思维与逆向思维、侧向思维等。

1) 发散思维与聚合思维互补

发散思维是一种多向的、立体的、开放的思维。在创造过程中，发散思维从已知的有限信息中迅速扩散到四面八方。发散思维体现思维的①流畅性，即思维畅通无阻，在很短时间内就能提出大量解题设想；②变通性，即在创造过程中，体现出随机应变的特点，能快速转换思维方向；③独特性，是发散思维的最高层次，提出的方案与众不同、新颖独特。

发散思维的 3 个特征是相互关联的，思维流畅是产生灵活性和独特性的前提；灵活转换能力则又有助于独特构思的产生。

与发散思维相对应，聚合思维是使人们头脑中的多路思维聚集于某一路，运用逻辑思维方法，在已有的知识、经验基础上把众多信息逐步条理化和规范化，通过分析、综合、抽象、概括、判断和推理等思维过程，去伪存真，集中梳理，使本质逐步显露并最终在某一点上取得成功。

创造性思维往往是发散思维和聚合思维的互补，在发散思维产生大量创造性设想的基础之上，运用聚合思维从大量创造性设想中去粗取精、去伪存真，筛选出最好的方案。只有发散思维和聚合思维共同起作用，才能有效地促进问题表征方式的不断转变并顺利地解决问题。

2) 正向思维与逆向思维的对立统一

逆向思维正好与正向思维方向相反，是沿着与主流相反的方向进行思维的方法，主要体现在创新过程中敢于标新立异，与事物的常理相悖进行思考，可能会获得优秀的创造成果。逆向思维的形式可以从原理、性能、方向、状态、形状、方法等方面进行逆向思考，避免单一正向思维和单向度认识过程的机械性，这样往往独具一格，取得有突破性的创造成果。

逆向思维与正向思维互为前提，相互转化的关系。某些情况下是正向思维，在另一种情况下很可能就变成了逆向思维，逆向思维的运用常常是建立在一定的纵向思维的基础之上，没有纵向思维为基础，是很难产生逆向思维的。因此，创造性思维是正向思维与逆向思维的对立统一。

3) 横向思维与纵向思维的有机结合

所谓纵向思维，是指在一种结构范围内，按照有顺序、可预测、程序化的方向(其思维方向是纵向延伸)进行的思维方式，是常规思维方式。而横向思维(侧向思维)是指解决问题过程中，突破问题的结构范围，从其他领域获得启示产生创造性设想的思维方式。

在我们解决问题过程中，当纵向思维受阻时，应进行思维实时转向，在沿着纵向思维方向的某一关节点上，通过横向渗透的方法，试图从别的方面、方向入手，其广度大大增加。横向思维往往利用“局外”信息，从侧面迂回突破，有可能从其他领域得到解决问题的启示，从而获得问题的解答，“它山之石，可以攻玉”就是横向思维的生动写照，移植类比创造技法、特别是仿生类比法是横向思维的体现，因此，横向思维常常在创造活动中起着巨大的作用，是一种重要的创造性思维。

4. 结果的多样性

由于创造性思维的多向性，人们对于一个问题的解答往往会在多个方向上提出很多种答案，因此创造性思维结果数量众多。

5. 深刻性

深刻性是指思维的深度。思维深刻的人不会满足于对问题的表面认识，善于分辨事物的现象和本质，善于从多方面和多种联系中去理解事物，因而能正确认识事物，揭示事物内部的规律性，预测事物的发展趋势与未来状态。

6. 独立性

思维的独立性就是表现在不迷信、不盲从、不满足现在的方法和方案，而是要保持科学理性，经过自主的独立思考，形成自己的观点和见解，突破前人，超越常规，产生新的思维成果。如果没有独立自主的思考，而是遵守常规、照章办事、服从已有的权威、就不可能产生独特新颖的思维，也就根本谈不上是创造、创新者。

7. 意外性

创造性思维的产生一般表现出一种意外性或突发性。正所谓“茅塞顿开”、“灵机一动，计上心来”、“踏破铁鞋无觅处，得来全不费工夫”。

一般情况下，有意识地创造设想或支配设想往往不能如愿，而某种偶然因素的触发可能突然产生一种解决问题的新方法、新思路、新观念，这是科学发现的通常模式，已被科学技术发展史上许多事实所证明。

8. 敏捷性

思维的敏捷性是指能在短时间内迅速地调动思维能力，并能当机立断，迅速、正确地解决问题。思维的敏捷性以思维的灵活性为基础，因而具有积极思维、周密考虑、准确判断的能力，思维的敏捷性还必须依赖于观察力以及良好的注意力等优秀品质。

【例 4-2】　SONY 公司对晶体管的创新

1947 年 12 月，美国贝尔实验室的一个晶体管放大装置，清晰地将声频信号放大百倍以上，科学家肖克利对这种早期晶体管的工作做了分析，提出了一种 PN 结的晶体管理论。1950 年，世界上第一个 PN 结型晶体管诞生了。当时，美国西方电子公司仅仅把这种晶体管用于助听器的生产。具有广博知识的日本人井深和盛田得知这个消息后，立即飞赴美国考察。他们敏捷地发现，晶体管像电子管一样能够放大信号、而且反应快、体积小、耗能低、可靠性强，完全有可能取代电子管。于是 1953 年，井深和盛田仅以 2.5 万美元的价格向美国西方电子公司买下了晶体管的专利，并于 1957 年开发和制造出命名为“SONY”(索尼)的世界上第一台能装在衣袋中的袖珍式晶体管收音机。不久，SONY 索尼就名扬天下一举成为家电业的大公司。回首往昔，当初如果盛田和井深在识别新技术方面没有高度敏捷性，恐怕难有 SONY(索尼)的今天。

思维的敏捷性还表现在善于发现问题，感知事物，善于从普通的事物中发现不寻常的因素。如，伽利略能从人们习惯了的认识“下落的物体速度与重量成正比”中发现问题；马克思能从大多数人年年月月熟视无睹的商品中发现问题；电子琴的发明者考克，能从电子器件的蜂鸣声中发现音调；李时珍能发现各种食品的药性，提出饮食治疗；毕加索能发现一辆普通的旧脚踏车的特点，将它拼成艺术价值很高的牛头；普斯纳尔看电视时想起了发明游戏机……总之，具有创造性思维的人都具有对问题的敏感性，他们有着很强的发现问题的能力。

9. 风险性

创造性思维活动是一种探索未知的活动，受到多种因素的限制和影响，如事物所处的发展阶段及其本质暴露的程度、人的认识水平与能力、环境与实践条件等。这就决定了创造性思维的风险性，即不可能保证每次都能取得成功。相反，有可能毫无成效甚至做出错误的结论。

社会文化的传统势力、偏见，权威为了维护现有的伦理和秩序，对创造性思维活动的成果往往抱有仇视的心理。例如，西欧中世纪，宗教在社会生活中占据着绝对统治地位，一切与宗教相悖的观点都被称为“异端邪说”，都会受到“宗教裁判所”的严厉惩罚。然而，历史在发展，社会在前进，创造性思维活动是扼杀不了的。哥白尼、布鲁诺将生命置之度外，论证了“日心说”，证明地球不是宇宙的中心。他们为探索真理不畏强暴，敢于顶风冒险的伟大精神，为后人树立了永久的丰碑。无法想象，如果当初没有这两位科学家冒此风险，“地心说”不知还要统治天文学领域多少年。

10. 逻辑思维和非逻辑思维互补

创新性思维的根本特点就在于，它是运用新颖独特的方式方法解决问题以获得新颖结果的一种积极主动的思维活动。创造过程中即运用逻辑思维也运用非逻辑思维，任何把一种思维形式作为创造性思维的唯一形式的看法都是片面的或错误的。逻辑思维一般是左脑的功能，而非逻辑思维，主要有想象、联想、直觉、灵感和顿悟等，一般是右脑的功能。创造的左右脑协同机制，也决定了创造性思维过程是逻辑思维和非逻辑思维互相补充的。

非逻辑思维在创造者的发明创造活动中起着关节点的作用，没有它，发明创造活动无法进行。而逻辑思维具有基础作用。对问题的提出，对现象的观察，对过程的描述，对结果的验证，对成果的总结与提升等均要用逻辑思维。那种片面强调非逻辑思维的作用，或贬低逻辑思维的作用都是不正确的，如弗朗西斯·培根在1605年所说：“人类主要凭借机遇或其他，而不是逻辑创造了艺术和科学。”

因此，我们学习创造性思维决不能排斥或贬低逻辑思维在发明创造活动中的作用，而应该清楚地认识到创造性思维的形成与发展是在逻辑思维与非逻辑思维的交叉和互补状态下进行的。

四、创造性思维的过程

创造性思维的结果不是一蹴而就的，而是经历一个相对较长时间的思维过程，包括选题过程、分析思维过程和运用各种方法解题过程等的最后结果。对于思维过程的研究，有利于我们了解创造性思维结果是怎样产生的，影响因素有哪些，怎样根据创造性思维过程的研究成果来开发人们的创造性思维能力。

许多心理学家对创造性思维过程进行了研究，产生多种理论，如杜威（J.Dewey）的创造五阶段模式、华莱士（G.Wallas，1926年）的四阶段模式、王国维的“三境界”论以及其他学者的三阶段模式、七阶段模式等等。比较著名的是华莱士的四阶段模式。我们这里主要介绍华莱士的四阶段模式和王国维的“三境界”论。

(一)华莱士的四阶段模式

华莱士认为，人的创造性思维的产生和发展，是以发现问题为中心，以解决问题为目标的高级心理活动。无论是科学的或艺术的创造性思维，一般都要经过四个阶段，即准备阶段、酝酿阶段、顿悟阶段和验证阶段。

1. 第一阶段：准备期(Preparation)

这一阶段主要是指发现问题，收集有关资料，参考别人或前人的知识、经验并从中得到一定启示等。创造性思维是从怀疑和不满开始的，并从中发现问题和提出问题。因此，是否具有强烈的“问题意识”是创造性思维的关键。提出问题后，创造者必须着手为解决问题作充分的准备，包括资料和信息的收集、知识和经验的储备、技术设备和其他条件的筹集等。资料信息的收集、知识的储备，特别注意他人的经验非常重要。这样，既可以避免重复前人的劳动，又可以使自己站在更高的起点上从事创造工作，还可以使自己从旧的问题中发现新的问题，从旧的关系中发现新的关系，从前人的经验中获取必要的知识和启示，并为解决问题做好准备。

2. 第二阶段：酝酿期(Incubation)

酝酿期又称孕育期。这一阶段主要是冥思苦想，即对前一阶段所获得的各种信息、资料加以研究分析，从而推断出问题的关键所在，并对问题做各种试探性解决，提出解决问题的各种设想和方案。

在此阶段，非逻辑思维和逻辑思维互补、潜意识和显意识交替。采用分析、抽象与概括、归纳与演绎、推理与判断等逻辑思维方法。经过反复思考、酝酿，有些问题可能仍未找到理想解决方案，甚至出现一次或多次“思维中断”，显意识暂时停止，思维进入潜意识，为第三阶段灵感的到来打下基础。

创造者此时往往处于高度兴奋状态，给人以如痴如醉和狂热的感觉。如陈景润在马路上撞电线杆、安培不认识自己的家门等都充分反映了这一点，但往往令人难以理解。

这一过程可能是短暂的，也可能是漫长的，甚至进入“冬眠”状态，但这往往预示着灵感和突变思维的降临。

3. 第三阶段：明朗期(liiumination)

经过冥思苦想阶段量变的积累，在逻辑思维和非逻辑思维如直觉、灵感、想象和联想思维的共同作用下，发生质变，产生了顿悟，灵感降临，思路豁然开朗，创造性成果脱颖而出，产生了独特的新观念、新思想、新理论和新发明。真是“踏破铁鞋无觅处，得来全不费工夫。”这一阶段常常称为灵感阶段、顿悟阶段。

4. 第四阶段：验证期(Verification)

对灵感或顿悟得到的新设想进行检验和证明。

验证阶段多采用逻辑思维方法，对创造成果进行科学的验证，利用观察、实验，分析来证明其发明的可重复性、合理性、严密性、可行性及其发现的真实性。经过验证阶段，可以使创造的成果得到进一步的完善和确认。但也可能因为不具有可行性或重复性差等原因被否定。从而又回到酝酿阶段重新冥思苦想。

(二)王国维的三境界论

我国晚清学者王国维在《人间词话》(1908 年)中关于做学问的“三境界”描述。

第一境界："昨夜西风凋碧树，独上高楼，望尽天涯路。"

第二境界："衣带渐宽终不悔，为伊消得人憔悴。"

第三境界："众里寻他千百度，蓦然回首，那人却在，灯火阑珊处。"

仔细对照分析，王国维的"三境界"和华莱士的四阶段模式中前第一、二、三阶段是一致的，或非常吻合。第一阶段可以看作是寻找目标，发现问题阶段；第二阶段是不断探索、冥思苦想，试探解决问题的阶段；第三阶段是顿悟灵感阶段。文学创作一般不需要验证阶段。

第二节　创造性思维的主要方式

灵活运用创造性思维就能够产生新颖独特而有价值的思维结果。因此，没有哪一种思维一定是创造性思维，创造性思维也不是限定于某一种思维方式，创造性思维方式有许多种。本节将主要介绍逻辑思维、想象思维、联想思维、灵感思维和直觉思维等几种最一般创造性思维形式。

一、逻辑思维

作为一名科学家，你必须是一个"严谨的逻辑推理者"。——爱因斯坦

思维是人脑经过长期进化而形成的一种特有机能，是"人脑对客观事物的本质属性和事物之间内在联系的规律性所作出的概括与间接的反映"。而把建立在语言基础上，运用概念、判断和推理而进行的思维称为"逻辑思维"，又称抽象思维。逻辑思维是思维的一种高级形式，其特点是以抽象的概念、判断和推理作为思维的基本形式，以分析、综合、比较、抽象、概括和具体化作为思维的基本过程，从而揭露事物的本质属性和内在规律性联系。逻辑思维是以思维方法为分类依据而划分出来的一种思维形式，它既不同于以动作为支柱的直观动作思维，也不同于以表象为凭借的形象思维，它已摆脱了对感性材料的依赖。逻辑思维材料侧重于语言、数字和符号。它具有间接性、严密性、程序性和确定性的特点。只要前提正确，论证过程没有违背规律，得出的结论也是确定的、正确的。逻辑思维是许多理论得以成立的组织形式，是人们把握真理的基本方式。

（一）逻辑思维的方式

1. 概念

概念是逻辑思维的最小单位，是逻辑思维的细胞。概念是在分析、综合事物的各种属性的基础上，进一步抽象、概括而成，是关于事物本质属性（即该事物矛盾运动的特殊性）的反映。所谓本质属性，就是决定一事物之所以成为该事物并区别于它事物的属性。它是人类在长期改造客观世界的实践过程中逐渐形成的关于各种事物矛盾运动特殊性的认识。对事物的认识越广泛、越深入，积累的概念就越丰富、越明确。概念既是人类认识客观事物的总结，也是人类思维的材料即思维的加工对象。概念反映事物的本质属性，同时反映了具有这种属性的对象，因而概念有客观的内容和范围，即概念的内涵和外延。

概念的内涵就是反映在概念中的对象的本质属性，而概念的外延是指具有概念所反映的本质属性的对象。如"商品"这个概念的内涵就是为交换而生产的劳动产品，它的外延就是指古今中外的所有商品。内涵是从质的方面揭示概念的，它揭示概念所反映的对象是什么；外延则是从量的方面揭示概念的，它说明概念所反映的对象有哪些。

概念明确是人们正确思维的必要条件。只有概念明确，才能作出恰当的判断，才能进行合乎逻辑的推理，才能获得正确的认识。在几千年的文明发展历程中，人类已建立起从哲学、自然科学、社会科学、各门具体学科到日常生活概念的不同层次的庞大概念体系，从而为人类正确地反映客观事物奠定了基础。

2. 判断

判断又叫命题，就是对思维对象有所断定的思维形式。判断不仅可以对某个(或某类)事物是否具有某种属性作出判定，更重要的是可以对事物之间是否存在某种内在联系作出决断。思维中的判断是由若干个概念构成的。为了说明判断的分类及结构形式，需要先了解事物之间是通过何种关系联系在一起的。众所周知，辩证唯物主义不仅强调事物的运动变化与事物之间的相互联系，而且还强调这些运动变化和相互联系是有条件的：事物总是在一定的条件下产生、发展和衰亡；事物之间联系的性质、结构和特点也随条件的不同而改变。一切以时间、地点和条件为转移。“时间”、“地点”(空间)是物质运动的存在形式，它们与运动不可分割；而条件则是事物运动变化和相互联系的前提或外因，因而其重要性可以与时、空相提并论。总之，一切事物的变化和联系都是有条件的，只有“有条件”这一点才是无条件的。从这个意义上说，辩证唯物主义关于事物的普遍联系论也可称之为“条件论”。条件既是事物运动变化和相互联系的前提或外因，在此前提或外因的作用下，必有相关的效应，即结果。由此可知，条件——结果关系(在绝大多数情况下，表现为因果关系)是客观世界中的一种最普遍的关系。通常所说的事物之间的相互联系、相互作用，就是条件——结果关系在不同情况下的具体体现。

实际情况的具体条件是复杂多样、千变万化的，但按其抽象的类型则可划分为充分条件、必要条件和充分必要条件等三大类；与条件有关的事物可以是单一的个体(用“单称”表示)或是某一类事物中的一部分(用“特称”表示)，也可以是某一类事物的全部(用“全称”表示)；与同一结果对应的条件可以是一个也可以是从若干个中选择出的一个。为了反映这几种不同情况的条件结果关系，逻辑学中建立了一套如下面所示的“判断系统”：

- 复合判断
  - 假言判断
    - 充分条件假言判断(假设复句)
    - 必要条件假言判断(条件复句)
    - 充分必要条件假言判断(假设复句、条件复句或二者结合)
  - 选言判断 (选择复句)
    - 内容选言判断
    - 不相容选言判断
  - 选言—假言判断 (选择复句、假设复句、条件复句)

其中各种假言判断就是专门用于对不同的条件——结果关系作出反映，选言—假言判断则适合于两个以上可选择条件的情况。括号内给出的是实现相应判断时的语言表达形式——各种不同类型的复句。

除了上述用于反映事物之间相互联系规律的假言和选言判断以外，还有直接用于判定事物是否具有某种属性的直言判断。由于判断结果有肯定、否定两种可能，判断所涉及的事物也可以是单称、特称和全称三类，因此综合起来，直言判断便有单称肯定判断、单称否定判断、特称肯定判断、特称否定判断、全称肯定判断、全称否定判断等六种。

3. 推理

推理是用于对事物之间更为复杂的相互联系、相互作用作出反应，是从一个或几个已知判断中推出新判断的思维形式。推理要在判断的基础上进行，推理的前提可以是直言判断、假言判断、选言判断或选言——假言判断，因此，根据推理前提所用判断的不同，推理相应地可分为直言推理、假言推理、选言推理和选言——假言推理等多种。

逻辑的基本结构就是三段论，又称直言三段论。

所有 M 都是 P，所有 S 都是 M，所以，所有 S 都是 P。

它以两个含有共同项的性质判断为前提，推理出另一个性质判断作为结论。

逻辑思维的基本规律包括同一律、矛盾律、排中律和充足理由律。平时所说的定义、划分、观察、证据、实验、假说和验证方法等，都是建立在逻辑思维基础之上的。

由以上分析可见，通过在语言基础上建立起来的概念、判断和推理系统，即可满足对事物的本质和事物之间内在联系规律这样两个方面作出概括与间接反映的要求。关于概念如何定义，以及判断、推理的形式结构等问题是逻辑思维研究的内容。

（二）逻辑思维的类型

1. 形式逻辑

所谓形式逻辑，是撇开具体的思维内容，仅从形式结构研究概念、判断、推理及相互联系的逻辑体系。形式逻辑的规律是人们在逻辑思维中如何正确地使用概念、判断、推理才能使思维具有准确性、一贯性和论证性，以帮助人们正确地认识客观事物和表达自己的思维。

2. 数理逻辑

所谓数理逻辑，是指一切用符号和数学方法处理和研究演绎法的学问。数理逻辑在深度和广度上把传统逻辑推向前进，使之更加精确、严密。数理逻辑所揭示的数学中的思维规律、思维技术与方法，对于计算机科学以及其他许多学科都具有重要的意义。

3. 辩证逻辑

辩证逻辑是指按唯物辩证法的一般原理进行的思维形式。辩证法是关于联系和发展的学说，它强调用事物普遍联系、发展变化和对立统一的观点看问题。客观性、全面性及深刻性是辩证逻辑的根本要求和基本特征。辩证思维特别强调矛盾双方的对立统一，突出矛盾着的双方相互依存、相互渗透，并在一定条件下的相互转换。世界上任何具体的事物都是由各种要素及从各个方面按照一定的方式综合而成的一个无限复杂的有机体，因此，辩证逻辑看问题就是要全面的认识事物，把握组成这个事物的各个方面和各种要素。要联系地、发展地看问题，不能死板地、僵化地、静止地、孤立地看问题，应随时随地地根据事物的发展变化及时调整、变化。既要看到正面，又要看到反面；既要看到长处，又要看到短处；既要看到主要方面，又要看到次要方面；既要看到过去，又要看到现在。

（三）逻辑思维的创造功用

逻辑思维亦称抽象思维，它是在人们已经掌握的各种知识、原理、规律基础上形成的概念，并以此判断、验证现实的一种思维形式，它能使我们更深刻、更准确、更完整、更科学地反映客观事物的面貌。在创造性思维过程中，通过非逻辑思维的作用，一种新的知识、原理和规律诞生了，人们必须用逻辑思维对其验证、总结和提升，起到互补的作用。逻辑思维在创造过程，如提出问题准备阶段、孕育阶段和验证阶段发挥重要的作用，有时还能直接解决创造问题。

1. 利用逻辑思维可以发现问题

发现问题是一切创造活动的逻辑起点。能够发现问题，对于人们的创造活动来说极为重要。发现问题的方法很多，通过逻辑思维发现问题即是一条重要途径。

逻辑思维的属性之一：是其推理严密和结论正确。如果结论是正确的，那么从道理上讲应当允许人们从不同角度、不同路线进行逻辑上的论证并得出相同的正确结论。因此，如果沿着某条严密的逻辑思路而得不到预定的正确结论，那么这条逻辑思路就可能会导致问题的发现。例如，关于恐龙灭绝原因的星体大碰撞假说，虽然它风靡一时且能解释较多的现象，但最终仍因其无法解释“为什么在碰撞之前的数千万年之中恐龙就已变得越来越少”的现象而使得“碰撞论”一直无法画上圆满句号，其中必然还隐藏着更深层次的问题。对此人们还需要做进一步的探索。

另外，通过逻辑检查定义亦可发现不少待创造的问题。一门学科中较完善的定义应该符合逻辑学上定义的定义。如果用逻辑学中的定义标准来检查各种学科的定义就会发现，凡不符合定义之定义的地方必然存在某些问题。

创造技法中的缺点列举法，就是大量列出一个理论、一个事物或一个产品的缺点，其中有很多的“缺点”都是不合逻辑的。因此用逻辑思维方法可以很快发现这些缺点(问题)之所在。

2. 能够创造性地解决问题

在创造活动中，有些创造问题的解决完全需要逻辑思维来完成，比如，门捷列夫根据元素周期律推算，准确地“发现”新的未知元素。天文学家“通过严密的数学计算”而在纸上“发现”海王星等，生动地说明了逻辑思维在创造性解决问题中的重要作用。其实，我们反过来考虑一下，又有哪一个成功创造成果的取得是不合乎逻辑的呢？所以说，任何一个创造问题的成功解决都离不开逻辑思维的作用，它们都必然要合乎一定的逻辑，当然，它只不过是当时人们尚不知道的更高层次上的逻辑而已。

统治人们的思想达两千多年之久的亚里士多德自由落体定律：“物体从高处落下来，其速度与它的重量成正比。”即从同一高度同时自由落下，重的物体比轻的物体先到达地面。十六世纪，著名的物理学家伽利略借助于理性的力量，巧妙设计了一个逻辑推论，伽利略对此分析说，如果将一个重的物体和一个轻的物体捆绑在一起会怎么样？这会导致一种逻辑矛盾，从逻辑上推知亚里士多德的理论不成立。并通过实验加以验证，从而推翻了亚里士多德的错误论断，发现了“自由落体的加速度与其质量无关”的自由落体定律。

3. 提升作用

人们对于事物的认识总有一个由浅入深、由感性到理性认识的过程。在创造活动中，由于创造性思维的发散性导致创造性思维结果的多样性，这些思维结果大多是一些可能性结果，其中有一些是正确的、可行的，也有一些是不正确的或不合适的、不可行的。那么，哪些是正确而可行的、哪些又是不正确而不可行的呢？这在很大程度上还要依靠逻辑思维来分析、判断、筛选和上升。即使正确的创造性思维结果，最后也要靠逻辑思维来总结和提升，形成新的知识。离开了逻辑思维，人们的思考是不会集中的，也是不会最终形成创造性成果的。

二、想象思维

(一)想象的含义和特征

想象思维是创造性思维的主要表现形式之一。想象是人在头脑中塑造过去未曾感触过的事物的形象，或者将来才有可能实现的事物的形象的思维方式。从心理学的角度看，想象是人脑在过去感知的基础上，对所感知的形象进行加工、排列、组合、改造并创建出新形象的心理过程。法国思想家伏尔泰曾精辟地说:“想象是每个有感觉的人都能切身体会的一种能力，是在脑子里想象出可以感觉到的事物的能力。”德国著名哲学家黑格尔认为，最杰出的艺术本领就是想象。

想象最大特征就是形象概括性。也就是说，它是借助于具有一定程度概括性意向的联结与组合，并以意向形式加以表达的一种形式。

创造性活动中始终存在着想象。马克思在谈到人的劳动过程特点是说:“蜘蛛的活动与织工的活动相似，蜜蜂建筑蜂房的本领使人间的许多建筑师感到惭愧。但是最蹩脚的建筑师从一开始就比最灵巧的蜜蜂高明，因为他在用蜂蜡建筑蜂房之前，已经在自己的头脑中把它建成了。劳动过程结束时得到的结果，在这个过程开始时就已经在劳动者的表象中存在着。”建筑师在建造房屋前，房屋的形象通过想象已经存在于建筑师的头脑中。发明家在机器开始制造前，在头脑中已想象出新机器的各个部件的结构及其相互关系所构成的新机器形象。科学家在进行试验之前，实验的方法、进程和预期的结果等也以观念的形式在头脑中想象出来了画家在绘画之前，在头脑中已想象出新作品的形象，就是人们常说的“胸有成竹”。这些都是想象思维的结果。

【例 4-3】　想象导致“随身听”的诞生

“随身听”被美国时代杂志评为20世纪最有创意的发明之一。“随身听”诞生之初(1980年)就成为有史以来最受欢迎的录音机品种，似乎人人都想拥有一台。日本各地的电器行根本来不及库存，来自欧美的旅客和商人也到日本疯狂采购、回国后偷偷通关，以便馈赠亲友和转售。这种不起眼的微型录音机竟然成为索尼公司最值得骄傲的产品。

“随身听”是索尼的创办人井深大和当时的董事长盛田昭夫决定试制和生产的。他们根据当时的社会需求和技术现状，充分利用想象力，来勾画出在拥挤、忙碌、紧张的环境中，人们一定会希望随时可以欣赏美妙的高音质立体声音乐而不吵人、不引人注意，使个人与环境隔离，得到充分的放松。他们根据想象规定了产品的尺寸、效果和在当时几乎是不可能实现的“疯狂价码”，要研究人员用 4 个月的时间将产品投放市场。研究人员发挥超常的创造精神和团队精神，克服重重困难，终于取得了巨大的成功。

想象又是一种具有极大自由度的思维活动形式，同时又是可以自觉引导进行的一种积极主动的心理现象，有的发明者把发明对象置于情景之中，如把自己设想为所要设计的工具和产品的一部分，尽情地想象在各种假定的条件下，自己将如何感受和如何反应。再如，有的发明者把他自己想象为某发明的使用者，从而想象出各种希望和要求。

古希腊哲学家亚里士多德认为，想象力是发明、发现等一切创造性活动的源泉。德国古典哲学家康德指出:“想象力作为一种创造性的认识能力，是一种强大的创造力量，她从实际自然所提供的材料中创造出第二自然。”

想象力是创造性思维的主要品质，它能使我们超越已有的知识经验，使思维插上翅膀，超越逻辑思维的束缚，使思维达到新的境界。

(二)想象的类型

想象可以按有无预定目的分为有意想象和无意象两大类。

1. 有意想象

有意想象是指有预定目的的、自觉的想象，也被称为积极的想象，包括再造想象、创造想象和幻想。

(1) 再造想象：是根据别人对某一事物的描述(语言、文字描述和图样示意)，在头脑中形成相应新形象的心理过程。例如，机械工人根据机器的图纸想象出机器的构造和形状；技术人员依据别人对国外某种产品外形和功能的介绍，想象出它的基本原理及内部大致构造。

(2) 创造想象：是根据一定目标和任务在头脑中创造出新形象的心理过程，即在创造新技术、新产品和新形象之前，在创造者头脑中已经构成这种新事物的形象。

法拉第所提出的力场中的力线，磁场中磁力线，作为“线”并不存在，但作为“力”在现实中是有某种东西与它对应的，正是这种创造性想象创立了电磁学的概念体系。作为一个发明家，法拉第的智慧和多产在很大程度上应归于其丰富的想象力。一个普通的科研工作者，在他的专著或论文中也都留有想象的影子。科学创造活动最重要条件之一是善于按新的方式想象事物的进程，创新活动的一切阶段都离不开想象。

(3) 幻想：是想象的特殊形式，它是由个人愿望或社会需要所引起的指向未来的思维过程。它不与目前行动直接联系，而是指向未来的活动。幻想中所创造的形象总是体现个人的愿望，是想象者所向往的事情。由于幻想在人们的创造活动中具有重要作用，所以创造学允许并鼓励人们对于事物进行各种各样的幻想。

幻想是人脑对现实的一种虚幻反映形式，这种反映能帮助人们在现实中找到真理的模型。对于一个创造性的问题，在没有充分深入研究的情况之下我们应该大胆地鼓励幻想思维。这是因为幻想是“脱离实际”的，不受任何束缚，所以幻想思维可以在人脑中纵横驰骋，它可以在没有现实干扰的理想状态下向任意方向发展，从而构成创造性思维的重要组成部分。

诚然，幻想越是大胆，它可能包含的错误也越多，不过这并没有什么关系，只要从幻想得到的结果加以检验，错误就会被发现、被修正，从而为创造服务。

2. 无意想象

无意想象是从知识积累材料中、从个人的经验中，选用某种可用概念并使之发生联系，从而产生想象。这是一种下意识的想象，还必须交给有意识的见解去鉴定，如果证明它们是有用的就保留下来，否则就自行消失。无意想象的主要特点是自由联想，它是不受控制的，因而有可能产生完全出乎意料的设想。

(三)想象的创造功用

1. 想象、幻想激励人们创造欲望，激发人们做出新的创造

所谓幻想，是指与某种愿望相结合并指向未来的一种特殊想象。幻想可使人产生创造的欲望，可激发人们的创造心理，可指出人们进取的方向，幻想可以鼓励人们奋发向前、为人类做出贡献。古人的无数幻想，如“上九天揽月、下五洋捉鳖”，经过人类的世世代代努力和奋斗，现在已经变为客观现实。由此可见，幻想思维可直接导致创造活动。想象和幻想在创造中的作用是不言而喻的，它是人类创造活动的原动力。

现实中许多事物是在前人所做的幻想和想象的指引下所做出的发明创造，把前人的幻想和想象变成活生生的现实。

【例 4-4】　幻想——未来宇宙航行的十五步设想

1849 年，俄国科学家齐奥柯夫斯基通过大胆地想象，提出了未来宇宙航行的十五步幻想：

(1) 制造带翅膀的和一般操纵机构的火箭式飞机；

(2) 以后飞机的翅膀略有缩小，牵引力和速度增加；

(3) 穿入稀薄大气层；

(4) 飞至大气层外及滑翔降落；

(5) 建立大气层外的活动站(人造地球卫星)；

(6) 宇宙飞行员用太阳能解决呼吸、饮食及其他日常生活目的；

(7) 登月；

(8) 制造太空衣，以便完全地从火箭进入太空；

(9) 在地球周围建立宽广的居民点；

(10) 太阳能不仅用于饮食和生活舒适，而且用于绕整个太阳系移动的动力；

(11) 在小行星带上和太阳系里其他不大的天体上建立移民区；

(12) 在宇宙中发展工业，宇宙站的数目增加；

(13) 达到大小和社会的理想；

(14) 太阳系居民比目前地球居民多一千万倍，已达饱和点，之后就要住到整个银河上去；

(15) 太阳开始熄灭，太阳系的残存居民转至别的“太阳”。

要知道，齐奥柯夫斯基作出这种大胆幻想的时候，莱特兄弟的飞机尚未问世。一百多年来，正是在齐奥柯夫斯基这个大胆幻想的指引下，实用火箭、喷气式飞机、人造卫星、阿波罗登月计划、航天轨道站，以及航天飞机等相继取得成功，齐氏设想中的前九步已基本实现。而今的人们正在沿着后六步的方向迈进。从这个案例可体会到想象思维巨大的超越力量。

【例 4-5】　凡尔纳的科学幻想

18 世纪法国著名科学幻想作家儒勒·凡尔纳(1828—1905)，一生写了 80 多部科幻小说和探险小说。书中写的霓虹灯、直升飞机、导弹、雷达、电视台等，在 20 世纪都已实现。他在一个多世纪前就生动地描写在美国佛罗里达州建立火箭发射场向月球发射火箭的情景，并描绘宇航员在失重下的状态。这些都被现代科学所证实。后世的许多科学家，如美国的火箭先驱罗伯特·戈德等人都曾表示，他们深深地感激凡尔纳，因为他们都从凡尔纳的科幻小说中得到过宝贵的启示。

从以上案例可看出，想象和幻想是技术发明和创造的重要推动力量。正如美国克莱斯拉飞机公司创始人所说：“想象是照亮通往未来的大道，调查通往未来线索的指针，并对计划走此路线的人提供了最佳的指导方法。”一个创造者在认识世界、利用世界和创造世界活动中，是很需要幻想精神和幻想思维的。

2. 想象产生科学假说和设想

量子力学奠基者、德国物理学家普朗克深有体会地说：“每一种假说都是想象力发挥作用的产物。”所谓假说就是对问题所做的假定性的解释。由于我们在认识世界的过程受到如下几个因素的限制：①对所有影响事物的因素认识不充分。②对影响因素的观察次数不足。

③观察存在误差。因此决定我们不可能通过有限的认识过程就能够达到对事物完全准确地把握，提出完全正确的解释。这种客观上的缺陷，客观上来说是无法解决的。所以，为了弥补这种客观缺陷，为了达到认识事物的规律和本质特征的目的，我们只能在这些有限的信息之下做出推断和假定性的说明，这个推断和假定性说明就是所谓的假说。但是，假说是对问题所做的假定性的说明和解释，其正确性有待进一步检验，通过检验验证假定的正确性，从而抛弃不正确的假说，或抛弃假说中不正确的成分，完善和补充假说的内容，使假说成为正确的理论和认识。可见，形成假说和验证假说的过程是科学技术的核心活动之一。所以，假说是通往创造的桥梁。日常解决问题和创造性解决问题，一般都要经过假说阶段，即要建立假说，而假说的产生则是根据已知的条件运用想象得到的。

【例 4-6】 爱因斯坦相对论的诞生

阿尔伯特·爱因斯坦的相对论并不是在书桌上或是黑板上推导出来的，而是一个夏日躺在山坡上的时候想出来的。根据他自己的说法，他半眯着眼睛。阳光透过树叶射在他的眼睛上，形成数千个光束。他想象，如果能在其中一个光束上旅行会是一种什么样子，然后想象自己开始通过这些光束在宇宙中漫游，这是一种幻想。

爱因斯坦认为，在现代自然科学条件下，新的概念离公理经验越来越远。因此，充分发挥想象力的实验变得益发重要。“爱因斯坦列车”理想化实验的内容如图 4-1 所示。

图 4-1 爱因斯坦列车

当两道闪电同时袭击一条东西向的轨道时，对于站在铁轨中间的观察者来说，这两道闪电是同时发生的。但是，对于乘坐一列由东向西高速行驶的列车上的观察者来说(此时列车上的观察者正好经过静止的观察者面前)，这两道闪电并不是同时发生的。因为列车驶近西方的闪电，而远离东方的闪电，因而西方的闪电要早一点到达列车内观察者的眼睛。因此，在静止观察者看来，同时发生的闪电，在运动中的观察者看来却是西方的闪电先亮、东方的闪电后亮。若进一步设想，这辆列车以光速前进的话，则列车上的观察者将只能看到西方的闪电，因为东方的那道闪电根本追不上它。这一理想化实验指出了同时性的相对性，即在不同的坐标系内，事件发生的时间是不一致的。

根据当时的物理和数学理论，这种想象之旅是很荒唐的。但爱因斯坦对自己的想象满怀信心，他开始着手研究这个问题，并尝试以数学的形式来解释他的想象之旅。

3. 想象是创造问题的源泉

想象是一所伟大的工厂，在这所工厂里可以塑造出人类所能创造的所有计划。生物学家巴洛夫曾说过：“为了彻底了解分子活动而进行分析和综合时，一定要想象到眼睛所看不到的结构。”英国物理学家廷德尔则说：“有了精确的实验和观察作为研究的依据。想象力便成为自然科学理论的设计师。”可以说，没有科学想象就没有科学理论、科学发现和技术发明。

当我们进入一个新的领域进行创造设计时，重要的是我们必须具有预见将来会出现什么问题的丰富想象，满足人们想象需要。创造发明技法中“希望点列举法”就是充分发挥想象力的技法，想象可以弥补我们认识的不足，是我们提出设计任务、完善设计思想，使设计、创造更加完美的基础。

科学创造、技术发明需要想象，文学艺术创作更需要想象。中国四大名著之一《红楼梦》，其中一段“玉带林中挂，金簪雪里埋”就充分发挥了想象力，作者曹雪芹如果没有丰富想象力，是不可能完成这部佳作的。高尔基在谈到情绪与想象时曾说过：“文学家的工作或许比一个专门学者，如一个动物学家的工作更困难些。科学工作者在研究公羊时，用不着想象自己是一头公羊，但是文学却不然。他虽然慷慨却必须想象自己是一个吝啬鬼；他虽无自私心，却必须觉得自己是贪婪的守财奴；他虽然意志薄弱，但却必须令人信服地描写出一个意志坚强的人。”德国音乐大师舒曼说过：“音乐想象越丰富……他的作品越能动人吸引人。”显然音乐离不开想象。德国启蒙思想家莱辛说得好：“缺乏幻想的学者只能是一个好的流动图书馆和活的参考书，他只会掌握知识但不会创造。”法国启蒙思想家狄德罗(D.Diderot)说得更实际：“想象是一种特质，没有想象，一个人既不能成为诗人，也不能成为哲学家、有机智的人、有理性的生物，他也就不成其为人。”

总之，想象力是创造性思维的重要品质，它能使我们超越已有的知识和经验，使思维插上翅膀，摆脱逻辑思维的束缚，并达到新的境界。因此，想象思维在创造中的作用是明显的，尤其是在创造的初期更需要各种各样的想象。一门学科的某些变革，—项创造的深入实践，往往总是以勇敢的奇异思想作为开路先锋的。

(四)想象思维能力的提高

想象思维的训练分再造性想象训练、创造性想象训练和幻想性想象训练等 3 种类型。为了提高想象能力，我们可以借助于形象思维、把研究对象形象化，如把电流想象成水流，把声音的传播想象成一石击水形成的波，把植物想象成有头脑、有思维能力的人等。我们可以通过大量阅读科幻小说、看科幻影片、看没有声音的电视片，想象其对白和情节；欣赏高雅优美的舞蹈作品想象其创作的内涵等来实现。更可以通过经常有意识地提出“假如”式的问题展开丰富的想象，在规定的一段时间内，完成大量的有关想象力训练的作业(最好在教师的指导下进行)。

想象是否正确，要以实践来检验。中国哲学家胡适曾在美国实用主义哲学的基础上，提出“大胆猜测，小心求证”的科学方法论原则。“大胆猜测”就是强调想象思维，对有待解决的问题从多角度、多方向和多侧面进行猜测和想象。“小心求证”则是对所有的结题方法、思路和设想进行仔细分析、验证，从中找出有价值的创意和方案。美国科学家贝弗里奇说：“在探索新知识的过程中，想象力虽然是灵感的源泉，但如不受到检验，也可能酿成危险，丰富的想象力须用批评和判断来加以平衡。”

三、联想思维

联想，是想象思维的一种特殊形式。所谓联想思维，就是人们通过一件事情的触发而迁移(想)到另一些事情上的思维。简单说，联想是由一事物想到另一事物的思维过程。联想能够克服两个不同概念在意义上的差距，并在另一种意义上将二者联结起来，由此常产生一些新颖的思想。因此，联想思维是创造性思维的重要思维形式，创造技法中的联想组合法、类比技法等就是与联想思维相关的一种创造技法。在科学史上，许多创造发明均发端于人脑的联想思维。

事物是相互联系的，通过事物之间的联系关系由一事物想到另一事物就是联想，由此，我们把前一事物称为刺激物或触发物；而后一事物则称为联想物。联想物与触发物之间的联系状况决定着联想思维的形式。联想物与触发物之间的联系关系主要有：接近、相似、相反、因果、主从等，由此决定了联想思维的不同形式：接近联想、相似联想、对比联想、因果联想、从属联想等形式。因果联想和从属联想和逻辑思维有关，也可归结为接近、相似和对比等联想。概括地说，联想思维有相似联想、对比联想和接近联想等三种基本形式。

1. 相似联想

相似联想，是指联想物和触发物之间存在着一种或多相同而又明显属性的联想。例如，看到鸟想到飞机(都能飞)，看到电灯想到了蜡烛、手电筒(都有发光性)，由埃菲尔铁塔想到美国的帝国大厦，由贝多芬想到勃拉姆斯和莫扎特，由衣服想到床单，由火柴想到打火机，由篮球想到气球，由相片想到油画等。有位美国发明家一次在理发时看到理发推子的动作，突然与其正在思考中的收割机方案联系起来，遂产生相似联想，从而成功地开发出了利用理发推子动作原理的新型收割机。

任何事物都具有一些属性，这些属性往往又为其他事物所拥有，因此，我们可以通过两事物之间存在的相同或相似的属性，从一事物联想到另一事物。事物的属性通常包括如下内容：意义、运动方式、颜色、声音、味道、形状、型号、形态、气味、大小、原材料、组成成分、制造方法、重量、舒适度、强度、色彩、位置、数量、高低、明暗、粗细、长短、内外、透明程度、软硬、强弱、浓淡等。所以，我们在进行联想时可以以这些属性为线索进行相似联想，由此我们就可以从一事物联想到许多其他的事物。仿生学的思维基础就是相似联想，如：仿鲨鱼皮泳衣、仿动物流线型潜水艇等。

相似联想为创造活动提供可类比的材料，相关的创造技法有移植法、类比法、综摄法等。

【例 4-7】　红外跟踪技术的发明

生物学家都知道，响尾蛇的视力很差，几十厘米近的东西都看不清，但是在黑夜里却能准确地捕获十多米远的田鼠，其秘密在于它的眼睛和鼻子之间的颊窝。这个部位是一个生物的红外感受器，能感受到远处动物活动时由于有热量产生而发出的微量红外线，从而实现“热定位”。美国导弹专家由此产生联想，若用电子器件制造出和响尾蛇的生物红外感受器类似的“电子红外感受器”，用于接受飞行中的飞机因发动机运转发热而辐射的红外线，岂不可以通过这种“热定位”来实现对目标的自动跟踪。所谓红外跟踪响尾蛇导弹就是在这种“联想”的基础上设计出来的。

【例 4-8】　加气混凝土的发明

在合成树脂(塑料)中加入发泡剂，使合成树脂布满无数微小细孔，这样的泡沫塑料(海绵)既省料，质量又轻，并有良好的隔热和隔音性能。日本一个叫铃木的人联想到在水泥中加入一种发泡剂，使水泥也变得既轻又具隔热和隔音的性能，结果发明了气泡混凝土，即现代的加气混凝土。

【例 4-9】　新型节能屋顶的发明

人们希望屋顶夏天呈白色，能反射太阳光线，降低空调成本；冬天呈黑色，能够吸收热量，减少采暖费用。科学家从自然界中寻找能把对立的性质集于一身的原型—比目鱼，比目鱼在白色沙滩上变成了白色，在污泥上变成了黑色。将屋顶与比目鱼真皮深处的黑色色素的沉浮能改变颜色的原理进行相似联想，构想出新的解决方案：制成一种埋有微小的白色小球的黑色弹性屋顶材料，当阳光照得屋顶灼热时，小球依波义耳定律发生膨胀，使屋顶呈白色。反之，在屋顶变冷时，小白球冷缩，屋顶又呈黑色。

【例 4-10】　薄钢板的分离

如被防锈油粘在一起的薄钢板很难一张张地分开，联想玩扑克洗牌时将摞在一起的扑克弯曲就可将一张张扑克分开的现象，设计一个坑，把整摞钢板的中部放在坑口，使钢板弯曲，就可以将钢板分开了。

2. 对比联想

对比联想，有人称它为逆反联想，是指联想物和触发物之间具有明显相反属性的联想。例如，看到白颜色想到黑颜色、看到小的物体想到大的物体等。对比联想的思维方向是逆向思维，强调的是同一属性的对立、相反的内容。所以，我们可以通过事物的具体属性启发和引导对比联想的方向和途径，这些属性在类似联想一节中已经提到，为给大家更为具体的印象和帮助大家领会，我们在这里重新列出。事物的属性包括如下内容：意义、运动方式、颜色、声音、味道、形状、型号、形态、气味、大小、原材料、组成成分、制造方法、重量、舒适度、强度、色彩、位置、数量、高低、明暗、粗细、长短、内外、透明程度、软硬，强弱、浓淡等等。事物属性的这些的具体方面可以帮助我们、引导我们和启发我们在进行对比联想时应该从哪些方面进行对比联想，例如从大小方面，由大想到小，由小想到大；从位置方面，由上想到下，由左想到右，由前想到后，由内想到外；从味道方面，由咸想到淡，由苦想到甜；从色彩方面，由黑想到了白。通过对比联想，可以使思维发生根本性的变化，所以，对比联想对创造活动具有重要的意义，常常会引导人们作出新颖、新奇的创造。

3. 接近联想

接近联想，又称相近联想，是指联想物和触发物之间存在很大关联或关系极为密切的联想。联想物与触发物的属性既不相同(相似联想)，亦不相反(对比联想)，而是由触发物想到与该事物在空间上和时间上相接近的联想物的思维过程，如由动物园联想到猴子，由汽车联想到停车场，由窗子联想到玻璃等是空间接近联想；由日落联想傍晚，由鸡鸣联想到初升的太阳等是时间接近联想。任何事物都是存在于一定的空间和时间之内的事物，没有脱离开一定空间和时间而存在的事物，这一定的空间和时间构成了事物存在的环境，环境同样也是由事物构成的。所以，一事物与其环境中的任何事物就存在着相互接近的关系。正是由于这种事物之间在空间上和时间上接近，决定着一事物的存在意味着其他事物的存在，所以，我们可以从一事物想到其他事物。互为因果关系的两事物在空间上和时间上是相互递进的关系，也是一种在空间上和时间上的接近，所以，因果联想是一种特殊的相近联想。例如，看到彤云密布想到马上就要下雪，由下雨想到地滑，由台风想到树倒、房子塌，由电想到电灯的灯光等。还有，部分与整体之间在空间上是相互接近的，所以，从属联想也是相近联想。例如，看到学校想到了学生、教室、实验室及课本、书桌等相关事物。

【例 4-11】　波斯猫——司令部

第二次世界大战期间，苏联红军和德国法西斯的战争处于胶着状态。红军前线观察哨的一名士兵注意到敌军阵地上一连数天黄昏，都有一个波斯猫出现，他产生了一系列联想：波斯猫—阔太太—军官—司令—司令部，他随即将这个联想报给了他的上司。苏联红军调整部署，集中火力轰击波斯猫出现的地点，取得了胜利。战后清查，果然是德军司令部。

【例 4-12】　西方民谣

记述了一颗铁钉和帝国灭亡的联想。丢失一个钉子，坏了一只蹄铁；坏了一只蹄铁，折了一匹战马；折了一匹战马，伤了一位骑士；伤了一位骑士，输了一场战斗；输了一场战斗，亡了一个帝国。

以上介绍了联想的三种基本形式，任何联想过程都是由这三种联想形式构成的。

心理学家提出“遥远联想”的概念来衡量联想思维能力的强弱，遥远联想的概念是根据联想得到的两事物的密切程度而提出的。如果两事物的联系紧密，在联想过程中，很容易从一事物联想到另一事物；如果两事物的联系疏远，在联想过程中，就不容易从一事物联想到另一事物，这时，要从一事物联想到另一事物，需要很大的联想跨度和很强的联想能力。后一种联想就是遥远联想，所以，所谓遥远联想是由一事物联想到与其关系非常疏远的另一些事物的思维过程。例如，由机床联想到天空，由汽车联想到牛奶等。单独应用三种联想基本形式进行联想比较容易，但要达到“遥远联想”可不是件容易的事情，须后天逐步练习、培养和提高。当然，遥远联想也不是可望而不可即的思维能力，通过我们有意识的联想能力的培养和训练，我们也能逐步提高遥远联想能力。实际上，遥远联想是跨越了几个平常联想步骤所进行的联想，它夸大了联想的步伐，忽略掉联想过程中两事物之间存在的中间事物而完成的。研究表明，遥远联想一般最多只需要经过 4～5 步平常联想步骤即可将其之间建立联系。例如，由汽车联想到牛奶的遥远联想可由如下几个平常联想来完成：汽车—马车—牛车—牛—牛奶。事实上，上述“汽车—牛奶”联想之所以能够通过四步达到，是因为谈联想的最后一环“牛奶”是作为这个程序的终点而预先给定的。这种有事先给定“目的”的联想，叫做定向联想，或强制联想。因为，创造发明活动总是有目的性的活动，它常常要通过带有目的性的联想作为通道而达到目的，所以定向联想在创造发明中具有特殊重要的意义。当然，对于创造性思维本身而言，它更加提倡的是思想奔放、毫无拘束地自由联想。这样的自由联想，可以通过相似、对比或相近联想形式的多次重复交叉而形成一系列的“连锁网络”(如举一反三、闻一知十和触类旁通等)，从而产生大量的创造性设想。接近联想产物的数量实际即是发散性思维的一种具体表现。

进行联想，要有打破砂锅问(纹)到底的精神，联想的范围越广、深度越大，对创造活动就越有益。比如，从落地电扇具有可调节升降性能的联想而发明了升降篮球架，由伞的开合性的联想发明了能开合的菜罩，乃至从小孩玩的黏虫胶联想到火箭燃料的黏合剂等创造发明，都直接与联想思维形式有关。事实上，古往今来，人类一直是在无意或有意地通过各种联想而不断从自然界中获得启迪，从而创造了无数工具或方法，为自身生存和发展创造条件。正如日本创造学家高桥浩所说：联想是打开沉睡在头脑深处记忆的最简便和最适宜的钥匙。

当然，联想能力的大小首先决定于一个人的知识积累和经验丰富的程度，一般来说，知识越多、见识越广的人联想的可能性也越大。例如，一个生长在海边的人就经常会与大海发生联想，而一个出生在大平原、从未见过高山的人，一般与“山”的联想能力就会很少或者没有。据说，古代有个穷人一生中吃过的最好东西是芝麻饼，于是他告诉别人说，如果当上皇帝，他就天天吃芝麻饼，由此便足见知识和经验对于人们联想能力的限制了。

此外，联想能力的大小同时还与一个人是否具备良好想问题的习惯有关，即与一个人是否肯“开动脑筋”有关。有的人虽然见多识广，然而他却不愿多动脑筋，因而也不善于联想，整天无所事事，很难进入创造境界。因此，养成良好的“想”问题的习惯，是培养联想思维、提高创造能力的一个重要措施。

【例 4-13】　电报功率放大器的发明

莫尔斯在发明电报以后，碰上了向远距离发报时信号衰减问题，增大最初信号的能量没有获得成功。当他坐驿车从纽约到巴尔的摩旅行时，观察到在驿站怎样换马的情景，于是产生了沿着电报线路增设电报支局放大站的念头。

【例 4-14】　圆盘锯的发明

1821 年的一天，美国一位叫泰比达巴碧的家庭主妇，到丈夫工作的水磨坊送饭，注意到不停转动的磨盘而受到启发，想到如果把长条形锯片改为圆盘状，不就可以借助水力推动进行锯切吗？由此发明了圆盘锯，成为电动圆盘锯的雏形。

四、直觉思维

1. 直觉思维含义及其特点

所谓直觉思维，就是指人们在解决问题时不经过逐步分析和推理，而迅速对问题的答案做出合理的猜测、设想或顿悟的一种跃进式思维，又称直观思维。人们所说的“第一印象”、“手感”等就反映了直觉。

【例 4-15】　爱迪生测量灯泡容积

爱迪生因研究工作需要，招聘一个数学专家，青年数学家阿普顿前去报名，爱迪生想考考他的能力，于是给了他一只实验用的灯泡，叫他求一下灯泡的容积。一小时后，爱迪生去检查，发现阿普顿正忙着测量计算。爱迪生说：“要是我，就往灯泡里灌水，然后将水倒入量杯，就知道灯泡的容积了。”阿普顿的计算才能(逻辑思维能力)无疑是令人钦佩的，然而在这个问题上他所缺少的恰恰就是像爱迪生那样的直观思维(能力)。

不难看出，直觉思维实际上是把宏观的注意力放在事物的整体上的思维，它与逻辑思维微观地把注意力放在事物的各个部分上是很不相同的。直观思维能力强的人常常会从一些偶然事件中突然领悟问题的实质，其结果常常产生突破、形成飞跃而导致创造。

直觉具有总体性、瞬间性、顿悟性、潜意识的参与性、跳跃性和猜测性的特点。

第一，直觉思维是从总体上观察、认识事物后，便对它作出某种断定，而不需要像逻辑思维那样，先分析认识事物的各个局部，然后再综合认识事物的全局和整体。第二，直觉思维往往是问题的出现和解决同时出现，令人感到是同时发生的。第三，直觉思维表现为思想上的“顿悟”，是一种豁然开朗。第四，运用直觉思考问题时，究竟怎样在一瞬间看出问题的实质而作出判断是思考者自己并不知道的。思考者头脑中可能有潜意识参与了思维过程，直觉思维的成果可能是潜意识和显意识共同作用的产物。第五，直觉思维的结果并非一定正确，它具有猜测性和试探性。

2. 直观思维的创造功能

直观思维的创造功能主要表现在对事物的直观判断、猜测和设想上，它是以丰富的知识、经验为基础的。

美国物理学家卡普拉认为，中国传统哲学中总是强调直觉和理性的互补性，并用阴和阳来表示，这是中国哲学思想的基础。研究表明，许多杰出的创造者，当他们在开始创造发明时，似乎对最后的成果总有一种直觉，经过创造者投入大量时间和艰辛的劳动后，最终使这些直觉变为发明成果。而20世纪，相对论、量子力学、基本粒子理论和系统科学的形成和发展，表明了实证主义思维模式已不能适应时代的需要。像爱因斯坦这样的科学伟人，都主张以新的思维模式代替实证主义。他认为，科学发现的道路首先是直觉的，而不是逻辑的。他进而指出，科学认识包括三个主要环节：一是通过直觉经验到公理体系；二是通过逻辑推理从公理体系到个别结论；三是通过直觉从个别结论返回到直接经验。图 4-2 即表明了直觉思维在科学认识中的重要地位，在科学研究中自觉地把西方人擅长的逻辑思维方式与中国人擅长的直觉思维方式结合起来的重要意义。

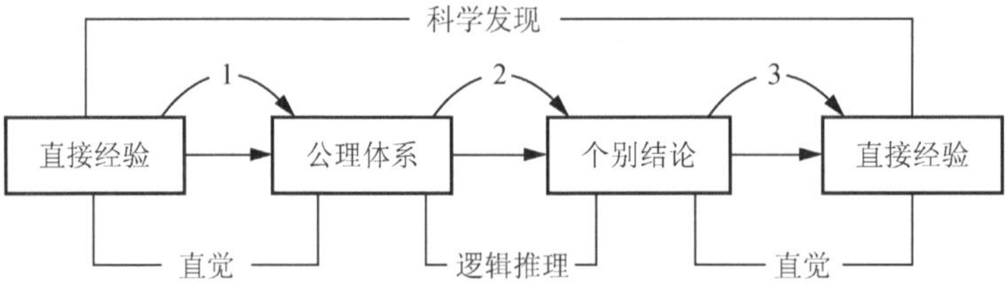

图 4-2　科学认识的三环节

英国物理学家卢瑟福在思考 α 射线本质的时候，一天他忽然想到如果 α 射线的本质是氦原子核流的话，它的性质便很容易说明，虽然已是深夜，他却立即抓起电话，叫醒了他的助手索第，一口气把自己的想法告诉了他。深更半夜索第被喊起来，索第问：“为什么？”卢瑟福回答：“理由还没有，只是直觉。”后来，通过实验证明卢瑟福的直觉是对的，由此卢瑟福建立了他的理论体系来说明他的理论。

【例 4-16】　马克尼与无线电传送

关于无线电波的传送距离也有过由直觉思维取得进步的案例。马克尼当年在提高了无线电装置的功率后，产生了向大西洋彼岸发送信号的想法。专家们对此嗤之以鼻，因为无线电波像光一样直线传播，不能顺着地球的曲面行进，最后会射向宇宙空间。马克尼不相信这些，只相信自己的直觉，固执己见，按照他的想法，坚持实验，终于获得成功。当时，无论马克尼还是科学家都不知道在大气层上有一个电离层，电离层反射回来的无线电波，意外地帮了马克尼的忙。

【例 4-17】　放射性元素的发现

19 世纪末，法国物理学家贝克勒尔发现的放射现象引起居里夫人的极大兴趣，她决定研究放射线及其来源，初步实验已表明，放射性同化合情况以及温度无关。面对这样的事实，居里夫人凭直觉作出了两个判断：第一，她断定放射性不是化合物分子的性质，而是原子的特性；第二，她断定这种射线不一定只有铀才具有，其他元素也可能具有。

根据这样的判断，没过多久她就发现了另一种放射性元素——钍；后来她在一种沥青铀矿中，又发现比铀和钍的放射性更强的放射现象，于是她凭直觉作出判断：在这种沥青铀矿中，还含有比铀和钍的放射性强的未知元素。她在给布罗尼雅的信中说："我不能解释的那种放射作用，是一种不知道的化学元素产生的，这种元素一定存在，只要找出来就行了。"她还为这种未知元素取名为镭、四年后，即在 1898 年，人们测出了这种元素的原子量，证实了居里夫人所作的判断的正确性。为此，爱因斯坦高度称赞居里夫人"具有大胆的直觉"。

要善于运用直觉思维，必须要有丰富的有关知识和经验，实际上，具有所思考问题的有关知识和经验是直觉思维的依据和基础。正如诺贝尔奖获得者西蒙所说："一个人的经验越丰富，他的直觉和顿悟越准确。"同时，还要充分估计到，直觉思维所提供的思维结果不可能全部正确，在许多情况下直觉是错误的。不过，不断积累的知识和经验可以提高直观思维的能力和准确性。为了不过分相信直觉，导致头脑发热做出蠢事，有必要对直觉进行逻辑证明和实践检验。纽约大学的心理学教授詹 • 布鲁勒指出："直觉可以把你带入真理的殿堂，但如果你只停留在直觉上，也可以使你陷入死角。"

五、灵感思维

灵感思维是创造性思维的又一种表现形式，灵感的闪现来自于突然的顿悟，也就是通常所说的"灵机一动"。灵感思维，是指人们在文学艺术、科技技术、管理等创造过程中，经过艰苦的研究、长久的冥思苦想和试探性解决问题的实践活动达到高潮后，借助于直觉启示突然地领悟了事物的本质和规律，是一种最富有创造性的飞跃思维。灵感思维常常以"一闪念"的形式出现，并往往使人们的创造活动进入到一个质的转折点。大量研究表明，灵感思维是基于人们在创造过程中发散思维和聚合思维多次叠加、逻辑思维与非逻辑思维的反复作用，人们的潜意识思维与显意识思维多次交替进行，使隐藏在人们头脑中的潜意识突然进入激发状态而形成的。是创造活动进入高潮后才出现的一种最富有创造性的思维突破。灵感常常为创造发明带来思路、线索、设想和启示，很多创造性成果都是通过灵感思维形式而最后完成的。

在美国，有人曾向 1000 多位著名学者调查，"你在解决重要问题时是否借助过灵感？在什么情况下会出现灵感？"对于第一个问题，有 80%的人回答说曾借助过灵感；对于第二个问题的回答却多种多样，诸如在换衣、刮脸、开车游玩，整理庭园、钓鱼、打高尔夫球、散步、听音乐等时间都可能会随时产生灵感。钱学森在《关于形象思维问题的一封信》中对灵感思维给予了很高评价："光靠形象思维和抽象思维不能创造，不能突破；要创造突破，得有灵感。"爱因斯坦也高度评价灵感："我相信灵感和直觉。"

最脍炙人口的事例是阿基米德鉴别"金冠真假之谜"和浮力定律的发现，阿基米德受命辨别金冠真假问题，在长久思考而不得要领的情况下，一天，阿基米德在洗澡时看到溢出盆外的水而突然想到鉴别金冠真假的方法，光着身子跑出门外，大叫"尤里卡、尤里卡……"（希腊语：我明白了）。这正是灵感的生动写照。

事实表明，除天才和学者以外，一般人的头脑中也常常会出现灵感。比如，我们常听别人说，“我突然想到了……”，“我急中生智……”所谓“灵机一动，计上心来”等都指的是灵感。这些情况足以说明，灵感思维绝不仅仅是某些天才、科学家、发明家所独有的，一般人只要科学地进行创造力开发和创造性思维活动，大多数人都可程度不同地产生各种形式的灵感而出现灵感思维的“火花”。

爱迪生说过：“天才是百分之一的灵感加上百分之九十九的汗水。”灵感是创造性思维由量变发展到质变的一个飞跃(突变点)。根据质量互变规律，量变发展到一定程度必然要引起质变，因此，只要能在创造中做到冥思苦索、过量思考，那么灵感就会在人的头脑中出现。

(一)灵感思维的特性

1. 突发性

灵感思维的突发性是指灵感是不期而至的、突如其来的、飞跃性的产生，何时来临无法预测。这主要是由于灵感的产生是潜思维的结果传递到显思维而产生的，在此之前，思考者并不能察觉到潜思维的进行，而是认为已经停止了对问题的思考，因此就使人觉得灵感到来的突然。无论哪一种形式的灵感，都具有一定的突发性，只是在程度上有所不同。

2. 随机性

所谓灵感思维引发的随机性，是指灵感既不会像具有必然性的逻辑思维那样可以有意识地导出，也不会如同想象思维那样可以自觉地进行思索，它完全可能是由创造者事先想不到的原因而诱发产生的一种思维。究竟是什么东西又怎样引起了人们的灵感，目前还难以说得清楚。但可以肯定的是，不同人的灵感往往是在不同的情况下产生的，甚至同一个人的灵感也会在不同的条件下出现。

灵感的随机性还包括不受控制性和不可重现性。不受控制性是指灵感的出现时间和场合不可能预先准确地作出规定和安排。德国哲学家费尔巴哈说过：“灵感是不为意志所左右，是不由钟点所左右，是不会依照预定的日子和钟点迸发出来的”。灵感的不可重现性是指即使遇到了相同的情景，也难以再现各个细节都完全相同的同一个灵感，而不是说灵感的同一内容不可能在不同的情景下再次或多次出现。清初文学评论家金圣叹“饭前思得一文未作，饭后作之，则为另一文，前文已不可得。”就是对灵感的随机性的生动描述。

灵感的随机性显得灵感难以预料、难以捉摸，甚至连创造者本人也根本不可能自觉地意识到在何时何地会产生什么样的灵感。这即是灵感的随机性(或者叫偶然性)。例如，爱因斯坦有一次在朋友家饭桌旁与主人讨论问题，忽然间来了灵感，他便立即拿起笔并在衣袋里摸纸，可是没有摸着，于是竟迫不及待地在新桌布上写起公式来。灵感出现的这种随机性，往往给灵感思维抹上了一层神秘的色彩，因而使得人们在研究它时常常陷入不可知论之中。

3. 兴奋性

灵感的出现是意识活动的爆发式的质变、飞跃，是令人豁然开朗、是思想的火花的瞬间出现，使神经活动突然进入一种高度兴奋状态，因此，灵感产生的瞬间，创造者往往情不自禁，欢欣鼓舞，伴随着不可抑制的激情，甚至如醉如痴、癫狂的状态，进入忘我的精神境界。像阿基米德灵感产生后竞赤着身跑出了澡堂。

爱因斯坦在回忆获得灵感后写《论动体的电动力学》的过程时说：“这几个星期，我在自己身上观察到各种精神失常的现象，我好像处在狂态一样。”俄国生物学家、免疫学创始人之一的梅契尼科夫，在谈到他头脑中突然出现的关于细胞的吞噬作用的想法时说："非常兴奋，我在房中走来走去"。

4. 瞬时性

即灵感持续的时间很短，往往是以"一闪念"的形式出现的，转瞬即逝。灵感的瞬时性提醒我们，灵感到来时如果不注意随时记下来，可能与灵感失之交臂，再也想不起来了。宋代苏轼的"作诗火急追亡逋，情景一失永难摹"诗句，即是对灵感瞬时性的生动写照。

不少大学生反映，他们对灵感的瞬时性了解甚少，因而当灵感到来之际仍然听之任之、无动于衷，没有采取任何有效方法捕获灵感，致使事后头脑里依旧一片空白，这是值得惋惜的。英国女作家勃朗特(E.Bronte)年轻时经常在厨房里劳动，她每次都带着纸和笔，随时准备把脑海中涌现出来的思想(灵感)写下来。据说，奥地利作曲家约翰·施特劳斯(J. Strauss)的世界名曲《蓝色的多瑙河》，就是灵感到来之际作者匆匆写在衬衣袖口上的。可见，随身携带纸笔或录音装置，是一种捕捉灵感的普遍使用的好方法。

5. 专一性(专注性)

任何灵感都是针对某一问题或某个方面而产生的，这就是灵感的专一性。同一个灵感不可能解决多方面的问题，多方面的问题也不能指望凭借出现一次灵感而得到解决。当然，专一的灵感必然来自于之前对于某一专门问题的充分考虑和过量思考。灵感的产生，都是创造者经过长期观察、实验、勤学、苦想的结果，没有这个基础，灵感是不会飞进人的大脑的。钱学森总结说："人不求灵感，灵感是不会来的"。周恩来总理用"长期积累、偶尔得之"对灵感的专一性作了很好地概括和总结。

6. 模糊性

许多科学家都似乎有一个共同发现，灵感往往出现在人们醒与睡之间的一种中间状态，或出现于显意识与潜意识的交叉过渡之中，这便决定了灵感思维的模糊性。所谓灵感的模糊性，是指灵感思维的成果(新线索、新结论、新想法)，往往并不都是完整成熟的，精确清晰的，尚有待于进一步清理。灵感提供的零碎片段往往只是一个启示或线索，是模糊不清的，甚至会完全错误，灵感产生后还需要对其进行认真思索、逻辑思维或形象思维的进一步加工整理，才能进一步获得明确的结果，这是创造过程中极为重要的一环。灵感提供的思维成果，如果是科学研究中的一个新设想，那么它往往只是一种方向或途径，还需要再付出艰苦的劳动，才能做到在科学研究上有所突破。如果是解决某个实际问题的一种方法，它则往往只能提供一种启示或线索，还需要再加以补充和修正，才能使其成为真正有价值的成果。

当然，作为创造性思维的灵感思维还要求其结果具有新颖性，即独创性。然而，并不是所有的灵感都能够产生新颖性的结果，所以，并不是所有的灵感思维都属于创造性思维。那些不能产生新颖性结果的所谓"一闪念"，就不属于创造性思维范畴。古往今来的重大科学发现、技术发明和杰出的文艺创作，无不与灵感的新颖性有关。诗人、文学家的"神来之笔"、军事指挥家的"出奇制胜"、思想战略家的"豁然贯通"和科学家发明家的"茅塞顿开"等等，都充分体现了灵感的新颖性。

(二)促使灵感产生的条件

灵感思维普遍存在，同时也是一种人人都能自觉加以利用的创造性思维方法。有些人说自己从未出现过灵感，这主要是因为还没有掌握灵感的规律和特点，因此即使头脑中出现了灵感，也往往感受不深或把握不住。在灵感思维的问题中，很容易出现极端情况，一种是认为灵感很容易，作用也很大，对它的评价很高；另一种是觉得它似有若无，无足轻重。其实，只要对灵感的机制、特点等规律有所了解，并有一定的捕捉和利用灵感的精神准备与敏感，那么每一个人都会发现灵感离自己并不遥远。

如何把握和促使灵感产生？目前人们一般认为，促使灵感产生的条件和过程大致有如下几步。

1. 要有一个待解决的中心问题

思考总是从问题开始的，显然没有问题就谈不上灵感思维。很明显，一个在头脑中并无需要解决问题的人，决不会产生和问题有关的灵感，因此，灵感与要解决的问题之间有直接的关系。

例如，《水知道答案》的作者江本胜(日本)说，多年研究水之后，那一天，我偶然翻开一本书，书上一行标题进入我的眼帘："雪之结晶，没有任何两片相同。"这句话给了我启迪："原来如此！说不定水冻成冰，观察其结晶，其容颜可能完全不同！"我的性格是灵感一来，马上付诸行动。两个月后终于拍到水的结晶照片。统计这些结晶，并制成图表后，就了解水的性质，诸如哪些水会形成类似的结晶，哪些水根本不会形成结晶，还有哪些水只能形成一些破碎的结晶，等等。

2. 要有足够的相关经验和知识储备

灵感的出现虽然具有突发性和偶然性，但是其产生的原因是必然的。知识和经验的积累是灵感产生的基础条件。一般来说，思考者所拥有的经验和知识的丰富程度与获得灵感的可能性、内容和水平是相应的。一个人经验和知识越丰富，思考问题时产生灵感的可能性越大。同时，思考者头脑中经验与知识结构与所产生的灵感的内容是密切联系的。要有某种类型的经验和知识结构，才可能产生某种灵感。比如，一个不懂得文学的人决不会出现写诗的灵感；一个毫无天文知识的人也不会出现解决什么天文问题的灵感。究其原因，主要在于他们不具备有关知识和不占有相关资料。所以，灵感思维是以一定的知识或经验积累为先决条件的。

3. 要对问题长时间、反复地、艰苦地进行思考

即是说要进行超常的过量思考，甚至达到思维的饱和状态。这种过量思考是有意识的，同时也包含许多无意识(潜意识)的成分。人们对于处在这一阶段的创造者往往很不理解，他们常被人们视为"精神失常者"、"疯子"、"狂人"等等。如陈景润走路撞电杆，安培在马路上把黑色马车厢当做黑板解题引起路人的哄笑，爱迪生走进税务局缴税时好半天竟答不出自己的名字，我国化学家曾昭抡在雨中行路却"不知道"打开手中的雨伞等许多事例，都生动地说明了处于这一阶段科学家的过量思考情形。难怪，在美国的二次民意测验中有 40%的人认为科学家是一群"怪里怪气的人"。在这一阶段，创造者头脑中的问题已经达到了挥之不去、驱之不散的程度，有的思想遂逐渐转化为创造者的一种潜意识。然而尽管这样，有时问题还是得不到解决，在思考达到饱和之后，人的思路常常进入一种僵化状态。

4. 在一定时间的思考之后适当搁置，主动调节身心

人们在进行过量思考、思路进入僵化状态后，大脑皮层处于兴奋状态。这时把要解决的问题暂时放一放，转而从事轻松愉快的活动，或者玩一玩、散散步，改换一下环境，缓冲一下紧张的思绪，使大脑不再受压抑，使显意识暂时松弛下来，这样有助于潜意识更活跃、更积极地继续思考问题，更好地发挥作用。在搁置阶段，头脑中已形成的潜意识信息一旦遇到相关的信息刺激使会自然地产生"一闪念"(或顿悟)。

5. 灵感的产生——要时刻准备迎接灵感的到来

人脑的“一闪念”(或顿悟)一旦形成，即表示灵感已经到来。这时的关键是要及时抓住灵感，并通过自觉的思维活动对这一突然的“一闪念”进行鉴别。只有对有用的灵感进行有意识地强化并使之清晰以后，灵感才能在创造中起重要作用。由于灵感的出现具有瞬时性，而且是模糊的，如果没有足够的心理准备和物质准备，没有及时地将灵感记录下来，稍有放松也许就会失去灵感。

当然，灵感的产生并非都要经过上述几个过程。比如，有时不需经过“搁置”阶段就可通过追捕“热线”而直接产生灵感。所谓“热线”，就是由显意识孕育成熟了的并可与潜意识相沟通的一些思路。“热线”在大脑中形成，是信息量的积累达到质的突破而产生的，大脑中的“热线”一旦闪现，就要尽快追捕、不能中断并迅速将思维活动推向高潮，之后就会妙思泉涌而产生灵感。比如，有些诗人的诗兴—到来，随即便挥笔疾书，甚至连把斜放着的稿纸扶正的时间似乎都没有。

(三)诱发灵感的基本形式

大量事实表明，当科学的思维活动达到高潮但问题仍旧百思不得其解时，为了得到灵感，诱发的因素就成了关键。因此，了解诱发灵感的基本形式，就可以有利于关键时刻主动地诱发灵感，从而有效地进行创造。诱发灵感的基本形式大致有如下几种。

1. 自发省悟式

这种灵感诱发形式的产生不需要借助于外界“触媒”的刺激，而是通过头脑中内在的省悟和内部“思想的闪光”诱发而来。要做到善于自发省悟，就要有意识地让潜意识尽量发挥作用。我们在对一个问题进行反复思考时，潜思维也是在启动状态，如果我们对问题的解答不是急于求成，而是有紧有松，有张有弛，在该休息的时候就停止思考，转做其他的事情或进行娱乐活动，这样就能为头脑中的潜思维加强活动创造有利条件，就能为它提供良好的环境。例如，爱因斯坦从 1895 年起就开始思考“如果我以光速追踪一条光线，我会看到什么？”他反复地思考这个问题，但多年一直没有解决。1905 年的一天早晨，他起床时突然想到：对于一个观察者来说以光速追踪一条光线是同时的两个事件，而对于别的观察者来说就不一定是同时的。他很快地意识到这是个突破口，并牢牢地抓住了这一“思想闪光”的灵感。

【例 4-18】　做梦——苯分子的环状化学结构式的发现

德国有机化学家凯库勒在 1865 年提出碳原子在有机分子中连成长链的碳链子学说，开创了有机分子的结构理论，但是，凯库勒发现这一学说不能说明苯分子含有 6 个碳原子的苯分子结构应该是什么样？凯库勒苦苦思考总不得其果。

1865 年冬天的一个夜晚，他在火炉前打瞌睡，很快就进入了梦乡。在梦中，他看到火焰里有许多原子排成蛇形的队伍在跳舞。突然间有一条蛇用口咬住自己的尾巴形成了一个圆圈，在他面前旋转起来。凯库勒惊醒了，从这景象中猛然间想到苯分子的化学结构式，突然醒悟到：苯的分子化学结构式可能是一个封闭的环状形式。

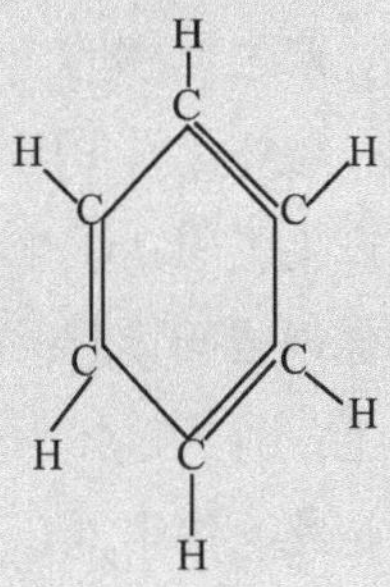

图 4-3　苯(C_6H_6)的环状结构式

由此，凯库勒终于提出了苯分子的环状化学结构式(图 4-3)。

2. 联想触发式

当人的对问题进行较长时间思考的执著探索过程中，在久思不得结果的情况下，在受到某一偶然事件的刺激而触发各种联想，或与别人展开讨论或争论并受到别人或自己提出想法的激励，从而直接迸发出灵感，使问题豁然开朗、迎刃而解。响尾蛇导弹的发明者听一个生物学家朋友谈到：“响尾蛇的眼睛和鼻子之间的凹陷部位对热非常敏感，1%温度变化都能感觉到。”说者无意，听者有心，随触发联想发明了响尾蛇导弹的跟踪系统。因此，要产生灵感，就应当特别注意周围事物的细微变化，即使是毫不相干的信息也不要轻易放过。

【例 4-19】　浮法玻璃的发明

早期生产平板玻璃是采用垂直引上法，这种技术生产的玻璃不够平整，影响了玻璃的应用。在特殊行业，要得到光滑、平整的玻璃板，尚需研磨抛光加工。我们知道玻璃的硬度很高，这样研磨抛光的成本很高。人们一直在努力寻找既光滑又平整的玻璃生产技术，美国一位工程师曾为此大伤脑筋，考虑很久也未能解决。一天晚饭后，他在洗碗的过程中发现水面上漂浮着一层油花花，顿时便从这层油花花联想到玻璃也像油一样漂浮着而突发灵感，从而试制成功了浮法玻璃生产技术。当然漂浮玻璃的液体不是水，而是低熔点合金。

【例 4-20】　气泡室的发明

1952 年的一天，美国著名物理学家格拉塞在紧张工作之余到酒吧喝啤酒放松，他看见新打开的啤酒瓶冒出了大量的气泡，当气泡逐渐减少后摇动酒瓶，又出现了一些气泡，格拉塞脑中引发了灵感，随手捏起一些固体粉末投入啤酒瓶中，在它们下沉的路线周围也不断产生出气泡，这些气泡很清晰地显示出颗粒下沉的轨迹。

格拉塞回到实验室后，把这偶然获得灵感运动用到探测带点粒子的研究中，发明了世界上第一台气泡室，并在乙醚泡中显示了宇宙射线中粒子的路径。

气泡室在高能物理研究中起了重要作用，人们借助它与高能加速器联用发现了许多基本粒子以及 100 多种共振态。由于对高能物理学的杰出贡献，格拉塞获得了 1960 年诺贝尔物理学奖。

从上述诱发灵感的基本形式可知，有意识地暂时消闲（搁置）一下是创造者转移注意、摆脱困境、产生灵感的一个重要方法，如散步、沐浴、听音乐、阅读一些与所要解决问题无关的书刊、与外行人员闲谈、入睡前或刚醒时的休息等等。有人调查和统计，在以下十个场合，最容易产生灵感：①坐在马桶上；②洗澡或刮胡子时；③快睡着或刚醒时；④参加无聊会议时；⑤休闲或阅读时；⑥进行体育锻炼时；⑦半夜醒来时；⑧上教堂听布道时；⑨上下班公共汽车上；⑩从事体力劳动时。

据记载，笛卡儿、高斯、庞加莱、爱因斯坦、华莱士、歌德、赫尔姆霍茨等人都曾说过自己有躺在床上休息而得到灵感的体验。日本一家创造力研究所曾于 1983 年 12 月至 1984 年 8 月对 821 名日本发明家进行统计研究，结果表明，有 52%的人曾在枕头上产生过灵感，乘车中产生灵感的有 45%，步行中产生灵感的有 46%，而在工作单位办公桌上产生灵感的只有 21%。由此可见，在松弛状态下比在工作岗位上产生灵感的机会要大得多。

总之，灵感就是在心灵自由状态下的无中生有！

当然，以上所述只是灵感诱发产生的一般情况，具体灵感的产生过程并非千篇一律，常因人而异。例如，法国物理学家居里(P.Curie)认为，在森林中容易产生激情；美籍意大利物理学家费米(E.Fermi)喜欢躺在寂静的草地上想问题；日本物理学家汤川秀树习惯于夜间在床上思考，法国数学家阿达玛则常在喧哗声中产生灵感：法国剧作家贝克(H.F.Becque)认为产生灵感最理想的时刻是躺在澡盆之中；而德国物理学家赫尔姆霍茨却认为是一大早或天气晴朗登山之时；著名物理学家杨振宁则认为是在早晨起床后刷牙的时候易来灵感。此外，还有人认为在酒意冲击下会来灵感，法国诗人、作曲家鲁日德利尔就是这样写出了著名的《马赛曲》；我国李白更有“斗酒诗百篇”的豪兴……可见，每个人均应根据自己的具体情况和习惯，找出诱发自己灵感的最佳方式和最好时机，从而更好地进行创造。许多创造者均有意无意地在利用这一点，大发明家爱迪生就有白天坐在椅子上打盹的习惯，据说许多好念头——灵感就是这样产生的。

应该指出，虽然灵感在创造中具有决定性作用，但这并不意味着所有灵感都是正确的、只要抓住它就可取得创造性成果。其实，无价值的或者不正确的灵感远比成功的要多，只不过人们事后忆及的往往是一些成功的例子而已。

灵感尽管是人们所向往、所追求的目标，但是灵感的到来却是很不容易的，它需要经过大量的、艰苦的劳动和思索。爱迪生认为的“天才就是 1%的灵感加上 99%的汗水”很有道理。即是说，要想得到 1%的灵感，就必须先付出 99%的“汗水”，只有付出了 99%的“汗水”才可能获得 1%的灵感。对此，周恩来总理也有八个字的概括——“长期积累，偶尔得之”。灵感到来的那一瞬间蓦然所得，正是对于创造者长期艰辛而过量思考的回报和奖赏。

总之，灵感的闪现虽然扑朔迷离、犹如幽灵、难以具体捉摸，但是灵感并不神秘，灵感是也可控制的一种思维活动。东京大学名誉教授宫城音弥就“没有努力思考就没有灵感”问题曾说：“无论在灵感出现之前还是之后，都需要有意识性的活动。完全脱离意志性的意识活动的灵感，只能在精神病患者身上出现。”钱学森对此亦做了精辟论述：“……有一点是肯定的，人不求灵感，灵感也不会来，得灵感的人总是要经过一长段其他两种思维的苦苦思索来作其准备的。所以灵感还是人自己可以控制的大脑活动，是一种思维。”

第三节　创造性思维的方向

从创造性思维的方向观察，创造性思维分为正向思维和逆向思维、发散思维与聚合思维、侧向思维与纵向思维等。

一、发散思维和聚合思维

(一) 发散思维

【例 4-21】　正确答案不止一个！

曾有一则故事讲述一位物理老师要为他的一个学生解答的一道物理题打零分，但他的学生则认为自己应得满分。双方争执不下，便请校长仲裁。

试题是：试证明怎样利用气压计测定一栋塔楼的高度。

学生的答案是："把气压计拿到塔楼顶部，用一根长绳拴住气压计，然后将气压计从顶楼向下坠，直到气压计接触到街面为止，然后把气压计拉上楼顶，测量所放下的绳子长度，这个长度就是楼的高度。"

这是一个有趣的答案。校长认为，这位学生确实应该得满分，因为他正确而完整地回答了问题。另一方面，如果高度评价这个学生，这就意味着可以给他的物理课程的考试打高分；而高分就证明这个学生懂得一些物理学知识，但他的回答又不能证明这一点……

校长让这个学生用 6 分钟回答同一问题，但必须在答题中表现出他懂得一些物理学知识……5 分钟过去了，他仍然没有写出任何答案。校长问他是不是打算放弃了？他说绝不放弃，只是他有太多的答案，他一时不知选哪一个才好。他在最后 1 分钟里赶写出了他的答案：把气压计拿到楼顶，让他斜靠在屋顶的边缘处。让气压计从屋顶落下，并用秒表记下它落下的时间，然后用自由落体公式：$S=\frac{1}{2}gt^2$，计算出楼的高度。即落下的距离(建筑物的高度)等于重力加速度乘以下落时间的平方的一半。

看了这个答案之后，校长问那位老师是否让步。物理老师让步了，于是校长给了这个学生几乎是最高的评价。正当校长要离开办公室时，突然记起这位同学说他还有许多答案，于是问这个学生还有什么样的答案。学生回答说："啊，利用气压计测出一个建筑物的高度有许多办法。例如，你可以在有太阳的日子在楼顶记下气压表的高度和他的影子的长度，测出建筑物影子的长度，就可以利用简单的比例系数，算出建筑物的高度。"

"很好"。校长说，"还有什么答案？"

"有呀"，那个学生说，"还有一个你会喜欢的最基本的测量方法。你拿着气压表，从一楼登梯而上，当你一边登楼时，一边记下气压表的水银高度的变化，这样你就可以用气压表的水银高度的变化得出这栋楼的高度。这个方法是最直截了当的啦。"

"当然，你还可以运用更复杂的方式：即用一根线的一端系住气压表，让它像一个摆钟那样摆动，然后测出街面和楼顶的 g 值，从两个 g 值之差，就可以算出楼顶高度。"

最后，他又说："如果不限制我用物理学方法回答这个问题，还有许多其他方法。有一个可能是最好的方法，那就是拿上气压表到楼房底层去，敲管理员的门。当管理员应声时，你对他说'亲爱的管理员先生，我有一个很漂亮的气压表。如果您告诉我这栋楼的高度，我将把这个气压表送给您……。'"

从这个故事中，你受到什么启发？面对这样的情景，你该怎么办？为什么人们总觉得只有一个正确答案呢？

所谓发散思维就是针对问题，沿着各种不同的方向和角度思考问题，提出解决问题的多种方法、多种思想和多种方案。从定义可知，发散思维就像太阳光芒向四面八方照射一样，是从多个方面、多个方向、多个角度来寻求答案，尽可能多地提出各种不同的答案，它重视挖掘问题所提供的信息与记忆中的各种信息的各种联系，从而提出多种新的信息，提出解决问题的各种方案。发散思维最本质的东西就是对一个问题提出多种解决问题的方案。发散思维有助于避免考虑问题的方向和角度的单向性，解决问题的方法的单一性，帮助人们摆脱思维的僵化、刻板和呆滞，获得创造性成果。所以说，发散思维是创造性思维的重要构成成分。著名创造学专家吉尔福特说过：“正是在发散思维中，我们看到了创造性思维的最明显的标志。”

【例 4-22】　自由女神像维修垃圾变废为宝

美国的一座有百年历史的自由女神铜像翻新后，现场留下 2000 多吨废料，这些废料既不能就地焚化，也不能挖坑深埋，清理装运到相距甚远的垃圾场，运费又十分昂贵，许多人眼睁睁地看着一大堆废料毫无办法。这时，一个名叫斯塔克的人自告奋勇地承包了这件苦差事。他对废料进行分类利用，他把废铜皮铸成纪念币，把废铅废铝做成纪念尺，把水泥碑块做成小石碑……这样一来，本来一文不值、难以处理的垃圾竟身价百倍，人们争相选购，2000 多吨废料很快一抢而空，斯塔克也因此大发横财。很明显，是发散思维方式帮了斯塔克的大忙。

人们常说的立体思维，实际上也是发散思维的一种表现形式，所谓立体思维就是考虑问题时突破点、线、面的限制，从上下左右、四面八方去思考问题，即在三位空间解决问题。凯库勒在思考苯分子结构过程中，突破了直链结构的限制，提出了环状分子结构，做出了伟大的发现。1874 年，22 岁的荷兰物理化学家范德霍普(J.H.Vanthoff)通过研究提出了碳原子正四面体理论，认为与碳原子相连的四个原子或原子团，不是在一个平面上，而是在空间分布成四面体。碳原子位于四面体的中心，四个原子或原子团在四面体的顶点上。如甲烷分子，四个氢原子位于四面体顶点，碳原子位于四面体的中心。这在思维上就是一个了不起的突破，因为当时公认的所有分子结构都是平面的。

【例 4-23】　用六根火柴摆出四个正三角形

许多人都局限于二维平面内寻求答案，结果都失败了。如果把思维视角放开，突破二维平面，从三维空间即立体思维，用六根火柴搭建一个四面体，每一个面都是一个正三角形，问题迎刃而解，如图 4-4。

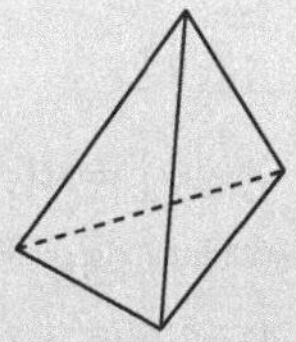

图 4-4　用六根火柴搭建的四面体

发散思维是一种多向的、立体的、开放的思维。在创造的过程中，发散思维从已知的有限信息中迅速扩散到四面八方。随着人们思维能力和思维水平的提高，发散思维常常表现出较强的流畅性、灵活性和独特性。分别代表了发散思维从低到高三个层次。

(1)流畅性：又称思维发散的丰富性，即思维畅通无阻、在很短时间内能够产生大量念头的一种属性。流畅性是创造能力的重要表现之一，是针对问题(发散点)从不同角度在单位时间内提出多少个答案的思维特征。流畅性良好的发散思维在单位时间内提出较多的答案，表达较多的概念。所以，流畅性反映发散思维的速度，用在一定时间内的“个数”指标来表示流畅性好坏的程度。流畅性是较低层次的发散思维特征，是灵活性和独特性的基础，没有流畅性就很难有变通性和独特性。

(2)灵活性：又称变通性，是指改变思维方向的属性。发散思维的灵活性针对问题(发散点)从不同角度，用不同方法思考问题，单位时间内提出多少种不同类型答案的思维特征。所以，灵活性反映发散思维的灵活程度，用在一定时间内的“类型数”指标来表示灵活性的好坏程度。思维发散的灵活性常能使人把注意力转移到别人不易想到、比较隐蔽的方面去，因而常使创造者一鸣惊人、大获成功。美国有一家专营豆饼的肥料公司，多年销售不畅，货物积压严重。后来他们把思维的方向由肥料转向饲料，从而开发出了新的广阔市场，从而生意火爆。我国改革开放中常有人说“改变思路”、“转变观念”，很多都属于思维灵活性的范畴。灵活性是较高层次的发散思维特征，是独特性的基础，没有灵活性就没有独特性。

(3)独特性：又称新颖性，是针对问题(发散点)，用前所未有的新角度、新观点去解决问题，提出的设想与众不同、新颖独特。独特性是最高层次的发散思维特征，独特性良好的发散思维能在单位时间内提出较多的新设想，所以，独特性反映发散思维的本质－创造程度。在创造性思维中所起的作用最为明显，用在一定时间内产生“新奇数”或“独到数”指标来表示独特性的好坏程度。独特性是发散思维所追求的最终目标。

发散思维的 3 个特征是相互关联的，思维流畅是产生灵活性和独特性的前提；灵活转换能力有助于独特构思的产生。

发散思维的流畅性、变通性和独特性的三个特征为我们培养和训练发散思维能力指明了方向和目标。先从培养流畅性入手，培养和提高针对问题提出多种答案的思维能力，提高发散思维的速度和数量；然后过渡到培养灵活性，培养和提高针对问题从多种不同的角度、方向，利用不同的方法分析问题、解决问题的思维能力，提高思维的变通能力和思维路线的转换能力，提高发散思维的质量；最后在灵活性的基础上，通过不断变换思维路线，以求思维路线的突破，培养独特性，培养和提高针对问题能从全新的角度、方向，用全新的方法解决问题的思维能力，使解决问题的思路更加开阔，更加奇特，提出独特的观点、设想、构思、创意、方案和答案。以流畅性、变通性和独特性为三个不同层次的要求、三个不同高度的阶梯为目标，逐步提高发散思维的水平，逐步提高创造力。

(二)聚合思维

创造性思维过程中，除了发散思维，还包含了聚合思维。所谓聚合思维是与发散思维相反，指人们解决问题的思路朝一个方向聚敛前进，从而形成唯一的、确定的答案。

发散思维可以使人的思路活跃，提出各种各样的待选方案，特别是它能打破思维定势，促进新的问题表征方式的形成，从而提出出乎意料的独特见解。然而，如果仅停留在发散思维阶段，就没有办法确定由发散思维所得到的众多方案中，究竟应该选取那一个方案合适、有最佳效果，就会使人犹豫不决，不易抓住问题的本质和关键，达不到创造的目的，所以还需要聚合思维。

在聚合思维阶段，就像聚焦镜把太阳光聚合在一起，使人们把头脑中经过发散思维形成的多路思维聚集某一路，运用逻辑思维方法，在已有的知识、经验基础上把众多信息逐步条理化和规范化，通过分析、综合、抽象、概括、判断和推理等思维过程，去伪存真，集中梳理，使本质逐步显露并最终集中在某一点上，取得成功。

【例 4-24】　邓克尔(K.Duncker)的“治疗肿瘤”问题

一个人的胃里面生了一个肿瘤，因为各种原因，不能采用手术的方式直接将肿瘤切除，医生决定使用一种放射线进行治疗。但是，放射线的强度要足够强，才能破坏肿瘤。不过，这种强度的放射线也会破坏肿瘤四周的健康组织。怎样才能既破坏肿瘤又不伤害到健康组织？对于这个问题，人们首先进行发散思维：找出一条到达胃部的通道；把健康的组织移出射线的通道以外，在射线和健康的组织之间插进一道保护墙；把肿瘤移到表面上来；在通过健康组织时把射线的强度降低，等等，然后就要靠聚合思维从中找出最好的解决方案。这个最好解决方案的前提是在通过健康组织时，把射线的强度降低，并推演出具体的治疗办法：通过透镜发出一束量大而微弱的射线，使肿瘤恰好在焦点上，从而受到强烈的辐射。

从这里可以看到，只有发散思维和聚合思维共同起作用，才能有效地促进问题表征方式的不断转变并顺利地解决问题。

焦点组合创造技法就是先通过“参照物”的发散，再将发散结果与“焦点物”聚合，发散思维和聚合思维这两个思维过程来谋取众多创造性设想的创造技法。

(三)发散思维和聚合思维的关系

发散思维和聚合思维各有其优缺点和独特的作用。发散思维有利于找到新思路、新方法等，而聚合思维有利于确定问题和最终解决方案。在创造活动过程中，发散思维和聚合思维是相辅相成，互相补充的辩证统一体。

其一，如果在创造活动中只运用发散思维，而无聚合思维，就不能将众多思维结果集中起来，思维过程将会失去控制而陷入无序状态，变成混乱性思维。也就是说没有聚合思维作补充，就容易发散无边，变成幻想、空想、乱想。

其二，如果在创造活动中只运用聚合思维，而无发散思维，聚合思维就没有源头，也不能迸发出思维的闪光火花。

其三，发散思维和聚合思维虽然可以分开，但两者总是交互式作用的。人的思维发散到一定阶段，就要聚合一下，找出较好的解决问题的方法，然后又在新的基础上进行发散，进而在更高的层次上聚合。发散→聚合→再发散→再聚合……是人类思维发展的态势，经过每一次循环，使人类的思维上升到新的水平。

(四)发散思维强化训练

发散思维可以使人思路活跃、思维敏捷，办法多而新颖，考虑问题周全，能提出许多可供选择的方案、办法及建议，特别能提出一些别出心裁、一语惊人或完全出乎人们意料的见解，使问题奇迹般地得到解决。因此，发散思维是创造性思维的灵魂。提高创造性思维能力的关键是提高发散思维的能力。

1. 功能发散

以某事物作为“材料”，以它为发散点，设想它的用途。如列举废报纸、矿泉水瓶、电吹风的用途等。

2. 材料发散

以某事物的功能为发散点，设想实现该功能的途径。如怎样实现自行车防盗？怎样高效地利用太阳能？怎样使聋哑人可以打电话？怎么使盲人照相？

3. 属性发散

以事物的形态属性(如形状、颜色、音响、味道、气味、明暗等)为发散点，设想出利用该属性的可能性。如椭圆形可以用在哪里，尽可能多地设想利用蓝光可以做什么或办什么事等。

4. 组合发散

以某一事物为发散点，尽可能多地设想与另一事物联结成具有新价值的事物的可能性。如，钢笔可以与什么组合？铅笔盒可以与何物组合？手机可以和那些东西组合等等。

5. 结构发散

以某事物的结构为发散点，设想具有该结构的事物或该结构的用途。如，四面体结构有何用途？书页式结构有何用途？尽可能多地列举具有“旋钮”结构的东西等等。

6. 方法发散

以解决问题或制造物品的某种方法为扩散点，设想该方法的多种用途。如，尽可能多地设想用“钻”的方法可以办成那些事或解决哪些问题？“爆炸”的方法可以办成哪些事情？“把空气压缩”的方法可以用在何处等。

7. 因果发散

以某事物发展的结果为发散点，推测产生该结果的原因。或以某事物的起因为发散点推测其可能产生的结果。如，尽可能多地设想造成空调不制冷的原因。分析造成学生负担过重的原因有哪些。列举“重男轻女”会造成怎样的后果等。

8. 关系发散

以某事物为发散点，尽可能多地设想与其他事物的关系。如回答“你是谁”；月亮与人类有哪些关系？尽可能多地说出一些与人类的关系等等。

【例 4-25】　奥运史上的转折点

在国际奥运史上，第 23 届奥运会(洛杉矶奥运会)是一个重要的转折点，在此以前的奥运会都亏损巨大、负债累累，政府为此绞尽脑汁。1976 年，在加拿大蒙特利尔举行的第 21 届奥运会花去 35 亿美元，亏损 11 亿美元。1980 年在莫斯科举行的第 22 届奥运会耗资 90 亿美元，亏损更是空前的。而在 1984 年举办的第 23 届奥运会，在有着惊人经营才干的彼得·尤伯罗斯的得力组织下，没花政府一美元，首次摆脱了负债的阴影，盈利达 2 亿美元。后来华盛顿邮报记者采访尤伯罗斯问他为什么取得了成功。他回答说主要归功于 1975 年他在美国佛罗里达州听了英国专家德波诺博士关于创造性思考方法的演讲，学会了发散性思维的方法。

他首先把如何克服奥运会负债的危机分为“开源”和“节流”两个方面。从“节流”方面来讲，可以从以下方面着手：

(1) 体育场馆的建设费用十分高昂，那么是不是一定要建设新的体育场馆呢？回答是否定的，可以充分利用洛杉矶已有的体育场馆。

(2) 以往各国运动员是住在奥运村，奥运村的建设需要花费巨额资金，那么是否一定要建设新的奥运村？经过反复研究，可以利用该市三所大学放假期间的学生宿舍。

(3) 游泳池的建设需要费用，那么有没有公司愿意出资呢？尤伯罗斯经过和当地麦当劳连锁快餐店谈判，以允许在指定场地营业和做广告为条件，说服了对方出资 400 万美元兴建了一座华丽的游泳池。

(4)新建一个自行车场需要费用，尤伯罗斯通过同样的方法将这一“任务”交给了当地的“7—11”商店。

从“开源”方面来讲，可以从以下几个方面着手：

(1)赞助商是经济来源的一个渠道，因此他们选择了 30 家赞助奥运会的厂商，这些厂商共出资 1.17 亿美元。

(2)举办奥运会必然有不少商机，因此尤伯罗斯找来了 50 家供应商，从杂货店到废物处理公司一应俱全，这些供应商每家至少需捐助 400 万美元。

(3)广播电台转播奥运会的体育新闻需要交费，尤伯罗斯将广播转播权以 7500 万美元的高价出售给了美洲、欧洲和澳洲一些国家的广播电台。

(4)将门票提前 1 年发售，这样就能够获得一笔利息。

(5)让美国的三大电视网争夺奥运会的独家转播权，原估计最多只能要价 1.5 亿美元。尤伯罗斯采取“只出价 1 次”的竞赛投标方法，结果美国广播公司花了 2.25 亿美元才取得了独家转播权。

(6)尤伯罗斯还想出了出售火炬传递接力权的办法，全程 1 万 5 千公里，火炬传递接力权以每公里 3 千美元出售。

(7)将奥运会的吉祥物标志作为一种专利商品出售，以获得利润。

由于尤伯罗斯通过发散性思维的方式，采取了以上的方法，结果创造了首届获得利润的奥运会。可见发散性思维在进行创新思维和活动中具有极其重要的作用。

二、逆向思维

【例 4-26】　隧道效应二极管

日本科学家江崎于奈在研究锗半导体性能时，让助手官原百合子做锗的提纯试验，试图通过减少晶体中的杂质含量，来达到改进晶体管性能的目的。随着研究工作的深入，杂质含量越来越少，杂质减少到一定程度时，研究工作似乎处于停顿状态，一筹莫展。一天，助手官原百合子建议：“再这样下去，纯度恐怕也提高不了多少，既然杂质不易除去，不妨再增加一些杂质试试看。”于是，他们开始对掺杂后的晶体进行性能研究，发现了掺杂晶体的“隧道效应”，并因此发明了“隧道效应二极管”。官原百合子的思维就是逆向思维，逆向思维使他们得到重大科学发现，并因此获得科学界的最高荣誉奖——诺贝尔奖。

所谓逆向思维是与正向思维相对而言的，是指沿着与主流方向相反的方向进行的思维活动，它要求在思维活动时，从相反方向去观察和思考，避免单一正向思维和单向度的认识过程的机械性。它常常表现为与传统的、逻辑的或群体的思维方向完全相反，这样往往独具一格，常常导致创造性的发现，取得出其不意的创造成果。

科学上的许多创造发明都离不开逆向思维。大家知道，水通过电解可获得氢气和氧气，英国人应用逆向思维在 19 世纪末将氢和氧的质子膜在催化作用下进行反应，化合生成水的同时发出电，因而为电动汽车找到了一种不会污染环境、高效率的动力源—氢燃料电池。

事实上，数学中的“反证法”也与逆向思维有关。广告中运用逆向思维更能收到意想不到的效果。

由此可见，逆向思维往往在创造活动中发挥着重要作用，因而，逆向思维也是创造性思维的组成部分。

然而应该看到，逆向思维与正向思维之间存在着互为前提，相互转化的关系。在某种情况下的正向思维，在另外一种情况下很可能就变成了逆向思维，逆向思维的运用常常是建立在一定的正向思维的基础上，没有正向思维为基础，是很难产生逆向思维的。

总之，逆向思维与正向思维密不可分。许多创造性成果虽然从表面上看是逆向思维所致，但在其产生过程中，既需要以正向思维为基础，又需要以逆向思维做参考。因此，全面地看，创造性思维又是逆向思维与正向思维的对立统一。

逆向思维一般可从结构逆反、功能逆反、状态逆反、因果逆反等展开强化训练。

1. 结构逆反

结构逆反就是指从已有事物的结构形式出发进行逆向思考，以寻求解决问题新途径的思维方法。一般可以从事物的结构位置颠倒、置换等进行逆向思考。

【例 4-27】　长毛的高尔夫球

高尔夫球是许多人喜欢的运动，但高尔夫球场地占地很大，必须种上高质量的草坪，其代价十分昂贵，当然使普通老百姓难以涉足。能不能在普通的水泥地上打高尔夫球呢？有人想出了绝妙的主意：普通的高尔夫球在草地上滚和长毛的高尔夫球在水泥地上滚是差不多嘛？于是就发明了带“毛”的高尔夫球，可以在普通的水泥地上打，深受高尔夫球爱好者的欢迎。

【例 4-28】　反画面电视机

日本索尼公司的总工程师井深大，有一天去理发，一边理发，一边对着镜子看电视。但是他看到的电视图像正好相反，眼睛不舒服，心里很别扭。突然，他计上心来：如果设计一种反向画面电视机，那么就能在镜子里看到正面画面。于是，他回到公司，利用既有的设计、生产、经营正面电视的独家优势，设计生产、经营反画面索尼电视机，生意还非常兴隆。一是许多医院添置这种反画面电视机，让卧床病人在镜子里看电视，能够调节心理、安心养病；二是理发店、美容院也大批订购，以招引顾客；三是体育机构训练中心大量买进反画面电视机，运动员以左手对付习惯用右手的对手，或以右手对付习惯用左手的对手；四是不少人为了避免电视机有害辐射，特地要在镜子里看反画面电视。这种逆向思维居然开拓了一个偌大的电视机新市场。

2. 功能逆反

功能逆反是指从原有事物相反功能方面去设想寻求解决问题的新途径，获得新的创造发明的思维方式。这种思维方式常常诱发许多具有商业价值的技术创新成果。谈到功能逆向思维，人们常常会联想到这么一句话，“失败是成功之母”。3M 公司的一个职员在研究黏结剂时，发现研制的黏结剂不粘，也就是黏结强度不高，逆向思考，涂在纸张上开发出了现在广为使用的粘贴纸——不干胶，从而为公司创造了巨额的利润。

【例 4-29】　防影印纸张的发明

格德约是加拿大一家公司的普通职员，有一天，他在办公室不小心碰翻一个瓶子，瓶子里的液体泼在了一份正待复印的重要文件上。格德约着急起来，心想这一下可闯祸了，文件上被污染的文字可能看不清了。他拿起文件来发现文字依然可见，但是当他拿去复印时，又一个意外出现了，就是被液体污染过而字迹依然清晰可见的部分竟复印成了漆黑的一团。正在他为如何消除文件上黑斑绞尽脑汁却又一筹莫展时，他通过功能逆向的思维方式，认为这种液体正好可以防止文件被盗印，这样就可以将这种液体的不利作用变为有利作用，而研制出一种特殊的能够防止盗印文件的特殊液体了。

自从他有了这一想法后，经过一段时间的努力，他最后推向市场的不是一种液体，而是一种深红色的防影印纸。这种纸能够吸收复印机里的光线，因此复印出来的文件是看不见字的，但是这种纸写字或打印又一点都不受影响。

3. 状态逆反

状态逆反，即从事物的现存状态反转过来，去发现或创造一种新的状态，以获得一种新的解题思路，引发创造发明的思维方法。过去木匠用锯和刨来加工木头，都是木头不动工具动(实际上是人动)。这样做，人的体力消耗较大，为了改变这一状况，人们从工具不动、木头动的角度出发，设计发明了电刨，从而大大提高了效率和工艺水平，减轻了劳动量。这里从木头静与动加工状态的改变，就可知它是与状态逆向思维的内容紧密相连的。

法国微生物学家巴斯德通过研究和实验，证实了细菌可以在高温下被杀死，食物可以煮沸以后保存。英国科学家汤姆逊利用逆向的思维方式，推想细菌也可能在低温下被杀死或使其停止活动，食物也可以通过冷却过程进行保存，通过研究后他发明了冷藏工艺。

一位建筑师设计了位于中央绿地四周的办公楼群。竣工后园林管理局的人问他，人行道应该修在哪里？“在大楼之间的空地上全种上草”，这位建筑师别出心裁地回答说。夏天过后，在大楼之间的草地上踩出了许多小道。这些踩出的小道优雅自然，走的人多就宽，走的人少就窄。秋天，这位建筑师就让工人们沿着这些踩出来的痕迹铺设人行道。这些道路的设计相当优美，同时完全满足了行人的需要。

【例 4-30】　钻地破冰火箭

火箭是向天上打的，能否逆向思考向地下打呢？前苏联工程师米海伊尔于 1968 年研制成功钻井火箭，能穿透土壤、冰层、冻土、岩石，每分钟钻进 10 米，重量只有普通钻机的 1/17，能耗少 2/3，效率提高 5～8 倍，引起钻井、打桩手段的革命。

【例 4-31】　浮力破冰船

传统的破冰船，都是依靠自身的重量来压碎冰块的，因此它的头部都采用高硬度材料制成，而且设计得十分笨重，转向非常不便，所以这种破冰船非常害怕侧向漂来的流冰。前苏联的科学家运用逆向思维，变向下压冰为向上推冰，即让破冰船潜入水下，依靠浮力从冰下向上破冰。新的破冰船设计得非常灵巧，不仅节约了许多原材料，而且不需要很大的动力，自身的安全性也大为提高。遇到较坚厚的冰层，破冰船就像海豚那样上下起伏前进，破冰效果非常好。这种破冰船被誉为“本世纪最有前途的破冰船”。

4. 因果逆反

因果逆反，即从已有事物的因果关系和已有的原理规律出发，有意识地颠倒，变“因”为“果”去发现新的现象和规律，寻找解决问题新途径的思维方法。这种思维方式的积极成果常常会引出新的科学发现和技术发明成果。

在电的发明史上，从奥斯特的电能生磁到法拉第的磁能生电，它们之间就有着因果逆向思维的联系。其他如爱迪生发现送话器听筒音膜有规律的振动到他发明留声机、近代的无线电广播的播放与接收、录像机的发明与摄像机的发明，这些都属于因果逆向思维的成果。可见，因果逆向思维也是进行发明的有效方法。

英国化学家戴维根据化学能可以转换为电能，通过结果逆向的思维方式，认为电能也能够转化成化学能，从而发现了很多化学元素，包括钾、钠、钙、镁、锶等。19 世纪初，科学家伏特研制成了世界上第一个电池，科学家们发现，电流能使水分解，一端出现氧气，另一端出现氢气。戴维通过结果逆向的思维方式认为，电能也能够分解苛性钾和苛性钠。经过反复实验，他终于得到了钾元素和钠元素。后来他利用同样的方法，得到了其他的元素，在化学领域取得了丰硕的成果。

5. 属性逆反

所谓属性逆反是有意识地用某一属性相反的属性去代替已有的属性，逆化已有的属性，进而做出新的创造发明成果。

【例 4-32】 洗衣机的脱水缸

洗衣机的脱水缸，它的转轴是软的，用手轻轻一推，脱水缸就东倒西歪。可是脱水缸在高速旋转时，却非常平稳，脱水效果很好。当初设计时，为了解决脱水缸的颤抖和由此产生的噪声问题，工程技术人员想了许多办法，先加粗转轴，无效，后加硬转轴，仍然无效。最后，他们来了个逆向思维，弃硬就软，用软轴代替了硬轴，成功地解决了颤抖和噪声两大问题。这是一个由逆向思维而诞生的创造发明的典型例子。

三、侧向思维

当传统的顺向思维受阻时，应实时进行思维转向，在沿着顺向思维方向的某一关节点上，通过侧向渗透的方法去获得问题的解法。英国剑桥大学的爱德华·博诺把这种“从其他离得很远的领域获得启示的思维”称作侧向思维。侧向思维的方向既不与传统的思维方向相同，也不与之完全相反，而是从旁侧向外延伸。

【例 4-33】 机智少女化解难题

很久以前，如果有人欠钱不能按期归还，就要被控坐牢的。在伦敦，有一位不幸的商人，欠下了一位放债人一大笔钱，债权人年纪很大，长相丑陋，可他迷恋着商人的美丽妙龄的女儿，于是他提出建议说，如果也娶上商人的女儿，欠债就一笔勾销。

商人和他的女儿对此建议闻而生畏。狡猾的债权人提出，由上帝来决定此事。他告诉商人父女，他将一块黑色的卵石和一块白色的卵石放在一个空包里，然后，由商人的女儿取出其中的一块，如果她取出的是黑色石子，她将成为债权人妻子，欠债一笔勾销；如果她取出的是白色石子，她可以继续与父亲生活在一起，欠债也一笔勾销；如果她拒绝取石，她父亲就将被控入狱，她也将挨饿。

商人无奈，只得同意了。他们是站在商人花园中一条卵石装点的小路上谈上述这番话的。这时，债权人弯腰捡起两块卵石，当他将石子放入包内时，少女发现债主放进包中的是两块黑色的卵石。

请你想一下，如果你是这位不幸的少女，此时你会怎么办呢？如果你想给少女出个有利于她的主意，那又是什么好主意呢？其实这就是在考核你用何种思维方式来解此难题

面对不利少女的处境，纵向思维者常常感到为难，因为无论是建议少女拒绝摸取石子，当面揭穿债主的骗局，还是建议她违心地摸石救父，都无法达到既能够救父亲又能救自己的目的。

聪明的少女是怎详巧妙地解决了她遇到的难题的呢？她望一眼脚下的卵石小路后，想到了一种办法：她伸手从包中摸起来一粒石子，假装颤抖地将石子掉落在地，掉落的卵石瞬间和铺在路上的卵石混杂一起无法寻找。然后，她对债主说："喂，看我真笨。但这也无关紧要，只要您看一下包里剩下的那一块是什么颜色，就知道我取出的那块石子是黑是白了。"当然，包里无疑是一块黑石子。债主不敢承认自己设地骗局，只好自作自受承认少女取出的是一块白石子。

【例 4-34】　一位犹太人的智慧

一位犹太富豪进一家银行，来到贷款部前，大模大样地坐下来。

"请问先生，您有什么事情需要我们效劳吗？"贷款部经理一边小心地询问，一边打量来人的穿着，名贵的西服、高档的皮鞋，昂贵的手表，还有镶宝石的领带夹子……

"我想借点钱。"

"完全可以，您想借多少呢？"

"1 美元。"

"只借 1 美元？"贷款部的经理惊愕了。

"我只需要 1 美元，可以吗？"

"当然，只要有担保，借多少，我们都可以照办。"

"好吧。"犹太人从豪华的皮包里取出一大堆股票、国债、债券等放在桌上："这些做担保可以吗？"

经理清点了一下，"先生，总共 50 万美元，做担保足够了，不过先生，您真的只借 1 美元吗？""是的："犹太商人面无表情地说。

"好吧，到那边办手续吧，年息为 6%，只要您付出 6%的利息，一年后归还，我们就把这些股票和作保的证券还给您。

"谢谢……"犹太富豪办完手续，便准备离去。一直在一边冷眼旁观的银行行长怎么也弄不明白，一个拥有 50 万美元的人，怎么会跑到银行来借 1 美元呢？

他从后面追了上去，有些腼腆地说："对不起，先生，可以问你一个问题吗？"

"你想问什么？"

"我是这家银行的行长，我实在弄不懂，你拥有 50 万美元的家当，为什么只借 1 美元呢？要是您想借 40 万美元的话，我们也会很乐意为您服务的……"

"好吗！既然你如此热情，我不妨把实情告诉你，我到这儿来是想办一件事情，可是随身携带的这些票券很碍事，我问过几家金库，要租他们的保险箱，租金都很昂贵，我知道贵行的保安很好，所以嘛就将这些东西以担保的形式寄存在贵行了，由你替我保管，我还有什么不放心呢！况且利息很便宜，存一年才不过 6 美分……"

博诺曾用挖井作比喻来说明纵向思维和侧向思维的差异，他说："逻辑好比是用来挖又深又大的井的工具，是为了挖出更理想的井而用的。但是，如果井的位置不适当的话，无论如何努力，也是挖不好的。有一点十分清楚，比起重新选址从头开始，在原来的位置上挖下去总是比较容易些。纵向思维是要把同一口井继续挖深，侧向思维则是要试试其他位置。"在同一位置继续挖掘具有重要的意义，他说："挖了一半的井对我们确定下一步努力的方向是更有效的"，确实有许多井挖到了不适当的深度，而且有不少井存在选址不正确的问题，但是，创造性思维火花的闪现往往发生在中途放弃已挖成一半的井，另外寻找其他位置重新开始的时候。

侧向思维往往利用“局外”信息，经过联想的作用，从侧面迂回突破，从而发现解决问题的途径和可能，因此，在创造活动中得到较多的应用。

【例 4-35】 邓禄普和轮胎

英国的邓禄普(J.B.Dunlop)原是苏格兰的一位医生，他同轮胎的缘分就是侧向思维促成的。他有个儿子，每天在卵石路上骑自行车。那时还没有充气的内胎，因而自行车颠簸得很厉害，他一直担心儿子会受伤。一次他在花园里浇水，手里橡胶水管的弹性一下触发了他的灵感，使他想到可以用来缓解自行车的颠簸。于是他便用浇花草的水管制成了第一个充气的自行轮胎，并建立了自行车充气胎经理部。

比如在机械制造中，过去利用机械传动获得刀具和零件的旋转、位移、速度、加速度、切削力等，但随着制造精度和自动化程度的提高，完全采用机械加工方式已愈加困难，取而代之的是应用计算机数控系统和光电测控系统，如旋转编码器、线性或球形光栅传感器、全数字化高速高精度交流伺服控制系统等，既简化了机械结构，又提高了精度和自动化程度。

在《水平思考：关于创造性的教科书》(Lateral Thinking: A Textbook of Creativity)一书中。博诺曾总结了若干个侧向思维方法的要诀，它们是：

(1)要养成寻求尽可能多地探讨问题的不同方法的习惯，而不要死抱住显得好像最有希望解决问题的某种办法不放。你可以给自己提出一个可供选择的方法的限额，这可能起一种刺激作用，从而使你自己提出一个可供选择的方法的限额，寻求类比和可能的联系。只要坚持不懈的探求，你总能找到一些可供选择的解题方案。

(2)要对各种假定提出质疑和诘难。通常情况下，人们在思考某件事情时，总可做出几种假定——它们往往看来是如此明显，以致我们会无意识的把它们视作当然。但我们抱着怀疑的态度仔细追究时，他们就可能被证明是不可靠的或不恰当的，这就要求我们重新界定问题或选择解题思路，将思想上的障碍扫清。

(3)不要急于对头脑中涌现出的想法或创意加以判断。许多科学发现都曾以假设线索作为先导，在没有探究某种想法会引导出什么结果前，不要草草地将这种想法放弃。也许它会孕育出更进一步的思考和想法。创造性思维活动的目的在于发现一种新的有意义的思想组合，而不问其是通过何种途径来实现的。

(4)使问题具体化，使之在头脑中构成一幅图像。这幅图像可以改变各个组成部分，或对他们进行重新组合与构思而得以形成。注意到各个组成部分的分歧点，发现相互间的关联性，考虑到各组分的功能以及对其整合的限度。

(5)要把问题分成几个独立的部分，其目的在于对各部分作出鉴别，以便将他们重新排列。在重新组合时，应该尽可能使各部分颠倒和混合。显然，这不同于传统的分析方法，传统的分析方法是一种系统的、完全的分解法，其意图在于对问题作出解释，而这里的目的在于获得新的变化和解题思路。

(6)要从问题之外寻求偶然的刺激。有几种办法可以做到这一点，例如，逛商场或书店，并不刻意寻找与问题直接有关的东西，这会强化已有的想法。一个人应该在头脑中留有空白处，随时等待着接受某种值得注意的东西。偶然碰到的事件或现象都可能引发一些有关的想法，进而使有些问题迎刃而解。

(7)要参加各种可能产生新观念的启发性集会。博诺说，冲突是改变观念的唯一方法。为了对抗和打破观察事物的现存方式，横向思维值得审慎地使用。热烈的讨论和传统的思维习惯对于引导他的思想路线，具有强烈的选择性影响，如果要克服各种障碍，开拓出新的想法，就必须抑制传统的思维习惯。各种激烈交锋的思想集会最有助于人们解放思想，摆脱思维的枷锁。

第四节　思维障碍及克服

一、思维定势

世界著名的科普作家阿西莫夫从小就很聪明，他曾多次参加“智商测试”，得分总在160左右，属于“天赋极高”之列。有一次，他遇到一位非常熟悉的汽车修理工 修理工对他说：“嗨，博士，我来考考你的智力，出一道思考题，看你能不能回答正确。”阿西莫夫点头同意。修理工便开始出题：“有一位聋哑人，想买几颗钉子，他来到五金商店，对售货员做了这样一个手势：左手食指立在柜台上，右手握拳做出敲击的样子。售货员见状，先给他拿来一把锤子。聋哑人摇摇头。于是售货员就明白了，他想买的是钉子。聋哑人买好钉子，刚走出商店，接着进来一位盲人。这位盲人想买一把剪刀，请问：盲人将会怎样做？”

阿西莫夫顺口答道：“盲人肯定会这样——”，他伸出食指和中指，做出剪刀的形状。听了阿西莫夫的回答，汽车修理工开心地笑起来：“哈哈，答错了吧？盲人想买剪刀，只需要开口说‘我买剪刀’就行了，他干嘛要做手势呀？”

阿西莫夫借用这一故事来说明什么是思维定势。

定势是一个心理学专业术语，是指由先前的活动而造成的一种对活动的特殊的心理准备状态，或活动的倾向性。在环境不变的条件下，定势使人能够应用已掌握的方法迅速解决问题。而在情境发生变化时，它则会妨碍人采用新的方法，是束缚创造性思维的枷锁。

所谓思维定势，就是按照积累的思维活动经验教训和已有的思维规律，在反复使用中所形成的比较稳定的、定型化了的思维路线、方式、程序、模式(在感性认识阶段也称作“刻板印象”)。前述阿西莫夫的思维就是习惯性思维定势。

在我们解决问题的时候，思维定势常常表现出来。当我们用某一种方法顺利地解决一个问题后又遇到同类型的问题时，我们自然而然就会用这种方法来解决问题，由于思维定势的作用渐渐地就会变成一种习惯，不管碰到什么问题都用这种方法来解决，导致解决问题方法僵化的结果。

思维定势有如下两个特点：

一是思维定势形成固定化的思维模式，即通过各种思维内容体现出来的思维程序、模式，既与具体内容有联系，却又不是具体内容，而是许多具体的思维活动所具有的逐渐定型化了一般路线、方式、程序、模式。

二是思维定势具有强大的惯性或顽固性。思维定势不仅逐渐成为思维习惯，甚至深入到潜意识，成为不自觉的、类似于本能的反应。尤其是要改变一种思维定势是有一定难度的，首先需要有明确的认识，自觉地进行。其次要有足够的勇气和决心。

思维定势对问题解决既有积极的一面，也有消极的一面。

思维定势积极的方面：对于常规问题解决具有极其重要的意义。在问题解决活动中，思维定势的作用是，根据面临的问题联想起已经解决的类似的问题，将新问题的特征与旧问题的特征进行比较，抓住新旧问题的共同特征，将已有的知识和经验与当前问题情境建立联系，利用处理过类似的旧问题的知识和经验处理新问题，或把新问题转化成一个已解决的熟悉的问题，从而为新问题的解决做好积极的心理准备。具体地说，在问题解决中，思维定势积极作用主要表现在以下三方面：

(1)定向解决问题总要有一个明确的方向和清晰的目标，否则，解题将会陷入盲目性。定向是成功解题的前提。

(2)定向方法是实现目标的手段，广义的方法泛指一切用来解决问题的工具，也包括解题所用的知识。不同类型的问题总有相应的常规的或特殊的解决方法。定向方法能使我们对症下药，它是解题思维的核心。

(3)定势解决问题是一个有目的、有计划的活动，必须有步骤地进行，并遵守规范化的要求。

思维定势是一种按常规处理问题的思维方式。它可以省去许多摸索、试探的步骤，缩短思考时间，提高效率。在日常生活中，思维定势可以帮助我们解决每天碰到的90%以上的问题。但是创造性思维是求新、求异，独创性的思维。思维定势是“以不变应万变”，不利于创造性思考，不利于创造。它容易使我们产生思想上的惰性，养成一种呆板、机械、千篇一律、墨守成规的解题习惯。当新旧问题形似质异时，思维的定势往往会使解题者步入误区，难以涌出新思维，作出新决策，造成知识和经验的负迁移。

根据唯物辩证法观点，不同的事物之间既有相似性，又有差异性。思维定势所强调的是事物间的相似性和不变性。在问题解决中，它是一种“以不变应万变”的思维策略。所以，当新问题相对于旧问题，是其相似性的主导作用时，由旧问题的求解所形成的思维定势往往有助于新问题的解决。而当新问题相对于旧问题，是其差异性起主导作用时，由旧问题的求解所形成的思维定势则往往有碍于新问题的解决。

从思维过程的大脑皮层活动情况看，定势的影响是一种习惯性的神经联系，即前次的思维活动对后次的思维活动有指引性的影响。所以，当两次思维活动属于同类性质时，前次思维活动会对后次思维活动起正确的引导作用；当两次思维活动属于异类性质时，前次思维活动会对后次思维活动起着错误的引导作用。

二、思维定势表现形式及其克服

(一)权威定势

英国哲学家罗素(B．Russell)有一次来中国对社会科学工作者讲学，他登上讲台，首先提出了一个问题：“2＋2＝？”会场鸦雀无声，听课的数百人面面相觑、无人做答。尽管罗素一再希望有人将答案告诉他，但是还是无人贸然回答，生怕出错。最后，还是罗素自己说：“2加2等于4嘛！”

崇尚创造的罗素并非在故弄玄虚，而是幽默地告诫人们：过分崇拜权威会使人失之于迷信，会束缚人的思想，扼杀人的智慧，在权威面前连最简单的事实都分不清楚。

那么什么是权威呢？什么是权威定势呢？权威定势对创造力开发的危害有多大？

权威就是在社会生活中形成的使人景仰和信从的力量和威望。但人们的思想行为不统一时，就要求服从权威。小时候，老师和父母是权威；长大后，某些大人物和领导是权威。通过权威的运用，是众多个别行动者的行动被置于或保持在有秩序的状态中，或者被协调起来在合作中达到某一特定目标或某些普遍目标。权威是任何时代、任何社会都实际存在的现象。

在社会生活中权威的存在是必要而有益的，尊重权威也是正确的。人们对权威普遍怀有尊崇之情是可以理解的，如果这种尊崇演变为神话和迷信后，就是权威型思维定势，是创造性思维的大敌和枷锁。权威定势的表现就是不管对与错，唯权威之命是从，对权威说的话和权威写的书盲目相信和服从，不敢提出质疑。

不迷信专家和权威，就是说，对于专家、权威所说的话和所写的书，对于他们的结论和做法等决不盲从。

对于原子能的开发利用，也曾遭到一些权威专家的反对。在铀核裂变发现前，一些著名的科学家如卢瑟福、爱因斯坦和玻尔对核能利用的估计都是很悲观的。1933 年 9 月，卢瑟福在不列颠协会的演讲中说："一般说来，我们不能指望通过这种途径来取得能量，这种生产能的方法是极端可怜的，效率也是极低的。把原子嬗变看成一种动力能源，只不过纸上谈兵而已。"他甚至断言说："由分裂原子而产生能量，是一件毫无意义的事情。任何企图从原子裂变中获取能源的人，都是在空谈妄想。"1934 年，当记者问爱因斯坦原子能何时能够有效地加以应用时，他打了个比喻："那只不过是黑夜里在鸟类稀少的野外捕鸟。"1935 年，玻尔说道："我们关于核反应的知识越广，离原子能可用于人类需要的时间越远。"

原子能不可能被开发利用！20 世纪初几个权威专家就是这么认为的，这是当时压倒一切的看法。这种看法几乎断送了科学家探索的一切可能性，把粒子物理学家逼迫到一个狭隘的可能性空间之中。但是仍有一些不迷信权威的粒子物理学家坚持原子能的应有研究。1945 年 7 月 16 日，美国在新墨西哥州的洛斯阿拉莫斯沙漠成功地进行了第一颗原子弹的爆炸试验。同年 8 月 6 日和 9 日，美国分别在日本的广岛和长崎各扔下一颗原子弹。1954 年，苏联建成了世界上第一座核电站，人类因此拉开了原子能和平利用的序幕。今天原子能的开发利用尽管存在这样那样的问题，如核废料的处理、核泄漏对生态的影响等，但原子能电站依然在为人类提供着洁净丰富的能源。

这里，我们要指出的是，权威之所以是权威，是因为他能根据自己所掌握的相关事实和材料、他所接受的教育和训练以及所积累的经验和直觉，在一些特定的领域能够对特定的问题做出比较准确的判断。但是，正如我们上面谈到的卢瑟福等众多原子物理学权威对原子能开发技术的判断一样，权威对自己分内的问题并非总有十分准确的判断和认识。权威的名声是建立在他过去的工作成就之上的，这些名声只能说明他过去的能力和见识，并不必然地证明他对一切新的问题也有同样准确的判断力。

莱特兄弟发明飞机的故事就是挑战权威进行发明创造的最典型事例。

人们很早就梦想飞上天空，但一直未能成功。随着科学技术迅速发展，19 世纪末，在世界范围掀起了研制飞机热潮。当时反对的声音也很强大，他们都是当时世界上的科技名流、专家权威。最初，法国著名数学家勒让德，这位最早用三角方法测量地球和月亮之间距离的科学大师认为，要制造一种比空气重的机械装置到天上去飞行是永远不可能的。随之，德国电工学家西门子也发表了类似看法。由于他们有崇高威望，因而其否定观点极大地妨碍了世界制造飞机思想的发展。接着，能量守恒定律发现者之一的德国物理学家赫尔姆霍茨(H. von Helmholtz)又从物理学的"科学角度"论证了要使机械装置飞上天的想法"纯属空想"，这一"科学结论"使德国金融界和工业集团撤销了原先对飞机研制事业的支持。后来，美国天文学家纽康又根据各种数据做了大量计算后，"证明"飞机不但飞不上天，而且它根本就不可能离开地面。然而，1903 年首次使飞机飞上天空的却是当时名不见经传的美国自行车修理工莱特兄弟。他们没有上过大学，但他们思想活跃、富于创造，凭着自学成才、勇于探索未知领域的大无畏精神，在科学技术上获得了巨大成功。

英国皇家学会的会徽上雕刻着这样一句名言："不要迷信权威，人云亦云。"一个人只有确立科学的理性精神，才有可能在尊重权威和常规的基础上做出独创性的成果。

例如，十九世纪随着新化学元素的不断发现，很多化学家想从元素的排列中得到元素变化的规律性，提出了各种各样的图表，但这一项工作却一直受到一些科学家的非难。如纽兰兹在英国化学会上提出"八音律"时，当场就受到英国化学学会会长福斯德森教授的嘲笑："是否尝试把元素按字母的顺序排列，这样可能得到更精彩的符合！"当门捷列夫提出他的元素周期律，并做出新化学元素存在的预言时，一些人对此报之以挖苦和讥讽："化学是研究业已存在的物质的，它的研究结果是真实的无可争辩的事实。而他(指门捷列夫)却研究鬼怪——世界上不存在的元素，想象它的性质和特征。这不是化学，而是魔术！荒唐之极！"虽然如此，这些科学家持之以恒，继续研究，经过五年多沉默，最终被事实所证实。

1903 年英国大名鼎鼎的物理学家汤姆生提出一种假设：原子中的正电荷以均匀的密度分布在一个大小等于整个原子的球体内，而带负电荷的电子则一粒一粒地分布在球内不同的位置上。这种假设由于能精确地算出原子的半径，被当时大多数物理学家所接受。汤姆生教授的弟子卢瑟福，在认真分析的基础上，向老师的理论发起了挑战。他通过粒子辐射实验，发现少数 α 粒子偏离了原来的方向，因此提出了原子中心有一个带正电荷的原子核，电子则环绕着原子核不断地做圆周运动，就好像太阳系里行星绕着太阳转一样。卢瑟福的新假设后来为实验所证明，这为原子物理学的发展奠定了更坚实的基础。

德国哲学家尼采在《查拉图斯特拉如是说》中曾经这样比喻说："查拉图斯特拉决心独自远行。在分手的时刻，他对自己的弟子和崇拜者们说：你们忠心地追随我，数十年如一日。我的学说你们都已经烂熟于胸、出口成诵了。但是，你们为什么不扯碎我头上的花冠呢？为什么不以追随我为羞耻呢？为什么不骂我是骗子呢？只有当你们扯碎我的花冠、以我为羞耻并且骂我是骗子的时候，你们才真正掌握了我的学说！"尼采的寓意很明确，思想真正的发展只有建立在对权威和已有成果超越的基础之上。权威的思想不能锈化为我们头脑中的思维定势。否则，我们就很难做出真正有独创性的东西。

科学无禁区，这是科学发现的逻辑。但是，由于历史的局限和人们思维的封闭，在科技领域却又形成一些禁区。然而，对创造者来说，如果一味的迷信权威划定的禁区而不敢越雷池半步，或将权威们的理论视为不可逾越的顶峰而止步不前，是不可能做出开创性的贡献的。

(二)从众定势

一位名叫福尔顿的物理学家，由于研究工作的需要，测量出固体氦的热传导度。他运用的是新的测量方法，测出的结果比按传统理论计算的数字高出 500 倍。福尔顿感到这个差距太大了，如果公布了它，难免会被人视为故意标新立异、哗众取宠，所以他就没有声张。没过多久，美国的一位年轻科学家，在实验过程中也测出了固体氦的热传导度，测出的结果同福尔顿测出的完全一样。这位年轻科学家公布了自己的测量结果以后，很快在科技界引起了广泛关注。福尔顿听说后以追悔莫及的心情写道：如果当时我摘掉名为"习惯"的帽子，而戴上"创新"的帽子，那个年轻人就绝不可能抢走我的荣誉。福尔顿的所谓"习惯的帽子"就是一种"从众性思维定势"。

从众，就是服从大众、随大流。它是心理障碍中最常见、最重要的表现形式之一。从众定势是指个人受到外界人群行为的影响，而在自己的知觉、判断、认识上表现出符合于公众舆论或多数人的行为方式。从众具有两重性，积极的一面是，通常情况下，多数人的意见往往是对的。个人服从多数，有利于团结，形成一致的意见。从众也有助于学习他人的智慧经验，扩大视野，克服固执己见、盲目自信，修正自己的思维方式、减少不必要的烦恼如误会等。从众消极的一面是抑制个性发展，束缚思维，扼杀创造力，使人变得无主见和墨守成规；但缺乏分析、不作独立思考、不顾是非曲直地一概服从多数，随大流走，则是不可取的，是消极的“盲目从众心理”。

从众倾向比较强烈的人，在认知、判断的时候，往往是附和多数、人云亦云，缺乏独立思考的能力，缺乏创新观念。显而易见，从众定势不利于个人独立思考和形成独特的见解。如果一味地“从众”，个人就不愿开动脑筋，也就不可能获得新的成果。

一般来说，创造能力强的人，大都具有标新立异、反潮流的精神。不论生活在哪个社会、哪个时代，最早发现新事物的总是极少数人，而对于极少数人的新观念和新发现，当时的绝大多数人都是不赞同甚至激烈反对的。为什么会这样？因为社会的大多数都生活在相对固定化的模式里，他们很难摆脱早已习惯了的事物框架，对于新事物、新观念总有一种天生的抗拒心理。这在一些谚语和成语表现的比较明显，如“人怕出名猪怕壮”，“出头的椽子先烂”，“枪打出头鸟”、“木秀于林，风必摧之。”等。哥白尼反对传统的“地心说”而提出“日心说”，科学地证明地球绕着太阳转的观点。这种学说首先就遭到了普通民众的反对，因为过去的“地心说”给人以稳定、安全的感觉，而“日心说”却使多数民众感到惶惶不安：脚下的大地不停地转动，生活在地面上的人岂不是要被甩出去了吗？转动的地球是一幅多么可怕的情景啊！

在哈维建立血液循环理论之前，普遍流行的看法是：存在两种血液；血液在血管中来回流动；血液可从心脏的一侧流向另一侧。但哈维发现头部和颈部静脉瓣膜所朝的方向不符合当时的假说，这个无法解释的细节促使他对流行的理论产生了怀疑。他因此解剖了不下 80 种动物，包括爬行类、甲壳动物和昆虫。当时，确立循环理论的最大困难是找不到动脉末段和静脉之间任何可看到的联系，哈维不得不假设存在一种毛细血管，这是后来才被科学家发现的。对此，哈维写道：“关于血液流量和流动缘由方面尚待解释的内容是如此新奇独特、闻所未闻，我不禁害怕会招致敌人嫉恨，而且想到我将因此与全社会作对，不免不寒而栗。”哈维的疑惧不是没有根据的，他因为提出新的血液循环理论受到了嘲笑和辱骂，前来求诊看病的人也因此减少。直到 20 多年之后，血液循环理论才被普遍接受。

奥尔福德·斯隆有一次主持通用汽车公司的董事会议时，有位董事提出了一项建议，其他董事立即表态支持。一位附和者说：“这项建议将使公司兴旺。”另一位说：“应尽快付诸实施。”第三人起立表示：“实施这项建议可击败所有竞争对手。”见与会者纷纷表示赞成时，斯隆提议依程序表决。结果，大多数人点头赞成。最后轮到斯隆，他说：“我若也投赞成票，便是全体一致通过。但是，正因为如此，我打算将此议案推迟到下个月再做最后决定，我个人不敢苟同诸位刚才的讨论方式，因为大家都把自己封闭在同一个思考模式里。这是非常危险的决策方式。我希望大家用一个月时间，分别从不同方面研究这项议案。”一个月后，该建议遭到董事会否决。

人类历史上的观念变革往往需要经过相当长的时间才能成为普通民众都接受的“常识”。所以，当我们在面对新情况进行创造性思维的时候，就不必顾忌多数人的意见，不以众人的是非为是非，这样才能真正打破常规，开阔思路。

(三)经验定势

在我们成长过程中，从幼儿到成年会经历各种各样的现象和事件，这些事件会进入我们的头脑而构成丰富的经验。通常情况下，经验对于我们处理日常问题是有好处的。特别是一些技术和管理方面的工作，就需要有丰富的经验。试想一想，如果加工一个精密零件，具有熟练技术的工人就能够很好地胜任这个工作；一个熟悉车间运作的管理人员能够很好地管理这个车间。

实际上动物都具有经验型定势。专家们注意到一个现象，就是一根小小的木桩就能拴住一头大象，但是大象能够用鼻子将一吨重的圆木卷起，它们完全可以用鼻子将木桩卷起。这是因为大象在小的时候被铁链拴在铁桩上，当时不管用多大的力气去拉，铁桩对于幼象来说是拉不动的。幼象长大后力气大大增加。但是大象认为身边的桩是拉不动的。

经验与创造性思维之间的关系比较复杂。随着时间的推移。经验是可以不断积累的，具有不断更新的特点。经过经验之间的比较就可以发现人们自身思维的局限性，进而可以开阔眼界，增强见识。经验与创造性思维之间的另外一个作用就是经验是相对稳定的东西，有可能导致人们对经验过分依赖乃至崇拜，形成固定的思维模式，这样就会减低人们的创造性思维能力。经验定势就是以已有的经验为行为准则，而不考虑环境、时间、地点等条件的变化，变现为思想的僵化和保守。

历史上有不少事例是由于受到了经验型思维定势的影响而使发明的东西性能大打折扣，有的甚至因为这种定势的影响而造成失败；相反，如果没有受到经验型思维定势的影响，那么就能够获得成功。

20 世纪 50 年代美苏冷战期间航天领域有这样一个事例。以当时美国和苏联的科技水平来说，两个国家都具备将火箭送上太空的能力，实际上美国的技术水平要比苏联的稍高，但是当时有一个技术难点就是火箭推动力不够，摆脱不了地球的引力。这个问题在当时美苏双方的专家都是根据自己长期以来的实践经验，尽量设法增加所串联的火箭数量，以不断增强推动力，但是尽管火箭数量增加了，火箭的推力并不能足够将卫星送上太空。后来苏联的一位青年科学家突破了这一经验型思维定势，提出一个大胆的设想，就是只串联上面的两级火箭，下面使用 20 个火箭并联作为推动，经过严格的计算、论证和实践检验，这个办法获得了成功，这种方法能够极大地提高火箭的初始推动力和速度，从而能够摆脱地球的引力。正是由于这一设想的提出，使得苏联在美国之前将人造地球卫星送入了轨道。

在美国早期设计的飞船上都装了一个小小的减速器，用来减低太阳能发射板的开启速度。后来科学家嫌这种减速器太笨重，而且容易沾上油污，后来经过重新设计的减速器经过试验并不可靠，多次改进后仍不令人满意。正当研制小组几乎绝望的时候，有位科学家突破经验型思维定势，提出可以不用这个减速器。最终的实验证明这个建议完全正确，也就是说这个减速器从一开始就是多余的，只是经过多次的成功飞行强化了人们的思维定势。

最初问世的火车的车轮上有齿轮，铁轨上也有齿条。火车行进时，车轮上的齿轮和铁轨上的齿条正好啮合。这样的设计是从安全的角度出发，为了防止火车打滑出轨的事故出现。火车的设计者和制造者为什么会采取这样的加齿轮的做法呢？它既不是直接来自书本的知识，也不是来自实践经验的结果，设计者认为车轮上的齿与铁轨上的齿啮合后能够避免打滑，设计者并没有对这种设计进行认真的分析、研究和论证，便认定齿轮对防止打滑出轨是必不可少的。后来取消齿轮后的火车不但依然能够安全行驶，还大大提高了行车速度，降低了制造成本。

从思维的角度来说，经验具有很大的狭隘性，束缚了思维的广度。经验的狭隘性表现在经验的时空狭隘性、主体狭隘性和经验之外的偶然性。

首先，经验具有时空狭隘性。任何经验总是在一定的时空范围内产生的，而往往也只适应于一定的时空范围。一旦超出了这个范围，某种经验可能会失效。例如前苏联革命成功的经验曾经照搬到我国的革命运动中，结果造成了惨痛的失败。我国沿海地区企业运营成功的经验就不一定适应我国内地的企业，这些事例我们可以经常见于报道。

另外，经验具有主体的狭隘性。每一个思维主体，不管他经验有多么丰富，从数量上来说总是有限的，他没有经历过的事情总是无穷多，这样，当他面临自己没有遇到的事件或问题的时候，他经常会手足无措，如果单凭已有的经验判断，结果往往是错误的。

有一位思维学家用以下的题目对 100 人进行了测试，结果只有 2 人答对。题目是这样的：一位公安局长在茶馆里和一位老头下棋。正下到难解难分之际，跑来一位小孩，小孩着急地对公安局长说："你爸爸和我爸爸吵起来了。"老头问："这孩子是你的什么人？"公安局长回答道："我儿子。"请问这两个吵架的人与公安局长是什么关系？

人们根据经验来进行思维判断，我们习惯上总是把公安局长和男性联系在一起，进一步来说，题目中有"下棋"、"老头"、"茶馆"等支持这一思维定势，所以从经验出发是很难想象得到这位公安局长是一位女性。

最后，经验之外也具有偶然性。我们的经验往往是根据常见的东西总结得到的，因此忽略了少见的、偶然的东西。但是在每一个具体的现实环境中，总会有大量的平常很少见到的、偶然性的东西出现。如果我们仍然用以往的经验来处理，则不可避免地产生偏差和失误。

例如，1934 年，意大利物理学家费米，为了研究原子结构问题，他用中子去轰击原子"铀"，按他的说法，意外地得到了另一种铀元素——超铀元素。1939 年初，法国的两位物理学家用化学方法检验费米的实验，结果发现，用中子轰击原子"铀"，只能得到早已有的元素"钡"。也就是说，实际上费米的实验并没有得到什么新元素，只不过把"铀"原子分裂成大致相等的两半。但是，从费米的实验里，却出人意外地得出一个惊人的结果，就是"钡"的质量只有"铀"的一半，这一结果在物理学上导致了一个新学说的建立："铀"原子核受到中子轰击后，不是衰变而是裂变，即核裂变。费米听到后先感到难堪，后来通过实验再次证实了两位法国科学家的见解，并提出了"链式反应"的理论。

这一事例表明，如果按照费米的经验，中子轰击铀应当是铀原子进行衰变，但是结果与经验完全相反，出现了经验以外的偶然性的情况。费米由于受到经验型思维定势的影响而错过了发现核裂变的现象，法国的两位物理学家却没有受到经验型思维定势的影响而作出了重大发现。

经验对于需要进行创造活动的人来说就变成了束缚，变成了框框，是要求我们"只能如何如何"、"这样做是不行的"等等。要想有所创造，就要在创造过程中摆脱经验的影响。

(四)书本定势

书本是我们获取知识的主要来源，前人的研究成果和经验总结大部分是通过书本传递给我们的。但如果在实践中完全照搬书本上的知识，不考虑实际情况，则有可能带来失败的后果。

科学史上有不少由于书本性思维定势造成与科学发现和发明失之交臂。

在天文学史上有类似事例：天文工作者勒莫尼亚在1750年到1769年间，曾先后12次观察到了天王星，但是有关天文学著作却一直认定，土星是太阳系最边缘的行星，太阳系的范围到土星为止。这一书本知识牢牢地束缚了勒莫尼亚，使他始终未能认识到，他所发现的这颗星也是太阳系的行星之一，直到十几年后，才最终由英国天文学家威廉·赫歇尔于1781年加以认定。

医学史上也有对书本的迷信达到了荒唐的地步。公元前2世纪罗马时代伟大的医学家盖伦，一生写了256本书，在长达一千多年的时间里，医学家、生物学家都一直把他写的书当作经典著作。盖伦在书上说，人的大腿骨是弯的，大家也就一直相信人的大腿骨是弯的。后来有人通过实际解剖，发现人的大腿骨并不是弯的，而是直的。按理说，这时就应当纠正盖伦书上的错误而还事物本来的面目，但是由于人们太崇拜盖伦，仍然相信他在书上说的不会错，于是人们解释说这是因为在盖伦的时代，人们都穿长袍，不穿裤子，所以人的大腿骨得不到纠正，所以就都是弯的，后来人们开始穿裤子，不再穿长袍，这样长期穿裤子的结果才逐渐把人的大腿骨弄直。当然我们今天看来这种解释是荒唐的。

有的人对书本的迷信达到了痴愚的地步。据说，在伽利略的时代，有一次，一位教士借助于望远镜看到了太阳"黑子"。但由于《圣经》上说：太阳是圣洁无瑕的天球，绝不会产生"黑子"，这位教士便自言自语地说："幸好《圣经》上早有说法，不然的话，我几乎要相信自己亲眼看见的东西了。"可悲么？迷信权威竟然到不相信自己眼睛的地步！如此痴愚，怎么可能打破常规、独辟蹊径，做出原创性的思维成果呢？

《三国演义》上诸葛亮挥泪斩马谡的故事，尽人皆知。马谡是三国时期蜀国大将，熟读兵法，满腹经纶。然而，守街亭时由于犯了"本本主义"的错误，导致街亭失守。

一位研究者甚至说，创造性思维的能力还因向别人学习而受到限制，这种学习可以通过别人的讲授也可以通过阅读别人的著作。不加批判的阅读可能对人的创造性思维产生不利影响，一切学习都可能使思想受到限制，从而不利于独创性思想的形成。只有摆脱书本定势，摆脱条条框框的限制，破除思维的藩篱，就能取得非凡的创造性成果。

20世纪50年代初，美国某军事科研部门在研制一种高频放大管的时候，科技人员都被高频率放大能不能使用玻璃管难住了，研制工作一直没有进展。后来，发明家贝利负责的研制小组承担了这一任务，上级主管部门鉴于以往的经验，要求研制小组的人员不得查阅有关书籍，经过贝利小组的努力，终于研制成功频率高达1000个计算单位的高频放大管。

在研制任务完成以后，研制小组的人想弄清楚为什么上级要求不得查阅资料？后来他们查阅了有关书籍后都十分惊讶，原来书上写着：如果采用玻璃管，高频放大管的极限频率是25个计算单位。可见，如果在研制过程中受到书本限制的话，研制人员就没有信心研制这样的高频放大管了。

美国著名物理学家温伯格(诺贝尔奖获得者)对"唯书本主义"进行了批评："不要安于书本上给你的答案，要去尝试下一步，尝试发现有什么与书本上不同的东西。这种素质可能比智力更重要，它往往成为一流学生和三流学生的分水岭。"

(五)其他类型思维定势

除了以上几种思维定势外，在创造活动中，常常会犯功能固定、前提假设等习惯性思维定势。主要介绍功能固定的思维定势。

对于每一种事物，我们日常使用中，仅仅只利用它的一方面功能，有许多功能没有利用。

白炽灯是用来照明的，电熨斗是用来熨衣服的，洗衣机是用来洗衣服的，红砖头是用来建造房子的。事物反复表现出同一功能，从而把事物的功能固定下来，把它的使用范围固定下来，认为这一事物只能用在某些场合，只有这些功能，从而妨碍我们发现它可能的其他用途，这就是所谓的功能固定。实际上，任何一种事物，除了常用的功能作用外，还有其他各种各样有待我们挖掘的功能、用途。洗衣机不仅能用来洗衣服，还可用来漂洗海蜇皮去掉其中的砂粒，用作搅拌机使几种不同液体均匀混合，用来清洗土豆并同时去皮，可以用来洗地瓜、打酥油、洗龙虾、洗荞麦枕头等，所以，海尔不仅生产了可以用以洗衣服的洗衣机，还发明生产了可洗地瓜的洗衣机、可打酥油的洗衣机、可洗龙虾的洗衣机、可洗荞麦皮枕头的洗衣机等。洗衣机不洗衣时还可作为水缸用，作为教具用于说明离心力的概念和应用等。用来吹头发的电吹风，还可以用来烘干小孩的尿片，烘干受潮的饼干、糖果、瓜子，用作取暖器等。用来熨衣服的电熨斗还可以用来烙饼，从而发明了电烙饼器。摆脱功能固定的思维习惯对创造是很重要的，它能活跃你的思想、拓展你的思路、开阔你的眼界，使你获得更多的创意，做出更多的创造。克服功能固定最简便易行、行之有效的方法就是，对周围的任何一个事物常常想想：它们除了日常应用的功能和用途外，还有什么其他的功能和用途？对于每一事物，如果你都够想出它的十种、二十种、三十种，或者更多的其他功能和用途，就会养成一种思维习惯，当你看到一种事物时，不仅想到它的日常的功能和用途，而且还能想它的隐含的其他的功能和用途，思维就会更加活跃。

思考与训练

1. 什么是思维？什么是创造性思维？

2. 何谓创造性思维的方向？简述发散思维的基本特征，并列举三个科学史和技术史上成功应用发散思维的例子。

3. 简述逻辑思维在创造活动中的作用。

4. 结合自身特点，谈谈如何捕捉灵感？

5. 何谓想象思维？想象思维在创造活动中有什么作用？有人想象将蚊子改良成治疗传染病的“飞行注射器”，你认为可行吗？

6. 何谓思维定势？结合自身分析，在创造发明活动中怎样克服思维定势？

第五章 创造技法及训练

第一节 创造技法概述

做任何事情都必须讲究方法。方法论的作者笛卡尔认为:“最有用的知识是关于方法的知识。”黑格尔也曾经说过:“方法是任何事物所不能抗拒的、最高的、无限的力量。”有一句慧语也说，人们往往把他拥有的东西成为财富，其实他真正的财富是获得这些东西的方法。

人们所进行的创造活动同样也需要一定的方法，在创造活动中使用的技巧和方法统称为创造技法。创造技法是创造活动中最富有现实意义的工具，人们利用这一工具可使思维迅速向创造性方向转化，提出富有创造性的设想或方案。对于创造方法的重要性，著名科学家爱因斯坦曾作过精辟而形象的论述:“要是不用任何支架，那就不可能建造房子，也不可能架设桥梁，但是支架却不是房子或桥梁的组成部分”。正所谓方法得当，则事半而功倍，方法不得当，则事倍而功半。

一、创造技法概念及发展现状

从猿到人，从制造简单的石刀、石斧，钻木取火到现代的科技文明，人类的发展史就是一部创造史，创造不仅改造了自然世界，同时也创造了人类自身。创造活动是人类特有的实践活动。在创造实践活动中，逐渐产生和发明各种各样的创造技巧和方法，在实践活动中得到广泛的推广和应用，指导人们进行有成效的创造活动。创造技法是创造活动中最富有现实意义的工具。

创造技法就是从创造实践活动中总结出来的技巧和方法。

创造技法在各国称谓略有不同，在美国称为“创造力工程”，在苏联称为“专家技术”或“创造力技术”，在日本被称为“发想法”或“创造工程”，在德国称作“主意发现法”，在法国称为“创造工程技术方法”或“立意发想技法”。

在创造学诞生之前，人们已经总结和制定了许多创造技法，正是创造技法的不断涌现，才促使创造学的诞生。最早的创造技法也许就是“试错法”，如“神农尝百草，日中七十毒”。爱迪生发明电灯泡也是采用的试错法，为了寻找合适的灯丝，试验了上千种材料，连朋友的胡须和妻子缝衣服的棉线都用来做灯丝了。

真正把创造发明活动和发明成果作为研究对象，进而总结和制定出有价值的创造技法，是在专利制度的建立和完善之后。特别是在 19 世纪末和 20 世纪初，近代心理学、社会心理学、教育学、科学技术等空前繁荣和发展所取得的成就，使专利数量成倍增长，为分析发明案例，总结发明家富有创意的技巧提供了充足的素材，为大量创造技法的提出奠定了基础。据有关资料分析，到目前已制定出数百种创造技法，表 5-1 列出了部分创造技法。

近代创造技法的研究最早诞生于美国。第二次世界大战爆发，紧张的国际政治和经济形势迫切要求人们创造性地解决各种各样的问题。于是，在美国首先出现了开发创造技法和开展创造力开发的热潮。1931 年，内布拉斯加大学 R.P.克劳福德提出“特性列举法”，首次在大学讲授他的方法。此后，在大学、研究单位、企业界、工业界等社会各界纷纷开设各种各样的创造力开发的训练课程，取得了良好效果。1938 年时任 BBDO 广告公司副总经理的 A.F.奥斯本(Alex.F.Osborn)，总结广告设计过程中创意产生的机制，提出了技法群体创造力的“头脑风暴法”(Brain Storming)，于 1941 年出版了《思考的方法》一书。“头脑风暴法”在实践中取得巨大成功，被人们称为创造力开发史上的重大里程碑。随后奥斯本还出版了《所谓创造能力》、《实用的想象》、《我是最具创造力的人》等一系列创造力的著作。后来，他还制定了“奥斯本检核表法”(Osboen Check list Method)。1942 年瑞士裔美国天文学家 F.兹维基在参与火箭研制过程中，借用数学中的排列组合原理，制订了“形态分析法”。他运用这种方法，一下子提出了 576 中不同结构的火箭方案，对美国的火箭技术的发展作出了重大贡献，使创造技法的声誉蜚声全世界。1944 年，美国哈佛大学水下声学研究所的科学家 W.J.J.戈登提出了以类比为核心的“综摄法”。

第二次世界大战结束后，美国的创造学理论和方法开始向其他国家传播，加拿大、法国、英国、德国等发达国家相继引进和推广美国的创造技法，并根据本民族的思维特点，对美国创造技法进行改造，创造了许多具有自己特色的创造技法，形成了世界范围内的发展(表 5-1)。

表 5-1　创造技法一览

美国	发明者	发表年份
特性列举法	R.P.克劳福德	1931
智力激励法	A.F.奥斯本	1941
形态分析法	F.茨维基	1942
综摄法	W.L.戈登	1944
稽核问题表法	G．波拉	1945
工程价值分析法	L.麦尔兹	1947
检核表发	A.F.奥斯本	1954
计划评审法	美国海军特殊设计局	1957
5WIH 法	美国陆军	1957
焦点法	C.S.怀廷	1958
消耗与结果分析法	J.花格	1959
创造工程设计法(六步法)	L.贝利	1961
PATTERN 法	霍尔威尔公司	1963
德尔菲法	兰德公司	1964
合理设计法	R.马克—克罗里	1966
任务与分段解决法	A.弗莱泽尔	1969
博物馆实验法	集体	1970
中国	**发明者**	**发表年份**
信息交合法(魔球法)	许国泰	1982
灰色系统	邓聚龙	1982
相似论发明法	张光鉴	1984
和田 12 法	许立言 等	1985
四环假说法	孙武	1985
系统提问法	庄寿强	1997
英国	**发明者**	**发表年份**
基础设计法(FDM 法)	E.马切特	1960
稽核问题表法	T．艾利奥特	1969
功能发明法	K．约翰斯	1970
分解设计法	K．约翰斯	1972
绝境消除法	K．约翰斯	1972
系统转换法	K．约翰斯	1972

续表

法国	发明者	发表年份
发现矩阵法	A．莫里	1955
创造法	集体	1970
米积分法	L．布文	1972
日本	发明者	发表年份
等价变换论	市川亀九弥	1944
KJ 法	川喜田二郎	1965
ZK 法	片山善治	1969
NM 法	中山正和	1970
德国	发明者	发表年份
目录法	F.昆兹	1926
组织概念法	F.汉泽	1953
设想会议法	W.吉利德	1970
系统创造法	I.缪列尔	1970
使用价值消耗分析法	C.艾伯尔特　K.托马斯	1971
苏联	发明者	发表年份
设计方案经济分析与要素演练法	IO.索波列夫	1950
发明问题的解决理论(TRIZ)	G.S.阿奇舒勒	1956
指向思维法	H.谢列达	1961
七步探求法	r.布什	1964
心理创造程序法	B．恰大恰尼泽 等	1968
创造学作法库利用法	A．波洛文金	1969
解决发明任务的系统逻辑法	B．舒宾	1972
偶然性联想链法	r.布什	1972
综合创造程序法	A．波洛文金 等	1976
十进位探求矩阵法	P．波维列依柯	1976
揭示综合做法的方法	M．扎利波夫 等	1978
物-场分析法	G.S.阿奇舒勒	1978
性能分析与技术方案综合法	A．邱斯	1979
概念公理法	B．斯科莫洛霍夫	1980
捷克	发明者	发表年份
课题综合解决法	S．维特	1967

20 世纪 50 年代，受苏联发射世界上第一颗人造卫星的刺激，在美国掀起了开发创造力的第二次高潮。1957 年美国海军特殊设计局开发了“计划评审法”。美国陆军开发了“5WlH”法，C.S.怀廷开发了“焦点法”，美国霍尔威尔公司开发了“PATTERN 法”，美国兰德公司开发了“德尔斐法”。以后各种各样的创造技法不断涌现，主要有：“稽核问题法”、“输入输出”、“戈登法”等等。

20 世纪 60 年代，加拿大蒙特利尔大学的 H.塞里埃应用弗洛伊德所提出的潜意识理论提出了“睡眠思考法”，蒙特利尔大学和魁北克大学都开设了创造性技法和创造性解题的训练。德国在引入美国创造技法后，又进行了德国式的改造。把头脑风暴法改造成“默写式智力激励法(635 法)”，符合德国人长于沉思的特点。J.H.舒尔茨开发了集中精神的“自律训练法”、F.汉泽的“概念组织法”、N.缪列尔的“系统创造法”。英国开发了富有英国特色的创造技法，英国医生德·波诺在侧向思维的基础上，提出了“垫脚石法”，“自由输出法”，“向概念挑战法”，“是，也许法”，“确定问题法”，“缺点列举法”、“希望列举法”等。

以美国为代表的欧美国家在创造力工程学理论和方法方面重视思维的自由活动，称创造为联想、想象、直觉、灵感等的结果，以奥斯本的头脑风暴法和戈登的综摄法为典型代表。

日本的创造工学研究经历了 30 年代和 50 年代引进消化、推广、独立发展之后，到了 60

年代，一大批适合日本特点的创造技法相继问世。1955 年市川龟久弥提出的“等价变换理论”，川喜田二郎开发的“KJ 法”、1969 年片山善治开发的“ZK 法”、1970 年中山正和提出的“NM 法”，此外，在头脑风暴法的基础上开发的“CBS 法”、“NBS 法”等。日本在创造工学理论和方法方面倾向思维的实际操作，寄发明创造于材料的收集与处理，以川喜田二郎的 KJ 法和中山正和的 NM 法为典型代表。日本人开发的这些创造技法充分体现了日本民族善于学习、注重实用的特点。

苏联的创造力技术研究开始于 1946 年，当时，苏联的一批学者从 175 万件发明专利中选出 4 万件高水平的专利文献，对每件专利着眼于它的发明过程所采用的技巧和方法，对其发明思路进行认真的分析和总结，概括出具有一定普遍性和有效性的技术改进和技术发明步骤，随后不断地进行补充和完善。在研究创造力技术的过程中，苏联一直强调哲学思想的指导，因此，在创造力技术理论和方法强调以唯物论的认识论和方法论为基础，把发明创造建立在客观发展规律基础上和有组织的思维活动上，认为发明创造是遵照一定的程序步骤而得到的必然结果。其代表人物是阿利特舒列尔，创立了“物场分析理论与方法”、“发明创造方略”、“七步搜索法”、“偶然性现象彩环法”，制定了《发明课题程序大纲》、《基本措施表》、《标准解决法表》等。苏联的创造力技术理论主要是针对专业的技术发明创造工作者，发明的方法一具有精确科学的性质。所以，专业和理论很强，不适宜一般性的创造力开发和创造活动。

我国的创造技法研究起步很晚。在台湾，虽然 60 年代便开始引进，但是发展较慢。在大陆，1979 年上海交通大学的学者许立言等人首次引入美国、日本等的创造学的研究成果，此后，社会性的创造教育和创造活动渐渐地在全国各地展开，各级地方创造发明团体和学会相继成立，尝试创造技法的普及和推广应用，一些学者提出了有中国特色的创造技法，如上海市和田路小学在中国创造学会的指导下以检核表法为核心，吸收各种创造技法的精华，结合小学生的生理心理特点、知识基础和认知能力提出了“和田十二法”，很快传遍全国。1985 年许国泰创立了“魔球法”，1988 年辽宁学者创立了“集思广益法”，“主体附加法”、“换元法”等。到现在，创造技法的研究已经取得了一些理论成果和实践成果，并已成为国家创新的一个重要方面。

二、创造技法的分类

实践证明，对于一个科技工作者或是经营管理者，充分发挥创造性思维，掌握和熟练地运用创造技法是很重要的。它不仅能使人们提高工作效率，而且能使工作开拓前进，有效地从事创造活动，明显地提高创造能力。

据不完全统计，迄今为止，人们总结和发明的创造技法已达 300 多种，随着创造发明活动的实践和总结，创造技法的质与量还会不断提高。面对如此精彩纷呈的创造技法，要使复杂的问题变得清晰明了，便于从理论上掌握创造技法、从方法上把握创造技法，并能根据实际需要综合运用创造技法，必须对创造技法进行分类，找到其理论渊源，概括出理论体系。

由于创造技法大多数是研究者根据自己的实践经验和研究方法总结出来的，缺乏统一的理论指导，它们之间又不存在逻辑关系。再加上创造技法和创造思维有关，而创造思维又是相当复杂。所以对创造技法的分类也是一种尝试，现在还没有一个统一的分类。下面介绍几种典型的分类。

1. 高桥诚按创造技法的思维类型进行分类

在《创造技法手册》一书中，日本著名创造学家高桥诚将精选出来的 100 种技法分为三大类，即“扩散发现技法”、“综合集中技法”和“创造意识培养技法”见表 5-2。他的分类依据是参考美国心理学家吉尔福特的智力结构模式中的分类方法，按“发散思维”(Devergent Thinking)和“收敛思维”(Convergent Thinking)进行的，另外增加了培养创造意识的技法。

这种分类方法比较简洁，但存在明显的缺陷。如有些技法发散和收敛思维兼而有之，归属不当；分类标准不统一，有的以思维形式分类，有的以创造过程分类。

表 5-2　高桥创造技法分类表

大类	子类	描述	包括技法	技法数量
一、扩散发现技法	1 自由联想技法	通过类比、相似和相反这三种联想来提出设想	头脑风暴法、菲利普斯 66、MBS 法、NBS 法、CBS 法、635 法、快速思考法、希望点列举法	8
	2 强制联想技法	把课题和提示强制性地联系起来思索设想	逆向思考法、范围思考法、焦点法、一一对联法、目录法、形态分析法、SAMM 法、矩阵思考法、属性列举法、检核表法	10
	3 类比发想技法	把本质上相似的因素当作提示来考虑设想	NM 法、提喻法、仿生学法、康顿法	4
	4 特殊发想技法	通过催眠或睡眠，用印象暗示进行设想	形象控制法、催眠发想术、睡眠思考法、符号展开思考法、关键词法	5
	5 问题发现技法	分析课题并寻求解决问题的关键	视觉动机法、因果分析图法、帕累托图法、直方图法、力场分析法、故障树分析法、缺点列举法	7
	6 面洽技法	通过面洽发想问题并寻求设想	集体面洽法、深入面洽法、核心集体面洽法	3
	7 收集情报工具技法	收集数据并加以整理的工具和系统	设想卡法、超大型卡片法、笔记收集法、归档系统法	4
	合计			41
二、综合集中技法	1 一般综合技法	是收集情报的方法，可适用于各种领域	ZK 法、MSL 系统法、树型头脑风暴法、企业设计法、阶段计划管理法、FBS 法、投入产出法、停—行头脑风暴法、系统合成法、MID 法、系统动力学、ISM 分析、RSVP 循环法、工作设计法、DAX 法、判断表法	16
	2 卡片式综合技法	在一般综合技法中利用卡片	TXT 法、OCU 法、SKS 法、STORY 法、小纸片法、KPS 法	6
	3 技术开发技法	主要用于产品的开发和设计	价值分析法、工业工程学法、失败方式和效果分析法、TT-HS 法、工程设计法、SCIMITAR 法	6
	4 销售技法	主要用于销售及广告等领域	商品概念、聚类分析法、YM 法、计算机命名法	4
	5 预测技法	主要用于未来预测及技术预测等方面	脚本编写法、特尔菲法、交叉影响矩阵法、关联树法、PATTERN 法、决策检查技法、GMDH 法	7
	6 计划技法	考虑有效地执行解决问题策略的程序	计划评审法、卡片式计划评审法	2
	合计			41
三、创造意识培养技法	1 集中精神技法	为提出设想而控制大脑集中思维的方法	坐禅法、瑜伽法、冥想法、自律训练法	4
	2 协商技法	主要是为解决人际关系的问题和烦恼以维持情绪的稳定状态	咨询法、交流分析法、交朋友小组法、集中性形象交友法、感性训练法、SK 法	6
	3 心理剧技法	通过表演戏剧产生心理上的自由感以及创造性行为	心理剧法、角色扮演法、创造性戏剧法	3
	4 思维变革技法	训练思考活动并灵活变化的技法	CPSI 法、水平思考法、假想构成法、交叉法、力学思考法	5
	合计			18
总计	17			100

2. 甘自恒教授按创造性原理进行分类

广西大学创造学者甘自恒教授精选了 18 种创造技法，按创造学原理，将通用的创造技法分为 6 类，每一类包含了 3 种创造技法，如表 5-3 所示。

表 5-3　创造技法分类表

序号	创造技法类型	创造技法原理	具体技法名称	具体技法原理
1	问题引导型	因问题引导而促成创造的规律	①奥斯本检核表法	通过 9 个问题进行引导
			②和田检核表法	通过 12 个问题进行引导
			③5W1H 法	通过 6 个问题进行引导
2	矛盾转换型	因观察和思考的主要矛盾或主要方面转化而产生新设想的原理	①等价变换法	因等价物转换引起创造
			②变元发明法	改变事物内在要素而产生性质、新功能
			③技术反转法	从技术源引进技术，又向技术源输出产品
3	系统分析型	因系统分析而产生新设想的原理	①价值分析法	通过分析影响价值的因素、降低成本、提高价值而创造
			②形态分析法	通过分析对象各要素对应的技术形态达到创造
			③物场分析法	通过分析和改进物场而创造
4	系统综合型	系统综合创造规律	①系统综合	通过系统综合而创造
			②信息交合法	通过父本和母本信息交合而创造
			③本体附加法	通过产生新功能而创造
5	交流激励型	交流激励创造规律	①交流激励法	主体之间通过信息交流和激励而创造
			②智力激励法	通过小会交流激励而创造
			③竞技赛场激励法	主体之间通过多种赛场式交流而创造
6	最优选择型	最佳选择创造规律	①最优选择创新法	主体经过最优选择而创造
			②中山正和法	优选出反映发明目标的几个关键词，再优选出实现关键词的新设计
			③思考树协调选择法	通过思考树进行最优选择

3. 按创造的过程分类

学习创造技法主要是为了创造性的解决问题。因此，一些创造学家按创造技法在解决问题的过程中所起的作用将创造技法分为发现问题寻找发明思路的技法、寻找办法提出设想的技法、评价设想实现设想的技法等。

这种分类法优点是技法之间有一种逻辑关系，有利于使用者把握创造过程，在解题时恰当运用。缺点是有些创造技法在解题过程中所起的作用不是单一的，把它归到解题某一阶段来用有些牵强。

4. 按创造性思维方式分类

按创造性思维方式将创造技法分为：逻辑型创造技法和非逻辑型创造技法。

如：逻辑型创造技法主要有：5W1H 法、奥斯本检核表法、列举法、组合法、ZK 法、矩阵法、OCU 法、形态分析法、特尔菲法等；非逻辑型创造技法主要有：智力激励法、综摄法、焦点法、冥想法、NM 法、逆向思考法、出入法、KJ 法、等。

以上的分类各有特色，优缺点并存。因为多数创造技法是研究者根据自己的实践经验和研究方法总结出来的，缺乏统一的理论指导，它们之间不存在科学的逻辑关系，没有一个公认的分类标准，故难以形成统一、科学的体系。各种创造技法彼此重复，界限模糊，有些似乎已成体系，但又很不完善。多数创造学者认为，多数创造技法目前在理论上处于“婴儿期”，还远远未达到科学的水平，需要人们不断地去发展和完善。

各种创造技法内容很丰富，有些技法个人可以使用，有些技法是在发挥集体智慧的情况下运用更加有效。对创造技法的掌握和运用，不能仅仅依靠讲授和书本知识，主要考练习和实践。在这里我们主要介绍几种比较完善的、常用的创造技法。

第二节　智力激励法

现代科学技术发展史表明：一项技术革新或科技成果，大都先有一个创造性设想，一般说来，创造性设想越多，发明也越容易获得成功。那么，怎样才能获得大量的创造性设想呢？

中国有句俗话，叫做集思广益。智力激励法是一种有助于集思广益的集体思考方法。当一个人独自思考一件事或一个问题时，其思路常被限制在一定范围而受阻，如果有几个人共同探讨和研究，同时对问题进行思考，各人都以自己的知识经验从各自不同角度认识同一问题，就会有利于互相激励、引出联想，从而产生共振和连锁反应，诱发出更多的设想。最常用的智力激励法是奥斯本的智力激励法，简称 BS 法。BS 法提出来后，很多创造学家结合本国实际情况，对其进行改造，创造性提出如“默写式智力激励法”、“CBS 法”、“MBS 法”等智力激励法。这些创造技法的本质核心内容是奥斯本的智力激励法。所以，我们这里重点介绍奥斯本的智力激励法。

一、技法简介

智力激励法是世界上最早付诸实用的创造技法，它由创造学的奠基人、美国创造学家奥斯本于 1939 年创立的，英文名为 Brain Storming（简称 BS 法），也翻译为“头脑风暴法”或“智暴法”。

智力激励法是目前在世界范围内应用最广泛、最普及的创造技法，在技术革新、管理革新、社会问题处理、预测、规划等许多领域获得广泛应用。正如奥斯本所说：“只要遵循头脑风暴会议的规则，头脑风暴会议几乎可以解决各方面的问题。”

采用奥斯本智力激励法，针对要解决的问题，召集 5～12 人（主持人一名，助理一名，其余为成员）的小型会议，按照一定的步骤，遵守一定的规则，使与会者在轻松融洽的气氛中敞开思想，各抒己见，自由联想，充分发挥思维的流畅性、灵活性和独特性，在短时间内产生大量的可能实用价值的设想。

这一方法是以群体思考的方式进行，以提供知识互补、思维共振的条件。使参加的人员相互启发，弥补个人思维所可能有的知识缺陷、思路狭窄的不足，从而引起创造性设想的连锁反应，产生众多的创造性设想。

群体思考可以产生很多创意，其理由之一是所谓的连锁反应。连锁反应的概念是来自原子物理学，大家都知道原子弹的威力，原子弹何以能爆炸，正是原子核裂变的连锁反应引起的。所谓连锁反应是指原子的原子核受到一个中子的冲击后裂变成其他的原子核，释放出能量，同时还产生几个高速中子，这些高速中子接着冲击其他原子核，如此不断地进行下去，瞬间使大量的原子核裂变释放出巨大的能量，这就是原子弹的爆炸。在群体思考的过程中，一个成员想到一个创意，立刻会自动地通过联想和想象再思考其他创意。同时，这个创意亦可刺激其他成员的思考，启发其他成员引起联想和想象，产生新的创意。这种由一个创意引导出许多创意的产生就像原子核裂变中一个中子打击一个原子核产生裂变，同时又产生了几个中子引起其他裂变的连锁反应。弗烈特·夏普说：“如果确实融入意见发表会议中，个人的灵感，可在别人卓越的创意上点火，引发更多创意的火花。”

二、智力激励法的原则

智力激励会议的原则是智力激励法的精华和核心，是人们对创造机制的深入认识并力求驾驭它的结果。智力激励法之所以能产生许多创造性设想，提高群体思考的效率，就是因为有这个原则作为保障的。每个应用智力激励法的人员都必须充分了解这些原则，严格遵循这些原则，这是应用智力激励法出效益的根本保证。

1. 自由思考的原则

这一原则要求与会成员解放思想，不受传统逻辑思维和任何其他常规思维的限制和束缚，废除一切权威和固定观念，克服各种胆怯、害怕和顾虑，摆脱思维习惯，在融洽、和睦的气氛中自由思考、自由畅谈、任意想象、尽量发挥、互相激励，以求提出新奇、独特的观点。想法越新奇越好，因为有时看上去很“荒唐”的设想却很可能很有价值。每个成员都必须清楚地认识到，参加会议的成员地位平等，绝无上下级之分，不受权威的束缚的限制。每个参与者都要大胆想象，自由发挥，并善于改变思维的角度和方向，善于从多向、侧向和逆向等思维方向提出解决问题的设想。要清楚地认识到：任何一个思考的角度和方向都是正确的、可行的角度和方向，绝无优劣之分；任何想法都是有意义的想法，绝无好坏之分。

2. 严禁评判的原则

这一原则要求与会成员在会议上对别人提出的任何想法，都不能做任何形式的判断和评价，既不能做好坏的评价和区分，也不得阻拦，都必须加以肯定，全部接受、全部记录下来。所以，在会上，绝对禁止嘲笑、嘲讽、批评、指责、表扬或评论别人的想法，也不能自我批评。

创造性设想的提出有一个诱发深入、发展完善的过程。有些看似荒谬、毫无价值的设想却有可能引发出有价值的东西。因此过早的评判，会使很多有价值的设想被扼杀。

在智力激励会上，任何想法都没有什么好坏之分，即使自己认为是幼稚的、错误的甚至荒诞离奇的设想，也不宜予以驳斥，同时也不允许自我批判。要真正做到这一点，就要确实在心理上调动每一个与会者的积极性，就要彻底防止出现一些“扼杀语句”和“自我扼杀语句”，诸如：“这根本行不通!”“你的想法太陈旧了!”“道理上也许行，但实际上行吗？”“这是不可能的!”“这不符合××定律!”以及“我提一个不成熟的看法!”“我有一个不一定行得通的想法!”等词句，都不允许在会议上出现。只有这样做，才能保证与会者在充分放松的心境下、在别人所提设想的激励下，集中全部精力、开动脑筋，充分地拓展思路以形成新颖的设想。

还应指出，在智力激励法的会议上，严禁评判除了禁止批评外还包括禁止表扬和肯定，如“你的这个设想简直棒极了!”等之类的话语一方面会使其他与会者产生一种被冷落感，从而妨碍其创造性的发挥；另一方面也容易使人产生一种“业已找到圆满答案而不值得再深思下去”的感觉。

严禁评判是暂时的，在智力激励会议结束后进入评估阶段，才可以进行评价。

3. 以量求质的原则

奥斯本认为，在讨论解决问题的方案时，设想的数量越多，就越有可能获得有价值的创意。理想创意的获得常常是逐渐逼近的过程。在智力激励法进行的过程中，参与者初期的设想往往不太成熟、不太理想，越往后提出的设想越完善、越深刻，在后期提的设想中，有价值的设想所占的比重相当高。这就是所谓的“质量递进效应”。

智力激励会议以谋取设想数量为主要目标。因此，智力激励法会议主持人应鼓励、启发参与者尽量多的发表意见。要求每个与会成员积极思考，努力提高思维的流畅性、灵活性和求异性，在规定的时间内尽可能多地提出各种不同的想法和创意，设想的数量愈多越好，以大量的设想来保证高质量设想的存在。很多事实表明，高质量的设想方案往往多是在后期产生的，而且在同一期限内一个能比别人多提出两倍设想的人，其中有实用价值的设想最终可能比别人要高出10倍。可见，只有设想数量多了，其中好的设想才会更多。

4. 善于变化的原则

召开智力激励法小型会议的主旨是创设一种与会者相互激励的情境，与会者在这种氛围中善于向别人学习、接受启迪。这正是“智力激励”一词的本意，让与会者通过相互启发、相互激励产生“脑力激荡”和“思维共振”，以产生新思想。每个成员都不要一味固守一个思考问题的角度和方向，要积极地、努力地变换思考问题的角度和方向，开拓思路，从不同的角度和方向提出自己独特的见解。每个与会者注意倾听其他成员的想法和创意，以他人设想激励自己，或在其他成员的想法和创意的启发下提出自己新的想法和创意，补充他人的设想；或思考如何改进和综合他人的想法和创意，提出自己新的设想等。总之，每个成员要开动脑筋，积极思考，不断变换思考问题的角度和方向，提出不同的想法和创意，同时要充分利用别人的设想诱发自己的创造性思维，思考如何在其他成员的想法和创意的启发下提出新的想法和创意，思考如何将其他成员的几个想法和创意综合成一个更好的想法和创意。使所有的与会者均可相互诱导、相互启发、相互激励，从而促使提出的设想数量在有限的会议时间内尽量增加。

以上四原则相辅相成、各有侧重。第一条原则突出解放思想，这是会议的基础；第二条原则追求活跃气氛，这是发挥创造性的保证；第三条原则强调数量，是获得最佳和高质量设想的条件；第四条原则强调启发、改善设想是会议是否成功的标准。可见，这四条原则缺一不可，只有深入理解、领会和贯彻这些原则，才能取得成功。

为了保证上述原则的实施，一般还应对于智力激励法会议做一些组织上的规定。比如，与会者不论职务高低、不论权威新手、不论资历长短、不论外行内行等，都应一律平等相待；记录员必须对所有设想都进行记录，不允许有所选择和倾向；在会上不允许私下交谈，以免干扰别人的思考，以免使其他成员形成一种错觉：你们所提出的想法和创意是集体讨论的结果，从而阻碍其他成员的想法；每个成员发表的意见必须让参加会议的所有人都知道，不允许用集体的名誉提出想法和创意，例如，“下面的想法是我跟某某，或我跟几个人一起讨论后提出的……”，诸如此类的以集体的名誉提出想法和创意是绝对禁止的。因为这种集体的意见在无意识下形成一种压力，容易造成其他成员的从众心理，阻碍自己和其他成员的创造力的发挥。

在智力激励会上，有了这些原则和规定，每个成员的想法和创意就不会受到抑制，同时还可以利用其他成员的想法和创意来激发自己的灵感，或者结合几种想法和创意产生新的想法和创意。所以，智力激励法所提倡的群体思考要比个人思考更容易得到数量更多、价值更高、创造性更强的解决问题的思想、方法和方案。

三、智力激励法的要求

1. 对主持人的要求

智力激励会的主持人是保证智力激励会顺利进行、保证会议成功的关键性人物，他要善于引导大家的思路朝着目标方向发展，使会议能够在愉快而又热烈的气氛中进行，以产生尽可能多的新设想。会议主持人应当具备以下条件：第一，主持人必须熟悉智力激励法的基本原理以及召开智力激励会的程序与方法，有较强的组织能力和表达能力。第二，对会议所要解决的问题有比较深入的理解，以便在会议中作启示和诱导。第三，应当坚持智力激励会规定的原则，平等对待每一位参与者，始终围绕着会议的主题展开讨论，以充分发挥激励机制的作用。第四，善于启发和引导与会者，掌握进程，能灵活地处理会议中出现的各种情况。在会议偏离主题时，应迅速引导回主题；在会议冷场时，善于用巧妙的、幽默的、启发性的语言使会议的气氛热烈起来，以保证按会议的程序进行到底。

2. 对成员的要求

智力激励会的与会成员人数以 5～12 人为宜。人数过多，很难使与会者充分发表意见，还会增加对问题理解的分歧，使会议的目标分散，降低激励的效果。如果人数过少，会造成知识面过分狭窄，难以达到知识的互补，同时难以形成脑力激荡和思维共振的环境和氛围，影响智力激励的效果。

成员专业构成要合理。保持大多数成员都是对问题熟悉的行家，但不要选择同一专业，要考虑全面多样的知识结构。此外，最好有少数外行参加，以突破专业思考的约束。

同一次智力激励会，具体参加成员应尽可能注意到等级的相近性。如果与会成员中，有身份地位非常高的人时，会使其他成员产生自卑感，而破坏自由提出创意的气氛，所以，要求参加会议成员的社会地位不要有太大的差别。如果会议确实需要一个地位很高的人参加，这时，应要求这位地位高的人在会场上只居旁听的立场，不参加意见发表，这样也能在很大程度上克服这个问题。

注意对问题有实践经验的人和对问题毫无经验的新人在人数方面的合理比例，一般情况下是 1∶1。为什么要求要有新人参加？其目的是要给解决问题注入一些新鲜的内容、得到一些意外的创意、产生新颖、奇特的解决问题的思想和方法。如果都是由有经验者构成，大家都是专业领域的专家学者，所以，解决问题一般还是囿于本专业领域，难以有所突破和创新。由于新人不了解问题的专业领域，对问题不了解，所以不会受到该专业领域既存的概念、理论、方法和思想框框的束缚和限制，往往会从自身所从事的专业领域、从生活经验、或从其他方面所获得的信息来思考解决问题，所提出的想法、创意对专业人员来说往往是新鲜的、奇特的、富有启发性的想法和创意，为有经验者展示新领域、新方法、新手段、新思想、新的起点，为专业人员提供富启发意义的想象和联想的线索，创造性地解决问题。新手应从单位的各个部门及各种不同性质的团体中邀请。

在会议成员选择上还要求最好有女性参加，男性和女性的思维还是各有自己的特点，这种差异可以起到相互补充、相互启发的目的。最好有学生物学的人员或者对生物学有了解的人员参加，生物是自然长期进化的结果，是通过自然选择而选择出来的适应自然环境条件的适应个体。可以说，每一个生物物种都是适应自然的最优形式。大家知道，自然界中的生物是千姿百态、多姿多样的。这些多样性又是适应环境的最优结构、性质和规律，为人类的创造活动提供了很好的榜样，启发我们进行联想、类比。

3. 对问题的要求

(1) 一个会议只解决一个问题。一个会议不要同时想解决几个问题，否则，会议必定会失败。如果在会议开始时同时提出几个问题，那么，会议成员必定各有侧重，有的侧重考虑这个问题，有的侧重考虑那个问题。当一个成员提出关于 A 问题的想法和创意时，可能得到其他几个成员的反应，也提出些关于 A 问题的想法和创意。突然间，可能某个成员在轮到他发言时，又开始提出关于 B 问题的想法和创意，这样会议就把 A 问题搁下来，顺着这个成员所涉及的问题进行思考。接着，可能又有人突然提出 C 问题的想法和创意。这样变换来变换去，就不可能使大家的思维集中在一个问题上，不可能针对某问题使大家的思维处于高度兴奋的状态，提出好的想法和创意，从而不可能达到智力激励会议的相互启发的目的，会议肯定会失败。因此，理想的做法是，一个会议思考一个问题。

(2)一般性问题不能作为讨论的问题，讨论的问题必须是具体性问题。这个要求与第一个要求有关系。因为一般性问题往往包含几个具体性问题，所以，解决一个一般性问题，从表面上看，好像是解决一个问题，实际上是要解决一般性问题所包含的几个具体性问题。例如，一家电视机企业提出了一个问题，希望企业生产的电视机的性能提高一个层次。但是，如果把“提高电视机性能的办法”作为激励会议的问题是不合适的，因为“提高电视机性能的办法”是一个一般性的、笼统的问题，电视机性能包括多方面的内容：稳定性、清晰度、保真性、灵敏度等。可见，“提高电视机性能的办法”这个问题实际上包含如下几个具体性问题：“提高电视的稳定性的办法”、“提高电视机清晰度的办法”、“提高电视机灵敏度的办法”、“提高电视机保真性的办法”等问题。所以，如果把“提高电视机性能的办法”作为激励会议的问题，就变成了要同时思考、研究几个具体性问题，显然与第一个要求相违背，智力激励会议是不可能成功的。可见，问题太过一般，使解决问题针对性不强，从而不能真正地解决问题，实现智力激励会议所要达到的目的。所以，作为智力激励会议的问题不能是一般性问题，必须是具体性问题。上面的“提高电视机性能的办法”的问题，应该分割成上述几个具体性问题，分别召开智力激励会议各个解决。

(3)判断性问题不能作为讨论的问题。问题的表述方式也决定了是否能够提出很多创意。因为智力激励会不是为了做什么判断，是对还是错，是好还是坏，而是为了得到更多的创意而召开的。所以，对错判断、好坏判断、是否判断等判断性问题不应作为智力激励会的问题。判断性问题的基本表述形式有：“是否应该……？”“下面的内容是对的还是错的？”“这样做好不好(对不对、行不行)？”等。例如，“是否应该提高电视机的稳定性？”“这个零件换成场效应管好不好？”这样的问题表述无助于问题的解决。应该改变问题的表述形式。可把判断性问题分解成两个问题，分别进行两次智力激励会议，然后再进行判断。例如，“是否应该提高电视机的稳定性？”分解成的两个问题：“提高电视机的稳定性有什么好处？”和“提高电视机的稳定性有什么坏处？”针对这两个问题分别召开两次智力激励会，收集到关于这两个问题的许多论点。然后综合这两方面的论点进行分析、比较，做出判断。

另外，问题表述一定要清楚，不能含糊不清、模棱两可，总之，问题的表述不能让人犯糊涂、不理解问题的内容，或产生不同的理解和分歧，必须让人一看就知道问题要求的是什么，这是问题表述的最基本要求，否则，成员肯定无从下手。

4. 对时间的要求

整个会议持续时间以 20～60 分钟为宜，太长易致疲劳，太短难以畅所欲言，影响创造性设想的提出。会议时间只需主持人掌握，视具体情况而定。

四、智力激励法的实施过程

智力激励法的实施有一定的程序，在实施过程中，比较重要的几个方面是：准备阶段、热身运动、明确问题阶段、自由畅谈阶段等，会后对设想分类整理，进一步加工、评判，筛选出挑选出最佳创意等。如图 5-1。

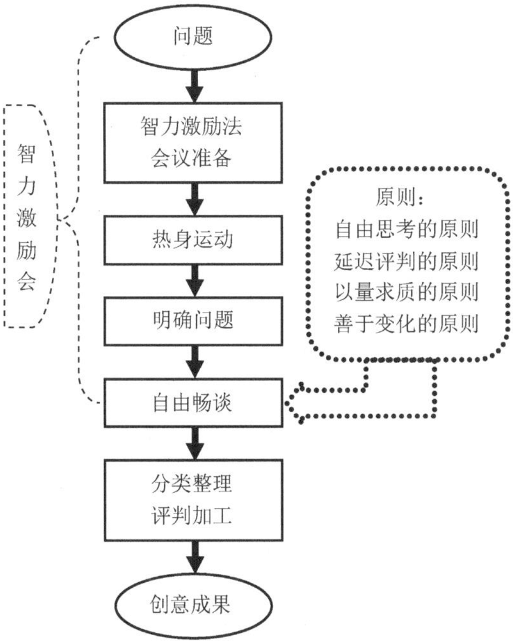

图 5-1　智力激励法实施过程简图

（一）准备阶段

准备阶段在会前进行，主要有：物色理想的主持人；由主持人和问题提出者分析问题；选定参会成员；提前将问题通知与会者，以使与会者对问题有充分的酝酿。

1. 主持人应做的准备工作

主持人是保证智力激励会顺利进行、保证会议成功的关键性人物，所以，作为会议主持人在会前应该做到以下几点：

(1)掌握智力激励法的基础知识。

(2)进行问题分析。这是保证会议能顺利进行，取得成功的重要环节。通过问题分析使问题达到智力激励法对问题的要求。即，一次会议只解决一个具体性问题；问题宜小不宜大。

(3)准备问题说明书。问题说明书最好不超过1页纸张。问题说明书的内容包括：智力激励法的基本规则说明；智力激励会议召开的时间(什么时候开始、多长时间)、地点；问题，清楚说明问题是什么；举出两、三种针对问题，或者说解决问题的创意作为范例；要求每个成员在会前提出创意的最少数量，如“在开会之前每人要提出 10 个创意，在会议开始时交上来。”

基本规则说明必须体现智力激励法的原则和基本要求的内容与精神，这是应用智力激励法得到成效的根本保证，所以，主持人应该在深入把握智力激励法的原则和基本要求的精神的基础上，可以用不同的形式，针对参加会议人员的实际，可以对个别进行着重强调。下面是一份基本规则说明的例子。

基本规则说明：

① 会前会上请自己独立思考问题，不准交头接耳，不准集体讨论。

② 把你想到的任何设想先不作评价，一一记录下来，并在会议开始前交给主持人，在会议发言时将你的创意一一提出来。

③ 在会议上不准嘲笑、批评、表扬、肯定、评论别人或自己提出的创意。

④ 请你发言时，一次只提出一个创意。

⑤ 注意听别人发言，以便获得启发，开动脑筋，积极思考产生新的创意。

⑥ 时刻提醒自己注意改变思考方向和角度，结合别人提出的创意，提出新创意。

⑦ 注意思考别人的创意，思考如何把几种创意的内容结合起来形成一种新创意。

⑧ 尽可能多地提出多种创意，创意越多越好。

(4)选定成员。根据上述人员选择的要求选定参加会议的成员，在会议前几天发给每位成员一份问题说明书，要求每个成员按照说明书的要求认真学习说明书的内容，做好会议前的准备工作。主要内容是，学习智力激励法的基本规则，明确要解决的问题，明确会议的时间、地点，在会前按要求对问题进行酝酿思考，提出不少于说明书要求的几个创意。

(5)主持人自己收集一些解决问题的创意，并制作成一个目录。目的是在会议进行过程中，大家提不出什么创意时，主持人这时可以发表自己的创意来刺激出现停滞的会议进程。或者当成员的发言偏离问题时，发表自己的创意，把会议拉回到正题上。但是，如果有成员想要发表创意时，主持人必须抑制发表自己的创意，让成员发言，主持人不要急于发表自己的创意。就是说，只有当其他成员没意见发表时，会议主持人才可发表创意，以控制会议的气氛，保证会议顺利进行，不至于冷场。

(6)准备促进创意思考的线索。也就是准备一些带有启发性、刺激思考的问题，以便在会议出现停滞时提出来启发成员，刺激成员进行思考。下列问题是一些具有普遍性启发作用、刺激作用的问题。

除了这种用途外，是否还有其他用途？(照目前的状况来看，有无新的用途？如果加以修改，是否有其他用途？……)

改变一下如何？(如果改变一下颜色、手段、动作、声音、味道、形态、重量、形状、高度等如何？……)

增加怎么样？(加上某种东西如何？增加频度如何？加强的话如何？加大的话如何？添加一些成分如何？添加几个结合在一起如何？增加高度如何？……)

减少怎么样？(什么东西可以去除？哪些东西是不需要的？缩小如何？减轻？减慢？减少频度？……)

什么可替代的？(能不能用其他东西来替代？哪一部分可以用其他东西来替代？放在其他场合会出现什么样的情况？放在其他时间会出现什么样的变化？……)

调整一下如何？(改变一下设计如何？改变一下顺序如何？换用另外的基准如何？把它放在后面如何？第一个放在第二个如何？……)

颠倒如何？(上下位置颠倒一下如何？左右对调一下如何？内变成外，外变成内如何？逆着来思考如何？反过来看有什么不一样的？倒过来放如何？……)

组合呢？(几个组合在一起如何？能不能与其他东西组合在一起？……)

等等，这些问题可以参照检查提问表法进行设计。

2. 助理

助理是协助主持人开好会议的助手，他要协助主持人搞好会前的一切准备工作，在会议上作好会议记录，会后还要做好会议记录的整理工作，并做好会后新创意的收集工作。在会上，助理必须坐在主持人旁边，以便及时提供给主持人所需要的内容，如会议的进程、创意的个数等。会议记录是记录主持人和会议成员的发言，当然不是说一字不漏地记录，而是加以概括整理，使其成为报告书的形式。记录时对所提出的创意马上编上号码，这样，主持人可以随时了解在多长时间内提出了多少个创意，以便掌握会议进度。但不管哪种创意，都不要加上提出者的名字。因为这个创意也许其他人早就想到的，只是有人发言了才没有发言而已。就是说，在会上不提个人的荣誉，对创意不做评价的表现。会上最好使用录音机，以便会后帮助助理对会议资料进行校对、整理。

（二）热身运动

如同体育运动之前要进行准备活动一样，参加智力激励会也要有一个准备期，我们称之为“热身运动”。热身运动的目的在于让参会者暂时忘掉个人的工作和私事，尽快进入“角色”，以饱满的创造热情参加会议。此外，经过热身阶段、可以使与公者的大脑开动起来，摆脱习惯性思维的束缚，使大脑“软化”，由平静进入极度兴奋活跃的思维状态，造成激励气氛，以尽量减少会议中僵局的时间。

热身运动的内容可以有多种形式，如看一段有关创造的录像，讲一个笑话，讲一个创造技法灵活运用的小故事、或者出几道“脑筋急转弯”智力题要大家限时回答等。时间一般在几分钟左右。

（三）明确问题阶段

此阶段的目的是通过对问题的分析陈述，使与会者全面了解问题，开阔思路。主持人在公布问题的同时要把目前存在的主要问题进行说明，最好把希望得到解决的问题讲得通俗易懂，让非本专业的人也了解所需解决问题的关键是什么。介绍问题时应注意掌握简明扼要原则和启发性原则。

所谓简明扼要原则，是要求主持人只向与会者提供有关问题的最低数量信息。不要把背景材料介绍得过多，以免形成框框，束缚与会者的思路。所谓启发式原则，是指介绍问题时要选择有利于开拓大家思路的方式。为了有利于明确问题和集中精力进行思考，组织者也可以将问题化整为零，利用提问方式表述智力激励会的主题。

一旦与会者对智力激励会所议问题的实质有明确无误的理解后，会议便可以转为自由畅谈阶段。

（四）自由畅谈阶段

此阶段是智力激励会的最重要的环节，是决定智力激励技法能否成功的关键阶段。这里的要点是想方设法造成一种高度激励的气氛，使与会者能突破种种思维障碍和心理约束，让思维自由驰骋，借助与会者之间的智力互激，知识互补，提出大量有价值的设想。

首先，主持人重新申明大家必须遵守的规则。例如，绝对禁止批评、指责和嘲笑别人的意见，大家一律处于平等地位，对每个创意都要认真对待，自由思考，请大家积极思考如何改进和综合他人提出的创意，提出创意越多越好，希望今天能得到多少个创意（提出创意最低要求数量)。禁止私下交谈，独立思考等等有关四个原则的具体内容和注意事项。在会议过程中，主持人应该制止违反规则的行为。

接着，主持人要求出席的成员就问题提出解决的方案、创意。要发言请举手，每次发言只说明一个创意，轮流发表创意。主持人应按举手先后，请他们一个个发言。如果同时有几个人一起举手，应按照座位次序一个个请他们发言，这样以避免被个别成员误认为主持人有偏见的心理，构成对主持人不满，影响会议进行，影响创意的思考。

每个成员注意听其他成员的发言，随时记录下突然想到的创意，以免轮到你发言时忘记掉刚才想到的创意。

在会议结束之前，主持人可以做一些鼓舞性的、激励性的发言。例如，“来，加油！再提出 10 个创意！”、“让我们突破 100 个创意。”“在散会前，每人再提出 1 个创意。”等等。散会时，主持人可对每个成员提出要求，“从现在到明天，希望大家能再考虑这个问题。明天各位要提出散会之后所想到的创意。”

收集会后所提出的创意很重要，因为会后思考出来的创意往往是很有价值的创意。所以，主持人和助理要及时用各种方法收集每个成员会后想到的创意。

会议结束后，主持人和助理应该对会上和会后提出的所有创意进行整理，对每个创意用准确、简洁的语言表述出来，制成目录，并尽可能画张示意图表示，以便对每个创意进行评价。

(五)设想的分类整理、评判加工阶段

会上提出的设想大多都未经过仔细考虑和评价，要有待于加工完善后才能有实用价值。此阶段的任务是召开评判会，对设想进行分类整理，并进行去粗取精的提炼和筛选工作。

筛选评判者必须有较高的技术水平和敏锐的洞察力，对所讨论的问题的技术背景和市场行情十分清楚，有严谨的科学精神和认真负责的工作作风。不但要善于发现有价值的创意和设想，而且也要对看起来“荒唐的”、“不切实际”的设想，仔细分析其可行性和潜在的价值，进行再加工。

【例 5-1】　怎样破核桃壳

主持人：我们的任务是破核桃壳，要求破得多、快、好，大家有什么好办法？

甲：平常在家里是用牙嗑、用手掰，用门掩，用榔头砸、用钳子夹。

主持人：大家再想一想，用什么样的力才能把核桃砸开，用什么办法才能得到这些力？

甲：需要加一个集中挤压力，用某种东西冲击核桃，就能产生这种力……或者，相反，用核桃冲击某种东西！(逆向思维)

乙：可用气动机枪往墙上射核桃，比如说可以用装泡沫塑料弹的儿童气枪射。

丙：当核桃落地时，可以利用重力。

丁：核桃壳很硬，应该先用溶剂加工，使它们软化、溶解……或者使它们变得较脆……要使核桃变脆，可以冷冻。

主持人：鸟儿用嘴啄……或者飞得高高的，把核桃扔到硬地上。将核桃装在袋子里，从高处(例如在气球上，直升飞机上、电梯上，等等)往硬的物体(例如水泥板)上扔，然后把摔碎的核桃拾起来。(类比)

主持人：如果我们运用逆向思维来解决问题，又会怎样？

甲：我自己钻到核桃壳里，我的手一伸，腿一蹬，核桃壳就破裂了。

丁：可以把核桃放在空气室里，往里加高压空气，然后使空气室里压力锐减，因为内部压力不能立即降低，这时，内部气压使核桃破裂，(发展了上一个设想)。或者使空气里的压力交替地剧增与锐减，使核桃壳处于变负荷状态下。

在头脑风暴法会议进程中，只用 10 分钟就得到 40 个设想，其中一个方案(在空气压力超过大气压力并随即降到大气压力以下，核桃壳破裂，核桃仁保持完好)获发明专利。

【例 5-2】　电缆线积雪问题

在北美，天寒地冻，冬天常降大雪，此时传输电力的电缆线上便积满冰雪，大跨度的高压电缆线常被积雪压断，由此造成长时间的断电事故，严重影响人们的经济生活。过去，许多人试图解决这一问题，但都未能如愿以偿。后来某电信公司经理决定采用智力激励法来寻求问题的答案。他在做了一定的准备工作之后，召开了智力激励会，与会人员在会上自由畅谈。开始人们提出了一些设想：

① 采用专用电缆清雪机。

② 采用电热化解积雪。

③ 采用振荡技术清除积雪。

……

好一阵子，大家陷入沉思中，似乎别无良方，突然有人幽默提出：带上大扫帚乘直升飞机沿着线路去扫雪？有一位工程师却因此触发了灵感，他想，用扫帚扫不可行，但直升飞机螺旋桨旋转产生的风力不正可以起到扫雪的作用吗？于是一种简单可行高效率的清雪方案诞生了。

公司在会后对设想进行分类评判，最后确定了用改进的直升飞机扇雪的方案。

五、智力激励法的派生类型

智力激励法提出后，先后被介绍到其他国家，结合本民族思维特性和生活习惯，各国创造学者对 BS 法进行了不同的改造，产生了许多 BS 法的变种，如 635 法、CBS 法、MBS 法等方法。

(一)默写式智力激励法

默写式智力激励法是德国的创造学家荷立根据德意志民族习惯于沉思的性格特点，对奥斯本的智力激励法加以改良而创造出一种创造技法。

默写式智力激励法规定：每次会议由 6 人参加，每人在 5 分钟内提出 3 个设想，所以它又称“635 法”。具体做法如下：在举行 635 法会议时，首先由会议主持人宣布会议要解决的问题，即创造发明的目标，并对到会者提出的疑问进行解释。之后每人发 6 张设想卡片，在每张设想卡片上标上 1、2、3 编号，在两个设想之间要留一定的空隙，可让其他人填写新的设想，填写的字迹必须清楚。在第一个五分钟内，每人针对问题在卡片上填写三个设想，然后将表格传给下一位。在第二个 5 分钟内，每个人阅读上位传来的卡片中的设想，从中受到启发，在每个创意下的空白处填写你的新设想，或者补充、完善、丰富和发展别人的设想。如果上位成员的设想没有引发你的新设想，则可在另外卡片上写出自己的新设想。绝对不能让卡片空轮下去，每一个 5 分钟都必须填写 3 个设想。然后将设想卡片再传给邻位到会者……以此类推。这样，半个小时传递 6 次，一共产生 108 个设想。

默写式智力激励法具体实施时，也可适当做些变通处理，例如参加人数可介于4～8人之间，填写设想数目不限于三个，填写设想的时间可随会议进行，在后几轮可适当延长时间等。635法优点是克服了不能尽言、拙于言辞和数人争着发言而使设想遗漏的情况。635法缺点是难以像奥斯本智力激励法那样思想自由奔放、新奇生动。此外，由于受到以文字表达思想的限制，人们倾向于重视如何完善地表达思想。因此，635法产生的设想比奥斯本智力激励法较为谨慎，不易于获得离习惯思维较远的独创性高的设想。

（二）卡片式智力激励法

卡片式智力激励法又可分为CBS法和NBS法两种。CBS法由日本创造学家高桥诚根据奥斯本的智力激励法改良而成；NBS法是日本广播电台开发的一种智力激励法。

1. CBS法

具体做法是：召集3～8人参加智力激励会议，会前明确会议主题，会议时间为60分钟。每人发50张卡片，桌上另放一些备用卡片。最初10分钟为“独奏”阶段，由与会者独自在卡片上填写设想，每张卡片写一个设想。接下来30分钟，由与会者按座次轮流宣读自己的设想，每次只能宣读一张卡片，宣读时将卡片放在桌子中间，让到会者都能看清楚。宣读后，其他人可以提出质询，也可以将受到启发产生的新设想填入备用的卡片中。余下的20分钟，让到会者相互交流和探讨各自提出的设想，再从中诱发出新的设想。CBS法的特点是把口头畅谈和书面表述结合起来，且把对设想的评选、改善纳入到会议之中。

2. NBS法

具体做法是：会前必须明确主题，每次会议由5～8人参加，每人必须提出5个以上的设想，每个设想填写在一张卡片上。会议开始后，个人出示自己的卡片，并依次做说明。在别人宣读设想时，如果自己发生了“思维共振”，产生新的设想，应立即填写在备用卡片上，待到会者发言完毕后，将所有卡片集中起来，按内容进行分类，横排在桌上，在每类卡片上加一个标题，然后再进行讨论，挑选出可供实施的设想。

（三）MBS法（三菱式智力激励法）

奥斯本的智力激励法虽然能产生大量的设想，但由于它严禁批评，这样就难于对设想进行评价和集中，日本三菱树脂公司对此进行改革，创造出一种新的智力激励法——MBS法，又称三菱式智力激励法。

MBS法的具体做法是：第一步提出主题；第二步由参加会议的人各自在纸上填写设想，时间为10分钟；第三步个人轮流发表自己的设想，每人限1～5个，由会议主持者记下每人发表的设想，别人也可根据宣读者提出的设想，填写新的设想；第四步将设想写成提案，并进行详细说明；第五步相互质询，进一步修订提案；第六步由会议主持者将个人的提案用图解的方式写在黑板上，让到会者进一步讨论，以便获得最佳方案。

例如，该公司急需研制一种新型净化池，公司召集十余名技术人员，利用三菱式智力激励法，半天就提出70种方案。他们从中选出了10种最优方案，画出结构图贴在黑板上，再将各人对新方案提出的改进设想写在纸条上，贴在相应的位置，通过公司技术人员的评审，最后得出最佳方案。

智力激励法的派生类型还有很多，这里不再介绍。其实，不论是智力激励法还是其派生类型，共同点是时间上都作了限制，在紧张的气氛下，使参加者的大脑处于高度兴奋状态，通过相互激励而扩大、增多创造性设想，因而是一个重要的也是基本的创造技法。

第三节　设问检查型创造技法

著名科学家爱因斯坦曾说过："提出一个问题往往比解决一个问题更重要，因为解决一个问题也许仅是一个数学上或实验上的技能而已，而提出新的问题，新的可能性，从新的角度去看旧的问题，却需要有创造性的想象力，并且标志着科学的真正进步。"创造就是从问题开始的，提出问题是创造发明的第一步，创造力开发较好的人，都具有善于提出问题的能力。有时，如果能够提出一个好的问题，往往即意味着成功的一半。但是，如何提出问题、如何通过提问题而达到创造发明的目的呢？ 为了使创造者正确有效的把握创造发明的目标与方向，能够提出问题，创造学家发明了一种简单易行的创造技法——设问检查型创造技法。设问检查法，就是通过有关提问的形式去发现事物的症结所在并继而进行发明创造的一类技法。

设问检查法几乎适用于任何类型与场合的创造活动，它是能够获得大量创造设想的一种创造技法。目前，创造学家已创造出许多种具有各自特色的检核表法，如"奥斯本检核表法"、美国陆军的"5W2H法"、"聪明12法"等，其中最著名的是由奥斯本创造的检核表法，它应用范围广，容易学，深受人们欢迎。我们主要介绍奥斯本的检核表法、聪明12 法和5W1H。

一、奥斯本的检核表法

检核表法，英语为Checklist Technique，又称为稽核表法、对照表法、分项检查法等，是由创造学的奠基人、美国创造学家奥斯本于1941年创立的。

所谓"检核表法"，是人们针对创新目标(发明对象)或在考虑某一问题时，为了避免疏漏，从多方面用一览表列出一系列思考问题，然后逐个加以讨论、分析和判断，从而获得解决问题的最好方案或设想。创造学界一般认为，奥斯本的检核表法几乎适用于任何类型和场合的创造活动，因此享有"创造技法之母"盛名。

奥斯本的检核表法是从九个方面75个问题来进行检核的。如表5-4所示。

表5-4　奥斯本的检核表

组别	序号	检核项目	新设想名称	新设想概述
(一)能否他用	1	有无新的用途？		
	2	是否有新的使用方法？		
	3	可否改变现有的使用方法？		
(二)能否借用	4	有无类似的东西？		
	5	利用类比能否产生新观念？		
	6	过去有无类似的问题？		
	7	可否模仿？		
	8	能否超过？		

续表

组别	序号	检核项目	新设想名称	新设想概述
(三)能否放大	9	可否增加些什么?		
	10	可否附加些什么?		
	11	可否增加使用时间?		
	12	可否增加频率?		
	13	可否增加尺寸?		
	14	可否增加强度?		
	15	可否提高性能?		
	16	可否增加新成分?		
	17	可否加倍?		
	18	可否扩大若干倍?		
	19	可否放大?		
	20	可否夸大?		
(四)能否缩小	21	可否减少些什么?		
	22	可否密集?		
	23	可否压缩?		
	24	可否浓缩?		
	25	可否聚合?		
	26	可否微型化?		
	27	可否缩短?		
	28	可否变窄?		
	29	可否去掉?		
	30	可否分割?		
	31	可否减轻?		
	32	可否变成流线型?		
(五)能否变化	33	可否改变功能?		
	34	可否改变颜色?		
	35	可否改变形状?		
	36	可否改变运动?		
	37	可否改变气味?		
	38	可否改变音响?		
	39	可否改变外形?		
	40	是否还有其他改变的可能性?		
(六)能否代用	41	可否代替?		
	42	用什么代替?		
	43	还有什么别的排列?		
	44	还有什么别的成分?		
	45	还有什么别的材料?		
	46	还有什么别的过程?		
	47	还有什么别的能源?		
	48	还有什么别的颜色?		
	49	还有什么别的音响?		
	50	还有什么别的照明?		
(七)能否调整	51	可否变换?		
	52	有无可互换的成分?		
	53	可否变换模式?		
	54	可否变换布置顺序?		
	55	可否变换操作工序?		
	56	可否变换因果关系?		
	57	可否变换速度或频率?		
	58	可否变换工作规范?		

续表

组别	序号	检核项目	新设想名称	新设想概述
(八)能否颠倒	59	可否颠倒？		
	60	是否颠倒正负？		
	61	可否颠倒正反？		
	62	可否头尾颠倒？		
	63	可否上下颠倒？		
	64	可否颠倒位置？		
	65	可否颠倒作用？		
(九)能否组合	66	可否重新组合？		
	67	可否尝试混合？		
	68	可否尝试合成？		
	69	可否尝试配合？		
	70	可否尝试协调？		
	71	可否尝试配套？		
	72	可否把物体组合？		
	73	可否把目的组合？		
	74	可否把特性组合？		
	75	可否把观念组合？		

1. 能否他用

"能否他用" 就是考虑现有成果有无其他更多的用途？或稍加改变后有无别的用途？

奥斯本认为，人们从事创造活动时，大体有两条途径：一种是先确定目标，再对准目标去寻找达到的方法；另一种是从某一现有的事实出发，通过发散思维，想象它还有些什么作用，即从方法着手引向目的。这一条检核内容是符合后一种创造类型的，是人们常用的一种创造技法。尽管世界上各种事物都有其特定的功能，如，扫帚用来扫地、杯子用以盛水、书报供人阅读、砖头是建筑材料……但实际上这只是人们所习惯的常用的方面，其潜在功能远不止于此。在特定情况下，扫帚可作支撑物、扁担、武器；杯子可充当乐器、量具；书报可做包装纸、铺垫物、练毛笔字；砖头可当压载物、武器、体育训练物等等。总之，这一设问技法要求人们对现有物品的固定功能进行怀疑或遐想，只要破除"功能固定"论，对潜在功能进行开发，就有可能产生新的创造。

例如，电熨斗还有什么用途呢？人们可以想象出它的尽可能多的用途，后来有人发现可以用它烙饼，于是将外形稍加改变就发明了一种电烙饼器。在日本，有人把将妇女烫发用的电吹风用于烘干被褥，从而发明了一种被褥烘干机。德国著名设计师克里斯托弗·荣格竟然将钟表上的发条用到了手机上，发明了一种不需要电池的移动电话。1994 年 4 月，南京人设想出使用消防用的高压水枪扫荡马路旁法国梧桐树上球毛的绝招，解决了多年一直未能解决的犹如雪花飘落的球毛污染问题。"所谓垃圾，就是放错了地方的宝贝。"可见，每找到一个老事物的新用途，实在不亚于一个新发明。

【例 5-3】　拉链的用途扩展

拉链被科学家们列为 20 世纪改变人类生活方式的最重要 30 项发明之一。现在用尼龙和机械制造的精密铜拉链(配合公差小到 0.0002 英寸，或一根头发丝的 1/30)既不会出现拉不动的现象，也绝对不会松开，但它并非一下子就达到这一水平的。

早在 1893 年，美国芝加哥工程师贾德森就提出了拉链的设想，其初衷是代替鞋带用的，于 1905 年获得“滑动锁紧装置”的专利。可是仅作为系鞋子用的拉链并不畅销，是个赔本的生意。主要是这种早期的锁紧装置容易在不恰当的时间和地点突然松开，使人难堪。

瑞典人桑巴克于 1913 年改进了这种粗糙的锁紧装置，使其变成一种可靠的商品并重新申请了专利。后来，有位服装店老板将拉链用在了钱包上，使钱包销量倍增；第一次世界大战期间，美国军队最先使用拉链于海军服装，美观又方便；第一次世界大战结束后，美国彼得公司又在运动衣上装了拉链，使之大受欢迎。

如今，拉链除了用在衣服、裤子、鞋子、被子、枕头、包等日常生活的各个方面外，而且还在向更多领域扩展。某公司为一个有口蹄疫地区，制作了做了成百上千双“短筒拉链靴”，以防止这种传染病的蔓延；一个奥地利的外科医生曾把一条拉链缝进一个男人的胃里。

美国外科医生 H.史栋在胰腺手术病人的肚皮上装上拉链，令世人瞠目结舌。原来，治疗急性坏死性胰腺炎时，胰脏手术后会有大量渗出液，当时只能采用在腹腔上反复开刀、缝合，以便随时清洗不断产生的坏死组织和腹腔渗出液，观察病情发展。每次手术长达 60 分钟，这种传统的治疗方法使患者不堪忍受，且容易感染并导致患者死亡，仅有百分之十的患者能够康复。史栋将普通裙子上用的拉链缝合到患者刀口上，创造一种前所未有的医疗技术。它可以随时打开拉链检查患者腹腔的病况，更换一次纱布只需 5 分钟，在他完成的胰腺手术中、手术成功率高达 90%以上。

最近，美国的 ATEROX 医疗公司，已正式将拉链用于外科手术，完全取代用线缝合的传统技术。他们把一条拉链和两片多层辅助胶布结合在一起成为“手术拉链”，只需两分钟就可闭合伤口，比针线缝合快 10 倍，且不需要拆线，大大减轻了病人的痛苦。

有人正在设想，能否将拉链用到城市建设中去，使马路不再屡挖屡填，影响市容，影响交通，读者不妨考虑一下如何实现？

【例 5-4】 枪的系列产品开发

枪，作为武器功能已有很多品种，如步枪、手枪、冲锋枪、机枪、信号枪、无声枪等。破除功能固定论后，通过提问“是否有其他用途？”如救生枪，这是一种潜水员用的抢险、救难的工具，可以修补船体，或给失事潜艇供气；注射枪，用来给猛兽打针；种植枪，加拿大研制成了种树枪，在纸质子弹头里装有营养土和种子，这样植树每天可种二千棵，且成活率高。而美国则创造了“机枪播种法”，把“播种机枪”装在飞机上，向大片土地扫射，种植便大功告成；建筑装修用的射钉枪可以方便快捷地在木头、混凝土上钉钉子。

【例 5-5】 尼龙袜的发明

尼龙袜的诞生，也是“用途迁移”的产物。最初的尼龙丝只用于军事，如制造降落伞、做舰艇上的缆绳等，因而尼龙丝的销售量很少。为此，人们开始寻找它的其他用途，后来发现可用结实耐磨的尼龙丝制成袜子以取代纱袜，于是美国的杜邦化学公司制成了尼龙袜并先让纽约的著名舞星和杜邦公司的女秘书试穿做产品广告宣传，随后正式投入市场，仅 1 年时间就销售了 6400 万双。

2. 能否借用

“能否借用”就是思考现有发明能否借其他事物、思路与技术？能否模仿别的事物？能否引入其他创造性设想？有什么东西可供模仿？

这个提问有助于使某一发明向广度和深度发展，以形成系列发明产品。例如，泌尿科医生引入微爆破技术消除肾结石，免去患者开膛破肚的手术之苦。山西有一位建筑工人借用能够烧穿钢板的电弧焊机烧穿水泥板，打洞又快又好，后经改进终于发明了水泥电弧切割机。

【例 5-6】　登月舱的产生

在阿波罗登月计划中，偌大的宇宙飞船要灵活可靠地在月球上安全着陆绝非易事，在控制上要求很高，尽管技术上可以做到，但花费巨大。有位飞船设计师在海边散步时，看到巨型海轮不能靠岸时是用驳船来过渡的，于是马上产生灵感——登月的创意由此萌生：月球轨道指令舱与登月舱分离的登月方法。

【例 5-7】　用橡胶吸盘固定船舶

两位新西兰发明家正在试验自己的设想：在港口码头的壁上固定许多大的橡胶吸盘，用它将停泊的船固定在码头上。气泵开始工作，吸盘紧紧地吸住船舷，非常牢靠。这种新的停泊系统使停船变得非常简便，按一下电钮 3 秒钟就能系住船，而用老式的缆绳系在系船柱上的方法，需要 12 个水手，紧张地工作 15 分钟。

3. 能否放大

“能否放大”就是考虑现有事物能否扩大使用范围、延长寿命？能否添加部件、增加长度和提高强度？增加功能和附加值？

奥斯本指出，在自我发问的技巧中，研究“再多些”和“再少些”这类有关联的成分，可诱发大量构思和设想。例如，在手机上增加照相功能、播放电影和音乐功能等；在两块玻璃之间加入某些材料，可制成一种防震、防碎、防弹的新型玻璃；在牙膏中掺入某些药物，可使牙膏增加治疗口腔疾病的功效。

【例 5-8】　增大水力发电机的速度

高速旋转的涡轮是水力发电机有效运转必不可少的组成部分。如果水流较小，不能使发电机转子达到有效运转速度，发电量大大减少。如果定子可以相对转子以相反的方向旋转，那么，定子和转子之间的相对速度就可达到原来速度的 2 倍。水可以通过两个不同的通道被引入不同的推动器，以分别推动定子和转子旋转。这时的定子已经不再是一个定子了，而是一个相对转子(图 5-2)。

图 5-2　定子也旋转的水力发电机

4. 能否缩小

“缩小”是“扩大”的对立面。“能否缩小”就是考虑现有事物能否缩小体积？能否小巧、简洁、微型化？能否减少部件、减少成分、减低高度、减轻重量、变薄、变轻、缩短、减慢、小型化、变小、消除、简略、分压、压缩、浓缩……等？能否进一步细分？能否折叠？

我国传统工艺“微雕”和微型书法作品，几乎件件都是在“小”的方向上的创新。深圳最先推出的锦绣中华微缩景观，其创意即在于整体尺寸的缩小。

缩小和减小的办法同样形成发明。在这方面，最有代表性的创造发明是手表。世界上最早的时钟出现于 11 世纪至 12 世纪，主要用于教堂提醒修道士祷告的时间。后来一位聪明的德国锁匠将钟变小，造出了第一只怀表，瑞士人将钟变得更小，做出了手表。

自动步枪每发射一枚子弹，就会从枪膛里出来一颗空弹壳。这种弹壳材料是用铜做的，铜是一种昂贵的金属材料。能不能不用弹壳呢？德国最近生产的 C114.7 型的自动步枪，是专门为枪靶射击而设计的，这种步枪用的就是无壳子弹。

最初发明的收音机、电视机、电子计算机、收录机、移动电话等体积都很庞大，结构也非常复杂，现在都出现了由大变小、由重变轻的趋势，其结构也在不减少功能的基础上力求简化。目前出现了许多小型、微型机器，如最小的收音机可以完全放到耳洞里；最小电视机可以戴在手上；最小的电脑只有阿司匹林药片那么大，居然还可以上网；最小的直升机可以停在手上；项链数码相机和戒指状手指手机等都是以缩小体积为目标进行发明的产物。目前，随着纳米技术的发展，超小型产品将成为创造的重要方向。

【例 5-9】　火车轮子的改进

减少工序也是发明创造。史蒂文森发明火车就曾运用了省略。过去，火车是用齿轮啮合着齿轨行驶的，速度慢、噪音大。学者都认为，如果不安上齿轨，火车就会在轨道上打滑和脱轨。当时，史蒂文森是一位司炉工人，他总在想方设法使机车跑快点。他制造了许多的模型、都是安有齿轮的，无论用什么方法也不能提高车速。几年过去了，他想，把齿轮取下来，换上轮子试一试。结果机车不但没有打滑，而且提高了速度 5 倍至 10 倍，并且没有脱轨。他申请了专利，并获得了火车发明家的称号。

【例 5-10】　月球上使用的电灯泡

执行月球计划时，需要研制电灯，但是电灯的玻璃外壳很难承受火箭发射时产生的振动和加速时的冲击。最后的决定方案是：可以使用裸露的电灯丝，而不使用外边的玻璃灯罩。因为在月球上，没有空气，所以不用担心灯丝会被氧化。

5. 能否变化

“能否变化”是指在创造发明过程中考虑现有发明能否改变形状、颜色、声音、味道、运动方式或制造方法，从这些方面提出问题，往往会产生意想不到的发明创造。例如：1898 年，亨利将滚柱轴承中的滚柱改成圆球形，发明了滚珠轴承。将铅笔的笔杆从圆形改为六角形，铅笔不易滚动掉到地面；有人把自行车的轮子改为椭圆形，结果骑起来一上一下起伏着，像在马上奔驰一样，成为一种新的运动器械，使得在城市里不能骑马的人能领略到骑马的滋味。电熨斗使用时拖着一根线很不方便，国外已出现有线无线两用熨斗；一位制镜商将平面镜的形状改变成多种曲面，制成了哈哈镜；日本奈良林木实验室将圆木用巨型微波炉加热到 100℃变软，再加压使圆木变为方木，提高了木材的利用率。西瓜种植时，加上方形模具，培育出方形西瓜，价格翻了好几倍。彩色棉花、彩色羊毛……

【例 5-11】　不倒翁电熨斗

熨斗对于健忘的人来说是一件危险的物品。可能经常由于沉浸于幻想或者忙于去接电话而忘记将熨斗从衣物上拿开，心爱的衣物就因此被烫了了一个大洞！在这种情况下，如果熨斗能自己立起来该多好。于是出现了“不倒翁熨斗”(图 5-3)，将熨斗的背部制成球形，并把熨斗的重心移至该处，经过这样改进后的熨斗在使用者放开手后能够自动直立起来。熨衣物时，使用者用手扶着熨斗背部的把手，使熨斗保持水平状态，当使用者松开手时，熨斗就自动直立起来，不再同衣物接触，这样，衣物就不会被烫出洞了。

图 5-3　不倒翁电熨斗

6. 能否代用

“能否代用”就是考虑现有事物有无代用品？能否用其他产品、材料或生产工艺、加工方法、动力、设备等取而代之？

由于当前世界上某些资源相当紧缺或是其成本昂贵而不易得到，于是人们不得不寻找其他的代用品，这也是一种创造发明。如用天然气、生物乙醇替代汽油作为汽车燃料；用陶瓷替代金属制造砂浆泵，耐磨提高了好几倍。通过取代和替换途径，可为想象提供广阔的探索领域。

例如，人们非常喜欢镀金手表，但黄金是一种贵金属，价值昂贵、数量有限，人们就用钛金属来代替黄金，现在镀钛手表几乎可以乱真。

【例 5-12】　电子显微镜间隙调整

电子显微镜是研究微区形貌和结构的重要工具，但电子显微镜需要极高的精度，这就需要很精确地调整细微间隙。用于光学显微镜上的机械装置无法满足这种要求，价格太昂贵，而且准确性、可靠性比较低。

可以通过应用物理效应——金属受热膨胀，来调整细微间隙，达到较高的精度。首先，和镜头相连的微米螺旋旋转，这样就可以在一个较大的范围内移动镜头。然后，通过电流加热螺旋，使螺旋轴膨胀，产生微动位移。当然电流预先已经受到精确控制，这样就可以提供很小的间隙，更精确，更可靠地控制显微镜的镜头。

7. 能否调整

“能否调整”就是考虑现有事物能否做适当调整，能否更换一下型号或顺序等。

重新安排、更换位置通常也会带来许多创造性设想。例如，飞机诞生的初期，螺旋桨均装在头部，后来装到了顶部遂发明了直升飞机；原来的汽车喇叭按钮多装在方向盘的轴心上，每次按喇叭总要把手向上移动到轴心处，既不方便又容易失手肇事，后来有人把喇叭按钮改装在方向盘的下半个圆周上，只要手指轻按一下该半圆上的任何一处，喇叭就响起来，另外，工作时间上的重新调整、城镇建设的合理布局等也都有可能导致更好的创新结果。

8. 能否颠倒

“能否颠倒”就是考虑能否将现有的产品、发明或工艺方法颠倒一下？颠倒，就是发挥逆向思维，从目前事物状态的对立面来思考问题。任何一种事物的属性都有其对立、相反的方面，都可互为颠倒。上下、左右、前后、里外、正反、天与地、长短、轻重、高矮、胖瘦、圆方、明暗、黑白、冷热、凉烫、深浅、浓淡等。“事物是这样的，改变成对立面的形式如何？”这是关于颠倒的基本提问形式。对立、相反的事物形成强烈的对比，包含强烈的对比的形式和内容，所以，从对立的、相反的方面来思考问题，如果可行的话，往往会得到意想不到、令人称奇的创造。

例如，普通冰箱上面是冷冻室，下面是冷藏室，颠倒一下，变成上面是冷藏室，下面是冷冻室。汽车的引擎装在前头，现在把引擎装在后头如何？舞厅的彩灯装在天花板，现在把它装在地板下面怎样？目前的时钟、手表是顺时针转动，变成逆时针转动如何？在动物园里，动物是关在笼子里，人在外面自由活动，现在让动物在外面自由活动，人关在笼子里，怎么样？煎鱼时，锅是放在炉火上面，即火在下面，倒过来，火在上面怎么样？化妆品的瓶口在上面，现在把它放在底部，情况又会怎样？目前自行车的驱动轮是后轮，现在把它改为前轮如何？索尼公司发明的“反画面电视”……这些都是颠倒。

“颠倒顺序怎么样？”也是个解决问题的好问题。国外一些自助餐厅的就餐顺序是，顾客一进餐厅先拿好一整套餐具，然后再挑选食物，可是到最后，有些餐具根本就没用过，这样给餐馆增加了洗餐具的工作量，也增加了餐厅的经营成本，怎样解决这个问题呢？有家自助餐厅的老板把就餐的顺序颠倒一下，顾客就餐时先挑选食品，挑完食品后，再拿餐具，这样，顾客就会根据所挑选的食品来拿餐具，不会用到的餐具顾客就不会拿。

“过程是这样，相反的过程又怎么样呢？”是个很有用的问题。法拉第看到“电能产生磁”，他倒过来思考，“磁能不能产生电？”从而发现了电磁感应现象，发明了发电机。火箭是向上飞，能不能使火箭向下飞？这样不就可以制造强有力的钻探工具了。

【例 5-13】 反过来盖楼房

日本鹿岛建筑公司发明了与传统盖楼房完全不同的自上而下的盖楼方法：先将顶层楼在地面建好，然后用起重设备托起，留出下面的空间再建一层楼；建好后再托起……，直至整幢大楼落成。这种施工方法可使所有的工序均在地面完成，避开了高空作业，不仅可保证生产安全，而且还提高了工作效率。

9. 能否组合

“能否组合”就是考虑可否将几种发明或产品组合在一起？组合通常被认为是创造性的动力源泉。例如，美国威利发明的橡皮头铅笔，就是将铅笔和橡皮组合而成的。日本一家公司，将卷笔刀与塑料瓶组合在一起，发明了一种能使铅笔屑不掉在地上的卷笔刀。把几种金属组合在一起变成性能不同的合金，把几种材料组合成复合材料等。

总之，组合是创造的主要形式和指导思想之一。组合是广泛的，有创意组合、方法组合、材料组合、方案组合、功能组合、形状组合、部件组合、目标组合、设想组合等。在组合技法一节将重点介绍。

使用奥斯本检核表法解决一个技术问题，通常可从几个提问中同时受到启发，经过综合后往往可形成最佳方案。总之，检核表法能帮助人们突破旧的框架，闯入新的领域。

二、5W2H 法

5W2H 法由美国陆军最早提出和使用。美国陆军最初提出“5W1H”法，它是从六个方面（Why、What、Where、When、Who 和 How）的设问中获得创造性设想或方案的一种创造技法，因为这六个提问的英文字头是 5 个“W”和 1 个“H”，故得名为 5W1H 法。后来经过改进和发展，将 How 改为“How to 和 How much”，成为今天广泛使用的“5W2H 法”。

1. 实施步骤

(1) 首先要对创造目标或问题从七个方面进行检查提问，即：①为什么(Why)；②做什么(What)；③何地(Where)；④何时(When)；⑤何人(Who)；⑥怎样(How to)；⑦多少(How much)。

(2) 对七个方面提问——审核，将发现的难点、疑问列出来。

(3) 分析研究，寻找改进措施。经七方面审核无懈可击，说明这一方法或产品可取。如果有不令人满意的方面，表明还应加以改进。如果哪方面的解答有其独到之处，则可扩大其效用。

2. 问题提示

5W2H 法的七个设问要抓住事物的主要特征，视问题的性质不同，确定不同的设问检查内容。

(1) Why (为什么) 可以提问：为什么要搞该项目？为什么别人没有搞或搞失败了？原事物为什么用这个原理？为什么必须有这些功能？为什么要这样的造型、结构？为什么要这么做？

(2) What (做什么) 可以提问：目的是什么？目标是什么？重点是什么？条件是什么？达到的功能、造型、结构、技术水平是什么？与什么有关系？功能和规范是什么？

(3) Where (何地) 可以提问：从什么地方入手？地点选在什么地方？什么部位需要改造？什么部位可以改造？何地做最经济、最有效？安装在什么地方最适宜？首先在什么地方销售？

(4) When (何时) 可以提问：该项创新何时进行最合适？何时可以或应该完成？何时启动？需要几天才算合理？

(5) Who (何人) 可以提问：谁是该对象的使用者？谁会喜欢它，谁不会喜欢它？谁适合承担该任务？要与谁打交道？谁被忽略了？谁是决策人？

(6) How to (怎样) 可以提问：怎样实施？怎样进行？怎样解决可能发生的问题？怎样做方可减少失败？少费料？少费工？少费时？少费钱？怎样使产品更美观大方？使用起来更方便实用？怎样防止非法仿造？怎样突破旧框框？

(7) How much (多少) 可以提问：要多少人完成？数量多少？功能如何？指标如何？产量多少？新的成本、利润多少？能维持多少时间？

【例 5-14】 用 5W2H 法发明新型复合钢板

(1) Why—传统钢铁工业不景气，要求开发新产品；

(2) What—普通钢板不保温、减震，要求开发减震隔音绝热钢板；

(3) Where—应用在隔音室、船舱壁、冷冻箱、汽车、拖拉机壳体；

(4) When—希望年内开发使用；

(5) Who—造船、冷冻、拖拉机等制造部门；

(6) How to—在两层厚度小于 0.5mm 的钢板之间，用 60mm 厚的黏弹性泡沫高分子树脂黏结。即有绝热、隔音、防震作用。

(7) How much—大量使用。

三、聪明 12 法

我国的创造学研究者许立言、张福奎、夏钟等对奥斯本的检核表进行了深入研究，为了使之能在工人及小学生中普及，在奥斯本的检核表基础上提出了“聪明十二法”，首先在上海和田路小学推广实施(亦称“和田十二法”)，取得了很好的效果。

在开展创造教育的过程中，他们把奥斯本的检核表简化为十二个关键动词，即把检核问题归纳为：加一加、减一减、扩一扩、缩一缩、变一变、改一改、联一联、代一代、搬一搬、反一反、学一学、定一定。其中：

(1)加一加 还可添加点什么？

(2)减一减 还可减去点什么？

(3)扩一扩 在功能、结构上还可扩展吗？

(4)缩一缩 在功能、结构上还可缩减吗？

(5)变一变 可以变化吗？

(6)改一改 何处可以改进呢？

(7)联一联 与其他什么有联系吗？

(8)代一代 可用别的代替吗？

(9)搬一搬 搬到别的场合可用吗？

(10)反一反 反过来考虑会怎样呢？

(11)学一学 能用新技术吗？

(12)定一定 还要规定些什么吗？

【例 5-15】　自行车的创新(表 5-5)

表 5-5　自行车创新检核表

序号	检核项目	设想名称	设想描述
1	加一加	增加反光镜	在自行车龙头上安装折叠式反光镜，可以像摩托车一样看到后面的情况，提高安全性
2	减一减	无链条	取消链条，利用杠杆原理把踏脚由旋转运动改为上下运动
3	扩一扩	水陆两用	在车两侧装上四个气囊，充足气后可以浮于水面，车后装小型螺旋桨
4	缩一缩	折叠式	折叠后缩小体积，便于拎上楼
5	变一变	助动式	安装大型发条，在有电源的地方，接通电源就可上紧发条，骑车时放松发条助力
6	改一改	龙头可转	使龙头可以转动 90 度，停车场车多时转动车龙头就可拿出
7	拼一拼	多功能自行车	在农村可以用自行车抽水、自行车脱粒、安上自行车拖斗可以运输，自行车动力洗衣机
8	学一学	电动式自行车	安装蓄电池和小电机
9	代一代	塑料自行车	用碳纤维塑料做成的车架取代原有的金属车架，强度大，重量轻
10	搬一搬	家用健身	用于老年人残疾人在家锻炼身体
11	反一反	发电自行车	用自行车拖动小型发电机，在停电时，解决照明用电和电视机用电
12	定一定	自动限速	加上自动限速器，使自行车不可能超速行驶，增加安全性

第四节　综　摄　法

综摄法是美国麻省理工学院的W.J.戈登教授于1959年发明创立的，旨在通过与已知的东西类比，将表面上看似毫无关联的，不同的知识要素结合起来，以获得启示或创造性设想，开发人的创造潜力。综摄法的英文名Synectics，有人译为提喻法、类比法、集思法、分思法等。

戈登认为，不管是什么领域的专家，不管他是艺术家还是科学家，他们的创造活动都有共同的基础，表现出共同的本质特征，通过各种创造过程的案例分析，可揭示出带普遍意义的创造技巧和过程的本质特征，有助于创造效率的提高。在这一思想的指导下，戈登搜集了许多有关物理、机械、生物、地质、市场学和化学等方面的专家的发明创造，分类编组，进行研究。他发现，在研究课题中能够导致创造活动取得成功的往往是采取一种特殊的技巧，这就是，把乍看起来表面上互不相关的事物联系起来。因此，戈登提出的创造理论认为，所谓创造是将看来毫无关系的事物联系起来，组成新的结构，创造出有新功能的事物。以此为基础，戈登提出了综摄法，综摄这个词是来自希腊文，原意就是指把表面上互不相关的各种不同事物结合在一起。那么，怎样把互不相关的事物联系起来、结合起来？为了实现这种联系，戈登认为，必须采取类比方法。应用类比方法，利用未知事物各种因素与已知事物各种因素，通过同质异化或异质同化的两个基本创造过程，越过它们表面上的无关，把它们联系和组合起来，求得富有新意的创造性构思。

综摄法通过已知的东西做媒介，将毫无关联的，不同的知识要素结合起来，打开“未知世界的门扉”，激起人们的创造欲望，使潜在的创造力发挥出来，产生众多的创造性设想。综摄法作为产品开发和创造的有效方法，在美国得到普遍的推广，对美国工业研究领域有着深远的影响。

一、综摄法基本原则

1. 异质同化

新的发明是现在没有的东西，人们对它是不熟悉的；然而，人们非常熟悉现有的东西。所谓异质同化，即异中求同，就是在创造发明不熟悉的新事物的时候，把陌生的事物看成熟悉的事物，也就是在头脑中把给定的陌生事物与以前熟悉了解的事物进行比较，把陌生的事物看成是与某已知事物相同或相似的事物，用熟悉的观点和角度认识陌生的事物，认为陌生事物具有与已知事物同样的性质、功能、构造、用途等，从而达到把陌生事物熟悉化，把陌生问题转化为熟悉问题，得到关于新事物的创造构思。比如，计算机领域的术语“病毒”、“千年虫”、“黑客”等都是利用人们较熟悉的语言来描述计算机专业的事物或现象，其实质就是“异质同化”的例子。

例如，设计太阳能转换装置，要求装置能随太阳照射方向和角度的变化而改变其方向和角度，保证最大限度地接受太阳光，由此想到向日葵，研究向日葵的性质、功能、构造原理，并应用于太阳能转换装置的设计。这是应用已知事物的知识移植于未知事物之中，变陌生为熟悉，形成新的创造构思。所以，综摄法的基本思维过程是应用类比联想思维进行创造。

【例 5-16】　构盾施工法的发明

19 世纪 20 年代，英国准备在泰晤士河修建一条水下隧道，由于这里的土质松软很容易塌方，给施工带来了很大的困难，负责施工的工程师布鲁尔一时也找不到好的解决办法。一天，他在散步时发现一只昆虫在其外壳的保护下使劲向橡树皮里钻，布鲁尔被吸引住了，他想如果按照这种办法改变掘进方式也许就能解决问题。据此他提出了把空心柱横着打进河底，以此作为"构盾"，先支护后开挖，边掘进边延伸，在构盾的保护下进行施工，终于完成了这个巨大的工程。从此"构盾施工法"这一发明得到了推广。

2. 同质异化

同质异化，即同中求异，就是要用陌生的眼光看待熟悉的事物，把熟悉的事物看成陌生的事物，从而达到利用与以往的观点和角度完全不同的观点和角度来观察已知的事物，找出已知事物的新性质、新用途、新功能、新结构、新结合等，启迪出新的创造性设想来，这就叫做同质异化。有人说爱因斯坦伟大的原因之一，是他无法理解显而易见的事情。如，对电子表是计时工具，将电子表装在笔中，就发明出一种电子计时笔。

例如，热水瓶大家都很熟悉，不顾及热水瓶用于装开水、保温等常用功能，把热水瓶看成是可以保持物体温度不易变化的装置，是一个容器，从这些观点和角度出发，提出热水瓶瓶口扩大一些，用于装冰块、冰激凌等冷饮，用于冷藏东西，做成茶杯大小，就成了保暖杯等等新用途。还有生香蕉皮用于堵塞汽车水箱漏洞，电灯用于取暖，收音机用做门铃，圆珠笔用做漏斗，都是同质异化的创造。它是运用新观念，从新角度看待已知事物，视熟悉为陌生，形成新创意。

二、综摄法实施过程

1. 成员要求

应用综摄法进行创造，经常是召开小组会议。

会议小组一般由 7～8 个成员组成：1 个主持人，1 个记录员，5～6 个提创意的成员。会议成员的年龄要求在 25～50 岁之间，这样才能保证精力充沛。成员构成：3 人是本系统不同部门的专家，2～3 人是外系统的不同专业的人员，最好有生物学方面的科研人员，因为作为类比物的事物常常来自生物界，其原因在上一节中已经说明。成员必须是思维敏捷、知识和经验丰富、概括能力强、敢作敢为的集体主义者。主持人必须是生活、生产、科研经验丰富的人，对综摄法有深刻的理解，能训练小组成员掌握综摄法，保证会议沿着综摄法的路线思维和活动。

2. 实施步骤

综摄法是通过类比方法来实现事物间的联系和组合，如图 5-4。

(1) 提出问题。要讨论解决的问题，一般由主持人向小组成员宣布。主持人和专家应预先对问题有较详细的分析。

(2) 专家分析问题。会议先由主持人宣布问题，再由专家简明扼要说明，无需作详细解释，偶尔根据需要再加以说明就够了。这一步骤的目的是通过使用类比使陌生的东西熟悉起来。

(3) 提出解决问题的试行方案。每个成员都要提出与所要解决问题相关的各种设想。专家尽力对这些设想做出判断与评价，以便使成员从多方面加以体察。

(4) 写出解决问题必须达到的目标。写出能反映该设想实质的要点或关键词。可从选择问题的某一部分来分析人手，利用象征类比和想象来描述他所看到的问题，主持人记录下各种观点。鼓励成员用期望性的、理想化的语言陈述问题，如可以说："我们怎样才能……"，以便弄清解决问题的关键所在，并提出解决问题的目标形式。如问题是："任何场合都可使用的能零星取钱的容器"，解题目标就可定为"每次使用时不必取下或安上盖子"等等。

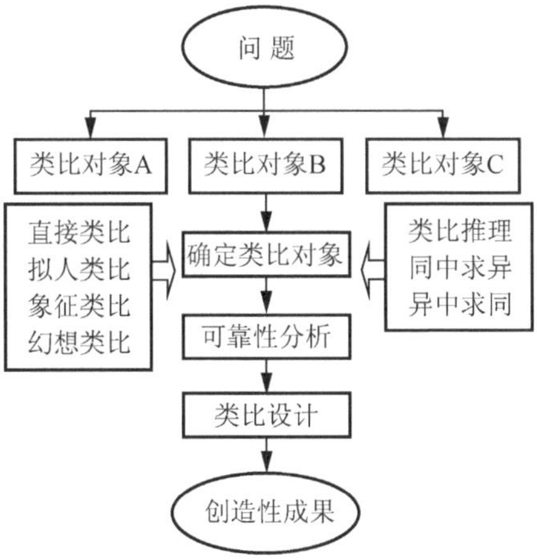

图 5-4　类比步骤

(5)类比联想。成员们使用直接类比、拟人类比、象征类比、幻想类比等技巧，取得许多类比设想，这是综摄法的高潮。主持人要将此记录下来并写在大白纸上以便成员查看，激发设想。

(6)选择类比对象。从提出的类比中，选出可以用于实现解题目标的类比。选择类比十分重要，类比对象的选择应围绕发明创造目标为中心。可以先分析所创造的目标应该具有什么样的属性，再以此为线索去寻找有关的类比对象；亦可先粗略分析一个已知事物的属性，看其中有哪些属性与所创造的目标物相同，从而择定其为类比的对象。但无论怎样，类比对象都应该是创造者所熟悉的事物。这一步中，联想思维是很重要的，要善于应用联想把表面上毫不相关的事物联系起来。

(7)类比的研究。研究选出的类比，将两者进行同中求异和异中求同的分析，比较，从中找出主要的共同属性，找出更详细的启示。如，为寻找吸引更多消费者的途径，特洛伊木马是一个很好的类比，这个类比的启示是：要为消费者提供某种独特的产品。

(8)适应性联想。将各种启示与在现实中能使用的设想结合起来，产生既可实现又有奇招的方案。要强制性联想，成员们要竭尽奇思幻想，把设想和问题牵强地联系起来。这一过程要始终围绕解题目标进行，直到找着新途径为止

(9)制订方案。主题专家将适应性联想所得方案综合起来，通过实验、检查确定方案，并定出完整的、具有可操作性的方案来。

应用时可按照以上步骤进行，但不一定完全照搬。

【例 5-17】　"气垫包装箱"的发明

1986 年四川省青年发明家张宁正为解决瓷器运输过程中的包装问题而发愁，一次在补自行车车胎过程中，受"内胎充气后一下子膨胀起来，拿在手中弹性很好"的启发。他把内胎充气后就均匀地膨胀起来这一因果关系，类比移植到瓷器包装运输中，研制发明成了"气垫包装箱"。这项发明于 1987 年参加了在比利时布鲁塞尔举办的第 36 届尤里卡世界发明博览会。

三、综摄法类比技巧

综摄法是通过类比方法来实现事物间联系和组合的，类比是综摄法的灵魂，运用类比联想才能实现“变陌生为熟悉”和“变熟悉为陌生”。根据类比的对象和方式不同，具体有四种基本类比：直接类比、拟人类比、象征类比、幻想类比等。除此之外，有人提出：反向类比、因果类比、对称类比、综合类比等，这些类比可归入四种基本类比方式中。

(一) 直接类比

直接类比是针对研究对象，从自然界或已有的成果中寻找与之相类似的事物(包括：知识、技巧、原理以及自然界中的事物——生物、矿物、地质地理现象、气候现象等的机理)，从中得到启发，进行联想，提出解决问题的思想、方法、原理等，最终完成创造成果。所以，直接类比是利用已知事物的性质、功能、原理、结构等现成答案来研究未知事物的创造技法。比如，德国物理学家欧姆(G. S. Ohm)在研究电流流动时，将电与热进行类比，把通过导体的电势比做温度、把电流总量比做一定热量，运用傅立叶热传导理论的基本思想再引入电阻概念进行研究，终于在世界上首先提出了著名的欧姆定律。

直接类比的实施步骤如下：

(1) 深入分析问题，明确问题的内容和要求，提出解决问题的设想；

(2) 根据分析问题的结果——设想，寻找与设想内容类似的事物作为问题解决的类比物；

(3) 研究类比物的机理，即研究类比物的性质、功能、原理、结构等；

(4) 在类比物机理的启发下，构想实现与类比机理相类似的技术原理和手段，从而形成具体的技术方案，得到解决问题的具体方法和方案。

【例 5-18】　汽车爆震问题的解决

在汽车工业发展初期，汽车引擎存在着一个技术难题，就是汽车的“爆震”。所谓“爆震”是指发动汽车时，喷射到气缸中的汽油并不是马上燃烧，发动起汽车，而是要过一段时间后才开始燃烧，突然启动，引起很大的震动，而且汽油的燃烧的效率也很低。所以解决“爆震”，是当时急需解决的问题，很多汽车工程师都在研究这个问题。这个问题的最终解决是由一个叫凯特琳的汽车工程师完成的。凯特琳是这样解决的：

(1) 通过深入分析和研究问题，凯特林认为，汽车引擎不发生爆震的关键是使汽油在汽缸里提早燃烧，即汽油喷射到汽缸，点火马上燃烧。“提早”一词是解决问题的关键字眼。

(2) 在分析结果的引导下，凯特林开始寻找“提早发生的事物”，在寻找过程中，凯特林找到一种植物，叫杨梅。杨梅开花的时间比其他植物都来得早，在冬天它就开花了。

(3) 为什么杨梅提早开花呢？深入研究杨梅的特性，发现杨梅的主要特征之一是它的叶子是红色的，红叶子可以保留住某一定波长的光波，所以，凯特琳认为一定是红颜色使杨梅的花提早开放。

(4) 在这种思想的启发下，凯特琳认为，使汽油变成红色，也许汽油就会提早燃烧。所以，凯特琳开始寻找可以把汽油变成红色的染料，当找不到合适的红色染料时，凯特林往汽油里加了一些碘，结果发现，用加碘的汽油，引擎居然不发生爆震，从而解决了问题。虽然凯特琳后来了解到并不是红颜色解决了爆震难题，而是碘中所含的某种成分。但是，凯特琳把碘加入汽油中的创意却是应用直接类比方法得到的。

1. 仿生类比

应用直接类比特别要注意寻找自然界存在的事物和现象，特别是生物界中生物的机理来探索技术上的可能性。大自然是最完美的设计师，大自然中的每个事物都是精美的艺术品，仿生类比是创新的一条捷径，创造史上很多创造发明都是来自生物界中生物的直接类比。

我国古代著名工匠鲁班被锯齿状草叶割破皮肤，受到启发，联想类比而发明锯子。美国一位名叫乔治·特拉尔的工程师发现，它每次打猎回来，总有一种叫“牛蒡子”的植物种子粘在裤子上，不易取下。有一次，他用显微镜仔细观察，发现这种种子上长满了小勾勾，就是这种小勾勾紧紧勾住衣服的。他突然冒出一个新设想，能否类比“牛蒡子”种子发明一种新搭扣呢？经过一段时间的研究，终于发明了“尼龙搭扣”。

挖土机的发明，实际上是类比模仿人的手和臂而设计的。模仿人手的“五指多功能叉”如图 5-5 所示，是很实用的餐具。蝙蝠在黑夜中高速飞行不撞东西，它们靠超声波发射和接收，科技人员科学模拟它而发明雷达。人们类比蚂蝗吸盘的原理发明了真空吸盘。通过模仿袋鼠起跑原理发明了蹲式起跑器。海豚式高速潜艇仿照海豚的外形。夜蛾式干扰机仿照夜蛾的功能。二元化武器类比了南美洲气步甲虫。企鹅式极地汽车仿照企鹅的行动。动物瞳孔随光线强弱而缩小放大，联想出照相机的光圈。母蚊才咬人，但它回避雄蚊，又害怕蝙蝠，因而模拟雄蚊或蝙蝠的超声波，设计了电子驱蚊器。响尾蛇导弹的引导系统是参照对热辐射很敏感的响尾蛇的视觉系统出发研制出来的。青蛙对运动物体有特别的察觉能力，仿照它研制了蛙眼电子器，用以监视机场的飞机起落。模拟苍蝇复眼制成的照相机，一次能拍摄一千多张照片，分辨率达每厘米四千条线，可用于大量复制电子计算机极精细的显微线路。目前科学家正在类比人类的子宫，研制人造子宫，使十月怀胎能在体外进行。

图 5-5　模仿人手的多功能餐具——“五指叉”

美国波士顿动力学会和美国防御高级研究计划署研制的“机器狗”，载重 40 多公斤，行进速度要求每小时能够达到 80 公里，是目前世界上最先进的四足机器人(图 5-6)。

正如 PC 技术发明人高登·艾吉说：“如果你希望解决一个问题，你可以参考一下这个问题在自然界的解决方案，作为进化的结果，生物总是有着最为经济实用的答案。”他领导的小组研究了夜蛾的眼睛在吸收光线的同时不反射光线的原因，发现这是由于它的眼睛被一个精巧的十字图案所覆盖。他们利用这一点作为信息存储系统的基础，发明出记录信息的光盘。

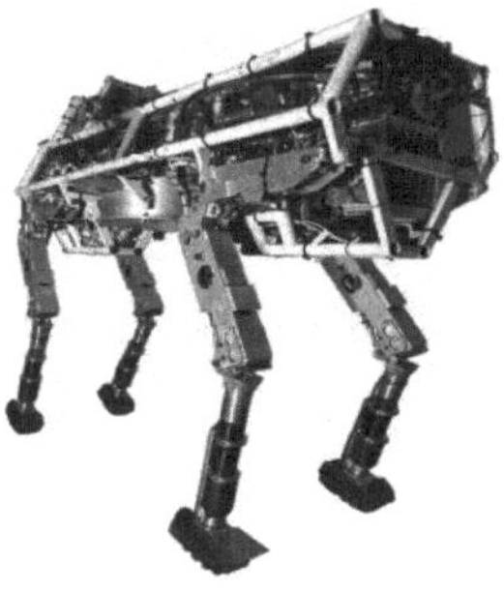

美国研制的“机器狗”

Festo 开发出可奔跑的“机器袋鼠”

图 5-6　仿动物机械

【例 5-19】　结构耗散理论

物理学家普利高津是耗散结构理论的创始人。他的理论是由研究蚂蚁的集体活动得到的。根据普利高津的理论，若按生物数量来计算，在地球上，对应于每个人就有上百万个蚂蚁，他发现每个蚂蚁集体不论是几百只的小集体，还是几百万只蚂蚁的大集体，每个蚂蚁集体都有着一致的行为。大的蚂蚁集体，为了寻找食物，有时能同时派出几十万只蚂蚁一齐行动，这样大的行动有组织分工问题，也有相互联络问题。于是他在自己的实验室里养了 6000 只蚂蚁，为了确切地了解每只蚂蚁的个别行为，他给每只蚂蚁编了号，然后把这 6000 只蚂蚁装进两个连通的盒子，通过长期观察发现蚂蚁也有勤劳和懒惰之分，而在条件改变之后，懒蚂蚁也会主动干活，基于这些观察，他提出了结构耗散理论。

【例 5-20】　节能屋顶

能源问题是当今世界一个全球性的问题，如何解决能源问题——开发新的能源、节约能源和提高能源的使用效率是各行各业都要认真研究的问题。对于建筑行业来说也是如此，设计节能的房屋，是建筑设计中的一个重要问题。因此有人从房屋的屋顶这个方面来考虑设计一种节能的房屋，即发明一种屋顶，使屋子冬暖夏凉，节约能源。

利用直接类比方法解决问题，其实施过程如下：

(1) 应用其他创造技法，如戈登法，对问题进行深入分析，提出一种新型屋顶的创造性设想：夏天，屋顶呈白色，白色屋顶把大部分照射在屋顶上的太阳光反射回天空，减少太阳光的吸收，保持屋内的凉快；冬天，屋顶呈黑色，黑色屋顶能够把照射在屋顶上的太阳光吸收下来，转化为热量，加热屋内的空气，使屋内的温度升高。也就是说，屋顶能根据外面温度的变化改变颜色，夏天温度高时，变成白色；冬天温度低时，自动改变成黑色。

(2) 根据所提出的解决问题的设想，寻找类似的事物。即什么样的事物一会儿是一种颜色，一会儿变成另一种颜色。在这思想的指导下，来寻找具有这种性质的事物，最后找到一种鱼——比目鱼。比目鱼如果处于白色沙滩上，它的皮肤是白色；如果它躺在黑色的泥地或沙滩上，它就变成黑色。

(3) 为了应用类比物进行创造，必须研究比目鱼颜色变化的原理。比目鱼的颜色变化是一种自动地与环境条件相适应的条件反射作用。其原理是：在它的真皮深处是黑色色素，当黑色色素靠近真皮表面时，比目鱼就为黑色素所覆盖，看起来就是黑色的：当黑色色素退回到色素细胞底部时，比目鱼看起来就是白色的。

(4) 在比目鱼颜色变化原理的启发下，构想与之相类似的技术原理和手段，形成技术方案：屋顶的表层是黑色材料做成，在黑色材料内部或下面埋有微小白色空心小球，当阳光照射使屋顶发热时，小白球内部空气受热发生膨胀，到一定程度突出黑色表层，这样屋顶从黑色变成白色。反之，当屋顶变冷温度降低到一定程度时，小白球遇冷收缩，屋顶又呈黑色。显然，这样的屋顶是满足解决问题要求，是具有创新性的屋顶，能够达到保证冬暖夏凉的目标要求。

【例 5-21】　气步甲虫与二元化学武器

和平时代，化学武器在储存过程中如果发生泄漏，后果将不堪设想。如何防止化学武器伤害到自身呢？

在南美洲的哥伦比亚大森林里，生长着一种 1 厘米大小的甲虫，叫气步甲虫。当它遇到敌害被迫自卫时，能喷射出一种液体“炮弹”，喷出时不仅有恶臭味，而且伴有轻轻的射击声，以迷惑、刺激和惊吓敌人。如果这种液体溅落到人的皮肤上，会产生明显的灼热感。科学家对甲虫进行了解剖分析，发现小甲虫胃里有三个小室。一个小室储有苯二酚溶液，另一个小室储有过氧化氢。这两个室里的液体，如果单独喷射是不起什么作用的。但是，这两种液体进入第三室与有机催化剂混合，就会发生化学反立，一瞬间变成 100℃的毒液，并迅速射出。

德国科学家利用该原理研制出一种功率极大又安全可靠的发动机安装在导弹上，美国军事专家受小甲虫的启发研制出世界上最先进的二元化学武器。

2. 对称类比

自然界中许多事物存在着对称关系，利用对称关系所进行的类比就叫做对称类比。

例如，英国物理学家狄拉克从描述自由电子运动的过程中，得出正负对称这两个能量解。一个能量解对应着电子，那么另一个能量解对应着什么呢？人们知道电荷正负的对称性，狄拉克从对比中，提出存在正电子的猜想，结果被实践证实了。

原先化妆品都是女性们专用的，根据对称类比，男士也有爱美和护肤的需要，于是男士化妆品就应运而生了。现在许多人想方设法发明新型儿童玩具，但是，如果利用对称类比为老人们设计玩具，一定会有巨大的市场

【例 5-22】　深潜器的发明

瑞士著名的科学家阿·皮卡尔就运用类比发明法创造了世界上第一只自由行动的深潜器。皮卡尔是位研究大气平流层的专家，他曾设计的平流层气球，飞到过 15690 米的高空。后来他又把兴趣转到了海洋，研究海洋深潜器。尽管海和天是两个完全不同的物质，水和空气都是流体，因此，阿·皮卡尔在研究海洋深潜器时，首先就想到利用平流层气球的原理来改进深潜器。在这以前的深潜器，既不能自行浮出水面，又不能在海底自由行动，而且还要靠钢缆吊入水中。这样，潜水深度将受钢缆强度的限制——钢缆越长，自身重量就越大，也就容易断裂，所以过去的深潜器一直无法突破 2000 米大关。皮卡尔由平流层气球联想到海洋深潜器。平流层气球由两部分组成，充满比空气轻的气体的气球和吊在气球下面的载人舱。利用气球的浮力，使载人舱升上高空，如果在深潜器上加一只浮筒，不也就像一只“气球”一样可以在海水中自行上浮了吗？皮卡尔和他的儿子设计了一只由钢制潜水球和外形像船一样的浮筒组成的深潜器，在浮筒中充满比海水轻的汽油，为深潜器提升力，同时，又在潜水球中放入铁砂作为压舱物，使深潜器沉入海底。如果深潜器要浮上来，只要将压舱的铁砂抛入海中，就可借助浮筒的浮力升至海面，再配上动力。深潜器就可以在任何深度的海洋中自由行动。这样就不需要拖上一根钢缆了。第一次试验，就下潜到 1380 米深的海底，后来又下潜到 4042 米深的海底。皮卡尔父子设计的另一艘深潜器“理雅斯特号”下潜到世界上最深的洋底—10 916.8 米，成为世界上潜得最深的深潜器，皮卡尔父子也因此获得了“上天入海的科学家”的美名。

3. 因果类比

因果类比就是根据一事物的因果关系推出另一事物的因果关系。

【例 5-23】　叩诊法的诞生

18 世纪，一位奥地利医生在给一个患者看病时，尚未确诊，患者突然死去。经过解剖发现，其胸腔化脓并积满了脓水。

能否在解剖前诊断出胸腔是否积有脓水？积了多少脓水？一天，在一个酒吧里，他看到伙计们正在搬啤酒桶。只见他们敲敲这只桶，敲敲那只桶，边敲边用耳朵听。

他忽然领悟到，伙计们是根据叩击酒桶发出的声音来判断桶内还有多少酒的，那么人体胸腔的脓水的多少是否也可以利用叩击的方法来判断呢？他大胆做了试验，结果获得了成功。

这样，一种新的诊断法——叩诊法从此诞生了。

为了更好地应用直接类比，寻找合适的类比物，应该广泛浏览技术、生物、政治、心理学、宗教、艺术、文学等领域的资料，以便在这些与问题无关的领域里发现可解决问题的类比物，广泛涉猎、浏览的根本目的就是寻找对所探讨的问题有启发作用的新观点。这种做法能使思路远远地离开所讨论的问题的领域，有助于提出新奇的创造性构思。

（二）拟人类比

拟人类比又称感情移入、角色扮演。在创造发明活动中，发明者把自己设想为创造对象的某个因素，并由此出发，体会其功能、承受能力……等，设身处地想想，从中得到有益的启迪。

进行创造活动时，人们常常将创造的对象加以“拟人化”，如挖土机可以模拟人体手臂的动作来进行设计。它的手臂如同人的上下臂，可以左右上下弯曲，挖土斗似人的手掌，可以插入土中，将土挖起。在机械设计中，采用这种“拟人化”的设计，可以从人体某一部分的动作中得到启发，常常会使人受到意想不到的效果。管理中“换位思考”就是拟人类比，现在，这种拟人类比方法被大量应用在科学管理中。

拟人类比就是要求设计人员要站在研究对象的角度来想象一下，研究对象的感觉、想法和要求，所以，想象能力的高低是能否熟练使用拟人类比解决问题，获得创造性设想的关键。拟人类比在解决问题的过程中，由于赋予研究对象以人的感觉、意识、感情，往往使解决问题更加人性化，更切合实际和人们的要求，使解决问题的主体人能更容易地挖掘出以第三者的身份所无法，或者难以挖掘的想法和要求，创造性地解决问题。所以，拟人类比往往能得到应用其他任何创造技法所不能得到的创意，甚至有些问题只有应用拟人类比才能更快、更好地解决。

例如，第二次世界大战期间，德国采取不宣而战、突然袭击的手段，大肆向苏联进攻，面对滚滚向前的德国坦克部队，苏联部队节节败退。如何对付德国的坦克部队？指战员们提出了各种各样的办法，但都不能奏效。后来有人建议，用狗来对付，把炸药绑在狗身上，让狗向德国的坦克扑过去，炸毁德国坦克。在无其他更好的办法情况下，苏联前线指挥部采纳了这个建议，马上投入狗的训练。苏联红军战士在坦克上放上狗喜欢吃的食物，经过一段时间的训练，狗就知道在坦克上有好吃的东西，所以，当把关了好几天，饿得发疯的狗一放开，狗马上向坦克扑过去，训练效果很好。经过一段时间的训练，认为可以在战场上使用这一新式的武器了。一上战场，面对滚滚而来的德国坦克，苏联部队指战员马上放开饿了两、三天的狗，这时，悲剧性的场面发生了，狗不是扑向德国坦克，而是纷纷扑向苏联坦克，不可避免，这次战斗苏联红军又失败了。

为什么会出现这样的结局呢？原因就在于训练时，使用的坦克是用苏联坦克，而不是德国坦克。在人看来，不管是苏联坦克还是德国坦克，其本质是一样的，都是坦克。人不仅知道坦克的抽象概念，而且还能够区分不同形式、不同国家的坦克。但是，狗并不具备人的思维分辨能力，它只认得坦克的具体外形，具体的形式，即某种特定外表形式的坦克。虽然同是坦克，但德国坦克的外部结构形状与苏联坦克的外部结构形状是不一样的。训练时，用的是苏联坦克，所以狗只认得苏联坦克，而不认得德国坦克，结果悲剧发生了。

为什么苏联红军在训练狗时没想到这一点呢？就是没有从狗的角度想象一下，训练“我”的时候，应该怎样来训练“我”，用什么东西，用什么坦克，用什么方法等问题，也就是没有应用拟人类比，设身处地地思考一下：“如果我是被训练的狗，应该怎样训练我才好？”“如果我是被训练的狗，我该怎样认得德国坦克的？”

设计新产品时，亲身类比也是一种检验新产品设计是否合理的一种重要的方法。通过亲身类比，想象自己就是产品的使用者，或者亲自使用设计的产品，发现所设计的产品可能存在的缺点，并加以克服，进一步完善产品设计。所以，在产品设计过程中，完成的产品应该要求设计人员亲身体验一下产品使用者的感受，从中发现可进行改进的地方，尽可能使产品设计更加完善。

拟人类比实施步骤如下：

(1)用第一人称描述问题对象的实际情况。

(2)用第一人称赋予问题对象感觉、意识、感情，描述我处于实际情境中的感受、想法和要求。

(3)根据感受、想法和要求，提出解决的设想和方案。

【例 5-24】　应用拟人类比设计恒速机构

设计实用的恒速机构，即不管驱动输入，如电机的速度如何变化，通过恒速机构，使输出保持固定的转速。如假设驱动轴的输入转速为每分钟 4000 转，而输出转速为恒速每分钟 400 转。应用亲身类比解决问题的过程如下：

① 我是恒速机构，我待在驱动轴和输出轴之间，一手抓住输入轴，一手抓住输出轴；

② 当输入轴开始转动时，我紧紧抓住输入轴，当我判断输入轴转速变快时，抓输入轴的手稍微松开一点，以便维持输出轴的恒速。或者是紧紧抓住输入轴，而抓输出轴的手稍微松开一点。如果发现输入轴转速变慢时，我就紧抓住输入轴，同样也要注意输出轴。通过抓输入轴的手的松紧，或抓输出轴的手的松紧，使输出的转速保持恒定。转速太快，我的手热得难受，没关系，只要不断往手撒水就可以了。至于判断转速，我一边看着手表一边看着转轴上的一个标记，标记出现一次就说明转过了一圈，进行计数就知道转速多少。转速太快，我的身体很容易被扭转成像绳子一样，所以，制造的材料必须选择高强度的材料，或者在我的身上绑上一些加强筋骨架，等等。

③ 根据上述的感受、想法和要求，我们就可以提出一个恒速机构的结构，所用材料等方案。

(三)象征类比

所谓象征是一种用具体事物来表示某种抽象概念或思想感情的表现手法。象征类比是针对问题，用某种概括、抽象的形象、符号或句子来表达和反映问题的本质，以该概括、抽象的形象、符号或句子为中介，寻找具有与中介内容相类似的事物作为类比物，从而把两个平时无论如何也不可能相提并论、相互联系的问题对象和类比物联系起来，进行类比联想，提出解决问题的方案。

象征类比应用较多的是在建筑设计中。例如：设计纪念碑、纪念馆，需要赋予它们有“宏伟”、“庄严”、“典雅”的象征格调。历史上许多名垂千秋的建筑，就在于它们格调迥异，具有各自的象征。

例如，上海金茂大厦象征含意：其外形像竹笋—象征着节节攀升；像宝塔—富有民族气息；像一支笔——在蓝天描绘着未来。整座大厦的设计数据与中国人喜欢的“8 ”字相连—总高 88 层，中间是 8 角形混凝土核心、周边是 8 根巨型钢柱、塔式建筑的向上收缩点均位于与 8 有关的楼层上……以“8”象征着兴旺发达！

在写作、电影、雕塑、绘画等文学艺术作品中，玫瑰花——爱情，绿色——春天，书籍——知识，钢铁——坚强，大海——蓝色，书籍——知识，橄榄枝——和平，大炮——强权等。

在联合国总部大楼前竖立一组“和平”为主题的雕塑，其中“打结的枪”特别引人注目，显示很高的创造性见图 5-7。

图 5-7　联合国总大楼前雕塑——“打结的枪”

象征类比实施步骤如下：

(1) 分析问题，明确问题的本质。

(2) 用概括、抽象的形象、符号或句子描述来表达和反映本质。

(3) 以概括、抽象的某种形象，或符号，或句子描述为指导，寻找具有相同或类似内容的事物，此事物即为类比物，或者直接列出能实现抽象描述的方案。

(4) 研究类比物的机理，即性质、功能、原理、结构等。

(5) 在类比物机理的启发下，构想实现与类比物机理相类似的技术原理和手段，从而形成解决问题的技术方案。

【例 5-25】　发明新型千斤顶

应用象征类比解决问题的过程如下：

(1) 平时我们所看到的千斤顶是应用杠杆机构和液压原理，这种千斤顶使用起来很方便，但是，由于这种千斤顶有一定的体积大小，当工作空间窄小时，由于放不进去，这种千斤顶就发挥不了作用。为此，迫切需要一种体积小，又能顶起重物的千斤顶。体积小最好是软的东西，揉成一团占的空间就小了，甚至可以装在衣服的口袋里。要能顶起重物，只有硬邦邦的东西才能支撑。所以，通过分析，明确我们所要设计的千斤顶是，体积小，软软的东西，顶东西时，可以不断变大，成为硬邦邦的东西。

(2) 可以将问题的本质概括为，“使软绵绵的东西变成硬邦邦的东西。”

(3) “如何使软绵绵的东西变成硬邦邦的东西呢？”“现实中，有什么东西原来是软绵绵的，后来变成硬邦邦的？”在抽象描述的启发下，进行联想和想象。橡胶管原来是软软的，往管内注入高压水或油，橡胶管会逐渐变大，变硬；在橡胶管内安装一根像收音机天线一样的伸缩轴，用泵加压使轴上升；印度魔术中有一个节目，一根原来软软的绳子，变来变去，绳子变硬了，像一根竹竿，魔术师还能顺着绳子往上爬；面粉团原来是软绵绵，经火烤变成硬邦邦的东西：软绵绵的气球充气后变成硬邦邦的东西，等等。

(4) 如类比物：“软绵绵的气球充气后变成硬邦邦的东西”，原理很简单，就是用气筒往橡胶气球内压入空气。

(5) 在类比物的机理启发下，提出一种新型千斤顶的设计方案：用高强度、高弹性的橡胶做成一定形状的气囊，外接一个高压空气泵。由于橡胶气囊软软的，对于空间小，或者空间形状特殊的工作场合，橡胶气囊都可以放得进去，因此，这种不同于杠杆液压式千斤顶的软性千斤顶可以适应各种不同工作场合。

(四) 幻想类比

幻想类比实际上是一种直接类比，只是幻想类比是在童话、神话、传说、民间故事、幻想小说等领域寻找类比物。为什么这些幻想事物可以作为类比物呢？

童话是儿童文学的一种形式，它是通过丰富的想象、幻想和夸张来塑造形象，反映生活，其故事情节常常是神奇曲折，生动浅显，对自然物往往作拟人化的描写。神话是表现远古人民对自然及文化现象的理解与想象的故事。它是人类早期的不自觉的艺术创作。神话并非现实生活的科学反映，而是由于远古时代生产力的水平很低，人们不能科学地解释世界、自然现象和原始社会文化生活的起源和变化，以他们贫乏的生活经验为基础，借助想象和幻想把自然力和客观世界拟人化的结果。神话的创作与远古人民争取生存、向自然抗争的活动紧密结合在一起，与远古的生活和历史有密切关系。神话中充满了神奇的幻想，它把远古人民的认识和世界万物的生长变化都蒙上了一层奇异的色彩。民间故事中的幻想故事，又叫民间童话，包含丰富的想象成分，幻想故事的主人公多为普通劳动者，其中出现的情节、事物和一部分人物，大都带有超自然或者说超越当时社会现实的性质。它常把某些现实生活中不可能的事情，当作可能实现的事情表现出来。它借助法术和宝物的帮助，实现贫困、诚实主人公的愿望和憧憬，并对恶人、贪心者予以惩罚。这类故事中的宝物大多为日常事物，它们的神奇性能实际上是人类知识和技能的作用的理想化，并且经过幻想以物质形态表现出来。传说是民间长期流传下来的对过去事迹的记述和评价。有的以特定历史事件为基础，有的纯属幻想的产物，在一定程度上反映了人民群众的要求和愿望。幻想小说，是以小说的形式讲述指向未来的想象，是超脱现实表现某种境况和某种愿望，其内容同样带有许多超自然、超现实社会现象的性质，充满着稀奇古怪的设想和描写。

可见，童话、神话、传说、民间故事、幻想小说之所以可以作为类比的对象，就在于它们充满着人类的幻想，充满着人类对提高自身能力的渴望，充满着对人类知识和技能的理想化想象，充满着人类的要求和愿望。它们是人类同世界上各种无法控制的力量频频发生冲突的反映，并希望战胜它们的渴望，其中充满着神奇的幻想，为我们的创造提供了生动活泼、稀奇古怪、丰富多彩的素材，是创造活动重要的思想源泉。如阿里巴巴开门的方式：阿里巴巴站在洞门外，嘴里念着：“芝麻，开门吧！”洞门马上就自动打开；印度神话故事中的飞毯，坐在飞毯上的人嘴里念念有词，飞毯就能飞上天空，飞到你想去的任何地方；J.凡尔纳《战争狂人》中的“超级大炮”：“它至少有30万公斤重，口径1.5米。炮架是钢做的，下面有一块钢板，炮可以在钢板上转动。炮上装有许多齿轮，操纵十分便利。炮架后部装着一个弹簧复位器，作用是抵制发射后的坐力，使炮身在每次发射后自动复位。”，还有什么“窒息弹”等。所以，戈登把这类从直接类比独立出来，称为幻想类比。

幻想类比的实施步骤与直接类比的实施步骤相同。

【例 5-26】　设计新型的锁具

由问题想到神话或传说中的念咒，站在门口，口中念念有词，门突然间打开了。像阿里巴巴站在洞口前，口中念到“芝麻，开门吧！”洞门一下子就开了。由此设计人员提出一种锁具的设想：利用声音的声波，通过声波识别和电声信号变换装置，来开启和关闭门。发明出一种根据电声原理制成的新型锁。再如，由神话中用咒语启动地毯的故事启发人们运用电声变换装置实现汽车的自动驾驶。

类比在科学技术研究、在创造发明中具有特别重要的意义，它是由已知通向未知的桥梁，很多科学家和技术工作者特别重视和推崇类比。开普勒曾说：“我珍视类比胜于任何别的东西，它是我最可信赖的老师，它能揭示自然界的秘密。”康德也说过：“每当理智缺乏可靠的思路时，类比这个方法往往能指引我们前进。”“我始终以类比的方法和合理的可信性为指导，尽可能地把我的理论体系大胆发展下去。”所以，我们应该充分重视类比在创造中的作用，当你的创造出现困难时，不妨使用综摄法。

第五节　分析列举型技法

进行发明创造，首先都要确定创造目标、选择题目。经验证明，选题的恰当与否，将直接关系到创造发明成功与否。

列举法作为一种发明创造技法，是以列举的方式把问题展开，用强制性的分析寻找创造发明的目标和途径的创造技法。列举法的主要作用是帮助人们克服感知不足和因思想被束缚而引起的障碍，迫使人们带着一种新奇感将事物的细节统统列举出来，时时处处去想某一熟悉事物的各种缺陷，尽量想到所要达到的具体目的和指标。这样做，比较容易捕捉到所需要的目标从而进行发明创造。

列举法就是针对事物某方面内容，罗列出所有项目，达到全面考虑问题，防止遗漏，从而形成多种设想和方案的方法。针对事物的不同内容进行列举，形成不同的列举法。最早提出的列举法是特性列举法，在此基础上又发展出希望点列举法、缺点列举法等不同内容的列举法。

这里主要介绍特性列举法、希望点列举法、缺点列举法。

一、特性列举法

（一）基本原理

特性列举法，又称属性列举法，是由美国布拉斯加大学创造学家克劳福德（R. P. Crowford）教授研究总结出来的一种创造技法。克劳福特认为每个事物都是从另外的事物中产生发展而来的。一般的创造都是旧物改造的结果，所改造的主要方面是事物的属性。运用该技法时，先要对创造发明对象进行仔细观察和详细的分析，尽量列举该事物的各种不同的特征或属性，然后再探讨能否进行改革或创新。

特性列举法主要应用于产品研制设计活动。产品有各种各样的属性，产品属性是指标志产品性能特征，或组合成产品的部分的性能特征。产品属性一般分成三类：名词属性、形容词属性和动词属性。

名词属性：是指能够用名词表示的整体、组成部分和要素的属性，包括产品整体和构成部分的名称、产品所用的材料的名称以及制造的方法等属性。

形容词属性：是指表示产品性质的重量、形状、大小、颜色、舒适度、强度、状态等属性。例如，能够用“重的”、“大的”、“红的”、“圆的”等形容词表示的属性。

动词属性：是指说明产品的整体、组成部分的功能的特性，它说明产品的功能、功用，一般用动词表示。例如，打开、放出光线、报时、书写等。

除名词属性、形容词属性和动词属性外，在实际应用中，也可按需要重新分类列举，如物理属性、化学属性等。

属性列举法一般应用于简单产品，因为复杂产品其特性多而杂，所以，应用起来比较困难。要解决的问题越小、越简单，属性列举法就越容易获得成功。如果问题较大，最好将问题分解成几个小问题，再分别进行研究。例如，要革新一辆汽车，若从整体着手，往往一时难以得出新的设想，因它涉及面广，很难一下子把握住。为此可对组成汽车的主要系统进行分解，然后针对各个局部加以改进，见图 5-8。

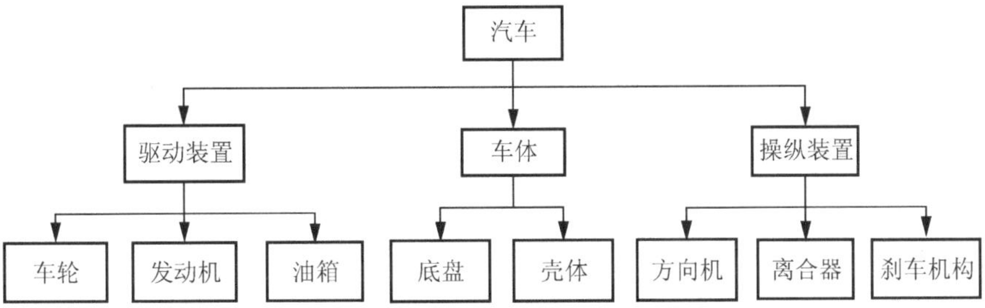

图 5-8　汽车分解图

（二）实施步骤

(1) 选择一个比较明确的课题，课题宜小不宜大，如果课题较大则应将其分解成若干小课题。

(2) 根据发明或创新对象的现状，列举出其属性。一般从名词属性、形容词属性、动词属性等三个方面列举属性，有关机能和作用的性质，特别是那些使事物具有存在意义的功能。

(3) 针对列举出的每个属性分别进行提问，思考改进，提出创造性设想和方案。此时，可参考使用奥斯本的检核表法进行提问改进。

(4) 对方案进行评价讨论，使产品能符合人们的需要和目的。

【例 5-27】　新颖水壶的构思

烧水的水壶，似乎已经定型习惯了，不易想到可以改进之处。现用属性列举法分析它，便能打开思路。

(1) 名词属性

整体：水壶；

部分：壶嘴、壶把手、壶盖、壶体、壶底、蒸汽孔；

材料：铝、铁皮、搪瓷、铜材等；

制作方法：冲压、焊接、浇铸。

根据所列属性，可作如下提问：壶嘴长度是否合适？壶把手可否改成塑料以免烫手？壶体可否一次成型？冒出的蒸汽是否烫手，改个位置行否？制作材料有无更适用的，等等。

(2) 形容词属性

性质：轻、重；

状态：美观、清洁、高低、大小等；

颜色：黄色、白色、各种图案；

形状：圆形、椭圆形等。

由此，也可找到许多可供改进的地方。如怎么便于清洁，颜色图案该作何变化，怎样使造型更美观，怎样使壶的体重变轻，底部用什么形状才更利于吸热传热，在什么情况下、多大型号的壶烧水最经济等等。

(3) 动词属性

功能：烧水、装水、倒水、保温等。

怎样倒水更方便，能否在壶体外加保温材料，则可提高热效率并有保温性能，怎样烧水节省能源。再如在壶嘴上加一汽笛，使水开时就可鸣笛发信号等。

二、希望点列举法

希望点列举法，是通过列举希望新的事物具有的属性以寻找新的发明目标的一种创造技法。就是把对某个事物 “如果是这样就好了”之类的想法都列举出来。人们对美好愿望的追求，往往会成为创造发明的强大动力。

希望点列举法不同于缺点列举法。后者是围绕现有物品的缺点提出各种改进设想，这种设想不会离开物品的原型，通常不触动原来事物的本质和总体，因而它是一种被动型的创造发明方法。而希望点列举法是从发明者的意愿提出各种希望的新设想，它可以不受或完全不受原有物品的束缚，因此，它是一种积极、主动性的创造发明方法。为人们使用该方法提供了广阔的创造思维空间。

希望点列举法没有固定的操作步骤，一般是参照图 5-9 示意进行，即：收集人们的希望(可用智力激励法会议激发人们的希望点、征集人们的希望)；整理收集的希望点，并进行分析、筛选评判；从中选出目前可能实现的若干项进行仔细研究，确定希望点——创造目标；创造新产品以满足人们的希望。

例如，有一家制笔公司用希望点列举发明法产生了一批改革钢笔的希望；希望钢笔出水顺利；希望绝对不漏水；希望一支笔可以写出两种以上的颜色；希望不沾污纸面；希望书写流利；希望能粗能细；希望小型化；希望笔尖不开裂；希望不用打墨水；希望省去笔套；希望落地时不损坏笔尖等等。这家制笔公司从中选出“希望省去笔套”这一条，研制出一种像圆珠笔一样可以伸缩的钢笔。

现在市场上许多新产品都是针对人们的“希望”研制出来的：人们希望电风扇能吹出一阵一阵的风，于是发明了模拟自然风的阵风电扇；人们希望把伞放进提包，于是发明了折叠伞；人们希望夜间开门找钥匙方便，于是发明了带电珠的钥匙圈；人们希望洗衣服不需要费力拧干，于是发明了甩干机；人们希望能不费力地将重物搬上楼，于是发明了能爬楼梯的小车，等等。

希望人人皆有，但要提出创造性强且又科学可行的希望却不容易。链式传动自行车诞生于 1884 年，其实早在 1495 年达·芬奇就“希望”发明一种靠人力通过链条驱动的自行机械并设计出了有关图纸，然而在当时是无法实现的。这说明，希望总是产生在现实之前的，希望是对现状的冲击和挑战，满足于现状是难以产生希望的。

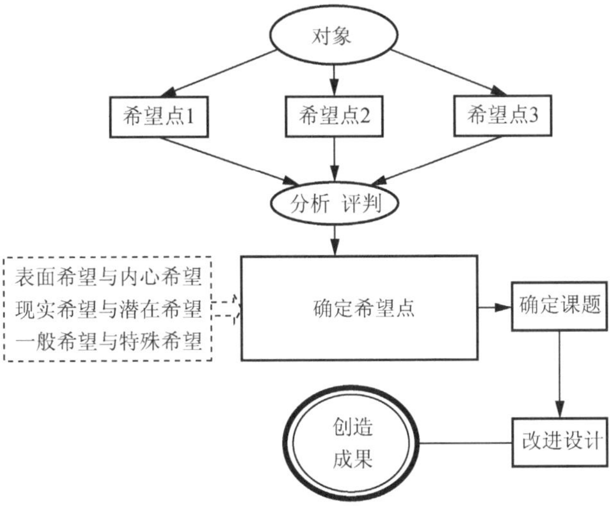

图 5-9　希望点列举法操作程序示意图

【例 5-28】　利用希望点列举法设计灯具

围绕研究的问题提出各种各样美好的愿望：

(1) 天黑时，当我走进卧室时灯会自动亮。

(2) 声音控制灯，我说：“开灯。”灯就自动亮。我说：“关灯。”灯就自动灭掉。

(3) 当我迷迷糊糊睡过去时，灯能自动关掉。

(4) 我想灯照这里，灯只照这里；照那里，灯只照那里。

(5) 当我半夜起来时，灯能自动亮。

(6) 灯泡要是像萤火虫一样不发热，夏天房间会凉快些。

(7) 制造一种不用电的灯具。例如白天储存收集太阳光，晚上再放出来，就可以不用电了。

这些似乎荒谬、类似梦呓的愿望实际上都是很好的创造课题。在这些愿望的启发和指引下，创造出富有新意的事物。

三、缺点列举法

“缺点列举法”是一个极为重要而又普遍应用的方案设计技法。对某个事物存在的某观点产生不满，往往是创造发明的先导，只要把列举出来的缺点加以克服，那么就会有所发明有所创新。通过缺点列举训练，可以逐步树立创新志向，甚至可以直接导致发明创造。

【例 5-29】　凹底篮球鞋的发明

20 世纪 50 年代，日本有个叫鬼冢喜八郎的人听朋友说："今后体育要大发展，运动鞋是不可缺少的。"他受这番话启发，决定跨入生产运动鞋这一行业。他想，要在运动鞋制造业中打开局面，一定要做出其他厂家没有的新型运动鞋。然而，他一无研究人员，二无资金，不能像大企业那样投入大量的人力和资金去研究新产品，但是他想："任何商品都不会是完美无缺的，如果能抓住哪怕针眼大的缺点，进行改革，也能研究出新的商品来。"于是他买了一些篮球运动鞋来进行研究。他先访问优秀的篮球运动员，听他们谈目前篮球鞋存在的缺点，几乎所有的篮球运动都说："现在的球鞋容易打滑，止步不稳，影响投篮的准确性。"他还和运动员一起打篮球，亲身体验到这一缺点。于是，它就围绕篮球运动鞋容易打滑的这一缺点进行革新。有一天他在吃鱿鱼时，忽然看到鱿鱼的触足上长着一个个吸盘，他想，如果把运动鞋底做成吸盘状，不就可以防止打滑了吗？于是，他便把运动鞋的平底改成为凹底。试验结果证明，这种凹底篮球鞋比平底的在止步时要稳得多。鬼冢发明的这种新型的凹底篮球鞋，逐渐排挤了其他厂家生产的平底篮球鞋，成为独树一帜的新产品。

鬼冢的这种创造发明方法，叫做缺点列举法。缺点列举法就是通过发掘事物的缺陷，把它的具体缺点一一列举出来，然后找出改革方案，进行创造发明的一种方法。

(一)基本原理

任何产品都不可能是十全十美的，它们或多或少的存在着这样那样的缺点。然而，由于人有惰性，对于看惯的事物，往往不愿意去发掘它的缺陷。这样就会丧失每个人本来具有的创造力，无所创造。与此相反，如果能对产品"吹毛求疵"，故意找毛病，找出它的缺点，然后运用新技术加以改革，就会创造出许多新的产品来。缺点列举是一种简便有效的创造发明方法。

缺点列举法是抓住事物的缺点进行分析，以确定发明目的的创造技法。此法与属性列举法相比，有其独到之处。属性列举法列出的属性很多，逐个分析需要花很多时间。缺点列举法的特点是直接从社会需要的功能、审美、经济价值等角度出发，研究对象的缺陷，提出改进方案，显得简便易行。此法主要是围绕着原事物的缺陷加以改进，一般不改变原事物的本质与总体，属于被动型的方法。它一方面可用于老产品的改造上，也可用在对不成熟的新设想、新产品作完善工作，另外还可用于企业的经营管理方面等。

缺点列举法有如下几个特点：

(1) 由于这种方法直接强调了问题意识，有益于打破定势。

(2) 由于这种方法直接涉及产品的问题，所以简捷，高效。

(3) 这种方法适用于产品改造，也适于对各种问题的分析。

(4) 这种方法的功能在于提出问题，对于寻找创造目标非常有用。若想深入地分析问题，并解决问题必须与其他方法结合。

(二)实施步骤与方式

1. 缺点列举法实施步骤

运用缺点列举法没有严格程序，一般可按图 5-10 步骤进行：

第一步，确定某一改进、革新的对象。

第二步，尽量列举这一对象事物的缺点，需要时可召开智力激励法会议，也可进行广泛的调查研究、对比分析或征求意见。

第三步，将缺点加以归纳整理。整理时可将缺点整理成卡片，以便于归类。

第四步，针对每一缺点逐条分析，挑出主要的，对产品影响大的缺点，并将缺点排序。

第五步，分析形成主要缺点的原因，尽量揭示出深层矛盾。

第六步，针对缺点，运用缺点改造法研究其改进方案或采用缺点逆用法发明出新的产品。

一般来说，操作到第三步产品的缺点已列举清楚，缺点列举方法的使用就完成了。

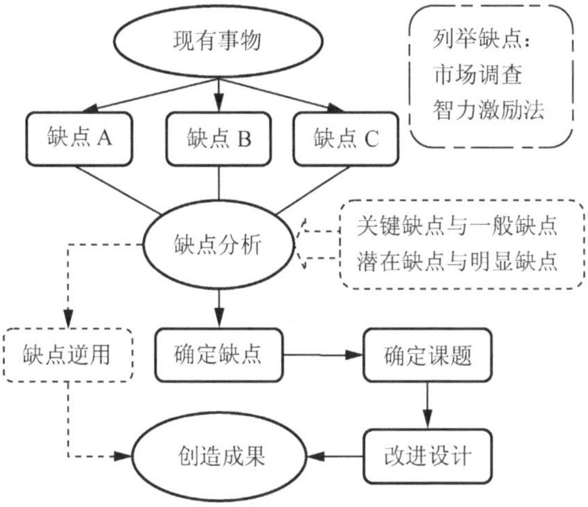

图 5-10　缺点列举法操作流程

例如，对现有的雨衣作缺点列举：

(1) 胶布雨衣夏天闷热不透风；

(2) 塑料雨衣冬季变硬变脆容易坏；

(3) 穿雨衣骑自行车上下车不方便；

(4) 风雨大时，脸部淋雨使人睁不开眼，影响安全；

(5) 雨衣下摆贴身，雨水顺此而下弄湿裤腿与鞋；

(6) 胶布色彩太单调，无装饰感等。

针对这些缺点可提出许多改进方案。如采用新材料使塑料雨衣不脆不硬；在雨帽上加一副防雨眼镜或眼罩；增加色彩，分别设计男、女、老、少不同式样的雨衣；在雨衣下摆增设充气软质塑料管，以防弄湿裤腿，等等。

【例 5-30】　手表改进

列举某手表厂生产的电子石英男表的缺点：

(1) 防水性能不够标准，进水或汗湿后电子元件受影响，造成走时不准。

(2) 镀层不耐磨。

(3) 表盘在夜间看不清。

(4) 无声音报时，当没有观看条件时，使用不方便。

(5) 款式少。

(6) 没有配套的包装盒。

(7) 加工工艺繁琐。

(8) 功能少。

(9) 档次不全。

(10) 佩戴方式单一。

(11) 表面粘接不牢。

(12) 夏天戴表期间手腕皮肤容易起湿疹。

将这些缺点整理分类，可分为四类问题，即：结构问题，包括(1)(9)和(4)；品种问题，包括(6)和(4)；工艺问题，包括(9)(7)(10)；包装问题(6)。其中结构问题中的(1)(9)，品种问题中的(6)(9)，工艺问题中的(2)(7)都是急需解决的、应首先寻找其中的问题，其余问题应随后解决。

2．列举缺点的方法

在具体运用缺点列举法作创造发明时，可以是个人进行思考，也可集体研究，还可借助调查等方式。

1) 会议法

所谓缺点列举会，是一种专挑某事物毛病的定向分析会。召开缺点列举会、是充分揭露事物缺点的有效方法。一般采用智力激励法，召开缺点列举会，其最大特点就是可以互相启发，产生连锁反应。会议由5～10人参加，一次会议时间一般1～2小时。出席对象应为该产品的使用者、经销者、生产者、管理人员及设计者等。会前由主管部门针对某项事物，选择一个需要改进的主题，会议的主题宜小不宜大，让与会者围绕此产品尽量列举各种缺点，愈多愈好。会后将所提缺点分类整理，供专门人员研究改进方案。可以采用口头发言的奥斯本智力激励法，也可以采用卡片式智力激励法，即每人发一张卡片，分别写上各自发现的该事物的缺点，再依次定向传递作补充。

2) 征集用户意见法

对于已投放市场的产品，通过销售、售后服务等渠道，采用适当的形式，让用户这个“上帝”充分提意见，用户提出的意见有时是生产设计人员所不易想到的，对于改进企业产品或提出产品概念最有参考价值。这里的适当形式可以是印制用户调查表随产品发给用户，可以电话调查，可以登门调查，也可以通过媒体采用有奖征求改进意见，等等。

3) 对照比较法

俗话说“不怕不识货，就怕货比货”，“大有大的短处，小有小的优点”。将同类产品集中在一起，从比较中找缺点，甚至对名牌产品吹毛求疵，找到可以改进之处。用这种方法开发新产品起点高，步子大，容易一举成名。

对于改进革新产品，将所研讨的对象与目前市场上最先进的同类产品就各种技术参数、性能、功能、质量、价格、外观、包装等进行分析比较，从而找出自身的缺点，取各家之优点设计出超过同类产品、具有竞争力的新型产品。例如，日本的机床工业就是使用对比法发展起来的。

事实表明，发现同类产品的共同缺点比发现自身单独存在某一缺点更有创造价值。例如，有人发现洗衣机存在着病毒交叉感染的缺点，这对提出“防病毒型洗衣机”的新概念具有重要的“智慧泉眼”的作用，导致新一代洗衣机的诞生。

在列举缺点的过程中，既要列举那些显而易见的缺点，更要善于发现那些潜在的，不易被人觉察到的缺点。例如手机开发时，人们往往重视手机的外形、颜色、清晰度、功率、功能等，但有的厂家就十分注意手机微波对人体的伤害，开发出低辐射手机，深受消费者的欢迎。

【例 5-31】 汽车喇叭的改进

苏州有一家生产汽车喇叭的校办工厂，只有几十个人，产品缺乏竞争力，销路不佳。厂方通过调查走访，分析总结大厂的产品存在有下列三个主要缺点：

(1)使用寿命不长。

(2)产品外表镀锌面易变暗。

(3)接线图印在包装纸盒上，容易丢，给检修带来不便。

造成这三个缺点的原因是：

(1)大厂产品线圈接头不是点焊在铜夹板上，而是直接夹在铜夹板上，容易接触不良，故而使用寿命短。

(2)包装仅一只纸盒，无防潮措施，引起镀锌表面氧化、发暗。

(3)接线图印在纸盒上不易保管。

解决的方法是：

(1)将线圈接头用点焊工艺熔焊在铜夹板上，彻底根除隐患。

(2)包装增加了一个塑料袋密封。

(3)将接线图另印在一张质地较好的卡片纸上以利保存。

三项改革使该厂产品摆脱了步人后尘的局面，第二年的销售量就增加一倍，利润翻一番。

【例 5-32】 雨伞的改进

应用缺点列举法，对平时用的普通曲柄雨伞作改进创新。先列举其缺点有，伞尖容易刺伤人；拿伞的人不便再拿其他东西；乘公共汽车时雨伞上的水会弄湿别人的衣服；开收不方便；伞骨容易折断；伞布透水；模样单调、不美观、不易互相识别；晴雨两用时，式样不能兼顾；收藏携带不方便等等。为此，便研制出了种类繁多的新品种，如可折叠伸缩的雨伞；伞布经防雨处理的雨伞；各种花型色彩的伞；伞顶加装集水器、上车收伞时雨水便不会滴在车内；伞骨不用铁制，避免生锈；能开收自如的自动伞；甚至还有两人共用的椭圆形情侣伞；可兼作手杖的手杖伞；有照明功能的夜行伞；伞面用透明塑料布可不挡住视线；伞布做成可卸式易于洗涤，等等。其中，日本理想公司抓住雨伞太长不便携带的缺点，制成了三折伞，并加装一道弹簧使伞能自动张合。这一小小改进，给该公司增加年利润 50 万美元。

最近，在欧美流行着一种新型雨伞，伞面是十分轻巧的镀铬条。这种伞除了可挡雨外，还是一种新式的太阳灶，只要在阳光下把伞倒放，让伞柄对准太阳，伞面的聚焦点可产生500℃的高温，足以供人烧水、做菜、煮饭。

【例 5-33】 尽可能多地列举出玻璃杯的缺点

容易碎；比较滑；盛开水后手摸上去很烫手；容易沾上脏物；有了小缺口会划破手；容易翻倒；活动时带在身边不方便；倒上热水后很容易凉；成套的玻璃杯花色相同，喝水人稍一不注意就分不清自己所用的杯子；有些鼻子较高的人用普通玻璃杯喝水，杯沿压着鼻子会感到不舒服……

缺点列举法可以直接从社会需要的功能、审美、经济、实用等角度出发研究对象的缺点，提出切实有效的改进方案，因而简便易行，常会取得很好的效果。然而，缺点列举法大多是围绕原来事物的缺陷加以改进，通常不触动原来事物的本质和总体，因而它属于被动型创造方法，一般只适用于对老产品的改造或用于不成熟的新设想、新发明，从而使其趋于完善。

四、缺点逆用法

庄子曰："人皆知有用之用，而莫知无用之用也。""无用之用是为大用"。

关于"无用之用"，《庄子》中有一则"惠施的大葫芦"的寓言，讲的是：惠施是庄子的朋友，有一天惠施对庄子说："魏王给了我一些大葫芦的种子，我种在地里，结的葫芦很大，可装五石。可是，用它来盛水，一拿起来就破了；切成两个瓢又太浅，装不了多少东西。可见，这葫芦虽大，却大得无用，我就把它们都扔掉了。庄子听了后答道："可惜啊！你竟不会用大的东西！葫芦这么大，你何不做一个网把它们套起来，然后把它们绑在腰间做个腰舟，使你在水中载浮载沉，不是很愉快吗？为什么非要用来装水不可呢？"这个故事说明，有用和无用是相对的。惠施只看到葫芦常用的用途：装水、做瓢，所以，当这些用途无法实现时，惠施就认为，这种葫芦没什么用处。可是，庄子却认为，虽然葫芦不能用于日常的用途，但并不等于它就没有用处。实际上，好好想一想它的特性，思考利用其特性的地方，便显出了妙用。

这个寓言也说明了一个道理："天生我才必有用"。有用和无用、缺点和优点都是相对的，一事物因条件的不同可能被认为是缺点，也可能被认为是优点。认为是缺点的东西，换一角度来考虑、利用，便变成了优点。缺点是令人讨厌的东西，但是，如果能加以利用的话，往往会导致重大的创新。

所谓缺点逆用法，就是针对对象事物中已经发现的缺点不是采用改掉缺点的做法，而是从反面考虑如何利用这些缺点从而做到"变害为利"的一种创造技法。

那么，如何应用缺点逆用法进行创造呢？其实施步骤如下：

(1) 分析事物的缺点的特性。

(2) 分析缺点的特性可能产生、带来的各种结果和后果，以及与缺点相联系的各种因果关系。

(3) 进行联想，寻找可以利用这些特性、结果和因果关系性质的领域和情境。

(4) 构思具体方案。

【例 5-34】　金属铜的氢脆性的利用

金属铜的氢脆性是指在 500℃下由于铜中的氧化物被氢还原析出水，当水以蒸汽形态释放出来时，使铜产生裂纹。由于铜的氢脆性，使得铜构件在高温下的机械性能大大降低，对于铜构件的正常运转来说是个缺点。当发生铜的氢脆性时，此时铜在高温下产生龟裂，韧性降低，变成很脆，容易被打碎成小块铜。也就是说，铜的氢脆性的一个结果是铜容易被碎成小块，甚至变成粉末状。这种结果能否加以利用呢？即哪些领域常常要求把铜搞成小块、破碎、研磨成粉末？对冶金业较熟悉的人都知道，铜粉末是冶金行业的一种重要原材料，为什么不利用铜的氢脆性制造铜粉末？现在人们就是利用铜的氢脆性的特点于铜粉末的制造：将铜置于氢气流中加热至 500～600℃，历时 1～2 小时后，铜的氢脆性使铜碎成小块，甚至粉末，再放入球磨机内加工，很方便即可得到很细的铜粉。

【例 5-35】　苍蝇很脏，传染疾病

大家知道，苍蝇是严重的带菌者，人们吃了苍蝇爬过的食物就会得病，若被感染上霍乱，在很短时间内就会致命。苍蝇很脏是个缺点。分析与"苍蝇很脏，传染疾病"这个缺点相联系的因果关系性质。可从如下几个方面进行提问，帮助我们进行分析。“为什么苍蝇很脏？”“为什么苍蝇不怕脏？”“苍蝇这么脏，却不会死掉，为什么？”“苍蝇是如何传染疾病的？”苍蝇很脏是因为苍蝇对什么都喜欢，到处飞，什么东西都要沾一下，因此，身上带有很多对人有害的细菌，所以很脏。苍蝇很脏却不会死掉，显然是苍蝇身上有极强的抗细菌能力。“到处飞，什么东西上都喜欢逗留沾一下。”和“苍蝇有极强的抗细菌能力。”这两个性质在哪些地方可加以利用，应用联想思维进行联想、想象。针对“到处飞，什么东西上都喜欢逗留沾一下”，把苍蝇作为运输、传播某种东西的运载体。例如，在某种传染病流行期间，把这种传染病的免疫苗附在苍蝇身上，让苍蝇到处飞，起到预防、防治传染病的作用。在战争中，把苍蝇作为细菌战的细菌载体等。针对“苍蝇有极强的抗细菌能力”，既然如此，能不能从苍蝇体内提取出抗细菌的物质加以利用，这样将对人类健康起到非常有益的作用。苍蝇这种讨厌的东西就成为了宝贝。

【例 5-36】　吸墨纸的发明

德国某造纸厂的一位技师，有一次由于一时的疏忽大意，在造纸的某道工序中少放进去一种原料，结果生产出大批不能书写的“废纸”。正当他想着会被老板解雇的时候，一位朋友向他建议说：“考虑一下这样的纸有没有什么别的用途？”于是这位技师和他的朋友一起，对这批纸反复观察琢磨，终于发现：这种纸的吸水性能特别强，蘸在这种纸上的墨水很容易被吸掉。他们发现这一特点以后，便对这种纸加以剪裁和装订，把它作为一种专门供书写后吸干墨水用的“吸墨水纸”出售，上市后竟然大受用户们的欢迎。后来这位技师还为这种“吸墨水纸”的制造方法申请了专利。

第六节　组合创造技法

一、组合创造技法的概念

组合，就是将几个独立部分组织成整体。组合现象是普遍存在的。在自然界，原子组合成分子，分子组合成细胞，细胞组合成组织、器官、系统和整个人体，个体组合成家庭，家庭组合成社会，等等。组合的结果是复杂的，组合的可能性是无穷的。组合可以形成新思想、新方法、新点子或新产品。组合可以使组合之物扩大原有的功能或产生新的功能，所以，组合即是创造。集成了大刀、小刀、螺丝刀、钳子、锯子、剪刀、放大镜等许多工具的瑞士军刀(图 5-11)，被称为迄今为止最精彩的组合创造。

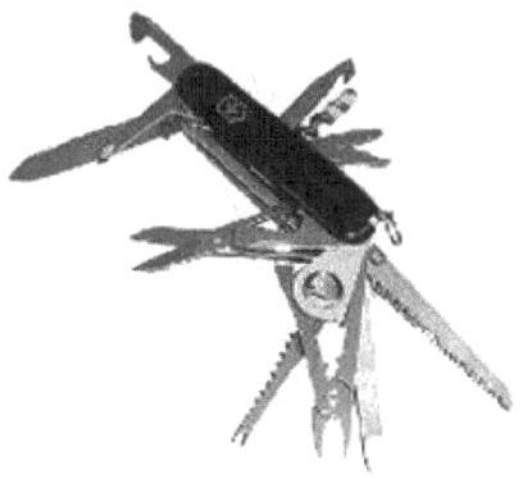

图 5-11　精彩的组合创造——瑞士军刀

从以上可看出，将两种或两种以上的技术思想或物质产品进行巧妙的结合，以获得具有统一整体功能的新技术、新思想或新产品的方法，叫做组合创造技法，简称组合法。

组合能导致重大的发明创造。美国的阿波罗登月计划，是 20 世纪最具影响的创造发明之一。飞船构件有 300 多万个，调动了 2 万多个企业，120 所大学、研究所的 42 万多研究人员，经历了 11 年的工作，把 3 名宇航员送到月球并返回地球。然而，对于这一伟大的创举，阿波罗计划的负责人韦伯却直言不讳地说：“阿波罗宇宙飞船计划中，没有一项是突破性的新技术，都是现有的技术，关键在于能否把它们精确无误地组合在一起，实行系统管理。”

组合创造在创造发明中的作用和地位日趋显著。有人在统计 1900 年以来的 480 项重大创新成果后发现：20 世纪三四十年代的创新成果是以突破型为主而组合型成果为次的；五六十年代，两者大体相当；到 80 年代，突破型成果渐趋于次要地位而组合型成果则变为占主导地位。这说明组合创造已经成为当前发明创造的主要方式。

组合创造技法是很重要的创造方法。爱因斯坦对于组合创造有很高评价：“组合作用似乎是创造性思维的本质特征。”日本多产发明家菊池诚博士说过：“我认为搞发明有两条路，第一条是全新的发现，第二条是把已知其原理的事实进行组合。”有的创造学者甚至认为，所谓创造就是把人们认为不能组合在一起的东西组合到一起。

二、组合的分析

图 5-12 是西班牙修建的太阳能发电站。这种太阳能气流发电的结构非常简单，发电厂的下部是一个宽大的太阳能温室，温室中间耸立着一个高大的风筒，风筒下安装风力发电机，这里应用的各个单项技术本身都是很成熟的技术，经过组合就形成了世界上最先进的太阳能发电技术。

组合不是胡乱的拼凑，图 5-13 就是一种“凑合”，而不是一项好的发明。两种或两种以上的技术思想或物质产品进行组合是不是可行，有什么意义，一般从以下四个方面进行分析。

(1) 分析组合的意义。主要是从经济效益和社会效益方面分析是否有价值，其次是分析在学术上是否有价值。

(2) 分析组合功效。组合的根本目的就是为获取新的或更佳的功能和效果。

(3) 分析组合限度。组合不能理解为数量上的相加。组合不是 1+1=2 的问题，两种事物组合，就要求达到在功能上实现“1+1≥2”，在结构上、部件上实现“1+1≤2”的目的。

(4) 分析组合环节。在组合中想方设法竭力减少中间环节，另一方面巧妙借助中间环节，乘机发挥。

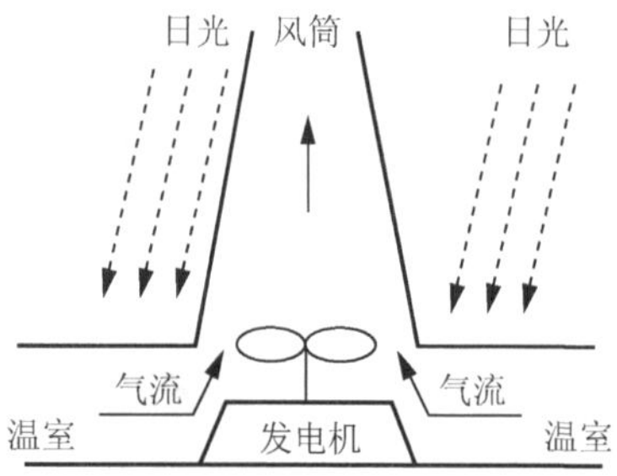

图 5-12　太阳能气流发电技术原理简图

图 5-13 “凑合”

三、组合的分类

根据参与组合的组合因子的性质和主次以及组合的方式，组合创造技法大体可分为：同类组合、异类组合、主体附加和重组组合。

1. 同类组合

同类组合——又叫同物自组，就是将由两个或两个以上相同或近于相同的事物进行组合，以获得新设想或新组合成果的创造技法。

在同类组合中，参与组合的对象与组合后相比，其基本性能和基本结构一般没有什么变化。同物组合的创造目的，是在保持事物原有功能或原有意义的前提下，仅通过数量的增加以弥补功能上的不足或求取新的功能。而这种新功能或新意义，是原有事物单独存在时所缺乏的。

同物自组方法曾开发出不少的新产品。如，日本松下公司总裁松下幸之助，早年曾把原来人们使用的电源单插座改为双头插座，三头插座，获得成功，为松下公司掘得第一桶金。直到现在，这些双头插座、三头插座、插线板等产品也备受市场欢迎。直升机上使用的共轴式螺旋桨设计，不仅提高了效率，还能消除螺旋桨对机身的附加扭矩。如图 5-14 所示，“双体船”的稳定性极佳，可以显著提高生存性，而且航行阻力非常小，容易达到很高的航速，备受各国的青睐。英国罗尔斯·罗伊斯公司发明的双面车技术，用两把刀对称同时车削，解决了航空发动机轮盘超薄辐板的加工难题。

在我们周围存在着许多处于单独状态下使用的事物，这就需要我们提高联想思维能力，想象单独使用的事物自组后产生新的意义、新的用途和新的功能，以满足新的需要。例如，有人把几个啤酒瓶盖组合在一体，创造出“刮鱼鳞器”；有人把 20 把同样的废钢锯条组合在一起制成为锉刀；有人用 300 个易拉罐筒组成救生筏；用 1000 只空瓶垒成“玻璃墙”；等等。发射人造卫星的多级火箭，其原理也可被视为几枚火箭的同类组合，没有这种同类组合，人造卫星是不可能发射成功的。此外，在科学上具有重大意义的显微镜、望远镜的发明，实质上也是透镜片的同类组合，可见，同类组合也能导致重大的发明创造。其实，我们所写的文章、诗词、小说等等，亦可视为文字的同类组合，所有的曲调也都是几个音符的同类组合，只是其组合的方式、结构不同而已。

图 5-14　高速双体船

同类组合的特点为：

(1) 组合的对象是两个或两个以上的同一事物或同一类事物。

(2) 组合的过程中，各个参与组合的对象在组合前后其基本原理、基本结构一般没有实质性的变化。

(3) 同物组合的产物，往往具有组合的对称性或一致性的趋向。

【例 5-37】　战斗机上使用的窗格玻璃

战斗机上使用的防弹玻璃从最开始就有一种严重的缺陷。当子弹击中防弹玻璃时，虽然玻璃不会破碎，但是，整块玻璃上都会有裂纹，这就严重妨碍了驾驶员的视线，极易酿成机毁人亡事故。

解决方案是：玻璃是由小块的玻璃块组成的，黏结在一块丙烯酸可塑板上。使用透明的黏合剂将玻璃块粘接起来。当子弹击中时，只有受到袭击的那一小块玻璃上有裂纹。不会影响到飞行员的视线。

【例 5-38】　个人电脑组成超级计算机

随着现代科技的不断发展，运算速度达到每秒数十亿次乃至成百上千亿次的超级计算机越来越显示巨大的威力，特别是气象预报、股市行情预测等。但是，超级计算机价格十分昂贵。日本科学家北野红明领导的一个科研小组最近用同物自组法把 33 台个人电脑连接起来，使用 Linux 操作系统或美国阿尔贡国家实验室开发的并行计算用的操作系统，构成运算能力可与超级计算机相匹敌的廉价超级并行计算机，其运算速度可达每秒 68 亿次。

2. 异类组合

异类组合——就是将来自不同领域的两种或两种以上不同类事物进行组合，以获得新事物的创造技法。这里所指的不同类事物包括：不同领域的技术原理、方法、思想，不同功能的物质产品等。

被称为 20 世纪最有影响的发明之一——橡皮头铅笔，就是异类组合的创造产物。①在异类组合中，被组合的对象(思想或物品)来自不同的方面，彼此间一般无主次之分。②在组合过程中，参与组合的对象可以从意义、原理、构造、成分、功能等任何一方面或多方面进行互相渗透，从而产生“1＋1≥2”的效果，使组合后的整体发生变化。③异类组合实际上是一种异类求同，创造性较强，在创造中具有非常重要的意义。

比如，CT 机是由 X 光机和计算机组成的计算机断层扫描仪(CT)；汽车就是由发动机、离合器和传动机构、车厢、车胎等组合创造而成的一种交通工具；将收音机和录音机组合在一起，制成了收录机；混凝土运输车是将“搅拌”和“运输”组合到一起，而且是在运输的途中进行搅拌，这种工作模式效率高、机动性强，减少了装卸料工序，创造性很强。

【例 5-39】　可视钓鱼竿

怎样才能使我们的眼睛穿透水面，看到鱼儿都藏在哪里？如果能真的这样，那就可以大大提高工作效率。

将微型电子仪器和传统钓鱼竿组合成一个系统——可视钓鱼竿，如图 5-15 所示。将微型防水摄像机固定在靠近鱼饵的钓丝末端。该摄像机将拍摄到的图像传送到固定在钓竿上的一个小荧光屏上。这个小荧光屏同电话机差不多大小。这样我们就可以清楚地看到水里的鱼在哪儿了。

图 5-15　可视钓鱼竿

3. 主体附加

主体附加——是指以某事物为主体，再补充新的内容或增添新的附属事物，以达到补充、完善和增强主体功能的目的，这种组合创造技法叫主体附加法。例如，在手机上附加照相、收音、录音、耳机等功能；添加微量元素的奶粉、饼干等多功能食品；附加温度计的奶瓶；附加望远镜的拐杖；电视机附加遥控器等都是主体附加产生的创造成果。

在主体附加创造中，主体事物的性能基本上保持不变，附加物只是对主体起补充、完善或充分利用主体功能的作用。比如，自行车上的车铃、里程表、车篮、后视镜、挡泥板、车锁、折叠式货架等都是附加物。再如，汽车作为主体，正是由于不断附加了拨雨器、转向灯、后视镜、打火机、温度表、遮光板、收音机、电话机以及空调器等一系列的附加物之后，才变得越来越完善。

利用主体附加法进行创造，其内容是丰富多彩的，因为不但一个主体可以附加多种事物，而且一个附加物也可附加在多种主体之上。例如响铃，就可以附加在钟表、大门、车辆、寺塔、电话机等各种物体之上。

主体附加法的运用，首先要有目的地确定主体，然后分析主体在功能上的不足和尚需补充完善的地方。可以通过缺点列举法全面的分析主题的缺点，然后再用希望点列举法列出种种希望，经过筛选确定某种希望或需改进的缺点作为附加的目的。

其次，根据附加的目的确定附加物及组合方案。主体附加法的创造性在很大程度上取决于附加物的选择是否别开生面，使主体产生新的功能和价值，以增加其实用性，从而增加其竞争力。

【例 5-40】　多功能混凝土

随着人们生活水平的提高，现代对建筑业用混凝土的要求越来越高，不仅要求强度高，还要求有一些其他的功能，如导电、产生负氧离子、驱除蚊虫等，如何选择附加物来实现上述目的呢？

西南科技大学的科技人员开发出了系列“微集料”，研制多功能混凝土。如，将石墨和金属纤维作为附加物添加到混凝土中制成了导电混凝土；将电气石微粉添加到混凝土中制成了能够释放负氧离子的混凝土；将有驱除蚊虫作用的中药材添加到混凝土中，制成了驱蚊虫混凝土。

【例 5-41】　磁化杯的发明

杯子是日常生活用品，其基本同途就是用来盛水、喝水， 那么杯子还能改进吗？一位工程师用主体附加法发明了磁化杯，在杯底及杯盖各加一块磁铁，当旋转杯盖时，两磁块产生相对运动，是磁场发生变化，经磁化处理过的水，其溶解度和溶解氧均有所提高。这种微小的物理变化，造成水与其他物质的浸润性和渗透性加强。当人们饮用磁化水后，有利于体内各循环系统障碍物的溶解和排出，促进人体新陈代谢，从而具有保健功能。

4. 重组组合

任何事物都是由若干要素组合成的整体，或者说任何事物都可分解成若干要素。各组成要素之间的有序结合，是确保事物整体功能和性能实现的必要条件。如果有目的地分解事物或组合，并按照新的方式重新组合，以促使事物的功能和性能发生变革，这就是重组组合。

例如，战国时代田忌赛马的故事即可生动说明重组组合的创造思想。齐威王与大将田忌经常赛马，比赛时二人各自出上、中、下等马分别对阵。齐王的马每个等级都比田忌强，所以田忌屡屡败阵。后来军事家孙膑给田忌出了个主意，让他以下马对齐王的上马，再以上马对齐王的中马，以中马对齐王的下马。结果，田忌以一负二胜战败了齐威王。

重组组合通过改变事物内部各组成部分之间的相互位置来改变其相互关系，从而优化事物的性能，它是在同一事物上施行的，一般并不增加新的内容。如石墨中的碳原子重新组合，可以制成硬度最大的人造金刚石、高强度的碳纤维、优异性能的富勒烯(C60)和碳纳米管等。

现在，不少国有企业在进行改革创新时均采用了“资产重组”做法。资产重组创新的实质就在于重组组合。运用重组组合，可以采用多种不同的方法(技法)，如通过国有资产的联合、兼并、租赁、收购、改制、拍卖、破产等措施，企业创新者可根据具体情况选用或制定出最好的方法。

【例 5-42】　头尾倒置的飞机

自从螺旋桨飞机发明后，螺旋桨都是设在机首，两翼从机体伸出，尾部安装着稳定翼，后来，美国飞机设计师根据空气浮力和气推动原理进行重组创设，将螺旋桨改放在机尾推动飞机前进，稳定翼则放在机头处，便制成了头尾倒换的飞机。重组后的飞机具有尖端悬浮系统和更加合理的流线型机身，从而提高了飞行速度、排除了失速和旋冲的可能性，同时大大提高了安全性能。可见重组组合也能创造出杰出的成果。

四、焦点组合法

组合创造技法主要有查阅产品样本法、二元坐标组合法、焦点组合法、信息交合法和形态分析法等。查阅产品样本法是将两个或两个以上的、一般情况下被认为彼此并无关联的产品(或想法)强行联系组合在一起从而产生出新颖性方案的方法。二元坐标组合法与查阅产品样本法的不同之处，在于把要组合的对象先列成坐标体系，然后再进行一一对应的强制组合，因而具有系统性和不遗漏性。信息交合法的基本思路是将多种不同的信息(名词、动词和形容词等)列在若干根坐标轴上，构成信息反应场，然后用一根坐标轴上各点的信息依次与其他坐标轴上各点的信息相交合，从而促进新设想的产生。这些技法都是属于强制联想组合法，操作方法和原理大体相同。

我们这里主要介绍焦点组合法，形态分析法将在下一节介绍。

焦点组合法是美国发明家 C.S.怀亭在 50 年代提出的创造技法。

学过几何光学的人都知道，任何一束平行光线经过凸透镜后必然在焦平面上会聚，如果是平行于光轴的光，则正好会聚在焦点上。在凸透镜成像规律的启发下，怀亭认为，我们可以任意、随意、随机、偶然性地选取一些事物，这些事物就像平行光束，经过我们头脑这个凸透镜，会聚到作为焦点的问题上，从而把随机选取的事物与问题强制地联系起来，在它们的启发下，试图获得新颖、奇特的创意和设想。因此，怀亭提出了名为焦点法的创造技法。

焦点组合方法是指以待解决的问题为中心(焦点)，在已有的技术手段中广泛地寻求与待解决问题相关的各种技术手段，再与“焦点”强制联想组合，最终形成一套或多套解决这一问题的综合方案。焦点组合法要求明确创造目标，紧紧围绕创造对象(焦点)进行强制联想，而联想组合的另一方是任意的。

焦点组合法既充分地运用了联想发散机制，又将这种发散性联想与集中思维适当地组合起来，十分美妙，如图 5-16 所示。应用这种方法，能在较短时间内获得较多的新颖构思。

焦点组合法的操作步骤：

(1)选择焦点物。即确定研究对象，研究对象即为焦点物。

(2)随意选取一个事物作为参照物。该参照物将作为发散思维的中心和联想思维的触发物、联想的起点。参照物的选取应不受任何限制，随意选择。参照物可以随意从字典、词典、连环画、目录表中选取，也可以从偶然看到的事物、思想突然闪现的事物、手中拿着的事物、耳朵刚听到的事物等内容中任意选取。选择时不要受问题的影响，也就是说，撇开问题随意选取，以便使参照物与焦点对象更少有联系，风马牛不相及。随意选取的参照物想选择几个就选几个，参照物越多，思维的范围就越大，思路就越宽广。

(3) 以参照物为中心充分地进行发散想象，尽可能多地列出参照物的各种特性。再以这些特性作为联想起点进行直线联想，得到各个特性的联想链。

(4) 把每个特性及联想链上的事物分别与焦点物进行强制组合联想，得到很多种组合。

(5) 在每种组合内容的启发下，通过联想和想象，提出解决问题的设想和方案。

(6) 对所得到的每种设想方案进行评价，从中选择出最优的方案。

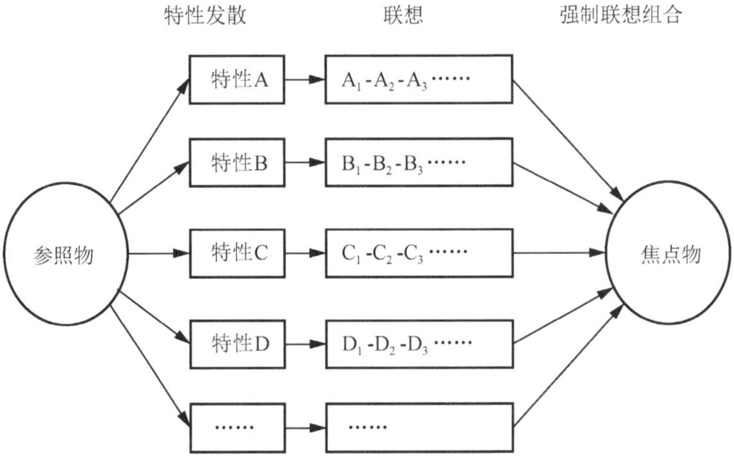

图 5-16 焦点组合法

【例 5-43】 设计新颖的手表

应用焦点组合法进行创造的过程如下：

(1) 很明显，研究的对象—手表就是焦点物。

(2) 随意选取一个物品作为参照物，我们选取“灯泡”作为参照物。

(3) 进行发散思考、分析，列出其特性，并进行联想，得到联想链。

灯泡的特性：玻璃、球形、透明、电、遥控、发光等。

联想：

发光——亮——白天——云彩——彩蝶——飞舞——动感……

球形——圆形——对称——花——玫瑰——香……

电——能——太阳能——太阳光——空气——气球——橡胶——轮胎——胎儿——医院——治疗……

玻璃——透明——明亮——耀眼——眼镜——放大镜……

……

(4) 将每个事物、每个特性与焦点对象的手表时钟进行强制组合，得到多种组合。太阳能手表、彩色的手表、透明手表(可看见内部结构)、发光手表、香味手表、供呼吸的手表……

(5) 进行评价，选出有商业价值的设想予以试制。

从上例可看出，焦点法有两个思考过程：一是对所选的参考物进行发散思考；二是将发散思考所得结果往研究对象上进行聚焦，这一聚焦过程正是集中思维的过程。这也是这种方法称为焦点法的原因。在应用焦点法解决问题的过程中，联想发散能力是关键，联想能力的强弱影响到解决问题的质量。

第七节　形态分析法

一、形态分析法基本原理

我们知道，把几个独立存在的东西加以组合，往往可以产生新的设想或发明。问题是，怎样才能找到更多的组合要素，形成大量的创造性设想或发明？美国加州理工学院瑞士裔的天文学家兹维基教授于 1942 年提出的形态分析法，为此提供了一种系统搜索和程式化求解的创造技法。

在第二次世界大战期间，法西斯德国集中了一批科学家全力研究火箭，首先研制成功带脉冲发动机的 F－1 型巡航导弹和 F－2 型火箭，并将其作为核心机密，采取了最严格保密措施。不甘落后的美国也集中了一批优秀科学家进行火箭研制。1942 年，F.兹维基教授参加了美国火箭研制工作。在研制过程中，为寻求众多的方案，他灵机一动，搬来了数学中常用的排列组合原理。在当时的技术水平上，利用他自己创立的所谓“形态学方阵”的技法，居然在一周之内交出了 576 种火箭设计方案。

他是这样做的，首先分析了火箭的各主要组成因素及其可能具有的各种形态，认为任何火箭都必须具有六个基本要素：①使发动机工作的媒介物；②与发动机相结合的推进燃料的工作方式；③推进燃料的物理状态；④推进的动力装置的类型；⑤点火的类型；⑥做功的连续性。而这些基本要素各有若干种可能的不同形态(属性或技术方案)。例如，使发动机工作的媒介物有真空、大气、水等 4 种；与发动机相结合的推进燃料的工作方式有静止、移动、振动、回转等 4 种；推进燃料的物理状态有气体、液体、固体等 3 种；推进的动力装置的类型有内藏、外装、没有等 3 种；点火类型有自动点火、外点火等 2 种；做工的连续性有持续的、间断的等 2 种。接着，应用数学中的排列组合原理，将上述各要素的可能形态编制成形态学矩阵，形成由上述基本要素组合的可能形态总数为 4×4×3×3×2×2＝576 种火箭方案。只要对这些方案进行分析和筛选，就可以找到最佳方案。这就是兹维基教授创造的“形态分析法”。

运用形态分析法，兹维基教授在一周内就得到了 576 种不同的火箭构造方案，其中不乏有创见的设想。特别有意思的是，这里面竟还包括了当时德国人严加保密的带脉冲发动机的 F—1 型巡航导弹和 F－2 型火箭的方案。在经过先发散后集中的创造过程后，美国很快取得了同样的先进方案，在军备竞赛中赶上了德国。从此，形态分析法声名远播。战后，苏联有人对兹维基的方案做了研究，认为只要补充一些被忽略的因素，便可获得 1 万～2 万种火箭结构方案。

显然，形态分析法实际上是用了数学中的排列组合而进行的枚举分析法。

形态分析法是以系统分析技术为理论基础，系统是系统论的重要概念。系统论认为，任何一个事物都可以看成一个系统，一个系统由几个相互联系、相互作用的组成部分构成。因此，我们可以对系统进行分解，分解成几个相对独立、具有一定结构和功能的要素，这些要素可能是系统中的某个构成部件、某种功能、某种工作状态等。也就是说，每个要素是用以解决问题的一个参量或特征。每个要素又有许多具体表现形式或具体方案。一般来说，这些要素的各种具体表现形式是可以任意的，这样，从每个要素中抽出一种具体表现形式组合在一起就是一种解决问题的方案，因此就可以得到大量的解决问题的可能方案。通过评价，就可以得到一些可行的方案，从中选择出最优的方案。

所以，形态分析法是通过系统化的步骤帮助我们进行创造性构思的一种创造技法，其要旨是，将整个问题分解为若干组成部分(要素)，对每个组成部分进行发散思考，发展出若干可能的解决方案(形态)，构成形态分析表，在每个“要素”中任取一个“形态”就可组合成一个整体解决方案，这样就可以形成若干个整体解决方案。

二、形态分析法实施步骤和运用要点

形态分析法是一种利用系统观念来网罗组合设想的创造发明方法。其做法是：将发明课题分解为若干相互独立的组成部分(要素)，找出实现每个部分(要素)功能所要求的若干可能的技术手段或解决方案(形态)，构成形态矩阵，然后加以排列组合得到多种整体解决方案，最后筛选出最优方案。

形态分析法可广泛应用于新技术和新产品的开发以及技术预测等许多领域，实施时既可以小组运用，也适于个人使用。其实施步骤如下：

(1)对问题进行抽象概括性描述。

(2)基本要素分析，并加以编号。

(3)揭示每一要素的所有可能的具体解决方案，即形态分析，并加以编号。

(4)编制形成形态分析表。

(5)利用形态分析表进行排列组合，得到所有可能的解决问题的整体方案或设想。

(6)评价筛选得出最优解决问题的方案。

1. 对问题进行抽象概括性描述

在实际解决问题的过程中，我们研究的问题一般是具体问题。我们知道，问题越具体，其内涵越大，外延就越窄，思维的宽度和广度就受到了限制，难以得到新颖、奇特的设想和创意；相反，问题越抽象，思维的空间越宽广，越有助于我们获得新颖、奇特的设想和创意。为此，应该对问题进行抽象化概括，提一个一般化、普遍性问题，帮助我们扩大思路。应用形态分析法解决问题时，首先必须搜集所有与问题相类似的问题，然后对这些问题进行分析，抽象概括，形成一个一般性、普遍性的问题，并用文字对其进行简单、明了的表述。例如，要解决的问题是设想“新型汽车”，就是一个具体问题，我们想发明一种新型汽车，就不要囿于燃油动力的、有轮子的、陆地上行驶的等这种具体形式，要想突破这种具体形式，因此广泛搜集相关的类似事物、类似系统，例如火车、轮船、飞机、气垫船等，然后加以分析，它们最本质的东西是运输，这也就是汽车最主要功能，抽象概括，把问题表述为：“发明一种新型的运输工具。”

2. 基本要素分析，并加以编号

所谓要素分析就是针对创造目标，分析其是由哪些主要因素构成，每个要素用一个符号表示。

要素分析应用形态分析法的首要环节，是确保取得创造性设想的基础。分析时，要使确定的因素必须满足三个基本要求：一是各因素要彼此独立，互为排斥；二是各要素在本质上是重要的，与创造发明的目标要有直接关联；三是要尽可能周全。

要满足这些要求，一方面要参考创造对象所属类别的其他所有技术系统，都包含哪些共同的子系统或过程？哪些是可能影响最终方案的重要因素？另一方面要与可能的方案联系起来理解要素的本质及重要性，这就要求必须预先在性质上感觉到经过聚合所形成的全部方案的粗劣结构，这需要丰富的经验知识和创造性的发挥。

例如，挖掘机一般按功能分析，其构成要素有：动力形式 A 、传递方式 B 、转矩变换 C、移位 D、取物 E、取物转动 F。

如果确定的因素彼此包含或不重要，就会影响最终聚合方案的质量，且使方案数量大幅度增长，为评选工作带来困难。如果不全面，遗漏了某些重要因素，则会导致有价值的创造性设想的遗漏。因此，要求使用者能抓住主要矛盾选取基本要素，并具有敏锐准确的评价能力。

3. 形态分析

揭示每一要素的所有可能的具体解决方案(即形态)，并加以编号。要求尽量全面，应充分发挥横向思维能力，尽可能列出无论是本专业领域的还是其他专业领域的所有具有这种功能特征的各种技术手段，也要列出潜在可能性的各种手段和方法。

形态分析就是按照创造对象对各要素所要求的功能属性、实现的技术手段等，列出各要素可能的全部形态(属性、技术手段)，无论是本专业领域的还是其他专业领域的都要考虑。显然，知识经验的积累和情报检索工作是十分重要的。

例如，挖掘机，动力形式 A：电动机 A_1、汽油机 A_2、柴油机 A_3、液压马达 A_4、气动 A_5、透平机 A_6；

传递方式 B：液力偶合器 B_1、皮带传动 B_2、拉杆 B_3、电机 B_4、气动离合器 B_5；

转矩变换 C：机械传动 C_1、液力传动 C_2、电动传动 C_3；

移位 D：轨道及轮 D_1、空气轮胎 D_2、履带 D_3、气垫 D_4、固定 D_5；

取物 E：挖斗 E_1、抓斗 E_2、挂钩 E_3；

取物传动 F：绳传动 F_1、机械位杆 F_2、重力 F_3、气缸 F_4、自身驱动 F_5、液压缸 F_6。

4. 编制形态分析表

形态分析表是指用以解决问题或与问题相关的全部重要因素及其具体解决方案的表，以基本要素为列，各要素的具体解决方案(形态)为行，编制形态分析表。如果方案的总数不大，则可以采用图解方式。如果方案的总数很大，则可以采用表格、矩阵的方式，为了保证完整不遗漏，最好借助于计算机进行。例如，挖掘机的形态分析表如表 5-6 所示。

表 5-6　挖掘机的形态分析表

要素	形态					
	1	2	3	4	5	6
A 动力形式	A_1	A_2	A_3	A_4	A_5	A_6
B 传递方式	B_1	B_2	B_3	B_4	B_5	
C 转矩变化	C_1	C_2	C_3			
D 移位	D_1	D_2	D_3	D_4	D_5	
E 取物	E_1	E_2	E_3			
F 取物传动	F_1	F_2	F_3	F_4	F_5	F_6

5. 排列组合，得到所有可能的解决问题方案或设想

利用形态分析表进行排列组合，得到所有可能解决问题的整体方案(设想)。从每一行中

取出一个形态元素，组合在一起就是一种解决问题的整体方案。例如，由 A_1、B_2、C_3、D_1、E_1、F_2 组成一个整体方案 $A_1B_2C_3D_1E_1F_2$，当然还有其他的组合，如 $A_1B_2C_3D_2E_1F_2$、$A_1B_2C_2D_2E_2F_6$ 等。每个组合就是一个解决问题的整体方案。例如 $A_1B_2C_3D_1E_1F_2$ 的方案是：动力形式为电动力、传递方式为液力偶合器、转矩变换为机械传动、移位方式为履带式、挖斗取物、绳取物传动的挖掘机。这样的整体方案共有 $6\times5\times3\times5\times3\times6=8100$ 个方案。当然，在一些方案中，各形态特征的具体方案相互间可能不相容，即技术上不能把它们以一定形式、装置联系起来，这些就是不能实现的整体方案。

6. 评价筛选得到最优的解决方案

根据实际问题的情况，对每个方案进行评估，从中筛选出具体条件下的最优方案。

形态分析法采用排列组合的方式在所设立的各个要素不同形态内不遗漏地形成所有方案，因而能产生大量的设想，其中包括各种创造性，实用性很高的设想，也包括为数众多的不合理设想。所以，必须进行筛选以找出最佳的可行方案，一般用新颖性、先进性和实用性等三条标准进行初评，再用技术经济指标进行综合评价，好中选优。

形态分析法不仅依靠发明者的直觉和想象，而且更主要是依靠发明者的认真、细致、严密的分析和有关专业知识。形态分析法所得的总构想方案具有全解性的特点。即，只要把课题的全部要素及各要素的所有可能形态都列出来，那么经组合后的方案将是包罗万象的。

形态分析法的应用面非常广泛，应用效果也很好，常常会找到原来难以想到的方案。

三、应用实例

【例 5-44】　开发系列伞

(1)明确问题：开发系列伞。

(2)确定三个独立要素：雨伞的伞面 A、雨伞的伞架 B 和雨伞的开关 C。

(3)分析具体的可能方案(形态)：

① 雨伞的伞面 A 一般用：尼龙布伞面 A_1、油布伞面 A_2、塑料布伞面 A_3；

② 雨伞的伞架 B 有：一节式 B_1、二节式 B_2、多节式 B_3；

③ 雨伞的开关 C 一般用：不锈钢 C_1、塑料 C_2、没有开关 C_3。

(4)编制形态分析表，见表 5-7。

表 5-7　形态矩阵表

要素	形态		
	1	2	3
伞面 A	尼龙布伞面 A_1	油布伞面 A_2	塑料布伞面 A_3
伞架 B	一节式 B_1	二节式 B_2	多节式 B_3
开关 C	不锈钢 C_1	塑料 C_2	没有开关 C_3

写成矩阵形式：$\begin{Bmatrix} A_1 & A_2 & A_3 \\ B_1 & B_2 & B_3 \\ C_1 & C_2 & C_3 \end{Bmatrix}$

(5)排列组合得到整体方案的数量：$3\times3\times3=27$ 种方案。如：

$A_1B_1C_1$＝不锈钢开关一节式尼龙伞；

$A_2B_1C_1$＝不锈钢开关一节式油布伞；

$A_3B_1C_1$＝不锈钢开关一节式塑料伞；

$A_1B_2C_1$＝不锈钢开关二节式尼龙伞；

$A_2B_2C_1$＝不锈钢开关二节式油布伞；

$A_3B_2C_1$＝不锈钢开关二节式塑料伞；

……

【例 5-45】　文学作品——爱情故事

台湾有位学者运用形态分析法分析了中国历史上众多的爱情故事，发现这些故事虽然年代、地点和人物姓名各不相同，但却有一个雷同的模式，即“书生、落难、小姐搭救、后花园私订终身、应考及第、衣锦团圆”。此模式中独立可变的要素有书生、落难、小姐、搭救、后花园、私订终身、应考及第、衣锦团圆等 8 个要素。而每个要素的形态分别是：

书生 A：旧式书生 A_1；新式大学毕业生 A_2；音乐家 A_3；未成名的工程师 A_4；画家 A_5；中国书生 A_6；外国书生 A_7；老童生 A_8；未成功的企业家 A_9；到外国去的中国厨师 A_{10}；青年科学家 A_{11}；医生 A_{12}；文学青年 A_{13}；女性书生 A_{14}。

落难 B：没有路费 B_1；被冻在风雪之中 B_2；途遇强盗 B_3；患病 B_4；游泳遇险 B_5；车祸 B_6；画卖不出去 B_7，工程受到意外损失 B_8；未婚妻变心 B_9；从事科学研究心身疲惫 B_{10}；开演奏会无人光顾 B_{11}；演奏时昏倒 B_{12}；写完小说不能出版 B_{13}；在国外洗盘子 B_{14}。

小姐 C：大家闺秀 C_1；酒吧女郎 C_2；高中女学生 C_3；山地女郎 C_4；校花 C_5；歌星 C_6；外国女郎 C_7；航空小姐 C_8；游泳健将 C_9；网球明星 C_{10}；导游 C_{11}。

搭救 D：赠款 D_1；示爱 D_2；鼓励用功 D_3；恳求爸爸给他安排职业 D_4；跳下水去营救他 D_5；长年看护病人 D_6；帮他补课 D_7；拜托有钱的叔叔给他开演奏会 D_8；赞助留学费用 D_9。

后花园 E：东京 E_1；台北 E_2；伦敦 E_3；咖啡馆 E_4；书房 E_5；邻居家 E_6；博物馆 E_7；飞机上 E_8；游泳场 E_9；途中 E_{10}；山中 E_{11}；女郎家中 E_{12}；河畔 E_{13}，医院 E_{14}。

私订终身 F：接吻 F_1；默许 F_2；送信物 F_3；郊游 F_4；给予鼓励 F_5；通信 F_6；互相研讨音乐艺术 F_7；男弹琴女唱歌 F_8；讨论学术问题 F_9。

应考及第 G：旧时中状元 G_1；中探花 G_2；洋博士 G_3；中国博士 G_4，演奏会盛况空前 G_5；一幅画被博物馆收藏了 G_6；做生意发大财 G_7；考取大学 G_8；成名 G_9；做官 G_{10}；大病痊愈 G_{11}；做出发明 G_{12}。

衣锦团圆 H：结婚 H_1；他或她变了心 H_2；死掉 H_3；一个人远走高飞 H_4；家庭同意婚事 H_5；母亲不同意 H_6；私奔 H_7；没有结局 H_8；长相思 H_9；环球旅行结婚 H_{10}。

编制形态分析表，见表 5-8。

表 5-8　形态分析表

要素	形态													
	1	2	3	4	5	6	7	8	9	10	11	12	13	14
A	A_1	A_2	A_3	A_4	A_5	A_6	A_7	A_8	A_9	A_{10}	A_{11}	A_{12}	A_{13}	A_{14}
B	B_1	B_2	B_3	B_4	B_5	B_6	B_7	B_8	B_9	B_{10}	B_{11}	B_{12}	B_{13}	B_{14}
C	C_1	C_2	C_3	C_4	C_5	C_6	C_7	C_8	C_9	C_{10}	C_{11}			
D	D_1	D_2	D_3	D_4	D_5	D_6	D_7	D_8	D_9					
E	E_1	E_2	E_3	E_4	E_5	E_6	E_7	E_8	E_9	E_{10}	E_{11}	E_{12}	E_{13}	E_{14}
F	F_1	F_2	F_3	F_4	F_5	F_6	F_7	F_8	F_9					
G	G_1	G_2	G_3	G_4	G_5	G_6	G_7	G_8	G_9	G_{10}	G_{11}	G_{12}		
H	H_1	H_2	H_3	H_4	H_5	H_6	H_7	H_8	H_9	H_{10}				

从上面这些要素及其可变形态可以推知，由这些形态可组合出 4 亿多个故事来。例如按 $A_3 B_4 C_6 D_6 E_{12} F_5 G_5 H_8$ 进行组合，便可构造下述故事：一位小提琴手忽然患了严重的小儿麻痹症，精神几乎崩溃。他的女朋友，现在已是歌星的她日夜看护着他。在女郎家受到鼓励使他恢复练琴的勇气，终于在演奏会上一举成名。当他带着鲜花赶回女郎家时，伊人杳杳竟不知去向，空留下永恒的怀念。如果将这一故事梗概再做些充实、修饰，就可成为同样动人的小说。

【例 5-46】　洗衣机的开发

(1)明确问题：开发新型洗衣机。

(2)确定独立要素：洗衣机有许多组成要素，我们在这里主要考虑盛装衣服的洗涤桶、洗涤去污方式和控制方式等三个方面，因此确定三个要素：盛装衣服 A、洗涤去污 B 和控制方式 C。

(3)分析具体的可能方案(形态)：

① 盛装衣服 A 一般用：铝桶 A_1、塑料桶 A_2、玻璃钢桶 A_3、空气 A_4；

② 洗涤去污 B 有：机械摩擦 B_1、电磁振荡 B_2、超声波 B_3、热胀分离 B_4；

③ 控制方式 C 一般用：人工手控 C_1、机械控制 C_2、电脑控制 C_3。

(4)编制形态分析表，见表 5-9。

表 5-9　形态矩阵表

要素	形态			
	1	2	3	4
盛装衣服 A	A_1	A_2	A_3	A_4
洗涤去污 B	B_1	B_2	B_3	B_4
控制方式 C	C_1	C_2	C_3	

(5)排列组合得到整体方案的数量：4×4×3＝48 种方案。如：

$A_1B_1C_1$＝铝桶手控机械摩擦洗衣机；

$A_2B_3C_3$＝塑料桶全自动超声波洗衣机；

$A_3B_2C_3$＝玻璃钢桶电磁振荡式自动洗衣机；

$A_4B_1C_3$＝充气桶机械摩擦自动洗衣机；

……

如充气桶机械摩擦自动洗衣机，最近澳大利亚研制了一款这样的洗衣机，非常适合经常搬家或刚参加工作的年轻人使用。如图 5-17。

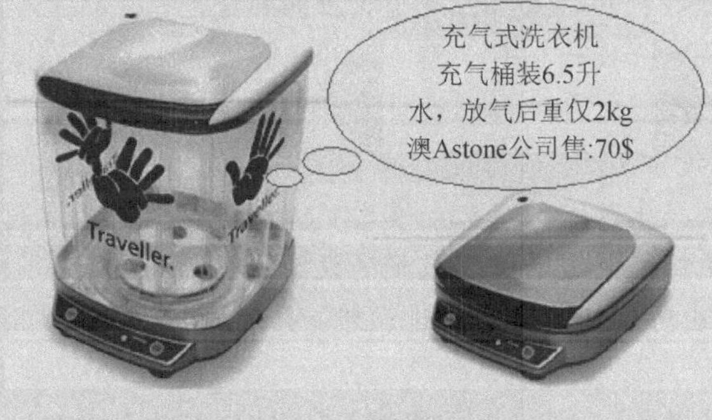

图 5-17　充气桶式洗衣机

思考与训练

1. 智力激励法的核心内容和应该遵守的原则是什么？哪些创造活动适于应用智力激励法？

2. 为什么经过智力碰撞后能产生更多的创造性设想？

3. 试用奥斯本智力激励法提出开发防盗门的新设想。

4. 试用奥斯本的检核表法对眼镜进行提问，形成系列改进方案。

5. 试用 5W2H 提出一创业计划。

6. 试用聪明十二法对身边物品进行分析，并试图改进。

7. 类比有哪些主要类型，试举出仿生类比的应用例子。

8. 类比的思维基础是什么？

9. 由面包发泡到塑料发泡，发明了泡沫塑料；由泡沫塑料到发泡混凝土，发明了加气混凝土；再进一步发明了泡沫玻璃。这些发明运用了什么类比方式？你还能联想到什么？能有什么发明吗？

10. 从《三国演义》中的“木牛流马”你能想到什么？你认为“木牛流马”在未来能发明吗？

11. **希望点列举法训练**

(1)怎样的钢笔才理想？请尽量多地写出你的愿望。

(2)怎样的照相机才理想？请尽量多地写出你的愿望。

(3)怎样的电话才理想？请尽量多地写出你的愿望。

(4)怎样的城市才理想？请尽量多地写出你的愿望。

(5)怎样的汽车才理想？请尽量多地写出你的愿望。

(6)怎样的食品才理想？请尽量多地写出你的愿望。

(7)怎样的书包才理想？请尽量多地写出你的愿望。

(8)怎样的衣服才理想？请尽量多地写出你的愿望。

(9)怎样的教师才理想？请尽量多地写出你的愿望。

(10)怎样的工厂才理想？请尽量多地写出你的愿望。

(11)运用希望点列举法改进日常用品，如电饭锅、鼠标、照相机等的设计。

12. **缺点列举法训练**

(1)运用缺点列举法改进雨伞、自行车、电话机、圆珠笔、课桌椅等日常用品的设计。

(2)列举运动鞋或旅游鞋的缺点，并提出相应的新设想。

(3)列举电冰箱的缺点并提出创新设想。

(4)运用缺点列举法改进火车车厢的设计。

13. **特性列举法训练**

(1)运用特性列举法提出改进饮水机、家用水壶和防盗门的新设想。

(2)运用特性列举法提出改进居民垃圾桶的设想。

14. 应用焦点法提出对下列产品的改进设想，并形成初步产品的设想(对每种产品，其设想方案不少于 20 种)。

①毛衣(选森林为参考物)。　　②钢笔(选玻璃杯为参考物)。

③自行车(选一种玩具为参考物)。　④墨水(选花为参考物)。

15. 选择几件日用品，分别用同类组合、异类组合和主体附加进行强制组合，看看能否有所发明创造?

16. 请编制手机的形态分析表。

17. 以功能为标准，请编制 MP3 的形态分析表。

18. 应用形态分析法，设计系列实用的衣架。

19. 开发新型电话机，可以从材料、形状、图案、大小等四方面(要素)进行形态分析，列出形态分析表，再进行排列组合，提出系列方案。可行性分析，提出最优方案。

第六章　TRIZ 创造发明方法简介

第一节　TRIZ 概述

TRIZ 是俄文（Теория Решения Изобретательских Задач）对应的拉丁文（Teoriya Resheniya Izobreatatelskikh Zadatch）的首字母缩写，意为发明创造问题的解决理论，起源于苏联，英译为 Theory of Invotive Problem Solving，缩写为 TIPS。

TRIZ 是苏联天才发明家根里奇·阿奇舒勒（G. S. Altshuller，1926～1998）于 1946 年创立的。1946 年，作为里海舰队专利部专利审查员的阿奇舒勒在审阅了 20000 件专利后，发现真正称得上创新的只有 4000 件（20%），许多宣称为新发明的技术，其实早已在其他产业中出现。所以，他认为，如果跨产业的间的技术能够更充分交流，一定可以更早开发出更优化的技术。通过对专利的研究，他发现了发明专利背后隐藏的发明规律。从此他就开始了长达半个多世纪的研究 TRIZ 理论的生涯。

在阿奇舒勒看来，解决发明问题过程中所寻求的科学原理和法则是客观存在的，大量发明面临的基本问题和冲突（TRIZ 称之为技术矛盾和物理矛盾）也是相同的。同样的技术解决方案，会在后来的一次次发明中被重复应用，只是被使用的技术领域不同而已。因此，将那些已有的知识进行提炼和重组，形成一套系统化的理论，就可以用来指导后来者的发明、创造和创新。在他的带领下，每年动用 1500 人，持续 50 多年对数以百万计的专利文献加以搜集、研究、整理、归纳、提炼，建立起一整套体系化的、实用的解决发明问题的理论方法体系，这就是 TRIZ。

1. TRIZ 的含义

国际著名 TRIZ 专家 Savransky 博士给出了 TRIZ 的定义为：TRIZ 是一种基于知识的、面向人的解决发明问题的系统化方法学。TRIZ 包含如下的内涵。

1）TRIZ 是基于知识的方法

（1）TRIZ 是发明问题解决启发式方法的知识，这些知识是从世界范围的专利中抽象出来的，在抽象过程中采用为数不多的基于产品进化理论的客观启发式方法。

（2）TRIZ 大量采用自然科学及工程技术中的效应知识。

（3）TRIZ 利用技术问题领域的知识。这些知识包括技术本身以及与该技术相似或相反的技术、过程、环境、发展和进化。

2）TRIZ 是面向人的方法

TRIZ 中的启发式方法是面向设计者的，而不是面向机器的。TRIZ 理论本身是基于将系统分解为子系统，区分有益及有害功能的实践，这些分解取决于问题及环境．其本身就有随机性。计算机这样的机器在问题解决过程仅起支持作用，为处理这些随机问题的设计者们提供工具和方法，而不能完全代替设计者的作用，人的中心地位得到完全肯定。

3）TRIZ 是系统化的方法

（1）在 TRIZ 中，问题的分析采用了通用及详细的模型，该模型的系统化知识非常重要。

（2）运用 TRIZ 解决问题的过程就是一个系统化的、能方便应用已有知识的过程。

4) TRIZ 是解决发明问题的理论

TRIZ 研究人类进行发明创造、解决技术难题过程中所遵循的科学原理和法则，并将这些原理和法则用于解决实际设计工作中所遇到的新问题。

2. TRIZ 体系结构

任何问题的解决过程都包含两个部分，即问题和存在问题的系统。成功的发明创造经验表明，问题的分析和系统的转换对于解决问题都是非常重要的。TRIZ 的核心是消除矛盾及技术系统进化原理，并建立了基于知识的消除矛盾的逻辑方法，用标准解的方法解决具体问题或矛盾。TRIZ 包含用于问题分析的工具、用于系统转换的基于知识的工具。图 6-1 为 TRIZ 法理论的基本体系结构，可分为理论基础、分析工具、基于知识的工具和结论等四个组成部分。

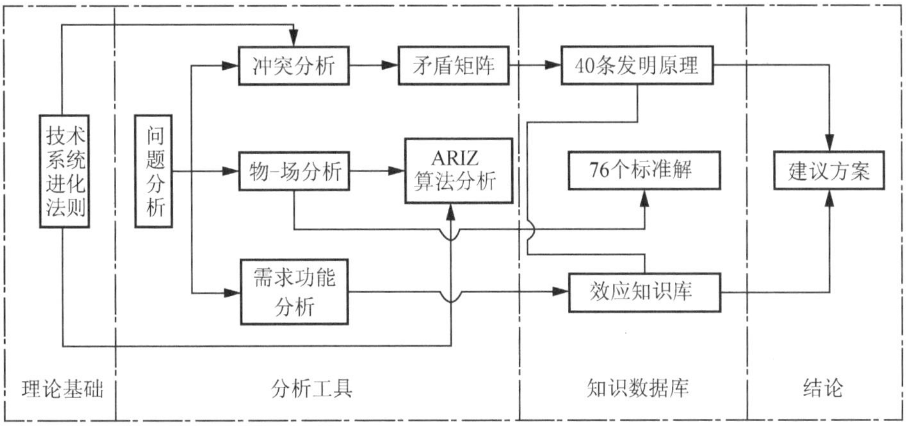

图 6-1　TRIZ 的基本体系结构

3. TRIZ 的主要内容

TRIZ 的创立者阿奇舒勒在分析研究了众多的专利后发现：

(1) 在以往不同领域的发明和创新中所用到的原理方法并不多。不同时代的发明，不同领域的发明，应用的原理与方法被反复利用。

(2) 相同的问题与解决该问题所使用的原理，在不同的领域反复出现。

(3) 技术系统进化的模式(规律)在不同的工程及科学领域反复出现。

(4) 创造发明设计所依据的科学原理往往属于其他领域。

阿奇舒勒一开始就坚信，发明创造问题的基本原理是客观存在的，这些原理不仅能被确认，而且还能被整理而形成一种理论，掌握该理论的人不仅能提高发明的成功率，缩短发明的周期，还可使发明问题具有可预见性。

解决发明创造问题的理论的核心是技术系统进化理论。技术系统进化理论指出，技术系统一直处于进化之中，解决冲突是进化的推动力。进化速度随技术系统一般冲突的解决而降低，使其产生突变的唯一方法是解决阻碍技术系统进化的更深层次的冲突。

阿奇舒勒依据真正称得上创新的发明专利，研究了消除冲突的方法，他提出了消除冲突的发明创造原理，建立了消除冲突的基于知识的逻辑方法，这些方法包括发明创造原理，发明问题解决算法(ARIZ)及标准解。TRIZ 的主要内容见图 6-2。

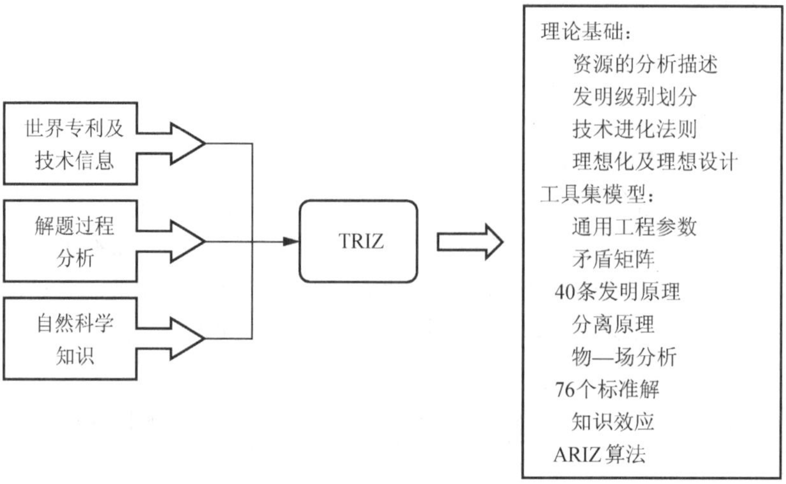

图 6-2　TRIZ 来源和主要内容

4. TRIZ 解决发明创造问题的一般过程

TRIZ 解决发明创造问题的一般过程可用图 6-3 表示，具体的创造问题往往难以直接解决，这时就需要利用 TRIZ 分析工具(如 39 个通用过程参数和矛盾矩阵、物—场分析等)将具体的发明创造问题转换并表达为 TRIZ 标准问题，利用 TRIZ 体系中的理论和方法(如 40 条发明原理、76 个标准解、知识效应库等)获得 TRIZ 的标准解，然后再将 TRIZ 的标准解转换为具体发明创造问题的解，以获得最终问题的解决方案。

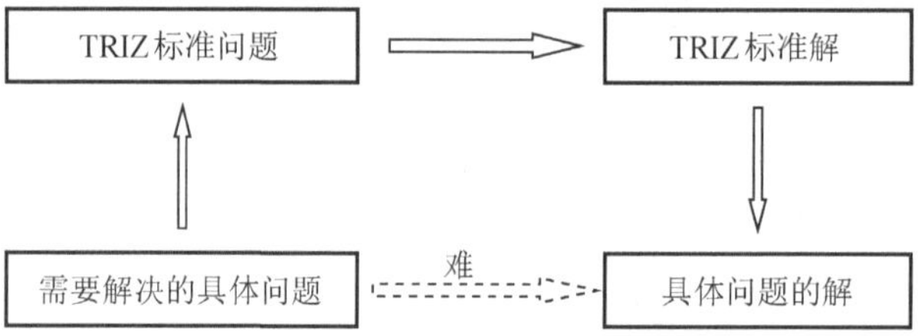

图 6-3　TRIZ 解决发明创造问题的一般过程

第二节　技术系统的进化法则

所有系统的进化都遵循着客观的进化法则，向“最终理想化”方向进化这在过去的专利发明中可以发现，在开发的新系统中也同样存在。

技术系统八大进化法则是 TRIZ 的理论基础，是解决发明问题的“指南针”，应用技术系统进化法则可以帮助人们解决如下问题：

(1)用新一代技术创造市场需求。

(2)定性技术预测。

(3)预开发新技术。

(4)实施专利布局战略。

(5)选择企业战略实施的时机。

掌握好进化法则，可以避免人们盲目地尝试，有效地提高解决问题的效率。

一、S 曲线进化法则

阿奇舒勒通过对发明专利的分析，发现产品的进化规律满足一条 S 形的曲线。S 曲线也可以认为是一条产品技术成熟度预测曲线。图 6-4 为一条典型的 S 曲线图。S 曲线描述了一个技术系统的完整的生命周期。图中的横坐标代表时间，纵坐标代表技术系统重要的性能参数(39 个工程参数)。比如在飞机这个技术系统，飞行速度、可靠性就是其重要性能参数，能参数随时间的延续呈 S 曲线分布。

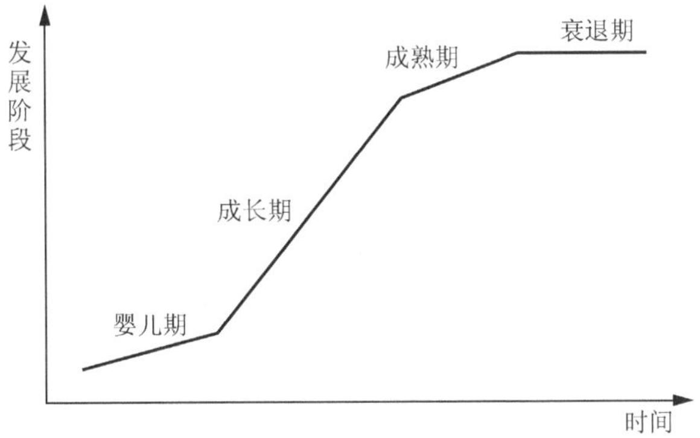

图 6-4　技术系统的生命周期

一个技术系统的进化一般都要经历以下婴儿期、成长期、成熟期、衰退期等 4 个阶段。每个阶段都会呈现出不同的特点。阿奇舒勒从性能参数、专利等级、专利数量、经济收益 4 个方面来描述技术系统在各阶段所表现出来的特点如图 6-5 所示，以帮助人们有效了解和判断一个产品或行业所处的阶段，从而制定有效的产品营销策略和企业发展战略。

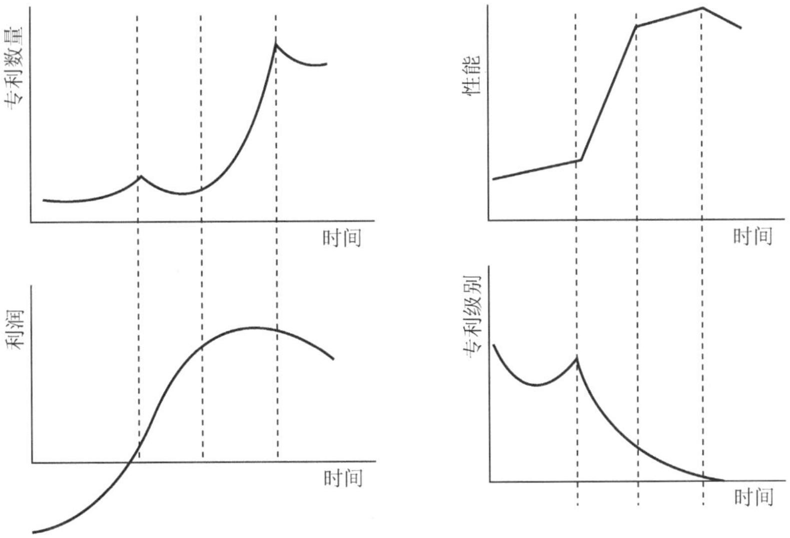

图 6-5　技术系统进化各阶段的特点

1. 婴儿期

处于婴儿期的技术系统所呈现的特征：产品性能参数的完善非常缓慢，产生的专利等级很高，但专利数量较少，经济效益多为负数。

2．成长期

处于成长期的技术系统所表现的特征：产品性能得到快速提升，产生的专利等级开始下降，但专利数量出现上升，系统在此阶段的经济收益快速增长，促进了技术系统的快速完善。

3．成熟期

处于成熟期的技术系统所呈现的特征：性能水平达到最佳，这时仍会产生大量的专利，但专利等级会更低；产品已进入批量生产，并获得巨额的经济收益。此时，经营者应着手研制下一代产品，制订相应的计划，以保证本代产品淡出市场时，有新的产品来承担起企业发展的重担。

4．衰退期

处于衰退期的技术系统所呈现的特征：其性能参数和经济收益逐步降低，而专利等级、专利数量均呈现快速下降趋势。

当一个技术系统的进化完成 4 个阶段后，必然会出现一个新的技术系统来替代它。如此不断的替代，就形成了 S 曲线族，如图 6-6 所示。

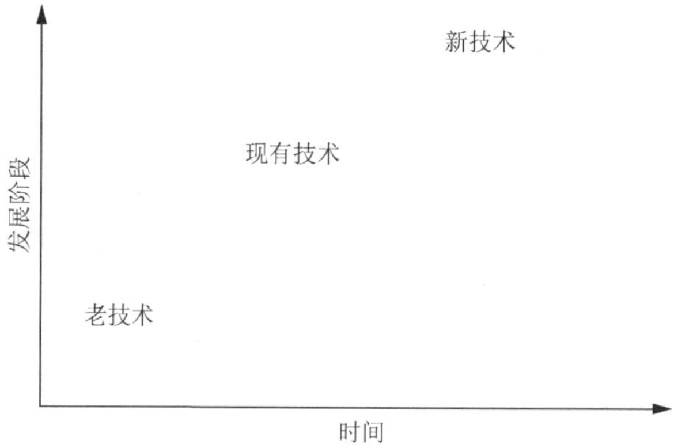

图 6-6　S 曲线族

二、提高理想化法则

理想的技术系统几乎不消耗任何资源，但却能够实现所有必要的功能。当然，这种所谓理想化的技术系统并不存在。

理想化度$=\dfrac{\text{有用功能之和}}{\text{有害功能之和}}$，最理想的系统其理想化度为无穷大。

提高理想化法则包含两个方面内容：

(1) 技术系统是沿着提高其理想化程度的方向进化，并向最理想系统方向发展。

(2) 提高理想化法则代表着所有技术系统进化的最终方向。

因此，提高理想化法则可作如下表述：所有技术系统都朝着提高其理想化程度的方向进化．即所有技术系统的发展都体现了“简单结构实现简单功能→复杂结构实现复杂功能→简单结构实现更复杂功能”的螺旋进化趋势。提高理想化法则是 TRIZ 技术系统进化法则中的基本法则，而技术系统进化的其他法则揭示了提高技术系统理想化程度的具体方法。

提高理想化的方法参见图 6-7。

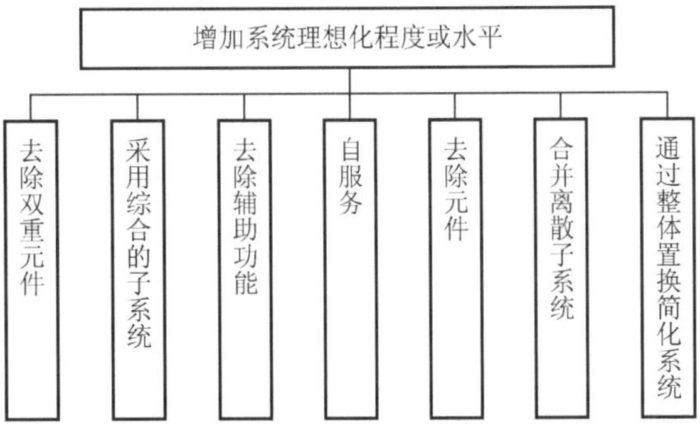

图 6-7　提高系统理想化的常用方法

三、子系统不均衡进化法则

技术系统由多个具有不同功能的子系统组成。子系统不均衡进化法则是指任何技术系统子系统的进化都是不均衡的。因为，改进某一特定参数，必须使这一参数所从属的子系统完美化，故其进化比其他子系统要迅速。

子系统进化对其他子系统具有直接或间接的影响，不理想的子系统不能全面满足对系统日益改善的要求，因而导致矛盾。一个或几个子系统资源的枯竭加剧了这种矛盾，此时系统中就会出现技术矛盾和物理矛盾。而系统内的矛盾使得系统功能指标的成本高到不合理的程度。矛盾的最终解决将使系统跃迁到新的进化阶段，整个系统的理想度得到提高。

子系统不均衡法则内含：

(1) 任何技术系统的各个子系统都是沿着各自的 S 曲线进化的。

(2) 组成技术系统的各个子系统的进化是不同步、不均衡的。

(3) 由于在子系统间存在着不同步、不均衡的进化，会导致矛盾的出现。

(4) 技术系统的进化速度会因系统中某一个子系统进化速度的缓慢而受到抑制。

(5) 需要采用连续创新来消除子系统间出现的矛盾。

该法则在技术系统发展的所有阶段都适用，其意义是，技术系统进化的速度取决于最不理想子系统的进化速度(木桶短板原理)。利用这一法则的知识，可以及时发现技术系统的不理想子系统，及时改进不理想的子系统或以较先进的子系统替代它们，从而可以最小成本改进系统的技术参数。

四、动态性进化法则

动态性进化法则包含：

1) 增加系统可移动性

发展路径：固定的系统→可移动的系统→随意移动的系统。

如电话的进化路径是：固定电话→子母机→手机。

2) 增加系统柔性

发展路径：刚性→单铰链→多铰链→柔性体→液体/气体→场。

如切割技术的进化路径：刀→剪刀→多铰链钢筋钳→线切割→水切割→激光切割。

3)增加系统可控性

发展路径：无控制→直接控制→间接控制→反馈控制→自我调节控制系。

如城市街灯的进化路径：专人开关→定时开关→感光开关→光度分级调节控制。

五、向超系统进化法则

向超系统进化法则是指技术系统首先趋向于向集成增加的方向，接着再进行简化，待技术系统进化到极限时，将实现某项功能的子系统从原来的系统中剥离出来，进入超系统，在子系统功能得到加强的同时，也简化了原来的系统。

其发展路径：单系统→双系统→多系统→超系统。

例如，洗衣机的进化路径是：单功能单桶洗衣机→洗、甩双功能双桶洗衣机→洗衣和甩干合二为一的单桶洗衣机→洗、甩、烘干、杀菌等多功能单桶洗衣机。

六、子系统协调性进化法则

要求组成技术系统的各个子系统、各个部件在保持协调的前提下，充分发挥各自的功能。其协调性包含如下几个方面：

(1)结构上协调。

(2)性能参数的协调。

(3)工作节奏和频率的协调。

七、向微观系统和场的应用进化法则

技术系统总是趋向于从宏观系统向微观系统转化。在这个演变过程中，沿着减小元件尺寸的方向，并使用不同类型的能量场来获得更佳的系统功能，实现更好的系统控制。其进化路径如图 6-8 所示。

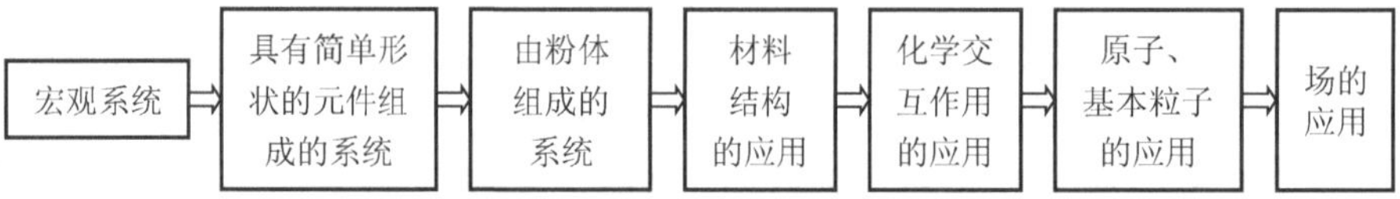

图 6-8　由宏观系统向微观系统进化的七个阶段

如电子元件的进化路径：真空管—晶体管—集成电路—大规模集成电路；

播放机的进化路径：录音机—随身听—便携 CD 机—MP3—耳环播放机等。

八、向自动化方向进化法则

技术系统向自动化方向迈进，目的就是希望减少那些单调的、机械的、重复的人工工作，提高技术系统的功能效益，解放人的体力，以使人们去完成更具有创造性的工作。

第三节　矛盾矩阵及 40 条发明原理

一、40 条发明原理

阿奇舒勒对大量的专利进行研究、分析、总结，提炼出了 TRIZ 中最重要的、具有普遍用途的 40 条发明原理。40 条发明原理目录见表 6-1；40 条发明原理与实例见表 6-2。

表 6-1　40 条发明原理目录

序号	名称	序号	名称
1	分离	21	减少有害作用
2	抽取	22	变害为利
3	局部质量	23	反馈
4	非对称性	24	中介物
5	合并	25	自服务
6	多功能性	26	复制
7	嵌套	27	一次性用品
8	重量补偿	28	机械系统替代
9	预制反作用	29	气压或液压结构
10	预先作用	30	柔性外壳或薄膜
11	预先应急措施	31	多孔物质
12	等势	32	改变颜色
13	逆向思维	33	同质性
14	曲面化	34	废弃与再生
15	动态性	35	物理或化学状态变化
16	不足或超额的行动	36	相变
17	多维化	37	热膨胀
18	振动	38	强氧化
19	周期性动作	39	惰性和真空环境
20	有效作用的持续性	40	复合材料

表 6-2　40 条发明创造原理与实例

发明原理及原理扩展	实例
01 分割	
01A 将物体分割成独立的部分	用个人计算机代替大型计算机 用卡车加拖车的方式代替大卡车 用烽火传递信息(分割信息传递距离) 为垃圾分类回收设置不同的回收箱
01B 使物体成为可组合的(易于拆卸和组装的几部分)	组合工具、组合式家具 橡胶软管可利用快速拆卸接头连接成所需要的长度
01C 增加物体被分割的程度	用熔化的锡池生产平板玻璃
02 抽取	
02A 将物体中抽出产生负面的部分或特性	避雷针
02B 只从物体中抽取必要的部分或特性	用光纤或光波导分离光源，以增加照明度
03 局部质量	
03A 将均匀的物体结构或外部环境变成不均匀的	采用温度、密度或压力的梯度，而不用恒定的温度、密度或压力
03B 使物体的不同部分实现不同的功能	多功能组合工具(如瑞士军刀)
03C 使物体的每一部分都处于最有利运行的条件	橡皮头铅笔、带有起钉器的榔头等

续表

发明原理及原理扩展	实例
04 非对称性 **04A** 用不对称(不均匀)的形状来取代对称的形状 **04B** 如果物体本身已经是不对称(不均匀)的形状,就增加它不对称的程度	 非对称电源插头 非对称容器或者对称容器中的非对称搅拌叶片可以提高混合的效果(如混凝土搅拌车) 轮胎的外侧强度设计成大于内侧强度，以增加其抗冲击力
05 合并 **05A** 在空间上，合并相同或相邻的物体或操作 **05B** 在时间上,合并属于相邻或相同连续动作的相似型物体，使其成为一体	 双面电路板 将多层玻璃板黏合起来，便于运输 利用生物芯片同时测量多项血液指标 并行处理计算机中的多个微处理器
06 多功能性 使物体或物体的一部分实现多种功能,以代替其他部分的功能	 沙发床 装有牙膏的牙刷柄
07 嵌套 **07A** 一物套一物，再套一物…… **07B** 使一物体穿过另一物体的空腔	 俄罗斯套娃 收缩式旅行杯 数码相机的伸缩式变焦镜头 伸缩式钓鱼竿、伸缩式天线 汽车安全带卷收器
08 重量补偿 **08A** 补偿物体的重量，使之升起 **08B** 通过介质(气动力、液动力、弹簧等)平衡物体重量	 氢气球悬挂广告条幅 气垫船浮出水面，减少阻力，提高航速 飞机机翼的形状使其上部空气压力减小，下部增大，以产生上升力
09 预制反作用 **09A** 预先施加反作用力，以消除不利影响 **09B** 在部件上施加预应力,以抵消事后出现的不希望有的工作应力	 预先给木材刷防腐剂，以防止木材腐烂 在浇筑混凝土之前对钢筋施加预应力
10 预先作用 **10A** 预置必要的功能、技能 **10B** 在方便的位置预先安置物体,使其在最适当的时机发挥作用，避免时间浪费	 胶带纸；蔬菜预加工(清洗、切片等) 在停车位设置咪表 手术器械预先消毒 柔性制造单元
11 预先应急措施 针对物体可靠性相对较低的部位(薄弱环节),设置应急措施加以补偿	 飞机上设置降落伞和救生圈 汽车上设置安全带、安全气囊 建筑物中设置应急楼梯、防火通道、消防栓、灭火器等 超市、图书馆等防偷窃，在物品上印上磁条
12 等势 在势能场中限制物体位置改变,以减少物体的提升和下降	 汽车制造厂的自动生产线和与之配套的工具 隧道效应方法
13 逆向思维 **13A** 利用与要求动作相反的动作 **13B** 让物体可动部分不动，不动部分可动 **13C** 颠倒物体的位置(上下、左右、前后、内外等)	 为使两个套紧的物体分离，采用冷却内件，而不是加热外件 采用翻转型窗户，使在室内擦洗外面玻璃成为可能 加工中心，采用旋转工件代替旋转工具 游泳训练装置，让水流动而人的位置不动 步行电梯，梯在动而人不动 装膏状物品的瓶子，瓶盖设置在底部，容易导出

续表

发明原理及原理扩展	实例
14 曲面化	
14A 将直线、平面变成曲线或曲面，将立方体变成球体	在建筑结构上采用拱形或圆屋顶来增加强度 结构设计中，用圆角过渡避免应力集中 流线型运动物体，阻力更小
14B 使用滚筒、球体、螺旋状等结构	钢笔的球状笔尖书写流利 滚筒搅拌机混合效果更好
14C 利用离心力改直线运动为旋转运动	酒店推拉门改为旋转门，更好保持大厅温度
15 动态性	
15A 使物体的外部环境或过程自动调节，寻找最佳的运行状态	汽车可调节式方向盘、座椅、后视镜等 形状记忆合金；柔性制造系统
15B 将物体分割成可相对移动的几个部分	折叠椅 笔记本计算机
15C 使固定的物体可以移动或具有自适应性	医用微型内窥镜、柔性结肠镜等 可弯曲的饮用麦管
16 不足或超额的行动	
假如既定方法难以百分百达到目标，采用稍微超过或小于期望效果的方法，以使物体简化	打磨墙面时，先在墙面孔洞处多填充一些灰泥，然后再打磨掉 陶瓷注浆法成型时，在模型中先灌满泥浆，然后再倒出多余的泥浆
17 多维化	
17A 将物体从一维运动变为二维或三维运动(空间)	五轴机床可准确完成三维复杂曲面的切削过程 三维 X 射线检测系统 螺旋楼梯 多头电动剃须刀
17B 用多层结构代替单层结构	多层集成电路结构 多层印刷电路板
17C 使物体倾斜或侧向放置	自动装卸车
17D 使用给定表面的另一面	双面焊接电子元器件的印刷线路板
18 振动	
18A 使物体振动或振荡	振动棒的有效工作可避免混凝土中的孔洞
18B 提高振动频率	振动给料机
18C 利用物体共振频率	利用超声波共振击碎胆结石和肾结石 超声清洗
18D 利用压电振动代替机械振动	石英钟
18E 使超声振动与电磁振动相结合	在高频炉中可以更好的混合合金
19 周期性动作	
19A 以周期性或脉冲动作代替连续动作	能招人注目的闪烁警示灯 脉冲淋浴要比持续淋浴更省水
19B 如果动作已是周期性的，可改变其动作频率	控制周期性分析、检查、测试过程 电机调频器
19C 利用脉冲间歇执行另一个动作	在心肺呼吸器使用中，每 5 次胸腔压缩后进行 1 次呼吸 在过滤器暂停时，反冲洗将过滤介质洗干净
20 有效作用的持续性	
20A 保持连续运转，使机器各部件同时满负荷工作	高速飞轮(或液压蓄能器)在车辆停止时储存能量，使机动车发动机得以补充能量，发动机在较低的功率下工作
20B 消除工作中所有的间歇和中断	打印机头在回程时也执行打印 自清洁过滤器可以消除生产过程中的停顿现象
20C 用旋转运动代替往复运动	用绞肉机代替手工切肉
21 减少有害作用	
快速完成危险或有害的作业	发动机快速越过共振转速范围；照相机用闪光灯；落锤锻造

续表

发明原理及原理扩展	实例
22 变害为利	
22A 利用有害因素获取有益的效果	利用垃圾发电 废弃物回收利用
22B 将两项有害要素叠加以消除危害	发电厂用炉灰的碱性中和废水的酸性
22C 加大有害因素的程度，使之不再有害	用火烧掉一部分植物，形成隔离带，防止森林大火蔓延
23 反馈	
23A 引人反馈，提高性能	自动浇注电炉根据金属液温度确定电炉输入功率 路灯采用光控开关，节约电能
23B 如果已有反馈，则改变其大小或作用	在飞机接近机场时，改变自动驾驶仪的灵敏度
24 中介物	
24A 使用中介物实现所需动作	石蜡浇铸使用蜡模中介物
24B 把一物体与另一极易去除(分开)的物体暂时结合	用托架把滚烫的盘子端到餐桌上
25 自服务	
25A 使物体具有自补充和自恢复功能以完成自服务	有修复缸体磨损作用的汽车用特种润滑油 自补充饮水机
25B 利用废弃的资源、能量或物资	麦秸直接填埋做下一季庄稼的肥料 余热发电 包装材料的回用
26 复制	
26A 使用更简单、更便宜的复制品代替难以获得的、昂贵的、复杂的、易碎的物体	虚拟驾驶游戏机
26B 用光学复制品或图形来代替实物	用空间摄影技术代替实地勘察绘制地图
26C 如果已使用可见光复制品，进一步扩展到红外或紫外线复制品	用红外图像来发现农作物病虫害
27 一次性用品	
用廉价的物品代替昂贵的物品，在某些质量特性上做适当的妥协(如使用寿命)	一次性纸杯；一次性尿布；一次性医疗用品
28 机械系统替代	
28A 用感官刺激的方法(光学、声学、味觉、嗅觉)代替机械手段	在天然气中加入气味难闻的混合物，作为泄漏警告，而不用机械或电气类的传感器
28B 采用与物体相互作用的电场或电磁场	金属液用电磁搅拌替代机械搅拌
28C 场的替代：从恒定场到可变场，从定时场到随时间变化的场，从随机场到有组织的场	使用有特定发射方式的天线代替早期通信中的全方位的发射
28D 将场和铁磁离子组合使用	铁磁催化剂，呈现顺磁状态
29 气压或液压结构	
使用气体或液体的膨胀或静压缓冲功能，代替物体的固体零部件	气垫运动鞋，减少运动对足底的冲击，穿着舒适 充气床垫；液压装载机
30 柔性外壳或薄膜	
30A 使用柔性外壳和薄膜替代传统的结构	塑料大棚；充气儿童城堡；邮递易碎品时采用充气包装袋
30B 用柔性外壳和薄膜将物体与外部环境隔绝	在水面上漂浮一层双极性材料(一面亲水，一面厌水)以阻止水的蒸发
31 多孔物质	
31A 使物体多孔或添加多孔元素(嵌入其中或涂层)	在两层铝合金板之间夹入薄壁空心铝球，并使其结合在一起，以提高结构刚性和隔热、隔音能力 加气混凝土；泡沫玻璃
31B 如果物体已是多孔的，则利用这些孔，引入有用的物质或功能	将氢储存在纳米碳管中，储存量大且安全

续表

发明原理及原理扩展	实例
32 改变颜色	
32A 改变物体或周围的颜色	在冲洗照片的暗室中使用红色暗灯
32B 改变难以观察的物体或过程的透明度或可视性	光敏玻璃
32C 采用有颜色的添加剂，使不易观察的物体或过程容易观察到	研究水流试验时，在水中加入颜料.
32D 如果已经加入了颜色添加剂，则借助发光迹线追踪物质	化学试纸，通过颜色变化确定溶液的酸碱度
33 同质性	
将物体或与其相互作用的其他物体用同一材料或特性相近的材料制作	使用与容纳物相同的材料来制造容器，以减少发生化学反应的机会 用金刚石制造钻石的切割工具
34 废弃与再生	
34A 通过溶解、蒸发等手段，抛弃或改变物体中已经完成其功能的或无用的部分	药物胶囊；用冰块做夯土筑坝模板，完工后，冰块熔化(干冰升华)，只剩下土坝；降解塑料
34B 在运作过程中迅速补充物体所消耗和减少的部分	自动铅笔
35 物理或化学状态变化	
改变物体的物理或化学状态、浓度或密度、柔性、温度	将温度升高到居里点，致铁磁体改变成顺磁体；气体转换成液体、固体便于运输
36 相变	
利用物质相变时产生的某种效应或现象(如物质体积改变、吸热或放热)	水在冰冻后会膨胀，可以用于爆破
37 热膨胀	
37A 利用热膨胀或热收缩的材料	装配双钢环时，冷却内环使之收缩，加热外环使之膨胀，装配完成后恢复到常温，内、外环就被紧固在一起了
37B 组合使用多种具有不同热膨胀系数的材料	双金属片传感器
38 强氧化	
38A 使用富氧空气代替普通空气	高炉富氧送风可以提高铁的产量
38B 使用纯氧代替富氧空气	使用纯氧—乙炔气进行更高温度的切割
38C 使用电离射线处理空气或氧气，使用离子化氧气	空气过滤器通过电离空气来捕获污染物
38D 用臭氧代替离子化空气	臭氧溶于水中去除船体上的有机污染物
39 惰性和真空环境	
39A 用惰性气体环境代替常规环境	用氩气等惰性气体填充灯泡，防止金属丝氧化；氢气球中加入氩气，防止燃烧
39B 在真空环境中完成过程	真空包装食品，延长储存期
40 复合材料	
用复合材料代替单一材料	复合的环氧树脂/碳素纤维高尔夫球杆更轻，强度更好，且比金属更具有柔韧性 玻璃纤维制成的冲浪板，更轻、易控制

二、物理矛盾和技术矛盾

冲突和矛盾是 TRIZ 理论分析问题的核心工具，改进产品或工艺流程的某一特性时，常常引起其他特性恶化。系统的进化就是不断解决系统技术矛盾和物理矛盾的过程。不仅要改善矛盾的一个方面，同时又要不恶化矛盾的另一方面，寻求解决矛盾的理想化。

技术矛盾：技术矛盾是指一个技术系统面对的缺陷和负面影响。即当系统中一个参数得到改进时，另一个参数变差。如洗衣机省水、省洗衣粉导致洗衣效果下降。

物理矛盾：一个技术系统面对一个参数有两个相反的条件要求的情况。如汽车底盘为了省油应当减轻重量，为了稳定应当增加重量。

三、技术矛盾与矛盾矩阵

1. 39 个通用工程参数

通过对众多专利的详细研究，TRIZ 用 39 个通用工程参数描述矛盾，见表 6-3。借助于通用工程参数可将一个实际具体问题转化为 TRIZ 标准问题。可以说，通用工程参数是连接具体问题与 TRIZ 的桥梁，是打开问题的第一把“金钥匙”！

表 6-3　39 个通用工程参数

序号	名称	序号	名称
1	运动物体的质量	21	功率
2	静止物体的质量	22	能量损失
3	运动物体的长度	23	物质损失
4	静止物体的长度	24	信息损失
5	运动物体的面积	25	时间损失
6	静止物体的面积	26	物质或事物的数量
7	运动物体的体积	27	可靠性
8	静止物体的体积	28	测试精度
9	速度	29	制造精度
10	力	30	物体外部有害因素作用的敏感性
11	应力或压力	31	物体产生的有害因素
12	形状	32	可制造性
13	结构的稳定性	33	可操作性
14	强度	34	可维修性
15	运动物体作用时间	35	适应性及多用性
16	静止物体作用时间	36	装置的复杂性
17	温度	37	监控与测试的困难程度
18	光照度	38	自动化程度
19	运动物体的能量	39	生产率
20	静止物体的能量		

(1) 运动物体的质量：在重力场中运动物体所受到的重力。如运动物体作用于其支撑或悬挂装置上的力。

(2) 静止物体的质量：在重力场中静止物体所受到的重力。如静止物体作用于其支撑或悬挂装置上的力。

(3) 运动物体的长度：运动物体的任意线性尺寸，不一定是最长的，都认为是其长度。

(4) 静止物体的长度：静止物体的任意线性尺寸，不一定是最长的，都认为是其长度。

(5) 运动物体的面积：运动物体内部或外部所具有的表面或部分表面的面积。

(6) 静止物体的面积：静止物体内部或外部所具有的表面或部分表面的面积。

(7) 运动物体的体积：运动物体所占的空间体积。

(8) 静止物体的体积：静止物体所占的空间体积。

(9) 速度：物体的运动速度，过程或活动与时间之比。

(10) 力：力是两个系统之间的相互作用。对于牛顿力学，力等于质量与加速度之积，在 TRIZ 中，力是试图改变物质状态的任何作用。

(11) 应力或压力：单位面积上的力。

(12) 形状物体外部轮廓或系统的外貌。

(13) 结构的稳定性：系统的完整性及系统组成部分之间的关系。磨损、化学分解及拆卸都降低稳定性。

(14) 强度：强度是指物体抵抗外力作用使之变化的能力。

(15) 运动物体作用时间：物体完成规定动作的时间、服务期。两次动作之间的时间也是作用时间的一种度量。

(16) 静止物体作用时间：物体完成规定动作的时间、服务期。两次动作之间的时间也是作用时间的一种度量。

(17) 温度：物体或系统所处的热状态，包括其他热参数，如影响改变温度变化速度的热容量。

(18) 光照度：单位面积上的光通量，系统的光照特性，如亮度，光线质量。

(19) 运动物体的能量：能量是物体做功的一种度量。在经典力学中，能量等于力与距离的乘积。能量也包括电能、热能及核能等。

(20) 静止物体的能量：能量是物体做功的一种度量。在经典力学中，能量等于力与距离的乘积。能量也包括电能、热能及核能等。

(21) 功率：单位时间内所做的功，即利用能量的速度。

(22) 能量损失：做无用功的能量。为了减少能量损失，需要不同的技术来改善能量的利用。

(23) 物质损失：部分或全部、永久或临时的材料、部件或子系统等物质的损失。

(24) 信息损失：部分或全部、永久或临时的数据损失。

(25) 时间损失：时间是指一项活动所延续的时间间隔。改进时间的损失指减少一项活动所花费的时间。

(26) 物质或事物的数量：材料、部件及子系统等的数量，它们可以被部分或全部、临时或永久地被改变。

(27) 可靠性：系统在规定的方法及状态下完成规定功能的能力。

(28) 测试精度：系统特征的实测值与实际值之间的误差。减少误差将提高测试精度。

(29) 制造精度：系统或物质的实际性能与所需性能之间的误差。

(30) 物体外部有害因素作用的敏感性：物体对受外部或环境中的有害因素作用的敏感程度。

(31) 物体产生的有害因素：有害因素将降低物体或系统的效应，或完成功能的质量。这些有害因素是由物体或系统操作的一部分而产生的。

(32) 可制造性：物体或系统制造过程中简单、方便的程度。

(33) 可操作性：要完成操作应需要较小的操作者、较少的步骤以及使用尽可能简单的工具。一个操作的产出要尽可能多。

(34) 可维修性：对于系统可能出现失误所进行的维修要时间短、方便和简单。

(35) 适应性及多用性：物体和系统响应外部变化的能力，或应用于不同条件下的能力。

(36) 装置的复杂性：系统中元件数目及多样性，如果用户也是系统中的元素，将增加系统的复杂性。掌握系统的难易程度是其复杂性的一种度量。

(37) 监控与测试的困难程度：如果一个系统复杂、成本高、需要较长的时间建造及使用，或部件与部件之间关系复杂，都使得系统的监控与测试困难。测试精度高，增加了测试的成本，也是测试难度的一种标志。

(38) 自动化程度：是指系统或物体在无人操作的情况下完成任务的能力。自动化程度的最低级别是完全人工操作的。最高级别是机器能自动感知所需的操作、自动编程和对操作自动监控。中等级别的需要人工编程、人工观察正在进行的操作，改变正在进行的操作及重新编程。

(39) 生产率：是指单位时间内所完成的功能或操作数。

为了应用方便，上述 39 个通用工程参数可分为如下三类。

① 通用物理及几何参数：No.1～12，No.17～18，No.21。

② 通用技术恶化参数：No.15～16，No.19～20，No.22～26，No.30～31。

③ 通用技术改善参数：No.13～14，No.27～29，No.32～39。

恶化参数 (Negative Parameters) 是指这些参数变大时，使系统或子系统的性能变差。如子系统为完成特定的功能所消耗的能量 (No.19～20) 越大，则设计越不合理。

改善参数 (Positive Parameters) 指这些参数变大时，使系统或子系统的性能变好。如子系统可制造性 (No.32) 指标越高，子系统制造成本就越低。

2. 矛盾矩阵

阿奇舒勒将 39 个通用工程参数与 40 条发明原理有机地联系起来，建立起对应关系，整理成 39×39 的矛盾矩阵表 (附录一)。矛盾矩阵表是阿奇舒勒对 250 万份专利进行研究后所取得的成果，矩阵的构成非常紧密，而且自成体系。使用者可以根据系统中产生矛盾的 2 个通用工程参数，从矩阵表中直接查找出化解矛盾的发明原理，并使用这些原理来解决问题。矛盾矩阵的第 1 行和第一列为 39 个通用工程参数的编码，第 2 行和第 2 列分别为 39 个通用工程参数的名称。但是，纵列表示要改善的参数，横行表示会恶化的参数。39×39 个工程参数从行、列 2 个维度构成矩阵的方格共 1521 个。在其中 1263 个方格中，均列有几个数字，这几个数字就是 TRIZ 所推荐的解决对应技术矛盾的发明原理的编码。按编码查 40 条发明原理表 (表 6-1)，即可获得该编码所对应的发明原理。

四、利用矛盾矩阵和发明原理进行创造发明

矛盾矩阵表的应用步骤 (图 6-9)：

(1) 确定技术系统名称。

(2) 确定技术系统的主要功能。

(3) 对技术系统进行详细的分解，划分系统的级别，列出超系统、系统、子系统各级别的零部件和各种辅助功能。

(4) 对技术系统、关键子系统、零部件之间的相互依赖关系和作用进行描述。

(5) 对系统和子系统的层、级描述要准确，不能仅是对整个产品或系统的笼统描述，应具体到零部件级。建议使用“主语＋谓语＋宾语”的工程描述方式，定语 (修饰词) 尽可能少用。

(6) 确定技术系统应改善的特性。

(7) 确定并筛选设计系统被恶化的特性。在提升改善的特性的同时，必然会带来其他一个或多个特性的恶化，被恶化的参数又往往属于尚未发生的，所以在筛选并确定这些恶化的特性时，需要“大胆设想，小心求证”。

(8)将确定的参数对应表 6-3 所列的 39 个通用工程参数进行重新描述。工程参数的定义描述是一项难度较大的工作，不仅需要对 39 个工程参数的科学理解，更需要丰富的相关知识。

(9)对通用工程参数的矛盾进行描述。改善的工程参数与随之而来被恶化的工程参数之间形成了矛盾，如果所确定的该矛盾的两个工程参数是同一参数，则属于物理矛盾。

(10)对矛盾进行反向描述假如加大一个恶化的参数的程度，改善的参数将会被削弱，或另一个恶化的参数将会被加剧。

(11)查找矛盾矩阵表(附录一)得到所推荐的发明原理的排序编码。

(12)按照排序编码查找 40 条发明原理目录，获得发明原理的序号和名称。

(13)按照发明原理的序号和名称，对应查找 40 条发明原理与实例见表 6-1 获得发明原理的详解。

(14)将所推荐的发明原理逐个应用到具体的问题上，探讨每个原理在具体问题上如何应用和实现。

(15)如果所查找到的发明原理都不适用于具体的问题，需要重新定义工程参数和矛盾，并再次应用和查找矛盾矩阵表

(16)筛选出最理想的解决方案，进入产品方案设计阶段。

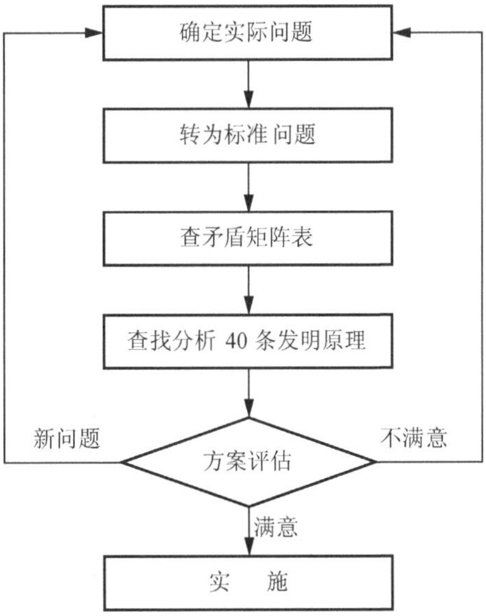

图 6-9　用矛盾矩阵表解决问题的模式

五、物理矛盾及解决方法

所谓物理矛盾是指为了实现某种功能，一个子系统或元件应具有一种特性，但同时出现了与该特性相反的特性。

物理矛盾出现的几种情况：

(1)一个子系统中有害功能降低的同时导致该子系统中有用功能的降低；

(2)一个子系统中有用功能加强的同时导致该子系统中有害功能的加强。

在 TRIZ 矛盾矩阵表上，凡是被 45° 对角线所划中的方格，其矛盾的 2 个工程参数是同一个参数，均属于物理矛盾。

1. 物理矛盾的解决原理

物理矛盾的解决方法一直是 TRIZ 研究的重要内容，阿奇舒勒归纳出 11 种物理矛盾解决方法。

(1)矛盾特性的空间分离。从空间上进行系统或子系统的分离。以在不同的空间实现相反的特性。比如，建设立交桥，在空间上将不同方向行驶的机动车进行分离，以解决机动车的拥堵问题。

(2)矛盾特性的时间分离。从时间上进行系统或子系统的分离。以在不同的时间实现相反的特性。比如，十字路口的红绿灯，从时间上将不同方向行驶的机动车进行分离。

(3)系统转换 1。不同系统或元件与超系统结合。传送带上的钢板首尾相连，以使钢板端部保持一定温度。

(4)系统转换 2。将一个系统改为反系统，或将系统与反系统相结合。比如，为止血，在伤口上贴上含有不相容血型血液的纱布垫。

(5)系统转换 3。系统作为一个整体具有特性“B”，其子系统具有特性“-B”。如，自行车的链条与链轮组成的传动系统是柔性的，但是链条的每一个链节则是刚性的。

(6)系统转换 4。微观操作为核心的系统。微波炉可代替电炉等加热食物。

(7)相变 1。系统中一部分物质的状态交替变化。比如，运输、储存时氧气处于液态，使用时处于气态。

(8)相变 2。由于工作条件变化使系统从一种状态向另一种状态过渡。如形状记忆合金管接头，在低温下管接头很容易安装，在常温下不会松开。

(9)相变 3。利用状态变化所伴随的现象。一种输送冷冻物品的装置的支撑部件是冰棒制成的，在冷冻物品融化过程中，能最大限度地减少摩擦力。

(10)相变 4。用两相的物质代替单相的物质。抛光液由一种液体与一种粒子混合组成。

(11)物理化学转换。通过物理作用及化学反应使物质从一种状态过渡到另一种状态。比如，热管中的液态工质在受热区蒸发并产生化学分解，在受冷区冷凝并重新恢复成液态工质。

2. 物理矛盾的分离原理

TRIZ 理论在总结解决物理冲突的各种方法的基础上，发现解决物理矛盾的方法有赖于分离原理，分离原理包括 4 个方面，如图 6-10 所示。

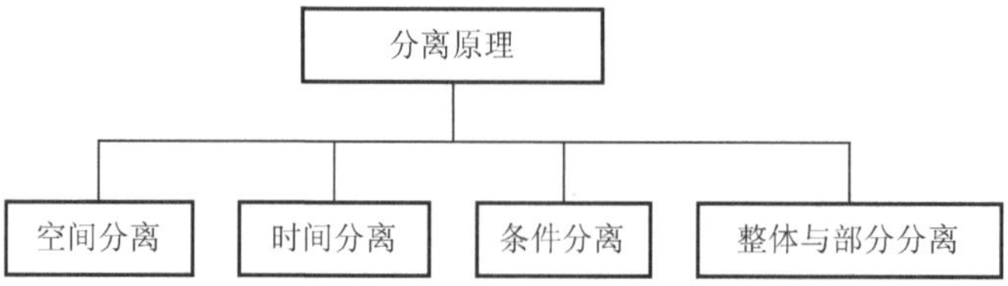

图 6-10　分离原理

(1)空间分离。将矛盾双方在不同的空间上分离。当关键子系统矛盾双方在某一空间只出现一方时，空间分离是可能的。应用该原理时，首先应提问：是否矛盾一方在整个空间中“正向”或“负向”变化？在空间中的某一处，矛盾的一方是否可以不按一个方向变化？如果矛盾的一方可不按一个方向变化，利用空间分离原理解决矛盾是可能的。

例如，测量船采用声呐在海面上进行海底测量时，如果把声呐安装在船体上的某个部位，实际测量时，船体本身就成为了干扰源，影响测量精度。空间分离解决方法是测量船利用电缆拖着千米之外的声呐探测器进行测量，将船体的干扰与声呐探测器在空间上予以分离，测量精度大幅提升。

(2) 时间分离。将矛盾双方在不同的时间段上分离。当关键子系统矛盾双方在某一时间段上只出现一方时，时间分离是可能的。应用该原理时，首先应提问：是否矛盾一方在整个时间段中“正向”或“负向”变化？在时间段中，矛盾的一方是否可不按一个方向变化？如果矛盾的一方可不按一个方向变化，利用时间分离原理是可能的。

例如，飞机机翼在起飞、降落和在某一高度正常飞行时几何形状与大小调整变化，以适应飞机在不同时期对阻力和升力的不同需求，采用了时间分离原理。

(3) 条件的分离。将矛盾双方在不同的条件下分离。当关键子系统的矛盾双方在某一条件下只出现一方时，基于条件分离是可能的。应用该原理时，首先应提问：是否矛盾一方在所有的条件下都要求“正向”或“负向”变化？在某些条件下，矛盾的一方是否可不按一个方向变化？如果矛盾的一方可不按一个方向变化，利用基于条件的分离原理是可能的。

比如，水射流可以当作软物质，用于洗澡按摩；也可以当作硬物质，以高压、高速射流用于加工或作为武器使用。水射流的用途取决于射流的速度、压力或射流中有无其他物质等条件。

(4) 总体与部分的分离。将矛盾双方在不同的层次上分离。当矛盾双方在关键子系统的层次上只出现一方，而该方在子系统、系统或超系统层次上不出现时，总体与部分的分离是可能的。

例如，自行车的链条微观层面上是刚性的，宏观层面上是柔性的。

【例 6-1】　矛盾矩阵与发明原理的应用——飞机整流罩的设计

问题：波音 737 飞机为增加航程而改进设计时，需要将飞机的引擎更换为功率更大的引擎。引擎的功率越大，其工作时需要吸入的空气就越多，从而使飞机引擎整流罩的面积和直径也相应地加大。随着整流罩尺寸的增大，整流罩距地面的高度将会缩小，这样飞机起降的安全性就会降低，这是设计所不允许的。

解题：第一，明确技术矛盾：即希望增大飞机引擎整流罩的面积，但又不希望整流罩与地面的距离减少。

第二，确定技术系统矛盾参数：查通用工程参数表见表 6-3，“希望增大飞机引擎整流罩的面积”为改善的工程参数——“5 运动物体的面积”；“不希望整流罩与地面的距离减少”为恶化的工程参数——“3 运动物体的尺寸”。

第三，应用矛盾矩阵表获得发明原理编码：查矛盾矩阵表(附录一)，在列“改善的工程参数”找到“5 运动物体的面积”，在行“恶化的工程参数”找到“3 运动物体的尺寸”，在行与列相交处查到“14、15、18 和 04”四组数字。这四组数字就是发明原理编码。

第四，根据发明原理表获得发明的详解：根据发明原理编码查 40 条发明原理与实例见表 6-1，获得 TRIZ 推荐的解。

第五，分析讨论获得理想解：将 TRIZ 推荐的解逐个应用到具体问题上，探讨每个解在具体问题上应用和实现的可能性，进行筛选，获得理想解。经过分析，其中 14 曲面化、15

动态性和18机械振动，对问题解无效。参照04 非对称性(A 用不对称的形状来取代对称的形状)，可以将整流罩的横截面从圆形改成扁平状，既增大了面积，又不减小距地面的距离，对问题解有效，获得了理想解。

第六，实践，获得最终解。将理想解应用于设计和制造，实践检验，获得最终的解如图6-11所示。

图6-11　非对称发明原理的应用——改进整流罩设计

第四节　物—场模型分析与76个标准解

1. 物—场模型概述

物—场模型是TRIZ理论中的一个非常重要的发明创造问题分析工具，是对功能进行定义并将功能模型化的方法。

阿奇舒勒认为，任何一种产品的功能都涉及某种物质，这种物质本身不能实现所要求的功能，它只在与其他物体(外界环境)相互作用时才能实现。在这种相互作用下的任何一种变化都会伴随着能量的放出、吸收或转化。即在形成产品的功能中，一般都应有3个元素，2个物质和一个场(物质 S_1、物质 S_2 和场F)，他们实现着物质间的相互作用、联系和影响。这就是物—场模型的特定涵义和内容。在物—场中，物质 S_1 是被动体，物质 S_2 是作用体，S_2 通过某种形式作用于 S_1，S_2 常常被称为工具或功能载体；场F是使能元素，它使 S_2 与 S_1 相互作用。

(1)物：“物质”在TRIZ中所表达的意思非常广泛，既可以表达简单的物体，也可以表达复杂的技术系统。“物质”应该理解为是一种与任何结构、功能、形状、材质等复杂性无关的物体。

(2)场：“场”则用于表示两个物体之间相互作用、控制时所必需的能量。场分析中主要场或能量主要有：Me—机械能，Th—热能，Ch—化学能，E—电能，M—磁能，G—重力场等。

(3)相互作用：是指在场与物质的相互变化中所实现的某种特定功能。

(4)物—场模型语言符号及表达式：物—场模型中的物—场语言就是一种用图形表达问题的符号语言，可以清楚地描述问题。物—场模型语言符号及一般表达式如图6-12所示。

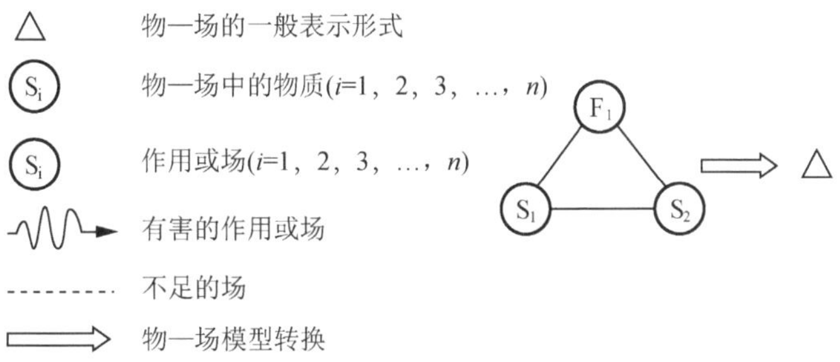

图 6-12　物—场模型语言符号及一般表达式

(5)物—场模型分类：物—场模型可以分为四类。

① 不完整模型。组成模型系统的部分要素不存在，可能缺少物质，也可能缺少场。需要找到合适的元素，构建完整的物—场模型。

② 有效完整模型。组成模型系统的 3 个要素都存在，且都有效，能实现设计者追求的效应。

③ 非有效完整模型。组成模型系统的 3 个要素都存在，但设计者追求的效应未能完全实现。如产生的力不够大，温度不够高等。为实现预期的效应，需要改进模型系统，如改变场 F，或增加场 F_2，或增加物质 S_3 和场 F_2。

④ 有害完整模型。组成模型系统的 3 个要素都存在，但产生了与设计者追求的目标相矛盾的效应。创造发明过程中要消除这种有害效应。

2. 物—场模型的建立

一个完整的物—场模型系统是两种物质和一个场的三元素有机结合，创造发明问题被转化成这种物—场模型，目的是阐明两物质和场之间的相互关系。复杂的系统可以用复杂的物—场模型进行描述。通常构建物—场模型有以下五步。

第一步：识别元素。

第二步：构建模型。

第三步：模型的有效性、有用性和完整性分析。如果构建的模型非有效、有害和不完整，则要重新构建模型。

第四步：从 76 个标准解中选择合适的解。

第五步：进一步发展这个解，以支持获得的解决方案。

3. 76 个标准解

TRIZ 理论为物—场模型提供了模式化的解法，成为标准解。发明问题的标准解法是阿奇舒勒于 1985 年创立的，共有 76 个，分成 5 级，各级中解法的先后顺序反映了技术系统必然的进化过程和进化方向。

1～5 级的各级中又分为 18 个子级，每个子级代表着一个可选的解题方向，包含着数量不同的标准解，共 76 个标准解。第 1 级　建立或破坏物—场模型，包含 2 个子级，13 个标准解；第二级　强化物—场模型，包含 4 个子级，23 个标准解；第三级　向超系统或微观系统转化，包含 2 个子级，6 个标准解；第四级　检测和测量标准解，包含 5 个子级，17 个标准解；第五级　简化与改善策略，包含 5 个子级，17 个标准解。标准解的子级和组成见表 6-4。

表 6-4　76 个标准解

解的级别和子级	标准解法
第一级　建立或破坏物—场模型	
1-1 建立物—场模型	1. 建立物—场模型
	2. 内部合成物—场模型
	3. 外部合成物—场模型
	4. 与环境一起的外部物—场模型
	5. 与环境和添加物一起的物—场模型
	6. 最小模式
	7. 最大模式
	8. 选择性最大模式
1-2 破坏物—场模型	9. 引入 S_3 消除有害效应
	10. 引入改进的 S_1 或(和) S_2 来消除有害效应
	11. 排除有害作用
	12. 用场 F_2 来抵消有害作用
	13. 切断磁影响
第二级　强化物—场模型	
2-1 向合成物—场模型转化	14. 链式物—场模型
	15. 双物—场模型
2-2 加强物—场模型	16. 使用更可控制的场
	17. 物质 S_2 的分裂
	18. 使用毛细管和多孔的物质
	19. 动态性
	20. 构造场
	21. 构造物质
2-3 通过匹配节奏加强物—场模型	22. 匹配 F、S_1、S_2 的节奏
	23. 匹配 F_1 和 F_2 的节奏
	24. 匹配矛盾或预先独立的动作构造物质
2-4 铁磁场模型(合成加强物—场模型)	25. 预铁—场模型
	26. 铁—场模型
	27. 磁性液体
	28. 在铁—场模型中应用毛细管结构
	29. 合成铁—场模型
	30. 与环境一起的铁—场模型
	31. 应用自然现象和效应
	32. 动态性
	33. 构造
	34. 在铁—场模型中匹配节奏
	35. 电—场模型
	36. 流变学
第三级　向超系统或微观系统转化	
3-1 向双系统和多系统转化	37. 系统转化 1_a：创建双．多系统
	38. 加强双、多系统内的链接
	39. 系统转化 1_b：加大元素间的差异
	40. 双．多系统的简化
	41. 系统转化 1_c：系统整体或部分的相反特征
3-2 向微观级转化系统转化	42. 向微观级转化 2：向微观级转化

续表

解的级别和子级	标准解法
第四级　检测和测量的标准解法	
4-1 间接方法	43．以系统的变化代替探测或测量
	44．应用拷贝
	45．测量当作二次连续检测
4-2 建立测量的物—场模型	46．测量的物—场模型
	47．合成测量的物—场模型
	48．与环境一起的测量的物—场模型
	49．从环境中获得添加物
4-3 加强测量物—场模型	50．应用物理效应和现象
	51．应用样本的谐振
	52．应用进人物体的谐振
4-4 向铁—场模型转化	53．测量的预铁—场模型
	54．测量的铁—场模型
	55．合成测量的铁—场模型
	56．与环境一起的测量的铁—场模型
	57．应用物理效应和现象
4-5 测量系统的进化方向	58．向双系统和多系统转化
	59．进化方向
第五级　简化与改善策略	
5-1 引人物质	60．间接方法
	61．分裂物质
	62．物质的“自消失”
	63．大量引入物质
5-2 引人场	64．可用场的综合使用
	65．从环境中引入场
	66．利用物质可能创造的场
5-3 相变	67．相变 1—变换状态
	68．相变 2—动态化相态
	69．相变 3—利用伴随的现象
	70．相变 4—向双相态转化
	71．状态间作用
5-4 应用物理效应和现象的特性	72．自我控制的转化
	73．放大输出场
5-5 根据实验的标准解法	74．通过分解获得物质粒子
	75．通过结合获得物质粒子
	76．应用 74 及 75 的标准解法

4．物—场模型分析法的应用

创造性问题物—场模型分析法和标准解的应用流程如图 6-13 所示。

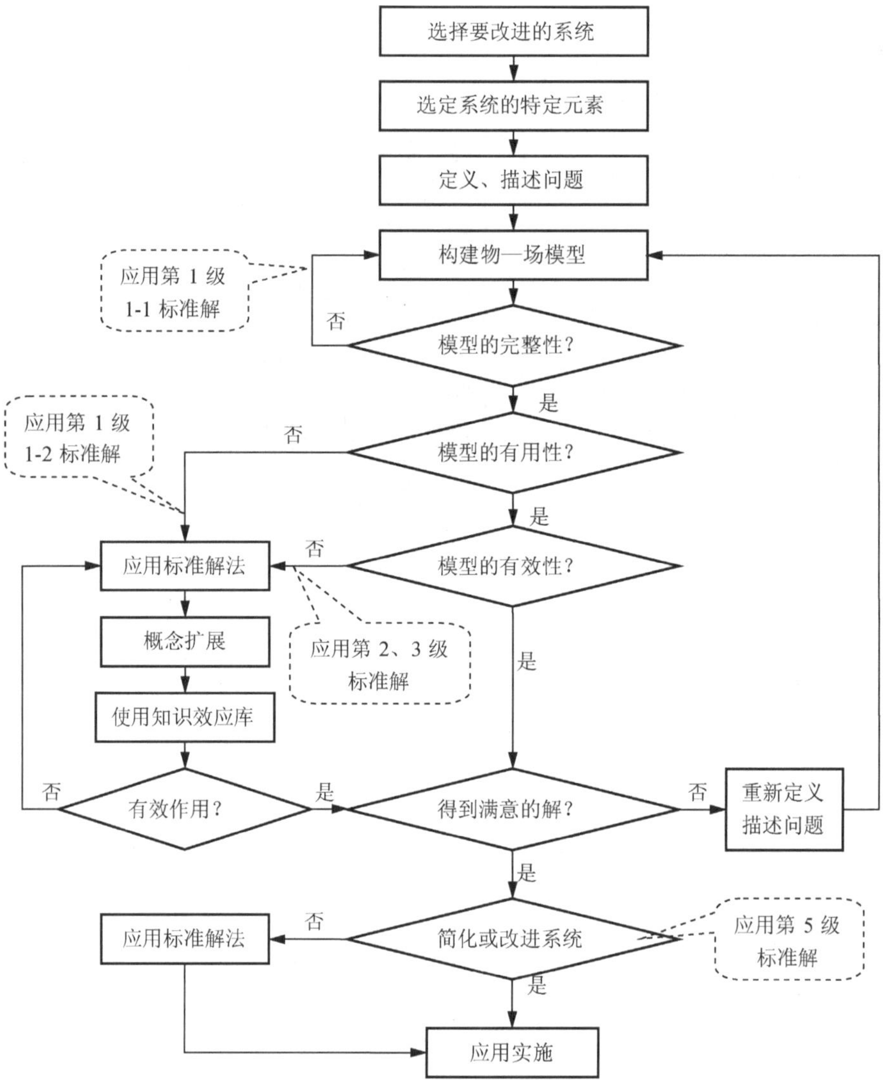

图 6-13　物—场模型分析法解决发明创造问题流程

【例 6-2】　利用物—场模型分析法解决钢丸发送机弯管部分磨损问题

问题描述：钢丸发送机的弯管部分是强烈磨损区，如图 6-14 所示，而在弯管部分添加保护层的效果也很差，如何解决钢丸发送机弯管部分磨损问题？

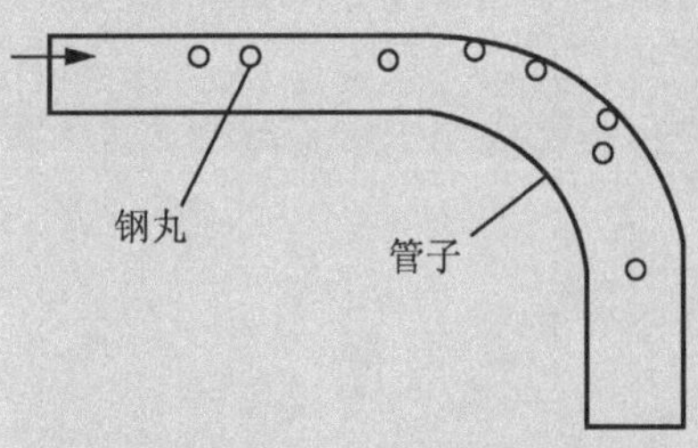

图 6-14　钢丸强烈冲击磨损弯管部分

选定系统相关元素：对发送机进行物一场分析可知，钢丸为目标物 S_1，管子为工具 S_2，场 F 机械力使管子 S_2 对钢丸 S_1 实施导向作用，同时场 F 机械力使钢丸 S_1 对管子 S_2 存在有害的冲击磨损作用。

构建物—场模型：钢丸 S_1、管子 S_2 和场 F 机械力构成一个完整物—场模型(图 6-15 中(a))。分析发现，管子和钢丸间既有好的作用(管子 S_2 为钢丸 S_1 导向)，又有坏的作用(钢丸冲击和磨损弯管部分)。该物—场模型属于有害完整模型。

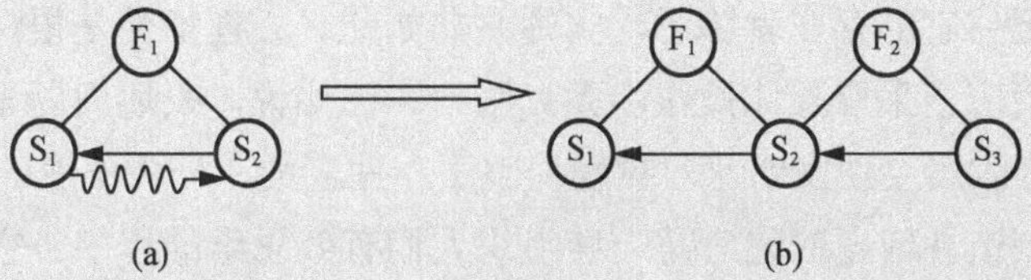

图 6-15　物—场模型

应用标准解：使用标准解法查表 6-5，获得“9. 引入 S_3 消除有害效应”、“10. 引入改进的 S_1 或(和) S_2 来消除有害效应”和“12. 用场 F_2 来抵消有害作用”的建议。选择增加一个修正物 S_3，S_3 可以是钢丸、管子或这两者的结合，经过分析，选取 $S_3=S_1$，即用钢丸本身兼作保护层。物—场模型转换如图 6-15 中(b)所示，F_2 为磁力。

解决方案：实施办法为，在弯管外放置一个磁铁，将飞行中的钢丸吸附在弯管内壁，形成保护层，如图 6-16 所示。

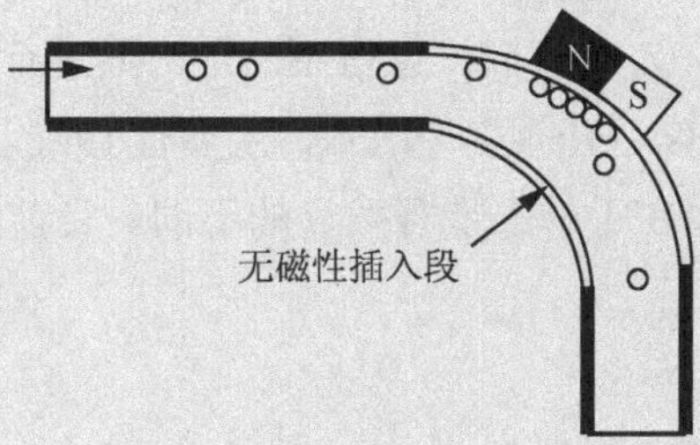

图 6-16　用钢丸自身保护弯管部分免于磨损

由此可见，如果物—场结构中两物体间既有好的作用又有坏的作用，而没有必要保持两物质的直接联系，且不希望或不允许引入新的物质，则将两物质加以修正，组合成第三个物质，使问题得以解决。

第五节　创造性问题的解决算法(ARIZ 法)

1. ARIZ 概述

创造性问题解决算法(俄文缩写为 ARIZ，英文缩写为 AIPS，意指解决创造性问题的程序)是指创造性问题解决过程中应遵循的思想、方法，依据的计划、步骤。ARIZ 由 1959 年至今，经多次完善，曾出现十余个版本，形成了比较完整的理论体系。

对于某些复杂问题，由于没有明显的矛盾，不能直接依靠矛盾矩阵或物—场模型分析解决，必须对其进行逐步分析并构建矛盾。ARIZ 是为复杂问题提供简单化解决方法的逻辑结构化过程，是 TRIZ 的核心分析工具。

从表面上看，解决创造性问题的程序是按一定顺序对创造性问题进行处理的计划。技术系统进化法则是构成 ARIZ 的理论基础，它以一些具体操作步骤表现出来。发明家借助于这些操作步骤逐步地揭示物理矛盾，确定这些矛盾与技术系统哪一部分有关，然后利用操作步骤改变被确定的部分、消除物理矛盾。这样，困难的问题即可转化为容易的问题。

解决创造性问题的程序拥有克服心理惰性和思维定势的特殊手段。有些人认为对付心理惰性并不难，只要记住它的存在就够了，实则并非如此。心理惰性是根深蒂固的，单记住它的存在是不够的，而应该采取具体操作步骤克服它。比如说，表述问题条件一定要避免使用专门术语，因为专门术语会使发明家对事物局限于一些老的、一成不变的概念。

实质上，解决创造性问题的程序是一种组织人们有效思维的程序。它似乎能使一个人拥有所有(或很多)发明家的经验。而更重要的是，要善于运用这些经验。一般的发明家，甚至经验丰富的发明家在采取解决问题方案时往往都根据经验采用表面类似的方案，也就是说他们在采取解决问题方案时首先想到所要解决的新问题同哪个已解决的老问题相似，以便采用类似的解决方案，而“程序的”发明家想得就很深，他们想的是这一新问题中有何种物理矛盾，不是根据新问题与老问题表面相似，而是根据新问题的物理矛盾和与表面毫无共同点的老问题的物理矛盾深层相似关系选择解决新问题的方案。对旁观者来说，这好像是强大的直觉的闪现……

2. ARIZ 解决创造性问题的流程和步骤

ARIZ 从 1959 年开始，TRIZ 专家们一直在不断地对其进行完善和修订，以保证 ARIZ 的先进性。随着时间的推移，ARIZ 已出现多个版本，主要有 1977 年版、1985 年版和 1991 年版、1996 年版，各版本的差异主要在于解题步骤数目的不同。目前广泛使用的 1985 年版和 1991 年版均包括九个步骤：

(1) 分析问题。

(2) 构建存在问题部分的物—场模型。

(3) 定义理想状态和理想解。

(4) 列出技术系统的可用资源。

(5) 利用效应知识数据库寻求类似的解决方法。

(6) 根据发明原理解决技术或物理矛盾。

(7) 从物—场模型出发，标准解和知识效应库工具产生多个解决方法。

(8) 选择只采用系统可用资源的方法。

(9) 对修正完毕的系统进行分析，防止出现新的缺陷。

每一个步骤中，还包含有数量不等的次一级步骤。在一个具体的问题解决过程中，并没有强制要求按顺序走完所有的 9 个步骤，而是一旦在某个步骤中获得了问题的解决方案，就可跳过中间的其他几个无关步骤直接进入后续的相关步骤来完成问题的解决。

必须强调指出：ARIZ 是解决非标准问题的工具。在应用 ARIZ 之前，需要先核查一下发明问题是否可用标准解法来解决，如果是标准问题，则没有必要用 ARIZ 来解决，直接查找 76 个标准解法就可以解决。另外，ARIZ 是一套较为复杂的应用工具，没有经过专门训练的人应用 ARIZ 确有难度。随着我们使用其他工具经验的累积，想必 ARIZ 应用也就不再是什么难题。

ARIZ 解决创造性问题流程如图 6-17 所示。

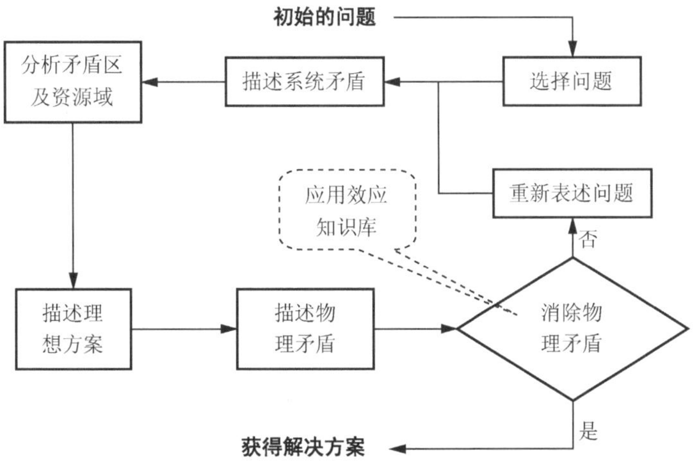

图 6-17　ARIZ 解决创造性问题流程图

3. ARIZ 应用实例

【例 6-3】ARIZ 解决创造性问题实例——原木定向传送

初始问题：某纸厂用圆木作造纸原料：圆木卸在海边的传送带上，并运往砍削机上进行加工。为了切削流程顺利完成，对圆木送到砍削机时的轴线方向作了规定：由于圆木卸下时杂乱地堆积在传送带上，所以需要在传送过程中增加一个圆木定向的工序，要求使圆木轴线方向与传送带轴线方向一致。这一操作如果由机器人完成，则结构复杂，会占据大片面积，可靠性也不高。有没有简单、可靠、成本低廉的解决方案？对这个问题用 TRIZ 方法作了分析。

定义问题：不对系统作主要改动，实现圆木定向。

系统冲突：定向需要将圆木按要求方向加以排列的机构，但这使系统复杂化。

问题模式：应利用系统中已有的要素实现定向功能。

冲突区域及资源分析：冲突区域是传送带表面。系统在该区域的唯一的资源是传送带。

理想最终结果：传送带自身实现圆木定向。

物理矛盾：为实现圆木定向，传送带表面的不同点应有不同的速度。为传送圆木，传送带表面应以同一速度运动。

消除物理矛盾：将相互矛盾的要求分隔在不同的层面上；整个传送带以产生所需的速度向前运动，它的部件则以不同的速度运动。

解决方案：将传送带设计成三个部分。中间的主体部分以生产速度运动，把圆木送往砍削机，两边的传送带则向相反的方向错动，通过摩擦力作用在圆木上，调整圆木的姿态，使其轴线方向与传送带轴线一致，达到定向的目的。

思考与训练

1. 为什么说TRIZ的理论基础是技术进化法则？
2. TRIZ中的矛盾是指什么？什么是技术矛盾？什么是物理矛盾？
3. 物理矛盾和技术矛盾本质区别是什么？技术矛盾是否可以转化为物理矛盾？为什么？
4. 举例说明如何运用矛盾矩阵表来解决创造发明问题？
5. 40条发明原理与76个标准解之间有什么关系？
6. 请叙述物—场模型的分类和构建方法。
7. 针对一实际问题，运用物—场模型分析法构建物—场模型，并用标准解获得解决方案。

第二篇

创新实践篇

科学发现是指人们在认识自然、探索未知的科学研究活动中，有计划、有目的或意外地发现了过去未被发现的某种自然现象或规律，并用符号、概念、原理或理论加以表达的过程。技术发明则是在科学发现的基础上，把人们对于自然界认识的成果——本质和规律，转化和提炼技术原理、技术模型、设计方案、实物样品、生产样机等物质成果的形式。技术创新是将科学发现、技术发明的成果从知识形态转化为实物形态，组织生产，使科学发现、技术发明的成果产品化、商品化、市场化，成为现实的生产力，以满足社会的需要，促进社会经济的发展。科学发现、技术发明、技术创新的过程就是创造性思维的过程。这个过程就是发现和提出问题、准备资料和信息、提出假设、设计实验和实验验证、样机制造、商业开发、总结与提升等。本篇将分别阐述科学发现、技术发明和技术创新的过程，分析其影响因素，讨论成功的科学家和发明家、技术创新的企业家的特征和培养问题。

第七章　科 学 发 现

第一节　科学发现的本质

一、科学发现的类型和层次

1. 科学发现

科学发现是指人们在认识自然、探索未知的科学研究活动中，有计划、有目的或意外地发现了过去未被发现的某种自然现象或规律，并用符号、概念、原理或理论加以表达的过程。

2. 科学发现的层次

按科学发现的成果来分，科学发现有三种不同的层次，分别称为发现事实、发现规律和发现理论。

第一层次，发现科学事实。例如，科学家通过机遇号发现了火星上有水的痕迹；哥伦布发现了美洲大陆。

第二层次，在发现一些科学事实的基础上，归纳出科学规律。例如刘徽创立“割圆术”；阿基米德发现“浮力定律”。

第三层次，在归纳出一些科学规律的基础上，创立一整套科学理论。例如牛顿在归纳力学三定律的基础上，创立了牛顿力学体系；爱因斯坦在归纳出“相对性原理”和“光速不变原理”的基础上创立了狭义相对论等。

3. 科学发现的类型

按科学发现的过程来分，科学发现可以分为预见型科学发现和偶然型科学发现。例如，1900 年，数学大师希尔伯特站在当时数学研究前沿，提出了数学上有巨大研究价值的未曾解决的 23 个问题，后来的数学家以此作为研究方向，解决了一个又一个的猜想，建立了一个又一个的新数学分支。这属于预见型发现。

偶然型科学发现是一种非预见性的科学活动。这种科学发现开始并不是根据事先计划好的方案来进行的，而是创造者偶然观察到某种现象，抓住这些现象最终导致科学发现的产生。例如，前面提到的青霉素的发现就是如此。

当然，偶然型科学发现往往与机遇有关。但是，正如巴斯德所说：“机遇只偏爱那些有准备的头脑。”事实上，哥伦布绝不是第一个到过美洲的人，牛顿更不是第一个看到苹果落地的人，在魏格纳提出大陆漂移学说的前几十年，有很多人都注意到了世界上各大陆之间在形态上的吻合关系，但他们均没有提出大陆漂移学说。

二、科学发现过程中的机遇

大部分开拓新领域的科学发现，都具有难于预见的本性，因而它们几乎总是要依赖于偶然发现的某些线索。科学发现的历史，充满了到达意料之外的目的地，以及乘错船却抵达正确的港口的种种案例。

第二次世界大战期间，新西兰籍的核物理学家卢瑟福在剑桥大学发表了他对原子结构的发现。他把这一重大的发现归结为他的一个学生盖革所进行的一个小实验。这个实验的本意义是为了证明一个已有的理论：α 粒子不分散在很宽的角度，即发生散射现象。但实验却得出一个反常的结果。对此，卢瑟福讲述道："我记得两三天后，盖革很激动地来看我，说：'我们成功地改变了 α 粒子运动的方向。'我这里从来没有过如此难以置信的事情，就如同我们无法相信一颗 15 英寸的子弹射到一页纸上时，子弹被反弹回来打中了我们。我对此进行思考，意识到这个反方向是单独碰撞的结果，我进行计算时，看到不可能产生这样的结果，除非在一个体系中原子量的最大部分集中在一个极小的核中。在这个时候，我猜想到一个原子，其核会带有负荷。"

在这里，卢瑟福从一个表面上看好像微不足道的实验中意识到一个伟大的科学发现。这个试验的目的定为了证明一个熟悉的理论，却得出了一个反常的结果。但这个"反常"结果经过卢瑟福的解释，引发了核物理学领域中的一场革命。毫无疑问，在过去曾经有，将来还会有成千上万个类似的实验，这些实验就是研究人员和大部分科学家所进行的日常工作，但只有那些善于思考的"有心者"，才有可能从这些平凡的实验结果和各种"例外"中觉察到异乎寻常的自然规律和科学发现。

美国著名的免疫学家罗伯特•古德博士曾说过："多年来，我总是试图教育我的学生们，重视机会主义是科学研究的一条真正途径。如果你把注意力放在你认为不合适的东西上，将会比放在你试图找到你认为合适的东西上更有可能做出科学发现。"

澳大利亚生物学家伯内特，曾因提出器官移植的免疫性而获得 1960 年诺贝尔生理学和医学奖。他说："在所有的科学领域中，比起逻辑推理和坚持不懈来，机遇和怀疑精神显得更为重要……在生物学中，偶然发现有价值东西的才能总是发挥着主要作用。"

诺贝尔奖获得者埃克尔斯通过实验发现了钾、钠离子在神经细胞中的传递功能，他说："这是我赖以做出发现的途径，它们起因于我所没有期待的偶然事件，依靠这些事件，最后我终于弄清了自然界暗示给我的那些东西。优秀的研究者应该能够认识并重视未预料到的偶然事件的重要性。"

偶然发现在不同的辞典有不同的解释，如"完全依靠运气在意外的地方发现财宝的天赋"、"偶然做出幸运和意外的发现的能力"以及"一种虚构的能力，依靠这种能力可以发现有价值的、美好的东西，这些东西并不是正在寻找的"。

机遇往往与那些花费较多时间致力于实验室工作和野外工作的科学家有缘，因为他们总是置身于"幸运的偶然"发生的可能性较大的环境之中。那些不敢探索、怕担风险或者厌烦琐碎"事务"的人，是不会漫不经心地碰巧闯进新世界去的。

1956 年因提出支链反应理论说明燃烧爆炸过程而获得诺贝尔化学奖的欣谢尔伍德说："一次又一次重大发现的关键都来自意外的观察。"作为科研工作者，应当尝试培养一种做出偶然发现的才能，因为机遇在科学发现中发挥着十分重要的作用。一个人只有练就超凡的悟性和见微知著的洞察力，他才可能在对自然的观察和思考中意识到各种"例外"的价值，从而做出重大的科学发现。

三、科学家的类型

贝弗里奇在《科学研究的艺术》中，根据化学家班克罗夫特和数学家彭加勒的思想成果，将科学家群体划分为两种类型：推测型和条理型。两相比较，推测型科学家更适宜于做探索性研究，一般会单干或做某个研究小组的领导者；而条理型科学家则更适合于发展性研究，多数会成为某个研究小组的成员之一。

推测型也叫直觉型、猜测型，这类科学家一般会做出原创性科学发现，他们运用自己的直觉，首先提出各种各样的假设和概念，特别是在科学研究的早期，然后用实验加以证明。他们诉诸实验、逻辑和推理仅仅是为了证明自己的发现。正是这些假设和概念，才有可能帮助科学家们找到自然界中的重要线索，从而做出具有原创性的科学发现。

牛顿说："没有大胆的猜测就没有伟大的发现。"生物学家赫胥黎说："人们普遍有错觉，以为科学研究所作出的结论和概括不应当超出观察的事实……大凡实际接触过科学研究的人都知道，不肯超越事实的人很少会有成就。"

著名生理学家巴斯德曾经在不同的场合演讲说："如果有人对我说，在做这些结论时我超出了事实，我就会回答说：'是的，我确实常常置身于一个不能证明的设想之中。但这就是我观察事物的方法。'"他强调说："只有理论才能激发我创造发明的精神。"

爱因斯坦认为，在科学发现过程中，"真正可贵的因素是直觉"。直觉是指对问题解决思路的一种突如其来的顿悟和理解，也就是人们在不自觉中突然获得一种使问题得到澄清的思维过程。

根据直觉产生科学发现的过程来分，直觉至少有两种类型。

(1)出自各种思想的偶然结合而产生的直觉。这完全起源于精神活动，它指的是将表面上并无联系的思想或信息，突然地结合在一起，在头脑中形成了一种新的、富有意义的关系。为了达到使大量的各种各样思想涌流出来的目的，人们设计了诸如"头脑风暴"一类的思维方法，以发现和理解各种新奇而有意义的新思想。

(2)阿基米德式的直觉。在这种发现类型中，科学家看到某种司空见惯的事情，并突然发觉这件事与他正在苦思的问题在某些方面存在着某种类同，进而找到把握问题的概念或假设。偶然的观察会给已经浮现在头脑中的模糊思想的结晶提供一个晶核，这种情况大都是无意识进行的。

对于直觉在创造性思维中的贡献，许多科学家都有十分精彩的回忆和描述。德国物理学家赫尔姆霍兹说，在对问题做了各方面的研究以后……"巧妙的设想不费吹灰之力意外地到来，犹如灵感"。他发现这些思想不是出现在精神疲惫或是伏案工作的时候，而往往是在一夜酣睡之后的早上，或是当天气晴朗缓步攀登树木葱茏的小山之时。

条理型也叫逻辑型、积累型，这种类型科学家积累资料、循序渐进地发展知识，恰如泥瓦匠垒砖砌墙，直至最后大厦竣工。物理学家开尔文曾经说："对于具有非科学想象力的人来说，准确精息的测量似乎不及对新事物的探索那么崇高尊贵；然而，几乎所有最伟大的发现都是这样做出的。""在物理学上，任何人只要有耐心，四体灵活，感觉敏锐，即使智力中下也能发现新事实。"这种类型的科学家是科学整体发展必不可少的力量，正是由于他们的辛勤工作，整个科学的常规活动才能得以持续进行。

第二节 科学发现的过程和途径

科学发现的过程，就是创造性思维活动的过程(图 7-1)。这个过程主要包括发现和提出问题，确定研究方向和课题、收集资料信息、提出假设、验证科学假说和科学总结提升。

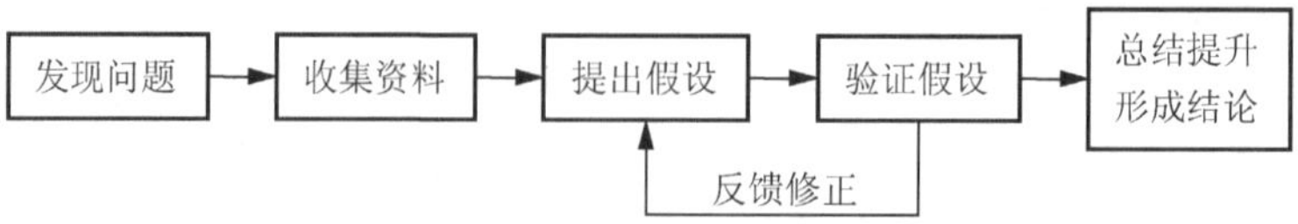

图 7-1　科学发现的过程

一、研究方向和课题的确定

科学发现始于问题，科学问题在科学研究中具有重要意义。善于发现新问题和敢于提出新问题，是创造性思维的第一步，也是科学发现的起点。正如爱因斯坦所说：“提出一个问题往往比解决一个问题更重要。因为解决问题也许仅仅是一个数学上或实验上的技能而已，而提出新的问题、新的可能性，从新的角度去看旧的问题，却需要创造性的想象力，而且标志着科学的真正进步。”只有善于在研究和工作中发现并提出新问题，并孜孜不倦地思考新问题的人，才能摘取创造性的果实。

1. 科学发现课题的来源

一般来讲，发现和提出问题的来源主要有以下几个方面：

(1) 书本上记载过什么难题？有些研究课题是来自课本上的难题或未被验证的猜想。屈原在《天问》中一口气提出了 170 多个问题，有些问题至今没有解决。如陈景润研究的哥德巴赫猜想。

(2) 从困惑中发现问题。如牛顿对苹果为什么向下落感到困惑，随之发现了万有引力定律。

(3) 从疑问中发现问题。已有理论、传统观点有值得怀疑的地方吗？用怀疑的眼光看待已有的理论、传统观点和结论，寻找其缺陷和矛盾，也是捕捉科学研究课题的途径。因此要培养质疑精神，不质疑不能见真理，学贵善疑，只有善思，才能善疑。

(4) 从不同学科的交叉点上产生问题。科学在不断发展，一门学科内各分支学科的交叉，各门学科的交叉与相互渗透，有可能产生交叉处的空白区，将目光投注到那些尚未被开垦的“处女地”，容易形成有价值的研究课题。如前几年，有人利用计算机研究《红楼梦》，获得不少新的成果。在生物界有许多现象至今尚未找到科学解释，里面有无数值得研究的课题。

(5) 从科学理论内部的矛盾中发现问题。

(6) 从旧理论与新事实的矛盾中发现问题。

(7) 从不同学派或理论之间的矛盾中产生问题。

(8) 通过观察提出问题。观察自然界变化、社会生产活动和研究工作中反常现象，捕捉直接影响因素的关键问题和热点问题。如沙尘暴问题、地震问题、白色污染问题等。伦琴观察到阴极射线管附近胶片曝光反常现象，发现了 X 射线。

(9) 通过阅读学术论文发现问题。

(10) 通过参加学术研讨会、学术讲座、论文答辩会而发现问题等等。

2. 发现和提出问题的前提

发现和提出新问题的前提之一是研究者具有一定的专业基础知识和渊博的知识面。要做到这一点，科研人员就必须通过图书、报刊资料、文献索引系统和电子计算机网络系统，收集国内外有关课题研究的科研信息，掌握科技发展动态，从最能激发创造性的某些前沿问题、热点问题中去选择自己的兴趣指向。正如著名物理学家李政道所说：“随便做什么事情，都要跳到最前线去作战。问题不是怎么赶上，而是怎么超过。不能是老跟，那就永远跑不到前面去”。“要下决心走自己的路，才能做出开创性的工作”。

发现和提出新问题的前提之二，是研究者要打破传统理论观念的束缚，围绕着某一个兴趣领域，不拘一格地从各个方位、各个角度、多个层面去发现用原有的知识解释不了的新现象。如果没有新的视角、即使面对一个新奇现象，也不会有新的奇想，当然就发现不了新的问题。

发现和提出新问题的前提之三，是时时刻刻做一个寻求新问题的“有心人”。要学会用科学的怀疑的眼光看待一切。那些唯书本是从的人，绝对服从权威的人，是面临新问题却不可能发现新问题的人。

二、详尽地收集课题相关资料，并细心加工整理，从中找出核心问题

详尽收集资料是从事科学创造活动非常重要的环节，是基础性工作。必须提高文献检索能力，特别是通过因特网收集资料的能力。

如果资料不足，就有可能使你浪费极大的精力，研究的却是人家早已解决了的问题。本来应该站到巨人肩膀上去发现，结果你却站到了巨人的脚背上，当然不可能获得有意义的成果。在收集资料时，应当注意以下几点：

(1) 收集资料的顺序应当采用“倒查法”，即先现在后过去，以现在的为主。

(2) 注意收集第一手资料，以保证资料的准确性，防止在多次转载中出现差错。

(3) 要收集不同观点的资料，以便全面分析。

(4) 对资料要进行分类整理、分析，从中找出核心问题。

达尔文说：“科学就是整理事实，以便从中得出普遍的规律和结论。”无论是自然科学还是社会科学的研究工作，都必须对所收集的资料和事实运用创造性思维方法进行加工整理，使认识从经验层次深入到理性层次。

在这个环节，要用到你的注意力和概括力。如果注意力不够，会让有价值的东西在清理过程中丢掉；如果概括力不够，会抓不住问题的核心，或者还会捡了芝麻丢了西瓜。要善于透过现象看事物的本质。对任何现象，要多问为什么。

三、大胆提出假设

所谓提出假设就是根据有限的事实推断出事物的普遍规律。例如许多科学家对宇宙的形成提出假设，对生命的形成提出假设等。在这个环节，必须充分利用创造性想象，才能够提出有价值的假设。

恩格斯曾经指出：“只要自然科学在思维着，它的发展形式就是假说。一个新的事实被观察到了，它使得过去用来说明和它同类的事实的方式不中用了。从这一瞬间起，就需要新的说明方式了——它最初仅仅以有限数量的事实和观察为基础。进一步的观察材料会使这些假说纯化，取消一些，修正一些，直到最后纯粹构成定律，如果要等待构成定律材料纯粹纯化起来，那么，这就是在此以前要把运用思维的研究停下来，而定律也就永远不会出现。”

大胆地设想是做出重大科学发现的一个重要的法宝。

【例 7-1】　胆固醇受体的发现

J.戈德斯坦博士在和布朗博士一起开始研究家族性高胆固醇症的病因时，首先提出了一种假说，即患者体内的某种酶出现异常情况可能导致过剩的胆固醇产生。他们打算分离这种酶，并调查它的异常症状。考虑到用患者的肝脏进行试验比较困难，他们尝试通过培养皮肤细胞来进行实验，结果没有发现患者的酶与正常人有什么不同。如果酶不是致病原因，那会不会是胆固醇从血液到体细胞的搬运过程中的某个机制出现了异常？他们因此又提出了新的假说，并将注意力集中到低密度脂蛋白(LDL)上面。这种蛋白在血液中的作用是将胆固醇运送到体细胞中。在用患者皮肤的培养细胞与正常人的细胞进行比较研究中，他们发现 LDL 虽然可以进入正常细胞内，但却进不了患者的细胞内。进一步调查，出乎预料地发现细胞表面有一种胆固醇受体，这种受体的作用是接受 LDL 进入细胞内。家族性高胆固醇症患者的细胞表面因缺少这种受体，使胆固醇无法进入人体细胞而滞留在血液中。1985 年，戈德斯坦和布朗因发现胆固醇受体而荣获诺贝尔生理学和医学奖。

【例 7-2】弱相互作用中宇称不守恒原理的发现

1956 年李政道、杨振宁提出在β衰变过程中宇称可能不守恒假说之后，吴健雄立即领导她的小组进行了一个实验，在极低温(0.01K)下用强磁场把钴-60 原子核自旋方向极化(即使自旋几乎都在同一方向)，而观察钴-60 原子核β衰变放出的电子的出射方向。他们发现绝大多数电子的出射方向都和钴-60 原子核的自旋方向相反。就是说，钴-60 原子核的自旋方向和它的β衰变的电子出射方向形成左手螺旋，而不形成右手螺旋。但如果宇称守恒，则必须左右对称，左右手螺旋两种机会相等。这个实验结果证实了弱相互作用中的宇称不守恒。因此，李政道和杨振宁荣获 1957 年度的诺贝尔物理学奖。

进化论的创始人达尔文在看到两个相距很远的海岛上有着相同的淡水沼泽植物，就着手去构造一个理论来解释这些淡水植物是如何漂洋过海到另一个海岛上生根的。他首先假设这些植物的种子是水鸟带过去的，于是就到沼泽地边去挖了一杯泥土带回去让它发芽，看看这一点泥土中可以存在很多不同的植物种子。果然在一小杯泥土中，他收集到 347 颗植物的芽。事实证明了假说的正确性，也击败了当时流行的上帝两次创造世界的种种迷信。

此外，像魏格纳的大陆漂移说、德布罗意波粒二象性学说都是建立在大胆假设的基础上，然后经过科学家自己或者其他研究者通过实验和逻辑方法小心求证而得以证明和完善起来的。

科学发现的正常进程都是基于并不完全的证据而提出新的假说，因为这时所掌握的证据并不是确信无疑的，所以，怀疑的态度只会有利于观点的形成。然而，在没有进一步的研究之前，不要急于做出判断。澳大利亚的科学政策专家诺萨尔曾经评论说：“大多数发现在第一次出现时，会有一些不确定和无把握的因素、足以供严厉的批评家们提出批评。一个聪明的人要在一个不完善的而又确是崭新的发现中找出毛病，那是易如反掌的……那些过分苛求、虽聪明过人但却缺乏独创性的科学家，有可能成为研究工作中的消极力量。”还有，在具体的科学发现中，我们不得不在已知领域之外探索，这里的问题还不是放弃不放弃推理，而是由于没有足够的知识作为正确推理的依据，我们根本无法运用推理。

归根到底，科学研究是对先进思想和行动所依据的学说及原理不断检验的一种思维活动，因此，有条理的批判性思维是科学的基本方法、这不仅是科学的基本特点，而且也是所有学术研究的基本特点，但这并非科学的全部，也并非是发现新概念、新理论和新技术的最合适的思维方式。科学哲学家波普尔曾经说:“大胆的想法,难以证明的预期,以及推测性的思想,是我们解释自然的唯一手段,也是我们把握自然的唯一法则和唯一工具。”

四、小心验证假设

在提出假设后,就要着手进行实验验证和调查研究验证假设。在这个环节上,相关专业领域的技能要得到充分发挥,要利用一切可以利用的工具和手段进行观察和研究,要有严谨的科学态度。魏格纳在无意中发现非洲西海岸与美洲东海岸的吻合关系后,很快提出非洲与美洲原来一定是连在一起的科学假设,为了验证这个假设,他毫不犹豫地放弃气象学专业,改行研究地球物理学,为了收集大陆曾经连接和漂移的证据,竟参加格陵兰探险,用了 5 年时间才完成大陆漂移学说的创立。

在验证过程中,要特别留心实验中出现的意外和反常现象,并展开想象,敏锐判断意外现象的原因及潜在的价值。许多科学发现都是来源于研究者对于实验中意外反常现象的敏锐察觉。

验证的过程来不得半点虚假和马虎。任何虚假的东西都是反科学的,迟早都会露底。

五、科学地总结结论

科学发现总结的过程,也是提高的过程。尤其理论型的科学发现,总结的过程是一个系统化再认识的过程。

总结也与概括力有关,还与创造者的写作能力有关,科学发现的总结就是学术论文。它是以特定的概念和严密的逻辑论证来表达科学发现和研究的新成果的文字材料。因此必须按照科学论文的写作体裁、结构和方法进行写作。至于怎样提高论文的写作能力可参阅其他有关教材。

第三节 如何成为一个高创造力的科学家

要成为一个高创造力的科学家,首先需要保持专注的兴趣和热情,其次需要独辟蹊径、深入研究的勇气和毅力,同时还要养成随时捕捉各种灵感和奇思妙想的好习惯。

一、创造意识和创造精神的培养

1. 保持专注的兴趣和热情

几乎所有成就的科学家都有一种百折不回的精神,因为大都有价值的科学发现,总要历经反复和曲折之后才能为科学共同体所接受,因此,这就需要科学家具有非凡的毅力和勇气。巴斯德说:“告诉你使我达到目标的奥秘吧。我唯一的力量就是热情。”

W.L.布拉格在一篇题为《一个科学家该做什么》的文章中写道:“热情和乐观是保持一个研究组士气的活跃因素。”他认为成为一个科学家的主要条件是,对研究的科学问题具有极大的热情、想象力和直觉,因为热情意味着刻苦和钻研力强,想象力是创新的前提,直觉说明洞察力的强弱,这些因素导向成功。

科学家在很多方面酷似开拓者,探测知识的疆界需要很多与开拓者相似的品格,像事业心和进取心;随时准备以自己的才智迎战并克服困难的精神状态;冒险精神;对现有知识和流行观念的不满足以及急于试验自己判断力的迫切心情。一般说来，最有成就的科学家常常具有狂热者的激情，他们对自己的研究发现抱有真正的兴趣和热情，同时也具有一定的科学鉴赏力，因而才能够在面对挫折和失败的时候不屈不挠，敢于坚持自己的独立主见。

【例 7-3】　胰岛素的发现

1923 年获得诺贝尔生理学和医学奖的班廷博士，曾经是加拿大安大略省一个小镇上的开业医生，因为来诊所里看病的患者很少，他就设法到附近的大学当钟点讲师。为了备课，他常跑到图书馆去阅读各种新的书刊杂志。一天，当他站在科学期刊书架前浏览最新医学动态时，突然被一篇有关糖尿病的报道所吸引。当时，糖尿病是不治之症，许多年轻人都死于这种疾病。作为医生，他也很关心这方面的报道。尽管这篇文章读起来有些困难，但他还是坚持读完全文，而且越看越兴奋，以至于久久不能令自己平静下来。

那篇报道说："至今还没有人能从狗的胰脏中抽出可以防治糖尿病的物质。但是，如果将正常狗的胰脏切去，这只狗肯定患糖尿病，所以，我认为胰脏中肯定具有可以使之不患糖尿病的物质。""若将狗胰脏中分泌消化酶的总管结扎住，狗仍然不会患糖尿病。所以这种物质不应该是消化酶。这种能防止糖尿病的物质似乎存在于胰岛内。"

班廷把这篇报道看作来自上天的启示，因为他在这篇文章的启发下想出了一种抽取方法。他确信自己能够成功。他的设想是，把分泌消化酶的总管结扎使其产生消化酶的地方失去分泌功能，然后在不破坏防治糖尿病物质的前提下对胰脏进行抽取。将抽取物给糖尿病患者注射，患者一定能够得救。他认为，"现在之所以没有人成功，一定是因为胰脏中的消化酶破坏了可以防治糖尿病的物质"。

班廷于是找到当时的糖尿病研究权威、多伦多大学的教授麦克劳德，希望能获准作为他的研究生而试验一下自己的研究构想。麦克劳德教授拒绝了他，理由是"这件事迄今没有人成功"。但班廷并没有因此气馁，再三恳求，希望在暑假期间借用一下麦克劳德教授的实验室。考虑到这类研究的现实价值，教授终于答应了他。除了实验室外，还有几只实验用狗，全部给班廷使用。

然而，真正让班廷为难的是他从来没有做过动物实验。他雇了几名学生做助手，开始实施自己构想的研究工作。首先，他扎住狗的胰脏消化酶总管，让产生消化酶的地方失去分泌功能；等到狗的胰脏逐渐萎缩之后，他开始抽取防治糖尿病的物质，并将抽取物注射给患病的狗，结果证实了他的构想，本应死亡的狗得救了。

假期结束后，班廷向度假回来的麦克劳德教授报告了实验结果，教授不相信，他就把狗牵到教授面前。教授终于相信了他的实验，很快组织力量确认了胰岛素的临床效果，并向科学学会报告了这一最新的研究成果。两年之后，班廷又和麦克劳德教授一起荣获了诺贝尔生理学和医学奖。

这里需要指出的是，肯定有许多医生看到过那篇让班廷兴奋不已的报道，可只有班廷从别人的推论中发现了解决问题的突破口。日本的科学家实田寅夫对此评价说，这大概是班廷比其他人对抽取胰岛素去挽救糖尿病患者生命具有更大的热情。

【例 7-4】　兴趣和热情——核医学的创立

1977 年获得诺贝尔生理学和医学奖的罗萨琳·耶洛是首次把放射物理学应用到生物学问题研究的科学家之一，也是第一个发现如何用放射性同位素测量人体内部情况方法的人。在她的职业生涯中几乎没有可遵循的传统和常规经验，只有她的基础物理学训练是常规的。

耶洛的成功取决于很多有利因素的共同作用：物理学的发展、因战争而能够得到大型机器来产生和测量射线、她需要的教育、支持她的父母、从她童年时期就一直鼓励她的学校老师、一个业已建立的专业(医学)对她的承认等。没有这种少见的多种因素的组合，耶洛就不可能获得成功。

在高中和大学期间，耶洛幸运地得到理科老师的注意，他们认识到她的能力和潜力，特意用越来越难的科学题目来引导她接受挑战和科学训练。在这个阶段，耶洛还读了玛丽亚·居里的传记，这对她产生了巨大影响。居里夫人从此成为她心中的偶像。20 世纪 30 年代，她受当时物理学领域内一系列革命性创造成果的感染，坚信“物理学是世界上最引人入胜的专业”。她为人造射线的研究成果所吸引，预感到这可能是一种开辟许多崭新领域的有效工具，会在物理学和生物学研究中发挥重要作用。

在大学毕业前夕，她的大学老师建议她继续攻读研究生，做一个物理学家。由于当时在纯物理学领域中的工作岗位很少，耶洛为了保险起见，还选学了速记，以防她在谋不到职之时至少可以得到一个秘书的工作。第二次世界大战期间，因为战争的需要，众多男青年都应征参战，这就使各大学研究生院留出了许多空缺，耶洛幸运地被伊利诺伊大学录取，并得到了助教奖学金和研究经费。当时正好有整整一代新技术诞生：回旋加速器、电子感应加速器以及所有使同位素研究成为可能的新机器。在这些新技术中，她意识到同位素的特性研究很可能会导致许多重要的科学应用。

1947 年，她受雇于布朗克斯退伍军人管理局医院，在放射治疗科工作。那里的所有人都是医学博士，可耶洛却连生物学的课程都没有学过。怎么办？她通过与医生们一起工作，开始学会如何应用自己的物理学知识来帮助医生们解决关于人的生理和疾病方面的问题。1950 年，她和所罗门·A.贝尔松医生合作，创立了放射同位素治疗科，即后来的核医学科。耶洛是“创造”核医学这门新学科的人之一。

正是在核医学实验室工作期间，耶洛进行了一系列试验，这些实验最终引导她取得最重要的科学突破。在试图找出一些人患糖尿病的原因时，她的实验室成功地用 H 射线测量了人体胰岛素，而且还测量了人体产生的肽激素和抗原。这竟促成了放射性免疫检验术(RIA)的发明。1959 年，她和贝尔松博士首次用它研究胰岛素在糖尿病患者血液中的变化，后来这项技术被成功应用到其他上百种诊断之中。1976 年，她成为第一个获得基础医学领域的最高奖项——阿尔伯特·拉斯克奖的女性。1977 年，她获得了诺贝尔生理学和医学奖。

她在解释自己的成功经验时说：“我一直对学习很感兴趣，而且我一直对如何运用学到的东西很感兴趣。”从根本上说，她把一生都用在同医生谈话，找出他们遇到的问题，设计一种通过实验解决这些问题的方法，并对自己的发现进行不断地思考。兴趣和对工作的热情是耶洛取得成功的最根本的原因。

在北京的一次演讲会上，有一位年轻医生问丁肇中教授：“核试验可以通过计算机模拟其运行轨迹，那么你所做的物质结构的研究是否也可以用计算机模拟出来？”丁教授说：“有经验的东西是可以模拟的，而我们所做的是别人没有做过的。科学的最前沿，就是你不知道会是怎样一回事。”丁肇中教授用加速器的发展史举例说，在近 50 年的科学试验中，实际发现和原定目标几乎是没有关系的。我们今天建立太空工作站，目标是寻找反物质和暗物质，但也许，试验成功后，跟设想的一点关系都没有。但这决不会影响我们大胆思维，大胆推测和大胆设想。科学家最宝贵的是有一颗好奇心。科学探索的过程就是不断地设问，然后主动去寻找合理的答案。医学也一样，疾病是千变万化的，100 个同样病种的病人中，没有两个人的临床特征是完全一样的。这就需要医生去思考，去取证，要把“为什么”永远问下去。医学不是重复的实验，医学也永远有未知。每一次的不同都需要我们去问为什么，然后才会有积累，才会有成功。

巴甫洛夫曾经对有志于科学研究的青年人讲道：“首先，循序渐进。我一说起有成效的科学工作这条最重要的原则时就不能不感情激动。循序渐进，循序渐进，循序渐进……在未掌握前一项科学工作的基本要点时绝不要开始后一项工作。但是，切勿成为事实的保管员。要透彻地了解事物的奥秘，持之以恒地搜寻支配它们的原则。第二，谦虚……切勿狂妄自大、目空一切，在必须同意他人时固执己见，你会拒绝有益的、善意的帮助，你会丧失客观的头脑。第三，热情。记住：科学是要求人们为它贡献毕生的。就是有两次生命也不够用。在你的工作和探索中一定要有巨大的热情。”

贝弗里奇说：“成功的科学家往往是兴趣广泛的人。他们的独创精神，来自他们的博学……独创精神往往在于把原先没有想到的有关联的观点联系起来。此外，多样化会使人观点新颖，而过于长时间钻研一个狭窄的领域则易使人愚钝。因此，阅读不应局限于正在研究的问题，也不应局限于自己的学科领域，实在地说甚至不应拘于科学本身。”

科学巨匠爱因斯坦总结说：“神秘感和好奇心永远是艺术与科学天才的原动力。没有它们，人就不能探奇钩玄了。想象力与创造力的天才品格，在追求真善美的科学世界中可以发现更多的美与乐趣，迸发出更有力的精神火花。总之，想象力和判断力是天才的灵魂，勤奋与爱心是天才的双翼。”

著名物理学家李政道教授说：“好奇心很重要，要搞科学离不开好奇。道理很简单，只有好奇才能提出问题，解决问题，可怕的是提不出问题，迈不出第一步。”正因为好奇心如此重要，所以，许多人都把好奇心称为成功者的第一美德。

美籍德裔火箭专家、著名的阿波罗登月计划的技术负责人冯•布劳恩曾回忆说，一部描述登月旅行的科幻小说使他着了迷：“此书令我异想天开地去做星际旅行！这是需要我付出毕生精力去从事的事业。我不只是用望远镜去凝视月球及行星，还要遨游太空，解开太空之谜。”无疑，这部科幻小说给了冯•布劳恩极大的鼓舞和启示，推动他和其他人合作，终于实现了人类的梦想，将三个美国宇航员送上了月球。

2. 培养自信心

相信自己能胜任创造任务的自信心是一切创造者共有的个性品质，缺乏自信心的人，绝不可能有创造性的想法。强化科技人员的创造意识，首先就要破除只有少数人能从事创造活动的错误思想。科技人员要对自己的创造能力充满自信，要坚定信念，只要通过刻苦努力，创造性思维水平就会不断提高。

提倡自信是有心理学依据的。一位美国心理学家，曾用追踪观察的方法研究早慧儿童的才能发展。他的研究表明：一个人的能力大小同儿童时期的智力高低关系不大，有才能有成就的人并不是老师和家长认为聪明的人，而是那些长年锲而不舍、精益求精的人。数学家华罗庚在谈到成功的体会时认为，自己身上并没有什么数学天才的痕迹，所谓天才就是靠坚持不断的努力。爱因斯坦也说过，终身努力便成天才。由此可见，在创造才能的发挥中，后天的因素起着至关重要的作用，甚至是最终的决定作用。后天的因素是能够控制、把握的，所以科技人员们有充分的理由对自己的创造性充满信心。

当然，自信不等于盲目乐观，因为自信与自傲之间的界限是很模糊的。过分自信就会变为夜郎自大、故步自封、刚愎自用。认为“想做什么就能做到什么”这种想法是天真的，并且对于创造能力的发挥可能是有害的，认识到这一点非常重要。

3. 培养创造动机

动机对人的创造性开发具有指引、激发和强化作用。在创造性活动中，动机的重要性是很明显的。在没有创造动机的情况下，一个人的创造性潜能不太可能得到很充分的发挥，因为他不能坚持不懈地进行发挥创造性所需要的艰苦努力。只有当人具有创造的需要和动机时，他才有可能以进取的态度寻觅创造的方法和步骤。可以说，对创造持漠然态度的人是绝不可能有高创造性的。一个有很强烈的想有所创造愿望的人比一个缺乏这种愿望的人有大得多的可能性成为高创造性的人。

在创造性的发挥上，动机的效应遵循叶克斯-道德森定律，即中等程度的动机要优于过低或是过高程度的动机。如果渴望发明创造的动机太过强烈反而阻碍创造性的发挥，这是由于当动机水平太高时，个人将太集中注意于目标的实现而不能有效地把注意力集中到创造活动本身。而过低的动机则会使人降低对创造性活动的内部兴趣，因而不可能有效地产生出创造性产品。此外，集中于活动本身的内部动机比指向活动目标的外部动机在决定创造性上更为有效。

4. 磨炼创造意志

创造意志是指人们自觉地调节行动，克服创造活动中的艰难险阻以实现确定的创造目标的心理品质。意志表现为一种毅力，一种坚持、有恒、自我控制、自我调节的优良品质。坚强的意志是产生创造性设想的有力保证。意志的具体表现称为意志品质，有利于创造意志品质的因素主要包括以下几个方面：

(1) 明确的目的性，目的明确可以帮助自己把精力都集中于一个目标，有利于创造性的发挥。目的不专一、不明确，好高骛远，往往会一无所成。

(2) 独立性，指在创造活动中，保持独立，不屈从于大多数人的压力，坚定自己的信念。

(3) 顽强的精神，即在遇到挫折和障碍时，具有坚忍不拔的顽强精神，能够勇于正视和克服任何困难，坚持自己的信念，直到实现目标。

创造意志与创造热情有着密切的关系。意志对情感起着调节作用，正是意志使人的情绪服从于理智。科技人员要自觉培养自我调节能力，使自己能自觉地控制自己的情绪，约束自己的言行。做到在遭受挫折和失败时，控制自己的沮丧，做到不气馁、不退缩、不妥协：在成功和胜利时，控制骄傲自满情绪，继续攀登高峰。除了树立创造活动的理想，坚定创造的信念外，创造意志主要还是要靠在创造的实践活动中来培养。在创造活动中，可以有意识地让自己挑战一些难度较大的问题，让自己在分析、解决问题的过程中，遭遇到困难、挫折，使创造的意志品质得到锻炼。

5. 热情洋溢的合作精神

早期的科学活动，都是靠个人的努力发现的。从 19 世纪末期开始，出现了学科交叉，20 世纪中期又出现了全科学以及科学与技术的总交叉。一些大型的科技项目，任何个人、企业都难以胜任，必须由国家出面组织。现在无论什么国家，凡是重大的科研活动几乎都是由政府组织的。进行广泛的横向联系和有组织的合作，已经成为今天科学研究的重要活动方式，仅仅靠个人奋斗在科学上有重大发展和突破的时代已经一去不复返了。

合作能力可以表现在学术交流活动中。在创造技法一节中提到，通过多个人之间的相互讨论、交流和启发可以促进创造性思想的产生。因此，科学研究人员可以经常组织开展一些集体活动如学术讨论会、科研成果交流会、辩论会等以促进发明创造，使创造潜力得到充分发挥。合作能力还表现在协作攻关中。通过与其他领域的科技人员之间协调分工、分享劳动成果，共同完成创造活动。在这种协作中，科技人员的表达能力、交际能力、处理人际关系的能力都将会影响合作的效果。因此，科技人员应该注意对合作能力的培养。

二、创造性思维能力的培养

创造性思维是创造活动的关键与核心，是创造行为的心智基础，对一个人创造性的提高起到根本性的作用。有效的创造性思维可以帮助科技人员在发明创造中，运用巧力，少走弯路。要提高创造性，关键就是要培养创造性思维。

1. 培养非常规思维

创造性思想的产生依赖于非常规的思维。从事科技领域的人员如果在进行创造发明时，只从最普通的角度进行考虑，把自己的思想限制在严密的逻辑推理和论证之内，将会很难有所创造。在创造发现活动中，常规思维与非常规思维互补，逻辑思维与非逻辑思维互补才能产生大量创造性设想。

非常规思维的培养包括：①培养思维的多维性。科技人员在寻找研究的突破口或解决一个问题时，不能仅仅从一个维度、用一种方式来思考，可以试着从正向、逆向、侧向、聚合等角度，运用多种思维方式，通过归纳推理、演绎推理、类比推理等进行全面、综合的考虑，使思维具有流畅性、变通性和独特性。②培养思维的随意性。有意识、有目的地进行思考固然重要，但是不经意的、无意识的想象也有可能会产生许多意想不到的有价值的想法或者闪现一些创造的灵感和火花。许多创造性的想法往往产生于胡思乱想或者是做白日梦。因此，科学研究人员不仅要会有目的地进行严密的逻辑思维而且还要经常运用联想、想象、直觉、顿悟等思维形式产生一些出人意料的想法。在随意思考时要尽量减少对客观现实状况的考虑，因为现实的想法很容易抑制和阻碍思维的创造性。

创造性思维的培养参照第三章相关内容。

2. 减少评判

当思维处于极度兴奋状态，正在进行积极活跃的思维活动并产生出大量的思想，或者在做着白日梦，陷入胡思乱想时，切忌对自己此时的想法进行评判。在这个时候，对自己的想法进行评价、判断对创造性思维的产生是绝对有害的。一种思想特别是创造性的想法在刚刚产生时，必然是有缺陷、有漏洞甚至是荒谬、无聊、不合逻辑的。但是，正是这些看似没有价值、极不成熟的想法，在经过反复地思考、改进、完善以后可能会很有意义。如果在一种想法形成之初就不断对它的现实性、有用性、可行性进行评价，往往会使很多有价值的想法被淘汰、筛选掉，这是相当可惜的。过早的评判自己的思想会阻碍创造性想法的产生。因此、科技人员应该尽量在思维过程中避免过早进行鉴别、评价。

3. 突破思维枷锁

每个人都会形成自己的一套固定的思维习惯和思维方式，这些常规的、习惯化的思维方式可能会阻碍创造性的发挥。人们头脑中一些思维观念也会影响思维，这些观念包括：做出任何判断都必须有依有据；凡事只有一个正确答案；做任何事情都应该遵守规则；犯错误是坏事；事情都应该是清楚、明确、可靠而有秩序的等等。科学研究人员在进行创造性活动的构想阶段要克服这些思维和观念的障碍，突破常规思维的种种限制，大胆地进行设想。

三、创造技能和创造技法的掌握

科学发现不仅需要创造意识和创造思维，还需要一些实际操作的动手技能和创造技法。虽然这些技能相对于思维活动而言不那么重要，但它们对于创造性思想的产生也是举足轻重、不可或缺的。

1. 操作技能

对创造性产品的形成而言，只有书本知识，只会进行头脑思维是不够的，实践技能对于创造性的产生也非常重要。实践是发明创造的直接源泉、动力和目的。在实践中既可以发现有意义的问题，同时也可以带着问题(课题)到实践中去寻求答案。科研人员的实践技能包括在实践中对所搜集信息的组织加工能力、对实验工具材料的操作能力、对创造成果的表达能力、处理创造过程中的一些突发事故的能力等等。科技人员应该积极动手实践，努力提高自己的实践技能。

2. 把握机遇的能力

在创造活动中，机遇的影响是相当大的。即使具备创造的其他条件，如果没有适当的机遇，也很难成功。机遇是可遇而不可求的，机遇的出现虽然很难得，但是更加难得的却是在机遇出现的时候，要能够牢牢地抓住它，并以此为契机把自己的创造性事业推向一个全新的境界。科技人员要养成一些良好的习惯，以抓住机遇。比如针对机遇转瞬即逝的特点，可以在身边时时准备一支笔和一个小记事本，把自己的各种突发的灵感记在上面。针对机遇的偶然性，在创造活动中，始终保持细心和警惕，不放过任何“意外”情况。

3. 创造技法的掌握

创造技法是一种具体化了的创造性操作技巧。在科学发现过程中，如果能掌握并运用一些有效的创造技巧、手段和方法，就能有效地控制和引导自己的行为，更好地完成创造任务。在第三章中介绍的智力激励法、联想组合法、检查设问法及类比法等，也是科学发现、技术发明过程中需要掌握和运用的创造技法，灵活的掌握和运用。

四、独辟蹊径，投入研究

【例 7-5】 三羧酸循环链

1953 年诺贝尔生理学和医学奖获得者 H.克雷布斯在开始从事基础医学研究时，只是对食物在体内转化为水和二氧化碳的现象有兴趣，他因此首先着手调查了前人研究这一课题的各种材料。他发现学者们对这一问题的研究成果非常零散。有的学者发现：“A 物质经过氧化变成了 B 物质。”另一学者则指出：“C 物质经过氧化变成了 D 物质。然后又进一步变成了 E 物质。”还有一些学者认为：“C 物质是从 B 物质中得到的。或者可以说，是 F 物质变成了 G 物质”，而且“G 物质经过氧化变成了 A 物质”等。面对这些五花八门的研究报告，克雷布斯设想，或许把这些零散的成果整理出来，就有可能发现食物代谢的结构。就这样，他像玩解谜游戏一样，通过对已有的研究成果和数据进行分析，发现食物在体内是按 F、G、A、B、C、D、E 这样一个顺序变化的。在细致地分析了 A 到 F 这些化学物质之后，他发现 E 和 F 之间出现了断链。但如果假定 E 和 F 之间存在一种 X 物质，那整个食物在体内的循环反应链就可以完整构建。经过四年的艰苦寻找，他终于发现，这个 X 物质就是如今放在饮料中作为酸味添加剂的柠檬酸他因此发现了食物在体内的循环链，并将之命名为柠檬酸链或三羧酸循环链。

克雷布斯的伟大不仅仅是发现了几个化学物质的变化顺序，而且在于将每一个活的变化整理出来，找出了可以解释动态生命现象的结构。

作为一个研究领域的新手，他的目标不是去和每一个专家的每一项研究成果竞争，而是将每个人的研究成果摆在一个大框架或大格局中去进行综合分析，结果找到了整体解释的突破口，并且一追到底，完成了一项具有重要价值的科学发现。

【例 7-6】　胰岛素合成机

1984 年诺贝尔化学奖获得者 R. 梅里菲尔德最初在洛克菲勒研究所从事微生物生长基因的研究期间，就查明了这种基因是由 5 个氨基酸组成的肽，然后试着人工合成这种肽。经过三年努力之后，他发明了一种使氨基酸与树脂离子相结合的固相肽合成法，并用这种方法合成出两个氨基酸结合在一起的二肽。据说这是一个连有机合成专家也难以想出的方法。由于当时已有人用普通方法合成了有 30 个氨基酸组成的胰岛素，他的这项发明没有受到应有的重视。然而，梅里菲尔德没有气馁，继续设法改进自己的合成法，居然用自己设计的一台自动合成机合成了胰岛素。他一鼓作气，进一步完善，终于成功地合成出了由 124 个氨基酸组成的核糖核酸分解酶，引起了世界的瞩目。

想想看，如果梅里菲尔德在化学合成领域中不是学识有限，而是精通有机合成，他还会再考虑其他方法，设计出自动合成机吗？不熟悉有机合成法本是个缺点，但正因为不熟悉，梅里菲尔德才独辟蹊径，开发出了不熟悉也能达到目的的装置，最终成为“开发胰岛素合成机的人”。

在开始从事科学研究事业的时候，千万不要感叹自己的学识有限，应该想到书本知识有限也可能成为一种动力、一种优势、一种超越极限打破框框的弹跳板。日本的石田寅夫曾经说：“如果你敢于在自己不熟悉的领域突破框框，从事研究，那么，你就有可能获诺贝尔奖。”

事实上，当内行人的思维出现“饱和”时，外行人的介入常常会有助于突破旧的框框、创立新的理论。超导原理中 BCS 理论的建立，就是一个典型。诺贝尔物理学奖的获得者巴丁在研究超导问题时，就请了两位“外行人”，一位是不懂低温技术的库伯，另一位是尚未涉足科学研究的年轻研究生施里弗。然而，正是这两位“外行”的介入，才使固体超导问题的研究有了实质性的突破。库伯用他所精通的量子场论解决了超导机制，施里弗则用其熟悉的电子对概念完成了 BCS 理论的构思。

1973 年，埃瓦·贾埃弗因发现一种超导隧道效应而荣获诺贝尔物理学奖。 在授奖典礼上，他说：“在科学发现方面，新手更有利，因为他无知，不知道不应做某个实验的复杂理由。”他还描述了他做实验的情形：液氦杜瓦瓶是借来的，测伏安特性用的是普通电表，电子示波器是新学的技术等。这说明“没有高级设备也可以做出突破性工作”。贾埃弗的例子再次说明了创造性的思想和大无畏的精神对于科学发现的重要性。

或许理论物理学家理查德·费恩曼的故事会使你认识到在科学领域中独辟蹊径的重要价值。费恩曼曾在量子电动力学方面进行了富有成效的工作，创造性地引入了费恩曼图和路径积分方法，解释了兰姆移位现象，精确地预言了电子磁矩的数值，并因此荣获 1965 年的诺贝尔物理学奖。费恩曼在科学研究工作中，常常坚持用尽可能少的先入之见和最普通的形式来解决问题，而非一味地追踪科学文献，因而常常能提出独创性的科学理论。但在其荣获诺贝尔奖之后，即 1965～1967 年间，他却令人惊讶地放弃自己的独创风格，忙于追踪别人的研究进展，结果不但自己的研究工作收效甚微，而且还把自己搞得精疲力竭。

1967年，费恩曼访问芝加哥大学时，遇到了分子生物学家沃森。在拜读了沃森的名作《双螺旋》的打印稿后，他发现了一件令人震惊的事情：沃森当时尽管取得了非常基本的、突破性的科学进展，却对同一研究领域内其他人的工作一无所知。在一个不眠之夜之后，费恩曼终于清醒地意识到，沃森的成功秘诀就在于这种“无知”。正是因为不刻意别人正在做什么，而完全埋首于自己的研究工作，专心致志地在自己的研究领域耕耘，他才获得如此重要的成就。费恩曼由此联想到自己先前在量子电动力学、超流性和弱相互作用方面做出的开创性工作，再次发现了独立思考、创新探索的价值。他不再亦步亦趋地关注其他研究者，而是一心一意地思考自己的研究对象，从而再次取得了引人注目的研究成果，不但建立了描述强相互作用的分子模型，而且积极地参与了量子色动力学的建立工作。

科学发现过程中最难能可贵的就是打破陈规，独辟蹊径，提出新的假说，并在科学论证、计算、实验的基础上取得突破。任何创造发明的特点都在于此。它并非与人的年龄大小、知识多少成正比。一个人知识太少固然无法去发明创造，但如果思想保守，即使“学富五车”亦不会有所创造。许多人毕生都在使用别人的思想，揣摩别人的足迹，如此而已。贝弗里奇预言说，假如一个学生在学习过程中不曾注意到知识的空白或不一致的地方，或是没有形成自己的想法，那他作为一个研究者是前途不大的。

当然，初次进行研究工作的人最好选择一个很有可能出成果的题目，最好这个题目不要超出他的技术能力。成功是进一步探索的重要激励，而不断受挫则可能起到相反的效果。或许因为这个原因，英国的卡文迪许实验室对新加入的年轻人告诫说，最好先选择一个能在1～2年能出成果的题目做做看，而不要一开始就进入一个的大题目，8～10年也不一定能完成，这样很可能会挫伤你的自信和从事研究的锐气。

五、随时捕捉各种灵感和妙想

美国生物学家H.特明平时走路，手中总拿着个笔记本，脑子里一出现疑问，就立即一一记录下来。他虽然在学生时代就提出了劳斯肿瘤病毒的定量测定法，但仍有大量的问题没有解决。如感染了病毒的细胞为什么会持续繁殖？细胞内是否产生了某种形态上的变化？感染后多长时间细胞会产生病毒等。参加工作后，他就开始研究自己笔记本上记下的种种问题。首先，他证实了受到癌症病毒感染的细胞在出现癌变时会产生形态上的变化，并证实了变化发生之前细胞内会产生RNA型病毒。这是为什么呢？特明通过进一步的思考和实验，发现正常细胞一旦感染了RNA型病毒，必须先以这种病毒的RNA为模板，合成出与其互补的DNA，然后再以这种DNA为模板，繁殖出RNA型病毒。他因此创立了具有独创性的原病毒学说，发现了“反传递酶”。

实事求是地解释实验数据，这种思考方式应该说任何人都可以做到，然而许多人都认为“中心法则”是不容怀疑的。所以他们无论如何也不愿承认生命信息是从RNA传到DNA的这种学说。因为当时已发现了以DNA为模板合成RNA的酶，而未发现以RNA为模板合成DNA的酶。如果没有酶的作用，是根本无法合成DNA的。美国生理学家巴尔的摩博士设法从小白鼠的白血病病毒中抽取出一种酶，并利用酶的氧化作用在试管内证实了特明的学说。1975年，他和特明一起荣获了诺贝尔生理学和医学奖。

【例 7-7】 氨基酸的纸分离法的发现

A. 马丁博士从剑桥大学毕业后，曾就职于羊毛工业研究协会、布茨纯药物公司研究部、国家医学研究所、英国威尔柯米基金会等。有一天，他和其他研究人员一起喝咖啡，不留神将咖啡洒在滤纸上。这滴咖啡渗入滤纸后，痕迹中心的咖啡色最浓，随着咖啡的逐渐渗透，颜色则越来越浅。看着滤纸上深浅不一的颜色变化，马丁想出了解决他眼下最为关心的氨基酸的分离问题的办法。经过各种试验，他终于设计出一种可以用滤纸分离氨基酸的纸分离法。1952 年，马丁与同事辛格一起因这一发现而获得了诺贝尔化学奖。

喝咖啡不小心碰洒的人很多，大部分人在遇到这种情况时会用纸将污痕擦掉，然后把纸扔进纸篓。只有每天在绞尽脑汁思考如何分离氨基酸的马丁才会看到滤纸上的颜色变化，意识到解决问题的办法。人们一般很注意自己潜意识中想看到的东西，但对于缺乏思想准备的人来说，即使富有意义的现象出现在目前，他也认识不到它的价值。重要的不是看到，而是理解和觉悟。

【例 7-8】 卡介苗的发现

自从德国的病理学家科赫在结核病的研究中发现了结核病菌后，发明征服这一顽疾的疫苗就成了科学家们梦寐以求的目标。20 世纪初，法国的细菌学家卡尔美和介林也开始将主要的精力放在了抗菌疫苗的发明之上。“奇怪，琴纳在牛身上能取得牛痘疫苗的成功，可我们将结核病菌在公羊上试验却遭到失败。为什么？”“是不是分离提取的结核病菌有问题？”在一个收获的金秋季节，卡尔美和介林来到巴黎近郊的一家农场，他们见眼前并不贫瘠的土地上，长着一片玉米，穗儿特小，叶子枯黄，便关切地问农场主：“看来今年收成不好啊。是缺少肥料吗？”“不。先生们，这种玉米引种到这里已经十几代了，有些退化了。”农场主似乎有些无奈地回答。

“什么？退化！”两个年轻人几乎异口同声地重复农场主的回答，并立即把玉米种子的退化与结核病毒联系起来：如果把毒性很强的结核病菌，一代接一代地定向培育下去，它的毒性是否也会退化呢？如果将这种毒性退化了的结核病菌，作为疫苗注射到人体中去，不就可以使人体产生抗体，获得结核病的免疫力了吗？他们匆匆回到了自己的实验室，开始了结核病菌的定向培育实验。这实验一做就是漫长的 13 年！终于培育出了 230 代驯服了的结核病菌，试制成功了抑制结核病菌的人工疫苗，为了纪念为人类的健康与生命做出了卓越贡献的科学家卡尔美和介林，人们把这种结核病疫苗命名为“卡介苗”。

要随时捕捉有价值的思想火花和灵感，你首先必须意识到这些思想和灵感的价值和意义。因此，一个立志于科学发现的人，必须从现在开始就注意培养自己的领悟力，培养自己的科学批判精神和科学鉴赏力。

六、创造环境的创设

纵观世界科学技术发展史，许多科学家的重要发现都产生于浓厚的科学发现的环境中。因此，为科技人才创设恰当的环境也就成为激发他们创造性的必然要求。各个科研机构、技术部门都应该采取有效的措施，为高创造性人才，尤其是为青年科技工作者的脱颖而出创造条件。

王极盛在 1999 年对中国科学院学位部委员与一般科技工作者的创造力发展进行的定量调查研究表明，中科院学部委员创造力的发展以中年时代的水平最高，显著性地高于青年与老年时代。研究同时还表明，青年时代与中年时代及老年时代的创造力发展水平之间有很密切的关系。由于创造力发展水平在不同时期是密切相关的，因此，对科技人员创造力的培养就要从青年科技工作者抓起，这样既能保证他们在中年时代的创造力得到充分发展，又可以使他们老年时代的创造力保持在较高的水平。

为青年科技工作者创造良好的环境条件，不妨从以下几个方面加以尝试。

第一，制定有效的青年人才选拔、任用机制。制订一套科学、客观、公正、可行的人才选拔标准，注意选拔青年人才。对青年人才委以重任，比如让其担任国家级或省级重点学科、重点实验室负责人，并赋予人、财、物的使用权等，使之在重任之下受到锻炼，提高其综合的科研能力以及科研组织协调的管理能力。

第二，为青年人才申报科研项目提供便利。鼓励已有一定学术水平和优势的青年学科带头人或骨干，以课题或项目组合学科群，并对其实行科研项目申报评审的倾斜制度，保证提供相应的研究经费。

第三，重视青年人才的职称晋升问题。要对青年人才晋级升职实行倾斜政策，破除以前论资排辈的做法。

第四，注重提高青年人才的业务水平。优先派青年人才参加国内外的业务进修、学术交流、考察、访问等活动，并设立专门的业务进修基金，为他们提高能力和开阔视野提供机会和保障。

第五，制订专门奖励青年人才的制度。由政府部门结合青年人才的学术成果和社会贡献给予专门的奖励，从而提高青年人才创造佳绩的主动性和积极性。

思考与训练

1. 通过本章的学习，可以发现，科学家的成长受许多因素的影响。请阅读你所崇拜的科学家传记，结合本章的有关理论分析影响科学家成长的因素。

2. 分析本学科几位科学家成功发现的例子，简述他们的具体发现成果，总结他们完成这一发现的科学方法。

3. 尝试对本学科的重要原理或实验结果作批判性思考，看能否提出某种科学假说，发现某些新的重要的事实和理论。

4. 有创造性成就的科学家是如何成长起来的？

第八章　技 术 发 明

技术发明就是以需求为动力，在某个技术领域中挑战传统与常规，在人们屡见不鲜和习以为常的地方提出疑问，看出发明创造的必要性，并通过努力设计或构想出新的产品、工艺和技术方案等。技术发明是一种具有新颖性、价值性和科学性特点的创造活动，是最重要、最能直接产生社会效益和经济效益、推动社会进步的创造实践活动。从事发明创造同从事科学发现一样，需要创造者创造思维的充分发挥和对创造技法的灵活运用。

第一节　技术发明的本质

一、技术发明及其分类

我们从第一章中已经知道，技术发明是创造的一种基本形式，又称创造发明，是利用自然规律创造出新的事物或新的方法。发明的基本任务是解决“做什么”和“怎样做”的问题。

我国《专利法实施细则》第 2 条明确指出：“专利法所称发明，是指对产品、方法或者其改进所提出的新的技术方案。”最新修改的《专利法》中将“发明创造”具体划归为发明、实用新型和外观设计三类。这就是说，技术发明的成果应是一个明确的新的技术方案，一个明显的实物或者一种可操作的方法，如照相机的发明、电冰箱的发明、侯德榜制碱法的发明等。

作为创造活动的一种形式，技术发明首先必须具有新颖性的特点。此外，技术发明还具有价值性和可行性，即适用性的特点。和一般的创造过程不同，技术发明更强调其最后结果，在获得发明结果之前的每一步骤都不能称为发明。比如，发明一种新型电热保暖服，至少要经过来回构思、反复设计、多次试制，最后才可能成功。其中的每一步设计或每一次试制等，均因具有明显新颖性而可以被视为创造，但却不能称作发明，只有最后制成的新型电热保暖服才可称得上是发明。

根据不同的划分标准，技术发明可以划分为各种不同的类型。

1. 按发明成果的形态分类

按发明成果的形态看，技术发明可分为产品型发明和方法型发明两大类。产品型发明是指经过发明人的创造性构思制成的各种物质性成果，如机械、仪表、器械、合成物、生活用品等。方法型发明是指用以制造产品的各种工艺性技术方案，用这种技术方案能使物质状态发生变化，如各种机械加工方法、化学反应方法、植物育种方法、食品制作方法、科学教学方法等。

2. 从创造性角度划分

从创造性角度看，存在以下几类技术发明：

(1) 原创性技术发明。从无到有，在世界上第一次出现的人工事物和方法是原创性的发明，如世界上第一台蒸汽机、第一台电动机、第一台电子计算机、第一支圆珠笔等。这些发明是基础性的，它们是一种全新的技术思想，开辟一个全新的技术领域的发明，其在用途、性能、特征、属性等方面与现有技术相比是建立在完全不同的发明基础之上的。这种技术发明的出现，常常孕育着更多的技术创新的可能性。

(2)改进性的技术发明。改进性的发明是指人们对已有的技术发明产品或方法进行改进而提出新的技术方案或发明构想，或者做出优于现有技术和产品的发明成果。改进性的技术发明是技术发明的重要特征和类型。专利系统中包括的专利，大多数是对已有的发明的简单改进。为此，一位多产的发明家总结说，一个发明家通常思考的问题是：这些功能是否实现得完美无缺？是否还可能用最好的办法来实现？还有什么问题？我能改进它吗？比如，自动洗衣机相对于手动洗衣机，“傻瓜”照相机相对于一般照相机，电子点火煤气灶相对于手动点火煤气灶等。世界上出现的大多数发明都是改进型发明。

(3)组合性的技术发明。在技术发明中，更为常见的形式就是把已知的技术和知识要素进行组合，要素构成变动后会在质的方面提供新效果和新的性能并具有突出的技术优点。在某种意义上说，技术发明的真谛就在于组合。一个技术发明就是把以前未结合起来的各类有趣设想和发明资源用新的方式整合或拼凑起来，如玩具狗与电话答话装置，或真空吸盘与增压容器，这些东西通常毫不相关，把它们结合起来就变成了发明。

3. 根据技术变动方式的不同进行分类

根据技术变动方式的不同，可以将技术发明划分为以下四类：

(1)改进性技术发明，是指在技术结构和模式均未变动条件下的局部技术改进所形成的发明成果，如电话机由拨号式改进为按键式。

(2)模式性技术发明，是指在技术原理变动的基础上的技术发明成果，如通信技术由模拟交换转换为数字交换。

(3)结构性技术发明，是指技术结构变动形成的技术发明成果，如无绳电话的发明，在一定程度上改变了通信连接方式，其原理并未发生变化。

(4)全面性技术发明，是技术结构和模式均发生变动而形成的发明成果，如由模拟式有线通信技术到数字式无线通信技术所形成的技术发明。

4. 根据创造发明的层次分类

知识的深度影响到技术发明的层次和水平，根据发明对知识的要求程度，也可以将技术发明划分为如下两类：

(1)只能由那些受过良好教育和具有高技术背景的人来搞的技术发明、如航天飞机、半导体技术发明等。

(2)任何具有创造性的人都可以做的技术发明，如方便的手持电话的新方法，或新的更便于婴儿抓握的奶瓶等。

另外，根据技术发明的具体过程，也可以将技术发明划分为经验型的技术发明和灵感型的技术发明。经验型的技术发明一般属于常规性的改进性的技术发明，而灵感型的技术发明则属于某种灵感或者顿悟而引发的突破性的技术发明。这里，我们以王水民先生的发明活动来说明一下这两类发明活动的异同。

发明家王永民在谈到五笔字型和五笔数码的发明时说，五笔字型的发明，是一个长达 5 年、逐步精雕细刻的漫长过程，像是把一根铁杵磨成针；而五笔数码的发明，严格地说，是指五笔数码的重大理论突破，却是来自一个灵感。

1998 年秋，当他从北京海关出境到新加坡去的时候，一位安检小姐在查验护照时认出了他，激动地对他说，您要是能再发明一种用数字键、单手打字的输入法该多好。小姐的话激活了王永民的思绪。上了飞机之后，他急忙打开电脑，摊开资料，开始构思其“汉字数码化”

新方案。5 个小时之后，依然找不到解决问题的好办法。当广播提示旅客说飞机快要降落的时候，王永民很不甘心，拉开窗帘，将脑袋紧贴在冰凉的玻璃上降温，突然，窗外的景色让他豁然开朗：上边满天星斗，下边是新加坡的一城灯火，除了天上和地下之外，似乎天地间的一切事物都隐身不现。这不就是一个硕大无朋的“鱼”字吗？就在这一时刻，他想出了首尾取码法，使汉字“鱼”的取码迎刃而解。其他的汉字也一样，凡是可以“一分为二”的字，都可以先“一刀两断”，分成“首部”和“余部”，“首部”不管多大，都只要“天上”和“地上”两个码，至于“余部”，只取最高处的前 3 个和最低处的 1 个码，最多 4 个码。这样，不论多么复杂的汉字，最多用 6 个数码就可以敲定。这就形成了五笔数码发明的技术核心。

当你对某一件事百思不得其解，你很可能在一个特定的场合，发现你的问题和困惑，在某一时刻与一个特别的事件有些雷同、相近，或存在逻辑、道理上的联系，这时，你的大脑会突然闪现，会一下子冒出智慧的火花！你会骤然发现打开那把锁的钥匙。

二、技术发明的动力和源泉

总体而言，一项发明构思的产生及其实现，是发现某种需要和得到技术解决办法二者的结合。技术发明的动力和源泉可主要概括为如下两条：

1．需要是技术发明的触媒剂和动力源

1593 年，一位英国牧师发明了织袜机，目的是想让他的未婚妻——一个织袜女工从繁重的手工劳动中解放出来。

1825 年，美国的一位妇女汉娜 • 蒙塔基发明了可以很方便地装上或卸下的衣领——假领子，目的是让她丈夫的衣领经常保持干净。

电视遥控器的发明，起因是一个懒汉想坐着更换电视机的频道。

最早的计算机是法国的布莱泽 • 帕斯卡在 1640 年发明的。当时，尚未成名的小帕斯卡有件苦恼的事——帮助担任地方征税官的爸爸减少计算大量税款的麻烦。他于是想发明一种能取代人工计算的机器。22 岁那年，他终于如愿以偿，发明了一种计算机。尽管这种计算机只能做简单的快速加法，但比起人工计算来还是省事不少。

1977 年，法国人皮埃尔 • 图泽发明了开启式浴缸。当他一次次看到年迈的母亲艰难地进出浴缸的情景时，一种做儿子的责任感激发他改造了传统浴缸，发明了开启式浴缸。

20 世纪 80 年代初期，美国斯坦福大学的研究生桑迪 • 勒纳和伦纳德 • 波萨克苦于不能利用学校计算机实验室的几十台计算机终端在不同的大楼间互通信息、倾诉衷肠，便开始对当时已经在学术性网络中使用的 IMP 的设计思想进行修改以寻找解决问题的办法。当时，来自斯坦福大学校园不同地段的数据流都传送到 Internet 上，要达到校园的另一地段，它必须先通过因特网发送，然后由另一区域的 IMP 计算机接受。这一对年轻夫妇认为这种传送方式近于荒诞。为什么不能设计一个小型的本地路由器，由它来管理各个小的本地网络之间的数据流，而非得要使用价值 lO 万美元的特制 IMP 路由器，把所有数据流都推给 Internet。在前一种方式下，地址是本地的，比如斯坦福大学的信件将留在大学校园以太网线路中，而有其他地址的信件将被路由器自由地路由到 Internet 上。于是，他们着手设计一种方法，可以让本地数据流在被送往 Internet 之前先传到校园网上。借助于斯坦福大学强大的工程传统和大量的计算人才，勒纳和波萨克很快就实现了他们的梦想。1984 年，经过一番修补之后，他们在完善已有技术设计的基础上创办了思科系统公司，以生产他们无意发明的小型路由器。

……

在发明过程中，当发明人遇到难题时，就会产生想要解决这一问题的强烈愿望，随着愿望的不断强化和长时间的思考，在大脑皮层中，就产生了一个不断增强的神经生物电脉冲信号，这个生物电脉冲信号就会顺着思维的趋势，在大脑中不停地游动传播(即便不再思考这件事时，该生物电信号依然在大脑中波动)，当遇到某种外因的激发时(或在睡梦中思维受人的显意识支配减弱时，生物电脉冲会冲破固有的思维条框限制)，思维产生大跨度跳跃，一下子发现与某一事物(也就是我们所说的发明元素)之间的潜在联系，使原有的电脉冲信号得到加强，产生兴奋(也就是人们常说的产生了思维的火花)，在瞬间找到解决问题的关键性突破口，进而使问题得到解决。

2. 思想是技术发明的火种

很多原创性的创造发明成果都源于其他学科领域的启发。计算机专家布里林受到会计学“流水账”的启发，创建了微型计算机的软件工具。数学家冯·诺伊曼通过分析一般人玩扑克牌的行为，创立了博弈论经济模式。第一次世界大战中的武器设计师从毕加索等立体派艺术中寻找灵感，结果成功地改进了大炮和坦克的伪装。美国的科学家在第二次世界大战中巧妙地以印第安语为基础设计了“不可破译”的电报密码。发明大王爱迪生对此深有感触地说：“留意别人的新颖有趣的设想，只要把他们用到你现在正要解决的问题上，你的设想就是创造性的。”

在拥挤的街道上，在人满为患的大商场内，你可曾想到被人踩来踏去的地面？一位很有心计的美国人罗伊·伦德冈想到了，并别出心裁地发明了“地毯发电装置”。当川流不息的顾客在地毯上走动时，地毯下面的杠杆机构就会被触发，从而带动一套发电机组运转发电。就这样，貌似无用的机械能就被派上了用场！

年近50岁的小职员吉利在刮胡子时不小心刮破脸皮后，决心发明安全剃刀，长期思考都没有进展。有一天，他在理发时，透过镜子看到理发师修剪头发时，将梳子放入头发中，用剪刀剪去冒出梳子的头发。回家后，他想到将刀片与梳子结合的构想，结果发明了安全剃刀。

T.格拉肖看到办公室打字员常常要在每封信的信封和信笺上打印同样的收件人的住址姓名，很是辛苦。后来有一天，当他看到一种透明包装盒后，就构思了“带透明纸窗的商用信封”的新创意，这样信笺上的收信人的住址姓名通过透明纸窗就能看到，而不必在信封上再打印一遍。

“最佳的构思往往出自外行人”。懂行的人常常局限于已有的经验，外行人由于对此所知甚少，因此“框框”也少，而且他常可借用自己本行的“石”去攻外行之“玉”。

三、成功发明家的特征

总体而言，成功发明家的主要特征是：

1. 坚持不懈，努力实践

为了实现一个发明构想，在大多数情况下，发明家必须为一个特定的目标而工作。集成电路的发明者泰德·霍夫说，发明的关键在于孜孜以求。如果你老等待着奇妙的突破，那恐怕永远也不会出现什么奇迹。相反，你应该做的是不断地工作。如果发现有些东西看上去不错，那就继续干下去。一旦冒出一个设想来，就必须设法利用它。你必须使自己的创造精神活跃起来，干出点成绩，否则，灵感的火花便会稍纵即逝。

曾经做出了磁带录像机等重要技术发明的大发明家马文·卡姆拉斯说，发明家需要一定的客观条件和天资。如果你只是坐等和幻想着要发明什么而不行动，你是成不了发明家的。

创造性这东西是可遇而不可求的。培养科学家和工程师的教育制度的基本原则，应当如你在艺术领域看到的一样。如果你想成为一个音乐家，决不要只是进入学校，年复一年地学音乐理论而不接触任何乐器。音乐也有许多理论，但那不是主要的，主要的是实践。在科学发现和技术发明领域中，如果你仅是花费时间去记忆各种公式、抄写教授写在黑板上的东西而不动脑去想、动手去做，你很难做出什么有创造性的东西。看看那些在科学上做出重要贡献的人，包括获得诺贝尔奖的人，他们都有一种脚踏实地的作风。

2. 惊人的好奇心和旺盛的求知欲

杰罗姆•莱曼尔松是美国多产的发明家之一，他说，作为一个发明家，你必须有好奇心，必须渴望增长知识，即使是在有限的领域。你必须愿意发现问题并且寻找解决它们的方法。创造和发明是一种精神状态，尽管可能部分来自于天赋、但也体现了自我修养和训练。当然，你必须保持某种程度的心理平静。如果你总是情绪激动，你可以产生一两个设想，但你的情绪将干扰创造过程。

微处理器的发明者泰德•霍夫也说，一个成功的发明家必须具有好奇心，要不断地发问："为什么这东西会是这么工作？为什么那件事情会那样发生？"你必须保持孩子般天真好奇——总是对一种东西为什么会以某种方式工作，或者把两样东西放在一起会发生什么感到惊奇。在你能够发明一种东西之前，你需要一种可称为"工具箱"的东西。"工具箱"里的工具越丰富越好。你需要知道这些工具是怎样工作的。当你知道有关的一些东西，但又发现了一点你不知道的东西时，发明就产生了。当你在研究那些你还不知道的部分时，你会发现一种新的过程。

他说，我得到的大部分的专利都是跨学科的。如果你到任何大学去看看，你会发现专业划分是很严格的。同样，我们的整个社会也是以这种方式建立的。你要么是一个电机工程师，要么是一个化学工程师，要么是一个数学家、要么是一个电脑科学家。当你的工作需要两个领域的技能时，最有趣的工作就是跨学科的研究。我觉得我们的学校目前没有这样教育学生。我们没有教育学生多掌握些综合性的学问，或者如何跨越学科。但是在学科之间有很多领域可以产生新的设想。

3. 乐于也敢于改变现状

成功的发明家总是不满足于周围的现状，可能对他们正在搞的东西也不满意。或者，对于一些司空见惯的物品，他们总会觉得还存在着许多需要改进的不足之处(或许正是这些最初的想法导致了发明)。然而、许多人可能也有变革现实的好想法，也看到不同的变化方向，但却无勇气违反众意，不敢坚持并实施自己的发明构想。一位杰出的发明家说，最重要的是走自己的路，不要因为他人不同意你的想法而屈服。

爱迪生可算是有史以来最伟大的发明家之一，但在他所处时代的科学界并没有特别注意他。他甚至遭到一些所谓科学家的许多非议，尽管这些科学家一生中从未发明过任何东西。他们说爱迪生的所作所为对已有的科学规律颇为不敬。如果有机会，他们会将他赶出当时的科学组织。爱迪生所做的大多是试验工作，或许他并不总是知道他的试验成功的原因，但他不断地进行试验。一些科学界人士却认为那不是正道，他们声称爱迪生只是把许多东西凑合在一起，这不是真正的技术发明。实际上，爱迪生是个非常精明和聪颖的人，他所做的事情并不如表面上那样杂乱无章。尽管他不能用数学公式来表达所做的一切，但他对自己正在进行的事情和期待的结果具有坚定的信心。

4. 良好的知识和技能训练

假如一个发明家连最基本的知识也没有，那就无法将许多设想组合起来。一位业余爱好者也会有好的创意，因为他不知道什么是新发明。发明不是一个逻辑推理过程，只有它成为事实之后，才是一个逻辑推理过程。发明是把那些通常毫无联系的东西结合起来的过程。发明家掌握了所从事领域所需的一些基本工具和操作技能，他们同时关注两个或三个领域，这使得他们可以借鉴不同领域的观点。

5. 积极探求，不怕失败

一个发明家可能在尝试了上百种材料之后还不能成功，这多少给人一种疯狂的印象。但是，如果你想成为一个发明家，至少你应该知道你想制作的东西是否可行，如果你不动手去做，你怎么能了解这一切呢？搞发明在很大程度上就像解难题。对于一道难题，你可以尽可能地用多种不同的方法来思考，可以做相反的思考，也可以颠倒着考虑，还可以把它放大或缩小。

泰德·霍夫说，作为一个发明家，你不但要有设想，而且要对你的设想抱有坚定的信念，这样面对各种失败才不致退让。你必须推进它、争取它。这也许意味着你不得不自己开公司，不得不寻求他人的资助以实现你的设想。如果你的设想确实像你所认为的那么伟大，你就应该不惜一切去冒险，把你的全部精力都投进去。

6. 保持理性和热情之间的必要张力

一个成功的发明家必须有鉴赏力，既不过分地被热情所驱使，同时又必须有热情和动力。一位发明家说，大多数情况下，我的发明是从似乎不相干的信息中来的。我知道如何从知识库和环境中吸取有用的精华和灵感。在从事发明时，我首先必须知道问题所在，然后，我广泛地阅读有关资料，我必须努力工作、深入思考。此后，我可以做任何其他的事情，如去山林中散步等，突然，我会得到我要的答案，然后，我匆匆赶回工作台进行彻底的试验。

第二节　技术发明的一般过程

技术发明基本上遵循创造性思维的过程，即准备期、孕育期、豁朗期和验证期。创造活动的每一个阶段都可能是创造，而技术发明只有最终结果才可能是发明，之前的每一阶段都不能称为发明。因此，技术发明的过程应该有样机的制作（实物发明）或扩大试验（方法的发明）过程。归纳起来，技术发明经历以下过程（图 8-1）。

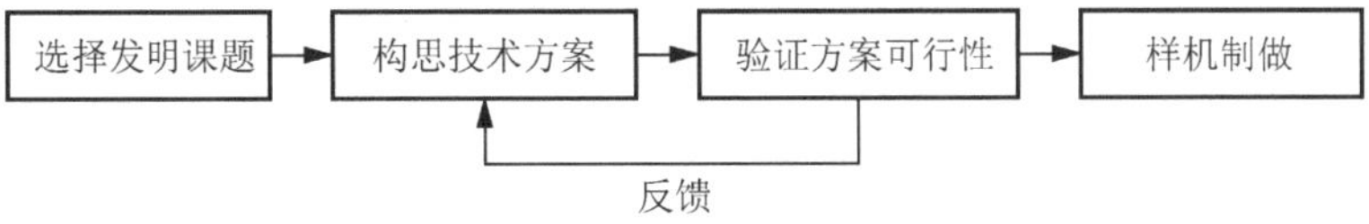

图 8-1　技术发明的过程

一、选择发明课题

选择发明课题是技术发明的起点，它和科学发现时的提出问题一样非常重要。技术发明选题都是面对现实的，以现实的社会需要和技术问题为出发点。相对于技术研究者来讲，选题有被动与主动之分。被动选题是指选题是在实际生产和生活中已经由别人提出来的现实需求的问题；主动选题是指研究者在深入分析社会潜在需求和潜在问题后，发挥自己的主观能动性和思维超越性而主动提出问题。灵活运用创造技法中的检核表法可以提出系列发明课题。

选题可以从以下几方面入手。

(1) 从多方面寻找社会潜在需求。需求是发明之母。美籍华裔学者李跃滋教授说："一次构思的产生就是发现各种客观需要和得到技术解决办法两者的结合。"因此，要根据社会需求进行发明课题的选择：尤其是技术发明成果，要具有直接推动社会经济和文化发展的作用，才会被社会接受。

(2) 先跟随别人的选题，然后再设法超越它。

(3) 另辟路径，从狭缝中试探寻找出路。

(4) 从专业或生活中出现的问题及烦恼入手，想方设法消除和解决它们。

(5) 用挑剔的眼光列举事物的缺点和不足，努力去克服它们。熟练掌握和运用缺点列举法、头脑风暴法等创造技法，有助于选题。

(6) 从降低成本、消耗，提高效率方面考虑选题。

(7) 运用希望点列举法对现有的事物增加新功能、开辟新用途等进行选题。

(8) 求助于大胆的幻想和美好愿望。

选择技术发明课题要注意以下两点。

(1) 要选择与自己的已有知识、条件、能力相适应的课题。光有热情、决心和干劲，没有脚踏实地的科学精神和实现课题的基本知识、设备、资金和能力，课题是难以完成的。

例如，一个对医学一窍不通的人，不管其决心有多大，是不可能完成攻克艾滋病的研究课题的。一般情况下，初次学习发明的人应当从小处着手，获得成功后再搞较大的发明。

(2) 选题要有科学性。不能选择违反基本科学规律的课题，那只会白费力气。如永动机。

正确地选择课题，是成功的开始。选题不恰当，不仅不能带来成功，甚至还会造成损失。

二、构思技术方案

这是技术发明的关键性阶段，发明者围绕着要解决的问题，积极思考，提出解决问题的各种技术方案。这是创造性思维充分发挥作用的阶段，同时也可能是一个长期酝酿的过程。

在此阶段应当注意以下几点：

(1) 要充分收集有关资料和信息，避免重复，防止"撞车"。

(2) 应充分利用各种相关的创造技法进行构思，甚至需要创造新的技法来帮助构思。构思的方案越多越好。

(3) 长期酝酿的间隙可能产生灵感，要善于捕捉灵感。

(4) 要有坚强的毅力、锲而不舍的精神，忘我地追求，不达目的决不罢休。

三、验证方案的可行性

这是技术发明的确认阶段，常常要先对方案进行筛选，然后采用实验的手段进行验证，发现问题要反馈到构思方案阶段，对方案进行修正。

1. 方案的筛选

1) 筛选的作用

通过创造性思维及创造技法的应用，一般在短时间内就可能产生大量的创造性设想和技术方案，这些设想和方案为发明的成功提供了最重要的依据。但是这些方案中真正有意义、有开发价值的只占很小一部分。正如伟大的科学家法拉第所说："就是最有成就的科学家，他们得以实现的建议、希望、愿望及初步结论，也不到十分之一。"以珍珠之王而闻名的日本企业家御木本丰吉先生曾说过："我和我的部下足足拿出 3 万件关于人工制造珍珠的方法，其中约 3000 件获得过实用新案等专利权。然而，其中作为素材而投入生产获益的方法却只有 5 件，那么可以认为余下的 29 995 余件方法均属无稽之谈。然而正是有了那些无稽之谈，才拿出像样的办法。"创造学之所以鼓励众多的创造性设想就是因为设想越多，其中有成功设想的可能性越大。

要从大量的创造性设想中认识真正有价值的设想，必须进行筛选。

2) 筛选的原则

创造设想的筛选一般应遵循以下四个基本原则：

(1) 市场可行性。一个创造方案是否有价值，首先要考虑的问题是该方案能否被市场接受，或通过一定的努力后能否被市场接受。

(2) 技术可行性。技术可行性是指该设想在现阶段技术上能否实现。如果不能实现，无法造出来，当然也就没有开发价值。例如，有人想开发一种营养胶囊，即把一个人一天所需的各种营养高度浓缩做成胶囊，每顿饭只要吞两颗再喝一些水就可以了。由于人所需要营养成分太复杂，有许多至今尚不清楚，要把所有营养都高度浓缩成胶囊，在现阶不可能的，因而这一设想在现阶段无开发价值。

(3) 生产可行性。生产可行性是指所构想的发明创造能否实现大规模的工业化生产。例如，有些化学物质，仅在实验室少量的合成获得成功，进入工业化生产就必须考虑一整套的生产流水线和各种工业原料的纯度，以在化学反应过程中，会不会产生难以去除的杂质，使产品的质量得不到保证等问题。弗莱明 1929 年发现了青霉素，但只能在培养皿中获得少量的青霉素样品，无法进行生产。十年后，福楼雷发明了青霉素的发酵技术，才使青霉素大量生产成为可能。

(4) 经济可行性。任何一项产品能否商品化，除了市场、技术、生产以外，还要考虑它的制造成本及售价，如果成本过大，使售价超过消费者的承受能力，那么再好也难以走向市场。例如，美国在 1929 年就有 60%的家庭拥有汽车，当时一般工厂的工人，每天工资不到 3 美元，福特汽车公司的员工工资特别高，每天也只有 5 美元，但由于采用流水线生产，成本大幅度下降，使福特公司最便宜的车仅售 290 美元，也就是说福特公司的员工，不到两个月的工资即可买一辆汽车，一般工厂员工也只用三个多月的工资就可买一辆车。显然，如果当时一辆车的价格是一个工人 10 年的工资 1.5 万美元，那么美国的汽车普及肯定难以实现。

3) 筛选的操作

集体构思的大量设想或方案的筛选，一般应由若干名专家和技术能手组成筛选评价组进行，他们对所讨论的问题和所涉及领域的先进技术和市场状况比较熟悉，对于创造设想具有客观判断能力及敏锐的洞察力，善于发现有价值的设想，人数最好为奇数。

在筛选前应首先对设想进行分类整理，把同一类型的放在一起；其次进行初选，初选可以采用化整为零、分头进行的方法，把那些具有新颖性、实用性、先进性而且在技术上有可能实现、有市场开发价值的设想选出来，数量可控制在总量的三分之一以下；再用集体研究方法进行复选，确定若干个设想进入试验阶段。

对于个人的创造设想，一般应该在设想达到一定的数量后再进行。考虑原则与上述基本相同。

2. 方案的试验

1) 试验的作用

从理论上认定某些方案是可行的，并不等于这些方案在实践中一定可行，必须对其进行试验，试验的作用主要有：

(1) 试验新技术方案所采用的基本原材料，在具体的创造课题上是否可以正确适用。试验结果一般应该作出肯定或否定的结论。

(2) 收集数据，以便根据这些数据进行分析计算，确定其可靠性、稳定性、高效型、安全性。

(3) 有助于研制切实可行的模型，根据试验数据，往往也可直接确定试验模型，而且可以估计其造价与成本。

(4) 有助于发现该方案可能存在的问题并探索解决问题的办法。

由于试验具有多方面的重要作用，所以所有的发明家都非常重视试验活动。爱迪生在美国芝加哥组织建立的“发明工厂”，实际上是发明创造实验室。没有这个发明工厂，爱迪生的上千项发明专利是不可能产生的。

对于重大的技术发明，如治疗疾病的药物、新型的交通工具、战争中使用的新式武器及宇宙航行器等，不经过认真细致的反复试验将会造成灾难性的后果。

这里需要注意的是，试验的样本必须达到一定的数量，样本过少或加进主观的人为因素，其试验结果就没有普遍的代表性。例如，在我国改革开放过程中，许多新的举措必须经过试点才能全面推广，但是如果在试点时，为了某种目的弄虚作假，就可能使错误的方案出台并成为推广至全国的新政策，造成无可弥补的损失。

2) 试验的基本类型

(1) 对照试验。确定两种或两种以上对象在同一性能方面的优劣或异同的试验叫做对照试验。例如，为了减少汽车尾气对大气的污染，各国都在争相研制电动汽车。从原理上讲，电动汽车并不复杂，无非是用蓄电池反复充电，通过蓄电池供电，使电动机转动产生动力。但如何提高蓄电池的电能密度(即每千克重量所能储存的电能)和如何提高充电的速度，却是十分困难的课题，必须进行对照试验。

日本日产汽车公司与九州电力公司经过无数次试验，开发成功一种高性能电动汽车，采用镍-锌蓄电池供电，重量 30 千克，充电一次可行 270 千米，最高时速达 120 千米。

我国最近研制成功的电动汽车，充电一次可以从北京到天津来回一次，可达 300 千米。这里的试验主要使用的是对照试验。

(2) 性能试验：为了定性和定量地了解发明对象的某种性能而进行的试验称为性能试验。这里的性能包含的范围很广，有物理性能、化学性能、机械性能、生物性能、功能性能、安全性能等。

例如，汽车的撞击试验、家电的震动试验、药品的性能和安全试验等。

任何技术发明的试验均与发明对象的性能有关，因此它是一种最为普遍的基本试验，并且同其他各类试验相互交融。

(3) 析因试验：在技术发明中通过试验寻找产生某种结果的原因，这种试验就称为析因试验。由于析因试验是为了探索未知，因而常常会产生预料不到的结果。

例如，日本东京大学研究人员在研究同样的青蛙细胞为什么被激活后有的生成眼睛，有的生成耳朵，有的则长成青蛙的肾脏时，经过大量的试验终于发现，它并不取决于细胞本身的结构，而取决于细胞发展的诱导物——苯丙酸诺龙的密度。这项前所未有的发现将最终帮助医生用病人体内细胞为其再生因意外而失去或受损的器官。

(4)模拟试验：在发明过程中，往往会碰到发明对象由于经济、时间、空间、装备等条件的限制难以进行直接试验的情况，此时就常采用模拟试验的方法。例如美国宇航员在1969年登月飞行前必须进行大量的模拟试验，特别是在失重状态下进行行走、睡觉、吃饭甚至排便等试验，以保证万无一失。美国虽然已经完全停止大气层和地下核试验，有报道说，他们正在利用计算机进行模拟试验。

四、样机(或样品)的制造

通过大量的定性和定量试验之后，将暴露出原始构思设计方案中的不妥和错误之处，在进行修改后，根据实际情况再做若干次试验，才能进入试制样品或样机的阶段(化工产品可进行扩大试验)。

在试制样机前，必须合理确定其形状、大小和各种部件所在位置，并画出设计图纸。试制时应按设计图纸和确定的工艺条件进行，不仅要注意到内部零部件间的布局合理，不影响性能稳定，还要尽可能地使样机的外形美观大方、人见人爱。

样机的制作材料一般可选用金属、木材和塑料等。金属件一般应由机械加工，塑料件可用塑料或有机玻璃切割、磨光、胶合而成。样品制作的好坏，直接关系到该创造发明能否实现商品化。

第三节 如何成为一名成功的发明家

尽管每个发明家从事发明的具体道路和方式各不相同，但我们依然可以通过分析成功者的案例总结出几条成功的经验。概括地说，要做一个成功的发明家，首先要懂得如何去寻找发明目标，其次，要充分地利用各种信息和资源，并使自己的发明构想现实化。

一、选择发明目标

发明什么，是发明者的首要问题。毫无发明经验而又有志于发明的人最容易在这方面出差错。一个人应当如何来确立自己的发明目标呢？众多成功发明家的经验是：

1. 从自己熟悉的工作领域着手确立自己的发明目标

目标指向自己日日探索其中的工作领域，成功的机会较大。曾在电器厂做工的松下幸之助，利用工作上的便利，发明了双头插座和自行车摩电灯，钢笔店的小伙计派克改进钢笔外形而获得商业上的巨大成功等，都属于这方面的典型范例。

2. 围绕产品，采用检核表进行系统提问，可获得系列问题，以确定自己的发明目标

围绕产品提出问题，如：“有无其他用途？”“代用材料？”“怎样提高工作效率？”“怎样使工作质量更好？”“怎样减少故障？”“怎样美化成品？”“怎样降低成本？”“能否找到更好的其他材料？”“怎样才能更安全、便宜地运送？”“怎样进行宣传、扩大影响？”

或许有人会说：“在我所从事的工作领域中，该做的改进和发明创造别人已经全做了，我们已经没有施展身手的用武之地了”。果真是这样的吗？产生这种认识的原因无非是两点：一是太了解自己的工作领域，对各种规则、方法、要求视为当然，因而限于专业的套子之中，缺乏创新变革的意识；二是自身在工作中得过且过，不求上进，缺乏改进工作的热诚和勇气。事实上，在我们周围，有许多不尽如人意的可改进的地方，其中每一个都可以作为我们创造发明的对象。如果选定一个目标，心无旁骛，广泛收集、研究与之有关的资料，我们很快地就会成为某一发明领域中的行家里手。

电话的发明者亚历山大·贝尔受到家庭的熏陶，自小对语言的传递感兴趣。大学时，他攻读语音学，系统地研究了人的语音分析、发声机制和声波振动等知识。后来在一所聋哑学校教聋哑人学语言，研究试验助听器械。在从事电话发明的开始阶段，他缺乏电学方面的基本知识，因而对有关电学的知识不抱成见。他大胆考虑能否用电流的强度变化模拟声波变化，以电传音。在一位大物理学家的鼓励下，他开始钻研电学，很快就达到精通。他将电学与声学结合起来，在一名电工技师沃特森配合下，开始试验电话。一边研究电声转换原理，一边设计实用机械。贝尔画图构思，沃特森制造机械。经过三年努力，终于制成第一台电话。边学边干，合作攻关，这是发明家贝尔给予我们的一个重要启示。

3. 不要为自己对一些专业问题的无知而苦恼

要发明某一类产品，从专业的角度看，你必须具备这一产品的原理、机制所涉及的知识；必须懂得机械制作技术，善于动手做实验；还要有细致的观察力与灵活的头脑，善于从小处找到问题的症结所在。然而，对一些专业问题的无知，并不一定是坏事，反而会让你无视这些专业问题中的困难，大胆设想，勇敢创新，在专家认为是死路的地方踏出一条新路。大量的调查研究表明，新手往往可以发现专家所忽略的问题。关键在于不要怕犯错误，不要怕出丑，不要怕别人笑话。就我们个人来说，个人的成长往往取决于我们个人愿意承担的风险的程度。我们可以“顺其自然”地稳步成长；可以应用现有的知识和经验，涉足新的领域；可以尝试别人已在着手实行的新思想；也可以大胆地推出自己首创的新思想。

4. 必须对自己的发明目标有所选择

一个人一旦对发明产生兴趣，就会产生许多发明构想，其中大的发明，可以是原子能汽车、立体电视或制造芯片的方法等；小的发明，如简易的穿针引线方法、牛奶瓶盖的改进等。这些构想都有一定意义，如果持续研究和试验，终将会有收获。但是，每一个人的能力和时间有限，不可能同时把自己所感兴趣的发明都进行到底。爱迪生是举世公认的发明大王，他一生也只完成和申请了上千个发明专利，而且多数发明还是在助手们的协助下完成的。

5. 要量力而行

一个化学知识缺乏的人硬要去改进味精制造新工艺，电学知识缺乏的人硬要去发明数字彩电，往往会事倍功半，很难成功。虽然通过不断地学习可以弥补自己的知识不足，但如果目标过于高远，需要付出的代价和努力太大，一般人通常很难有足够的资源和耐心去实现自己的发明意愿。在创造发明领域，只有第一，没有第二，即使你通过长期的努力实现了你的发明构想，别的条件更适合的人有可能在你之前就解决了同样的课题，这就可能使你所有的努力前功尽弃。当然，如果你确实在自己不熟悉的领域中有一个很好的发明创意，你不妨找一个该领域的专家合作实现你的发明构想。

二、充分利用各种资源

最大限度地利用周围环境中的各种资源，是发明家成功的基本策略之一。这主要表现在如下几个方面：

1. 充分利用专利文献

专利文献是进行创造发明的一个巨大的知识宝库，善于并有效地利用这些文献资料对于发明创造是极其重要的，以至于有些成功者甚至将其作为独立的创造发明技法加以广泛使用和宣传。

首先，由于专利文献内容广泛，技术含量丰富，能够准确地反映最新技术发明的动态，而且常常系统地收录了某项技术发展的全过程，因此，通过对专利文献的检索和调查，发明者可能会找到有意义的发明目标和发明创意。

静电复印技术是美国人切斯特·卡尔森在一家公司任专利律师时发明的。他看到公司的日常工作中经常要大量地复写文件，既费力又费时，还容易出错，就想用一种更好的办法来代替传统的复写手段。但作为公司的一名从事法律工作的职员，搞复写工具的创新并非他的本职工作，他只能用业余时间进行这项研究。由于他是专利法方面的律师，最了解查阅专利文献对于发明工作的重要性。在三年多的时间里，他把大部分业余时间都用于查阅专利文献，从中得到很大的帮助和启发。他对匈牙利人保罗·塞伦伊发现的光电导性进行了研究，并在自己住宅的厨房里进行实验，终于发明了将光电效应和静电原理相结合的复印技术，申请并获得了静电复印技术的专利权。

其次，发明最本质的方法就是组合和综合，因此，采用综合利用专利文献的发明可能取得重要的技术发明成果。日本发明家丰田佐吉在从事发明工作的时候，其目标并没有明确地定位在织布机上，为了寻找有利于企业发展的技术发明成果，他曾系统地对专利文献进行了检索和调查。当丰田佐吉和他的助手审阅了有关纺织的所有技术发明成果，并对每个发明都作了简短评述之后，他形成了发明自动织布机的构想，最终研制出了蒸汽机驱动的织布机。这一发明成果曾让英国人大为吃惊。

2. 尽可能地利用各种已有的理论和技术条件

组成发明的元素不同和组合关系的不同常常决定着某一项发明成果的优劣。通常情况下，组成一项发明的知识单元越多、组合关系越复杂，这项发明的完成难度也就越大、竞争壁垒相对也就越高，如汽车和航空飞行器。一项发明中包含的发明因子或因子团越多、发明因子或因子团的结合方式越出人意料，这项技术发明的创造性水平也就越高，比如集成电路和核导弹的发明。当组成某个关键发明因子的知识单元为一项最新发明的科学发现时，那么这项发明通常就是一项原创性的发明。比如马可尼发明的无线通信系统、费曼发明的激光发射器等。在某种意义上讲，对发明的改进完善过程，实际上就是对组成发明的各知识单元和发明因子等因素之间关系进行调整、删减或增加若干个知识单元或发明因子，从而使方案更优化的过程。不管多么复杂、多么重要的发明创造均遵循这一内在的规律，如转基因技术、集成电路技术、克隆技术纳米技术等。

美国的发明家杰罗姆·莱姆森拥有令人惊愕的 558 项专利，并从中获得了 15 亿美元的特许经营费用。使用杰罗姆·莱姆森专利技术的公司达 750 多家。这些公司当中有诸如美国铝公司、波音、道化学公司和通用电器等一些老牌公司，也有当今制造业的巨人，如福特、通用汽车和美国钢铁公司，还有高科技公司如 IBM、惠普和思科公司等。依靠杰罗姆·莱姆森专利技术生产的产品也令人瞠目。其中包括一些日常消费品，如随身听、录像机、传真机以及便携式录像机的部件，还有诸如会哭的洋娃娃、工业机器人、半导体等。当然，最重要的发明专利就是条形码扫描仪。

杰罗姆·莱姆森最具有代表性的发明是充分利用专利系统的结果，用专利设置捕捉公司的法网。他通常能预见到某个行业的发展方向，然后在往该方向的发展中设置专利权。批评家，主要是曾被他起诉的公司，将他描述为“反爱迪生”，认为他从未发明过关键技术。甚至他以前的一名律师曾怀疑他是否是一个发明家。莱姆森去世后，其麾下的一个拥有其专利所有权的基金会仍与 400 余家公司有专利纠纷。在许多小发明家眼中，杰罗姆 • 莱姆森是英雄的化身。他有比别人早 10 年的预见性，是他的发明造就了现在的世界；他也是一位工作狂，睡觉时也要将笔记本放在枕边，以备突然来了灵感时用；即便是买给孩子的小车，他也要把它拆开，研究一下工作原理。莱姆森说，发明家并不能坐等灵感的到来。为了获得发明的创意和灵感，他从美国纽约大学获得了三个工程学士学位，每天坚持阅读 40 余份科技杂志，并仔细分析，从中获得各种科技信息和发明构想。

随时留意搜集各类信息和资料，这些材料既可以作为你写作、演讲的素材，也可以作为你进行创造发明和市场决策的重要资源。你也许用不上某一条具体的信息，但所有的信息汇集在一起就会产生巨大的势能，激发你的创造灵感。创造过程包括丰富、改编、扩充既有的理念。往往最新颖的创意和构思就诞生于某一既有理念的稍许深化。无论你从事什么行业，思维决不能狭隘。睁大你的眼睛，留意你身边发生的事情，你会在知识经济的时代取得更大的成功。

日本创造发明学家丰泽丰雄分析说，所谓“发明”或“独特见解”，不过是借助于敏锐的观察力找出成功事物的特性，并将它运用到其他事物上去而已。法国数学家彭加勒曾经说过，发明家的真正工作就是挑选，就是从已经产生出来的设想中挑选出有用的设想。众多创造发明大师在产生灵感或顿悟的条件成熟之前，总是想方设法地了解一切可以了解的事物和知识，哪怕它们与自己的课题只有一丝半缕的联系。德国哲学家、数学家、数理逻辑的创立者莱布尼兹说：“我宁愿走 20 里去听取最凶恶的敌人的意见，只要我能从中学到什么。”多听不同的意见，才能有更大的成功把握。多与持不同意见者谈谈，你一定可以从他们的看法中学到许多书本上学不到的东西。

三、创意和构想的现实化

一些同学经常抱怨说：“原以为读了有关创造发明的书就能做出发明，可动手做了以后，虽然想法很多，却一个发明也做不出来。”为什么会这样呢？因为未经深思的点子或创意，最平常的人一天也能想出几个。如果以为这样的点子或创意都可以轻易地变成发明成果，转化为财富，那未免太简单了。事实上，一个点子或创意要转化为实际的发明，还需要做大量艰辛的工作。通常要得到一个较好的发明，需要在几十个、几百个构想中进行选择。而要想把选出的发明构想商品化，变成技术创新产品，还需要百十个构想来补充。

对于一个问题，我们或许可以提出相当漂亮的解决方案，但最终却以这样那样的理由将这些方案束之高阁，不了了之。如此下去，我们如何才能有重要的创造发明成果呢？其实，一个人提出某种发明构想并不难，难的是如何借助于现有的资源和条件将这种发明构想变成现实的产品和服务。这常常需要综合多方面的知识和技能才能完成，也需要发明家百折不挠的勇气和探索精神。

发明家凯特林说：“丧失理智的行动无异于精神错乱，而缺乏行动的理智则无异于人世间最无知的白痴。”获得出色的解题方案或发明构想并不意味着创造发明过程的结束，而只是创造发明过程的开始解决问题的方案或发明构想向我们提出最富有创造性的挑战，应付这一挑战依然需要我们最大限度地应用创造才能。

斯坦福大学的教授约翰邛可诺德说：“并非所有的方案都可以转变为现实，有些方案之所以没有发挥作用就销声匿迹，原因在于缺乏应用这些方案的丰富想象力。创造过程不以提出方案告终，它只是从方案开始。”

国际发明家研究会的主席梅尔文 • 富勒曾经幽默地说，获得一项出色的创意或发明方案如同受孕一样轻而易举，但实施一项方案或创意却像合理地喂养一个出生婴儿那样难上加难。对于大多数人来说，事业成功较少地取决于他们的思考能力，而更多地取决于实施成果的能力，即把关于某物的思想转化为关于某物的行动的能力。

罗伯特·沃尔森分析说："把方案埋藏在心灵深处往往是一种逃避行动的方式。不实施的方案占据了思想，我们就没有能力再去考虑其他切实可行的方案了。"我们的头脑常常产生各种各样的灵感，但依然成就不多。为什么？主要因为我们中大多数人缺乏将各种灵感和构想转化为实际产品和服务的持续性行动。人类追求至善至美的天性，常常诱使我们不断地去寻找至善至美的创意或发明方案，而以这样那样的理由拖延对各种创意或方案的实施计划，进而使我们很多人在一生中把大部分的精力用在幻想上，而不是放在将构想和创意的现实化的发明上。

当一项发明成果取得了很大的商业成功之时，我们总会听到有些人的议论："多年前我就想到了那项发明方案或那样的创意，那时离这种新产品上市还早着呢。"或者"如果我当初继续做那个项目的话，我肯定比他先取得成功"。我们不否认这些人可能曾经有过这些创意或发明方案，但创意或方案毕竟不是现实，社会承认的是那些不仅首先提出这些创意或方案，而且将其付诸实际行动的人。如果仅仅因为自己曾经有过那些念头或想法，就认为自己是以和那些因为创造发明行动获得成功的人同样辉煌，那就大错特错了。

假如有人天天告诉你他有一项伟大的发现，要写一本传世之作，却一直没有动笔；而另一个人也有同样的计划，他埋头苦干已经把书写出来了。对于这样两个人，你会做怎样的评价呢？显然，你会说第二个人很有创造力，是个伟大的思想家或作家，而对第一个人你就不能说这样的话，因为他顶多只能算做一个富有创造力的空谈家。

看看周围的世界，那些成功的政治家、企业家、科学家、发明家、作家和艺术家，并不都是仅仅具有伟大设想的人或具有超凡潜能的人，他们几乎没有例外地都在千方百计试验自己的创意和构想，不遗余力地开发自己的潜能以谋求更大的发展机会。坐而论道、纸上谈兵而不予实践的人多数不会取得创造性的发明成果。

如何将自己的创意和发明设想付诸行动呢？

1）取得别人的支持

作为一位成功的发明家，你必须善于宣传与推销你的发明，使之得到社会的承认。许多项发明，如电话、飞机、汽船等，在众人所推崇的发明家创造出来前，就有人制造出来过，但因为这些人不善于推销自己的发明，结果让该发明连同他们的名字很快销声匿迹。仅有发明构想和方案是不够的。你还必须不怕挫折、坚忍不拔和机智灵活地推销你的产品，直到它为公众接受为止。

2）不断修改完善发明方案

美国有一句格言："如果你不能感谢你已经得到的东西，那就去感谢你还没有得到的东西吧。"这种乐观的思考方式往往会产生有益的结果。为了获得更大的成功，一个发明家需要不断地完善自己的发明。一位高技术企业的创立者曾经深有感触地说："要找到一个理想的发明，先去形成100个构想，从中挑选出最合乎理想的一个；在它商业化之前，还要产生50个构想，来保证这项商品成功地投入市场。"只有具备了一定数量的构想，并且其中有些有一定的质量，才能最终完成一项成功的技术发明，生产出优质实用的创新产品。这中间需要不断地思考、比较、选择和完善。

一位金矿经理曾经对他的追随者说："我为了得到一盎司黄金，大约要破碎重达4吨的矿石，再经过筛选、化学熔解、萃取等手续和过程。"技术发明方案的完善也是如此。为了寻找电灯泡的灯丝，爱迪生曾煞费苦心地对各种材料进行挑选和实验，虽然他发现贵金属铂制成的灯丝合乎理想，但鉴于成本太高，他继续寻找，先后选用过 6000 种金属灯丝、2000 种炭化动物毛、2000 种植物纤维，最后从日本采集的褶扇竹纤维中找到了比较理想的材料。可爱迪生并未因此满足，他又先后派助手到日本，广泛收集日本产的 350 种竹子，一一加以试验比较，从中挑选出最好的一种作为灯丝。

美国的植物改良学家布班克，曾经培育出各种特异的马铃薯、无刺仙人掌、无籽西红柿等，被人们誉之为植物界的魔术师。但你可知道，为了获得优良的草莓品种，他先后从世界各地采集了 5000 多株不同种类的草莓，种植后一一仔细观察，后来又进一步扩大种植的种类，总共栽培了 8.5 万多株草莓，分别予以杂交，从中筛选，再用在美国种草莓和俄国草莓杂交而成的植株上，最终才成功地培育出了巨型的草莓。为了用这种方法改良植物，他曾购置了一片面积极大的农场，里面种植的桃树品种达 30 万株，柿树达 6 万株。

中国文学家茅盾曾经就文学创作经验总结说："幼稚粗拙是壮健美妙的前奏曲。"发明的道理也是如此，不论设想是否完善，只要持之以恒，不断扩展构想的数量，高质量的创造发明成果才可能实现。

3）坚持不懈，战胜困难

詹姆斯·瓦特在 21 岁的时候，还只是格拉斯哥大学的教具实验员，负责修理和制造仪器教具。在工作之余，他埋头读书，经常向老师和同学虚心求教，掌握了当时一些较先进的机械技术。当学校把一台旧式的纽可门蒸汽机交给他修理的时候，他进行了大量的实验，并根据格拉斯哥大学教授布莱克提出的潜热、比热理论对旧式蒸汽机进行深入研究，结果找出了旧式机器效率低的主要缺陷：每一冲程都要用冷水将汽缸冷却一次，因而消耗了大量热量，使绝大部分蒸汽没有被有效利用。瓦特为此提出了减少蒸汽消耗、提高热机效率的两项措施：

(1) 为了使汽缸始终保持蒸汽所必须具有的温度，必须在汽缸外加上绝热外套或通以蒸汽或用其他方法对汽缸加热；

(2) 使做功后的蒸汽尽可能快地冷却，液化成水并要使这一过程在汽缸外进行，为此必须设置一个独立于汽缸的冷凝器。

不仅仅如此，瓦特还购买了必要的设备，在经历了无数次挫折和失败之后，他发明了与汽缸分离的冷凝器，解决了制造精密汽缸、活塞的工艺问题，同时采用油润滑活塞，汽缸外附加绝热层等措施，制成单动作蒸汽机。1782 年，他在继续试验的基础上，发明了具有连杆、飞轮和离心调速器的双动作蒸汽机，制成了新的可实用的蒸汽机。这种双动作蒸汽机，比纽可门蒸汽机大大提高了热效率和可靠性。由于这种蒸汽机把往复的直线运动变成为连续而均匀的圆周运动，因而可以经过传动装置带动一切机器运转，成为能普遍用于工业和交通运输业的"万能动力机"。

作家萧伯纳写道："我年轻的时候，注意到自己所做的事 10 件中有 9 件是失败的。由于不甘心扮演失败的角色，我还得再做第 11 件事。"发明家几乎没有不失败的。他们摸索着前进，跌倒了再勇敢地爬起，反反复复数百次、甚至上千次，但只要第 1001 次获得成功，他们就达到了目的。创造发明是风险和失败的孪生姐妹，因为创造发明的本意就是对未知世界的探索或者对现实世界做未知方向的改造，其中必然充满各种不确定性和风险性。或许也正是这一点，更显示出众多创造者和发明家的悲壮的英雄气概和敢于向不可能性挑战的伟大精神。

四、成功发明家的诀窍

詹姆斯·沃尔夫在《创造决定一切》中，列举了七个成功的诀窍。这些诀窍对于一个立志成为发明家的人来说至关重要。我们这里结合许多发明家的成功经验和其他研究者的成果对此加以解释。

1. 保证每日的研究时间

沃尔夫说："每天拿出一定的时间，潜心构思，持续2～3个星期，各位一定能够发现丰富的新构想，发现意想不到的丰富的新构想。"每日保证一定时间用于潜心思考对于工作质量的提高很有意义。如果你很忙，它可以帮助你从紧张忙碌的琐事中静下心来进行重大的战略规划和决策；如果你很悠闲，它可以帮助你从普普通通的现实生活中找出更有意义的东西，让你获得许多产生创意的机会，从而发现自己的创造发明潜能。你要做一个发明人，你就得在每天运用相当一段时间去思考。日本"讲谈社"社长野间清治先生曾经深有体会地说："我每天必花几十分钟时间，坐在舒适的沙发上潜心构思。别人还以为我忙里偷闲，在修养身心，却不知道讲谈社事业发展的好主意，都是在这软垫静坐的工夫中诞生的。"

2. 不要抑制创造的冲动

沃尔夫说："无论是痴人说梦，还是理想的构思，都属于创造意志，不应当摧毁、约束、限制，应当尽量放纵，令其自由驰骋。即使50次中只有1次能得到一个理想的好主意，其余49次都将摒弃，也仍然是值得的。"丰泽丰雄提出"一日一发明"的口号，鼓励有志于发明的人们大胆实践和积极探索。他认为，好的发明不是轻易就能产生的，必须由杰出的发明家来完成。而培养杰出发明家的最好方法，莫过于广泛地鼓励各位多发明、勤发明，不因失败而放弃发明。创造发明的质量以一定的数量为基础。数量，更多的数量，在丰富的数量递增中，优秀的发明必将脱颖而出。

3. 随时捕捉思想火花

全世界几乎所有的发明家都经常随身携带纸片以记录自己的发明灵感。有志于创造发明的人们，更应该随时带着笔记本，以记录涌现的灵感与各种偶然的启示。即使这些启示与你目前正在进行的发明工作没有联系，也应记录下来，说不定什么时候它会有用。

新日本工业公司的董事长横井先生说："偶然来的启示、灵感，如不直接及时地记录下来，时过即忘，损失将难以弥补。即使担心遗忘而时时在脑中记忆所产生的直觉和灵感，也于事无补，因为新的灵感将被阻塞而不能陆续出现。如果能把浮现的灵感一一记录下来，以后阅读时或许还会引发新的灵感。深藏在脑海中的灵感，犹如取之不竭的泉水，想要引它出来而又不失去它，只有随时记录灵感，而不要阻塞它们。"

4. 酝酿一段时间

产生一个构想，当时必然很兴奋，认为它尽善尽美，但经过一段时间后往往发现当初以为完美无缺的构想存在着各种缺点和不足。这种现象是经常发生的。所以，我们不但要在产生构想时随时记录下来，并且在经过一段时间的酝酿以后，还要对它重新评价，看它是否存在缺点与不足。这样一来，我们往往能发现，有些十分理想的构想，依然存在许多可改进的地方。发现这些缺点与不足，预示着你的思维更加成熟，更好的构想可能会接着出现。

5. 深入探讨

美国通用电气公司的经理C. 希克发现："用足够的时间研究问题，就会在解决问题时节省许多时间。"可现实生活中，有一些发明家同时兼顾许多发明项目，搞搞这个、做做那个，结果顾此失彼，最终劳碌终生而一无所成。这主要的原因在于他们对任何发明项目都感兴趣而又都没有深入地进行研究和探索，往往蜻蜓点水，浅尝辄止。这些人并不是真正的思考者和发明家，它们只是声言自己在创造发明的人。

真正的发明者总是深入研究问题，对思考所产生的构想精益求精，严格挑选，并且在经过各种可行性论证后才投入商业化运营之中。他们绝不会在构想开发的中途就见异思迁。世界上绝无不经过深入研究而成功的卓越发明。

6. 综合思考的方法

发明的方法主要是综合研究的方法，这种方法是将一事物与它事物相互结合而产生新构想的方法。创造工程学的创始人奥斯本曾经将创造比喻为烹调，即把分解的材料恰当地组合起来形成新东西。按照这样观点，要进行有效的发明，一个人必须具备丰富的常识和一定的科学知识。事实上，有许多常年从事发明却难以取得成就的发明者，并非缺少才华和创意或者不肯下功夫，而是缺乏常识和起码的科学技术知识，甚至还有一种偏见，以为重复失败的试验，坚持不懈总会成功。总体而言，即使从事小发明，也需要丰富的常识和经验。常识过于贫乏，是很难做出什么新东西的。

7. 客观地评价发明成果

产生构想时不宜开展批判，因为这样可能抑制新创意的产生。然而在创意已经成熟，拟将付诸实行的时候，就需要对创意的优劣和实用性、可行性等进行必要的评价和判断，这样才可能减少进一步的发明风险和资源浪费。

许多发明家之所以在研究项目上屡屡失败，主要原因是不能客观地评价自己的发明成果。有一些发明家对别人的评价表示不满，说："这么好的发明，竟然没有人肯投资将其商业化，真是岂有此理。"其实，这里面可能有两种情况：一种情况是他的发明的确不错，构思的精妙性、可行性和市场前景都经得起考验，但其他人如投资人却无法认识到这一点。历史上的确有许多重要的发明因为是阳春白雪、曲高和寡，并未得到同时代人的理解。再一种情况是发明者本人受限于自己的眼界和偏好，听不进别人的意见和忠告。"偏听则暗，兼听则明"，"当局者迷，旁观者清"，一个有志于发明的人应该广泛地听取各方面的意见，包括外行人的意见，虚心地接受别人对自己发明成果的评价，这样，他才能最终完善自己的发明成果，进而取得更大的成功。

需要指出的是，任何发明创意的实施都需要耗费一定的资源，而且有一定的风险。当然，发明一旦获得成功，并得到商业上的广泛应用，其回报也是十分可观的。每一个现代社会都通过设置各类知识产权法律和专利制度来尽可能多地保护发明人的利益和权利。尽管如此，每一个发明家只有客观冷静地评价自己的发明成果，科学地选择自己的技术发明方案和构想，他才可能从自己的创造发明成果中获得丰厚的回报和补偿。

思考与训练

1. 简述技术发明的一般过程。

2. 试举出由科学发现所导致的重大发明的例子(不少于三例)。

3. 诺贝尔奖的金质奖章上有一幅精美绝伦的图案：金碧辉煌的奖章中央，美丽的自然女神右手环抱着一个硕大的号角，号角里放满了丰硕的果实。在她的左侧，仪态端庄的科学守护神正在轻轻地揭起蒙在亭亭玉立，婀娜多姿的自然女神头上的面纱。你能阐述其中的寓意吗？

4. 分析几个发明家的案例，简述其具体的发明成果，想想看，完成一项技术发明的基本资源和条件有哪些？

5. 人们发现萤火虫等生物发出的光，效率可达100%，但是现在用热的形式制造的光，都有能量的损失。试想象应通过怎样的步骤展开研究活动，以发明出高效的光源？

第九章 技 术 创 新

第一节 技术创新本质

现代技术创新理论是在熊彼特创新理论的基础上衍生和发展起来的。技术创新的主体是企业。由于企业创新是以产品创新和工艺创新，即技术变革为主要内容和基础的，因而称之为技术创新。

一、技术创新的概念和特征

1. 技术创新的概念

如本书第一章所述，创新是创造的一种基本形式。熊彼特把创新定义为是把一种从来没有过的关于生产要素的新组合引入生产体系，其目的是获取潜在利润。他首次从经济范畴而非技术范畴的角度来定义创新，指出创新不同于科学发现，也不同于技术发明，而是把已发明的科学技术引入企业，形成一种新的生产能力。自从熊彼特提出创新的概念之后，许多学者进一步提出了“知识创新”、“科技创新”、“技术创新”、“制度创新”和“管理创新”等概念。虽然技术创新已提出多年，但由于其涉及面广、过程复杂，加之人们的研究角度各不相同，因而被赋予多种不同的定义，迄今为止，尚未形成一个严格的、统一的定义。

1951 年，经济学家索洛在《在资本化过程中的创新：对熊彼特理论的评论》一文中对技术创新理论重新进行了较全面的研究，首次提出技术创新成立的两个条件，即新思想来源和以后阶段的实现发展。这一“两步论”被认为是技术创新概念界定研究上的一个里程碑。此后，不少学者等都对技术创新概念做过相近的研究。

1962 年伊诺斯(J.L.Enos)在其《石油加工业中的发明与创新》一文中首次明确地对技术创新给出定义：“技术创新是几种行为综合的结果。这些行为包括发明的选择、资本投入保证、组织建立、制订计划、招用工人和开辟市场等。”

1969 年，美国国家科学基金会(NFS)在研究报告《成功的工业创新》中指出：技术创新是一个复杂的活动过程，从新思想和新概念开始，通过不断地解决各种问题，最终使一个有经济价值的新项目得到实际的或成功的应用。

1973 年，技术创新方面的著名学者弗里曼(C.Freeman)在其《工业创新中的成功与失败研究》一文中定义：“技术创新是技术的、工艺的和商业化的全过程，其导致新产品的市场实现和新技术工艺与装备的商业化应用。”1982 年，他在其著作《工业创新经济学》中进一步明确指出：“技术创新就是指新产品、新过程、新系统和新服务的首次商业性转化。”他说“在经济意义上，只有包括新产品、新工艺、新系统或者新装置在内的技术成果第一次商业性应用时才能说完成了一项创新。”

美国贝尔实验室的研究人员认为：“创新是一种相互关联的过程，从研究到服务各部门都要参与。为了共同的目标……进行足够的创造性活动。”因此，研究与开发不等于技术创新。研究与开发只是构成技术创新的一个必要环节，只是技术创新的一部分。当研究与开发未延伸到商业化应用时，它就不能算作是技术创新。这就是贝尔实验室改制成朗讯公司的原因之一。

经济合作与发展组织(OECD)对技术创新的定义为:技术创新指新产品的产生及其在市场上的商业化以及新工艺的产生及其在生产过程中应用的过程。

清华大学傅家骥教授的定义是：技术创新是以其构思新颖和成功商业实现为特征的有意义的非连续事件。简单地讲，技术创新就是将技术变为商品并在市场上销售得以实现其价值，从而获得经济效益的过程和行为。

1999 年在《中共中央、国务院关于加强技术创新，发展高科技，实现产业化的决定》中将技术创新定义为:“技术创新，是指企业应用创新的知识和新技术、新工艺，采用新的生产方式和经营管理模式，提高产品质量，开发生产新的产品，提供服务，占据市场并实现市场价值。”

对技术创新的定义还有很多种。

从上述定义可以总结出技术创新的完整概念：技术创新是指从提出技术的新设想开始，经过研究开发、试制、生产制造，到获得实际应用、市场营销，并产生经济或社会效益的首次商业化全过程的活动。这里的“技术的新设想”包括科学发现和技术发明的新产品、新工艺或新服务的新设想。“商业化”是指活动出于商业目的。这是一个非常复杂的过程，涉及新思想的产生、研究、开发、试制、生产制造、营销等多个阶段，终止于任何一个环节，都不能称为技术创新。

2. 技术创新的特征

从技术创新的概念可看出，技术创新具有以下几个特征：

(1)技术创新的主体是企业。技术创新是一个系统工程，在由设想到商品化的各个环节中，创新企业处于主体地位。

(2)技术创新以技术为基础。在技术创新活动中，无论是产品创新或工艺创新都必须有新技术的参与。是否掌握新技术并且将这种技术合理地应用到创新产品中去、最终实现商品化过程是技术创新成功的核心问题。

(3)技术创新强调技术与经济的结合。技术创新虽是基于技术的创新活动，但又并非纯粹的技术活动，技术只是其手段，目的则是通过商业化活动实现经济价值或社会价值。因此，技术创新是技术与经济相结合的活动。评价一项技术创新成功与否或重要性，不在于其技术含量的大小，而是看其商业价值，即在多大程度上改变人们的生活方式，提高人们的生活质量。

(4)技术创新是以市场为导向的，从确定创新目标到目标的实现都围绕市场需求进行

(5)技术创新需要创新型人才。从技术创新的深层次看，具有创新思维能力的人才是关键性因素。

(6)强调各相关部门的有效整合。技术创新是一条长链，涉及研究与开发、生产制造、市场营销等众多部门。要最终成功完成一项技术创新，必须对各相关部门进行很好的协调和组织。大量实证研究结果表明，绝大部分技术创新的失败，并非由于技术原因，而是因为在组织管理、市场营销等方面存在缺陷。

基于以上认识，技术创新是指新产品和新工艺设想提出后，经过研究与开发，并实现商业化生产取得市场成功，最后终止于技术扩散的全过程。即技术创新始于发明创造，继而是开发与市场的成功，这种成功具有强力的示范作用，必然引起大面积的技术扩散，技术扩散的结果又必然导致社会经济的高速增长。

二、技术创新过程

对于一项具体的创新行为，可按事件发展的时间顺序将创新过程分为四个阶段，即研究决策阶段、设计试制阶段、产品生产阶段和市场实现阶段。

1. 研究决策阶段

虽然在创新的各阶段都需要决策，但在这一阶段的总决策是最重要的。在这一阶段中，主要任务是在调查研究的基础上根据社会需要和本企业的技术、经济条件来捕捉技术机会与市场机会，对立项、投入规模和进度安排等作出决策，并且要拿出产品的设计方案并进行反复论证。

2. 设计试制阶段

这一阶段的任务是在立项产品方案的基础上，进行工程开发和技术设计，不但要提供出产品的全部技术图纸和资料，而且要拿出样机，通过试验和改进达到试制的成功。这一阶段的实施必然与技术、生产和资金紧密联系，是创新过程中实现技术与经济结合的关键。

3. 产品生产阶段

这一阶段的任务是把上一阶段的成果转变为现实生产力，采用新的技术工艺生产出新的产品。在这一阶段中要解决大量的生产组织管理问题和大力开展工艺创新，降低产品成本，保证产品质量。

4. 市场实现阶段

这一阶段的任务是使产品按预期的计划迅速进入市场，并不断反馈市场信息以改进产品，增强市场竞争力。这一阶段最终要实现技术创新所追求的经济效益。

以上四个阶段绝不能看成是一个单纯的链式结构，它是一个相互作用、不断调整的动态过程，调整的核心是实现新技术的市场价值。

三、技术创新的模式

技术创新的过程涉及许多因素，这些因素组合与配置的方式及其结构上的差异，就构成了技术创新的不同模式。根据技术创新的动力基础的变化，从 20 世纪 50 年代至今，许多学者推出了各种技术创新模式，大致经历了五代的发展。

1. 技术推动的技术创新模式——第一代技术创新模式

20 世纪 50 年代，卡特和威廉姆提出了这一模式——由技术发展的推动作用而产生的技术创新，即技术创新过程起始于科学和技术的重大突破，然后经过研究开发、工程开发和市场开发等阶段，最终形成可上市的新产品。每一阶段都是由前一阶段的产生而引发的。科学发现和技术发明是技术创新的主要来源，技术创新是由技术成果引发的一种线性过程，市场是技术成果的被动接受者如图 9-1 所示。该模式认为：对于技术创新的需求并不是由市场产生，而是由拥有技术专利的创新主体按技术的功能适用性进行创新，从而间接地满足市场上存在的某种需求。在社会发展过程中，许多重大的技术创新成果，如尼龙、核电站和半导体等都属于这种模式。运用这种模式进行技术创新的过程是艰难的，从实验室样品到批量生产需要解决工艺、标准化和市场进入等一系列问题。

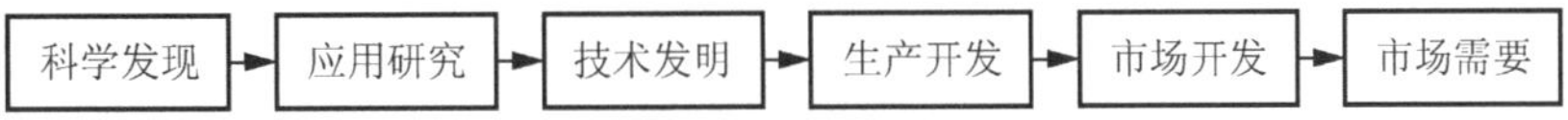

图 9-1 技术推动的技术创新模式

2. 市场需求拉动的技术创新模式——第二代技术创新模式

在 20 世纪 60 年代，通过技术创新活动的大量研究实践，梅耶和马奎斯提出了市场需求拉动模式。如图 9-2 所示。这种模式表现为：为了满足市场需要，对产品和技术提出明确的要求，从而导致科学技术的发展，进而制造出适销的产品。该模式认为通过外部事件、外部需求来引发技术创新比使用发明本身更好。显然，这种技术创新模式起始于市场需求，通过创新过程又复归于市场来满足需求。这种模式充分肯定了市场需求在技术创新中的作用。

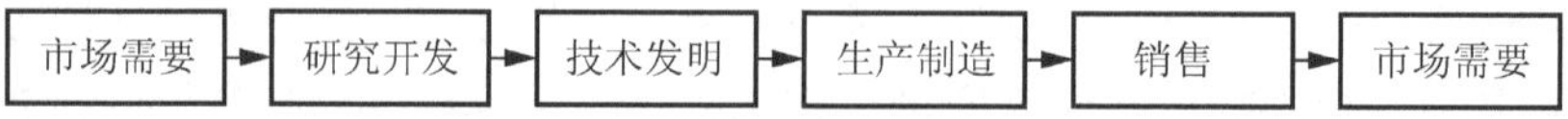

图 9-2　需求拉动的技术创新模式

3. 技术与市场双向交互作用的技术创新模式——第三代技术创新模式

在 20 世纪 70 年代和 80 年代初，提出第三代技术创新模式，即称之为技术与市场双向交互作用的技术创新模式。这一模式强调技术创新过程中技术与市场这两大要素的有机结合，认为技术创新同时存在技术推动和需求拉动的作用。单纯的技术推动和市场需求技术创新过程模式只是技术与市场交互作用创新过程模式的特例。

4. 一体化/并行技术创新模式——第四代技术创新模式

20 世纪 80 年代后期产生的第四代技术创新过程模型，即一体化创新模式。该模式将技术创新过程看作是同时涉及创新构思的产生、研发、设计制造和市场营销的并行过程，它强调研发部门、设计生产部门、供应商和用户之间的联系、沟通和密切合作。典型案例如波音公司的新型飞机开发。

5. 系统集成和网络模式——第五代技术创新模式

20 世纪 90 年代，罗斯威尔提出了第五代创新过程模式，即系统集成和网络模式技术创新模式，其显著特征是强化企业内部集成和外部的网络，对内强调各职能部门充分集成的并行发展，从各自的角度同时参与知识与信息的生产，研究开发采用专家系统和模拟模型。并采用创新过程一体化的计算机辅助设计与计算机集成制造系统。对外与先行性用户建立密切联系，与设备及材料供应者合作开发新产品及组建系统，在研究开发、生产、销售上进行广泛的横向联合。其基本观点是：技术创新过程不仅是一体化的职能交叉过程，而且是多机构系统集成网络联结的过程。

四、技术创新的类型

由于技术创新的规模、程度和技术水平不同，技术创新也就表现出不同类型。观察角度和研究目的不同，分类方法也不同。这里主要介绍两种分类。

1. 按创新的程度分类

根据技术创新在经济增长和经济转换过程中的作用及影响程度的不同，可以将技术创新分为渐进性技术创新和根本性技术创新。

1) 渐进性创新

又称改进型创新，是指基于技术的局部改进而产生的渐进的、连续的技术创新。它几乎存在于所有工业和服务活动之中，并常常出自直接从事生产或服务的工程师、工人或用户之手。如对手机改进，生产彩色屏，增加照相、上网、音乐等功能等。通常所说的技术革新多属渐进性创新。渐进性创新虽然没有技术上的重大突破，但其经济上的重要性却不可低估。

2) 根本性创新

根本性创新又称重大创新，是指基于全新概念和重大技术突破的技术创新。它常常伴随着一系列产品创新与工艺创新以及企业组织的创新，甚至导致产业结构的变革。它是企业、大学和科研部门等经过深思熟虑的研究和开发活动的结果。一旦实现了这种创新，就将开拓新的市场或者使现有产品的成本大大下降，或者质量明显提高。根本性创新可能会在一段时间内引起产业结构的变化，但它的经济效益却往往不能立即实现。例如尼龙、集成电路、计算机、网络都属于这类创新。

2. 按技术创新的对象分类

根据技术创新中创新对象的不同，将技术创新分为产品创新和过程(工艺)创新两类。

1) 产品创新

产品创新是指以产品技术变化为基础的技术创新，即技术上有变化的产品的商业化。产品创新的结果是向市场推出新的有独特性能的产品，目的是提高产品设计与性能的独特性。广义的产品包括无形产品如服务，因此产品创新也包括服务创新。基于技术变化量的大小，产品创新可分成重大(全新)的产品创新和渐进(改进)的产品创新。也可以是进行局部改进而推出改进型产品。

重大产品创新是通过对产品技术进行重大改变而推出新产品，使产品用途及其应用原理发生了显著变化。如航空技术的发展：春秋时期中国制造了能飞的木鸟；1783 年法国蒙哥尔费兄弟乘坐自制的热气球升空；19 世纪末美国莱特兄弟设计制造了世界第一架飞机并驾驶飞行成功；20 世纪 30 年代英国人惠特尔和德国人奥海因发明的喷气发动机代替了活塞式发动机，使飞机的最大速度达到了 935 千米/小时，远远超过了活塞螺旋桨飞机的 780 千米/小时；20 世纪 70 年代由于高推进比的涡扇发动机的应用，导致第三代超音速战斗机的出现，同时可载 300～500 名乘客的宽体客机开始成为国际航线的主力。航空技术的发展对人类生产和生活产生了重大影响。又如贝尔公司生产的电话和半导体晶体管、美国无线电公司生产的电视机、得克萨斯仪器公司首先推出的集成电路、英特尔(Intel)公司开发的微处理器等，将人类带进了信息化社会；杜邦公司和法本公司首创的人造橡胶、杜邦公司推出的尼龙和帝国化学公司生产出的聚乙烯这三项创新奠定了三大合成材料的基础。这些都是通过研究开发出全新产品的典型例子，这类产品创新就是重大产品创新或称根本性创新。重大的产品创新往往与技术上的重大突破相联系。

渐进(改进)的产品创新是指在技术原理没有重大变化的情况下，基于市场需要对现有产品所做的功能上的扩展和技术上的局部改进。如由收音机发展起来的组合音响；由录音机开发的随身听；每年多达上百种的手机问世等。它们只是对原有产品的功能做了某些较小的变动。由于这类创新的市场化特点，给企业带来巨大的经济效益，也为人们工作便利、提高生活质量做出了贡献。

2) 过程创新

过程创新也称工艺创新，是指以生产或服务的过程技术变化为基础的技术创新，包括新工艺、新设备和新的组织管理方式。过程创新也称工艺创新。其创新的结果是改进产品的加工过程、工艺路线或组织管理方式。目的是提高产品质量，降低生产成本，降低消耗，改善工作环境。同样的，过程(工艺)创新也有重大和渐进之分。也可以是对原有工艺加以改进形成的创新。

重大过程创新是指采用全新工艺的创新。例如，20 世纪初期福特公司首先采用流水线的生产方式生产汽车；20 世纪中期发展起来的特种加工技术；计算机激光汉字照排系统是一项产品创新，但它改变了印刷行业传统的铅字排版方式，对印刷行业也是一项工艺创新……这些都是重大的过程创新。过程创新往往伴有重大的技术变化、采用新的技术原理相联系。

渐进式的过程(工艺)创新主要表现在对生产工艺的优化和工艺方法的改进，如加工工艺参数的选择、刀具角度的改进等，涉及的技术面相当广泛。渐进式的过程创新可以提高生产效率、降低生产成本，还与产品质量有着密切的关系，在技术创新中必须给以足够的重视。

值得注意的是，产品创新和过程创新的区分并不是绝对的，有时这两者的边界不很清晰。例如，一种新型的喷气推进型跨海渡船既是产品创新，也是工艺创新。在服务领域，两类创新通常交织在一起。例如，很难分辨一种新型的度假项目究竟是产品创新还是工艺创新。有时，对于一个企业是产品创新，而对于另一个企业来说又是过程创新。如，阿里巴巴公司的诚信通网上营销系统对于本公司来说是产品创新，而对它的用户来说只是一个销售方式的改变，是过程创新。

第二节　产品创新和工艺创新

按创新的对象，技术创新可以分为产品创新和工艺创新。产品创新是指在商业上开发出新的产品，或对老产品的改进。工艺创新也称过程创新，包括生产工艺的创新和生产方法的创新。产品创新和工艺创新是技术创新的基础，在技术创新过程中占有举足轻重的地位，因此，应重视产品创新和工艺创新。

一、产品创新

1. 产品创新的涵义和意义

随着社会信息化、全球经济一体化的发展，企业所面临的市场环境发生了很大的变化。产品竞争日益激烈，用户需求呈现出多样化的趋势。消费方式变化加速，需求较之过去变得复杂、难以预料。技术进步促使产品生命周期缩短，产品创新的目标越来越高，范围越来越广，企业要想在激烈的市场竞争中生存与发展，就必须通过研究与开发，不断向市场提供适销的新产品，企业也只有不断开发出适销产品，才可能在生存与发展中取得成功。

产品创新(Product Innovation)，是指企业在生产经营过程中开发并生产出新产品的技术创新活动，所以也称为新产品开发。产品创新对于一个企业的发展具有重要意义。它推动着企业不断推出用户满意的产品，提高企业在市场上的竞争能力。

产品创新类型根据技术变化的大小可以分为：

(1)全新产品创新。即运用科学技术的新发明而设计生产具有新原理、新技术、新材料、新功能等特征的产品。如美国贝尔公司发明生产的电话，开辟了机器对讲的新时代。斯佩里兰德开发的电子计算机将人类带进了信息社会。

(2)改进产品创新。即改进现有产品的性能、提高质量，增加规格型号，变化款式花色而设计生产的新品种。比如，通过对电视机的造型、规格尺寸、功能等方面不断改进或开发，出现的一系列电视机新品种。某电子公司每年上市近千种新产品，其中大部分是产品功能的某些微小变化，或者是不同功能的新组合，如品种繁多的“MP3、MP4、MP5”等。改进产品是量的渐进变化，创新难度较小，是企业产品创新采用较多的形式。

(3) 换代产品创新。即在原有产品基础上，部分采用新技术、新工艺而设计生产的适合新用途、满足新需要的产品。如电视机从黑白电视机到彩色电视机、到等离子电视机、到液晶电视机。影碟机从 VCD 到 DVD。电子计算机经历了电子管、晶体管、集成电路到大规模集成电路四代的演变。Intel 公司开发的 CPU 从奔腾 2、奔腾 3 到奔腾 4 等。换代新产品是局部质的变化，创新难度比全新产品小，是企业产品创新的重要形式。

2. 产品创新的原则和策略

企业进行产品创新，必须遵循一定的原则，同时要有正确的策略、方式和方法。只有采取正确的策略、方式和方法，才能使企业的产品创新获得成功。

1) 产品创新的原则

(1) 以消费者偏好需求为基础的原则。在市场经济中，消费者的偏好决定着企业生产经营的各个方面，此企业的产品创新就应从满足市场需求出发，迎合消费者的兴趣偏好。在进行产品创新时，市场上消费者的兴趣偏好就是创新的标准。创新者要以消费者的眼光来对企业生产销售的产品进行创新。

(2) 以提高经济效益和社会效益为目的的原则。不断地提高企业的经济效益，既是企业自身生存和发展的需要，也是企业向全社会做贡献的一种基本形式，又是企业实现利润最大化目标的根本途径。站在全社会的角度，企业在追求经济效益的同时，还应不断提高社会效益。因此，企业在进行产品创新时应遵循以提高经济效益和社会效益为目的的原则。

(3) 层次性原则。企业产品创新有一定的层次性。产品有三个层次：核心产品、有形产品和延伸产品。在产品创新前，企业必须进行系统调查分析，判定现有产品所处的生命周期阶段，以确定企业在哪一个层次进行创新。

一般说来，在核心产品这一层次进行产品创新，所需要的投资额大、时间长，所冒的技术风险和市场风险也大，但可能取得的收益也高；在产品外围(有形产品和延伸产品)层次上进行产品创新，所需要的投资额小、时间短，所冒的市场风险小，在技术方面几乎没有风险，但可能取得的收益也低。

2) 产品创新的策略

产品创新满足前述的原则下，有产品功能创新策略、产品品种创新策略和产品创新方式策略等三类策略可供选择。

(1) 产品功能创新策略：每一种产品都有其特定的功能，满足某种消费的需要。产品创新必须首先进行功能的创新。一方面要使潜在的功能充分发挥出来，另一方面可通过采用新技术和手段增加或扩大产品的功能，使产品的功能得到不断创新和完善。

① 功能延伸：是指沿着产品自身原有功能的方向，通过研究和试制，使开发出来的同类新产品的功能向前延伸，既保留了原有的功能，又在原有基础上扩大了功能。例如，现代汽车工业企业在开发汽车新产品时，除了发挥交通运输这种基本功能外，又把汽车功能大大向前延伸：为了适应路面情况差异的需要，开发出能在雪地或沼泽地行驶的汽车；为了适应各种货物的需要，开发出各种特殊用途的货车，如冷藏车、自卸车、客货两用车……

② 功能放大：新产品的功能比原产品的功能作用范围扩大或是原有功能作用力度的增加。德国工程师利用新型塑料制造出一系列试验用的内燃机列车，车头和车厢外壳都是用塑

料的叠合板制成，从而比普通列车重量轻 20%。而且，由于塑料的可塑性强，能使列车具有优良的、合乎气体动力学原理的特点。经测试，这种列车的速度比普通列车每小时快约 30 千米。现代塑料不仅应用范围扩大，而且其作用力度大大提高。这样，它的功能实际上得到了放大，是塑料产品多功能化的体现。

③ 功能组合：把不同产品的不同功能组合在一种新产品中，或者是以一种产品为主，把其他产品的不同功能移植到这种新产品中去。现代多功能手机，集成了电话、上网、听音乐、看电影、照相、蓝牙等功能。需要特别指出的是，在新技术革命的推动下，许多传统产品都在进行功能组合。不仅传统产品自身进行新功能的组合，而且传统产品与新一代产品之间也在进行多功能的组合，许多数控机床就是将传统的机床与计算机功能组合在一起的新产品。

(2)产品品种创新策略：由于现代企业新产品开发速度快，产品创新可以考虑从大批量少品种向小批量多品种方向发展。

① 专门系列：是指企业以一种产品为主或以某一功能为主进行专门的系统开发，形成产品品种系列。日本迪斯柯公司是一家刀具企业，从 50 年代开始只有 0.12mm 厚度的薄刀片，给钢笔笔尖切缝，从此这家公司就以“切”为中心进行专门系列品种开发。晶体管发明之后，该公司为了满足电子工业切削导体材料的需要而研制出多种又薄又硬的刀片。集成电路发明后，为了切割集成电路，要求刀片的厚度不超过 70 微米。该公司在 1968 年制成 50 微米的超薄刀片。以后该公司不断革新，新产品不断涌现，现在已研制出 15 微米的超薄刀片。如果把头发丝拉直粘住，切割机就能精确地将它沿纵向劈成两半。几十年来，该公司围绕着“切”字开发系列品种，形成了高度紧密的切割机系列。

② 树型系列：以一种基础产品为树干，从多种方向进行产品开发，使新产品的开发呈树型发展方向。日本卡西欧公司在激烈的竞争中确立了自己新产品的开发策略：以石英晶体振荡器为产品系列的主干，开发出一系列电子新产品——电子石英手表、电子收录机、文字处理机、电视机等。该公司生产黑白、彩色两个系列不同规格的电视机，特别是近几年来，以液晶袖珍电视机为首的新产品群的出现，形成了电视机产品系列。自 20 世纪 70 年代以来，他们在台式计算机基础上，开发生产出数字显示手表。以后，又相继开发出电子现金出纳机、电子乐器、小型电子游戏机等新产品。另外，卡西欧公司还在台式计算机基础上开发出电子名片印刷机、电子照相复印机等。这样，卡西欧公司新产品开发形成了树干产品系列，不断向树型系列发展。

③ 并行系列：在新产品开发中，以两种或两种以上的骨干产品为主，几种产品同时进行系列开发，从而形成几种产品系列并行状态。美国国际商用机器公司是国际上著名的大型跨国公司。这家公司的产品开发是以电子计算机硬件和软件为主干，形成并行系列产品群体。

④ 藤蔓系列：抓住一种关键性产品，如同抓住一根藤蔓一样，向四周扩展，四处牵藤、顺藤发展，开发出多种产品。这是现代企业系列产品开发的一种主要形式。日本旭化成公司是一家生产衣、食、住产品的多种经营综合企业，是靠制造合成氨起步的。为了综合利用氨，这家企业顺藤而进，开发了硫酸、火药、人造丝等产品。生产人造丝需要大量的碱，而在生产碱时又生产大量的副产品——氯气。为了利用氯气，这家公司建立了食品部门，生产化学调味品——“旭味”牌谷氨酸钠味精。从 20 世纪 60 年代开始，该公司把谷氨酸钠生产的方

法改为发酵法生产医药产品。同时，他们又研制出一种经高压釜处理的轻量混凝土材料，作为建筑用的优质材料。当这种材料上市后，旭化成公司又以其高超技术开发出新的商品——希宝住宅。这种住宅抗震、耐火、隔音隔热性好，成为一种高级住宅。就这样，旭化成工业公司从合成氨起家，像藤蔓那样开发食品、医药、塑料、合成橡胶、建筑材料、高级住宅等产品系列。

(3)产品创新方式策略：包括独立创新、协作创新、引进创新和仿制创新。

① 独立创新：就是企业针对未来消费者的需求，投入大量人力和资金，采用新原理、新技术、新工艺、新材料或新结构，靠自身力量完成新产品的研制工作。产品一旦研制成功，将成为企业长期盈利的支柱。大型企业集团对新产品的研制一向不遗余力，如美国通用电气公司，设有一个科研中心和两个产品研究部门，1990 年投入新产品研制的经费高达 43 亿美元，以“独一无二”的创新策略，研制出技术领先的高科技产品，平均的综合收益率在美国的公司中位居首位。

② 协作创新：就是企业与科研机构、高等院校等其他部门合作进行技术创新活动，就是通常所说的“产学研”结合。这种方式主要涉及企业与科研机构的动力机制的协调与结合问题。决定企业和企业职工行为的动力机制主要是一批经济指标，如利润、产值、工资、收益率等。而决定科研人员行为的动力机制则主要是科研成果的等级和水平。由于这种状况的存在，就需要企业与科研部门之间相互协调，尽可能避免出现科研和企业生产经营活动相互脱节甚至分离的局面。

③ 引进创新：就是企业通过购买专利技术、技术引进、合资经营等形式，引进先进技术和设备，创新出技术先进的新产品。海尔柜式空调就是海尔和三菱重工精诚合作的产品。技术引进在节约资金和缩短技术创新时间方面的优势特别明显。以日本为例，从 1950—1978 年，付出 17 亿美元引进技术 31 378 项，如果这些技术由日本自己研制，就需 30 倍的经费和 4 倍多的时间。引进技术的企业需要具有一定的科研能力，以便把他人的技术经过消化、吸收后变成自己的实用生产技术，以较少的投资取得较大的经济成果。引进硬件的企业不需要较强的科技力量，甚至可以让硬件设备的供应者把设备全部安装调试好，企业工作人员只需了解简单的操作知识即可开始生产。但引进硬件设备花费的资金却是比较多的。

④ 仿制创新：就是市场主导企业或竞争对手推出新产品之后，市场追随者立即根据实品制造出类似的产品，赢得市场份额。日本早期生产的产品，几乎都是模仿美国产品生产的。善于仿制是中小企业在大企业的夹缝中生存与发展的制胜法宝。美国的康柏公司，其迅速成长的主要原因在于善于仿制。代表计算机发展趋势的 IBM 公司推出个人电脑后，康柏公司立即模仿，推出功能相同、外形类似的产品。当然企业在采用仿制创新策略时，要明确仿制必须创新，才能收到后发制人的效果。如果仿制不能创新，就要承担侵犯知识产权的法律责任。

3. 产品创新的过程

企业产品创新努力追求的目标是不断推出用户满意和能创造市场价值的产品，而这又是通过产品创新的过程来实现的。产品创新通常是一个较长的过程，整个过程可分为三个阶段八个步骤，三个阶段分别是概念形成阶段(包含机会识别、需求把握、方案构想和筛选三个步骤)，研究开发阶段(包含产品研究设计、产品试制、产品试销三个步骤)，商品形成阶段(包含商品批量生产和市场销售两个步骤)。产品创新的整个过程见图 9-3 所示。

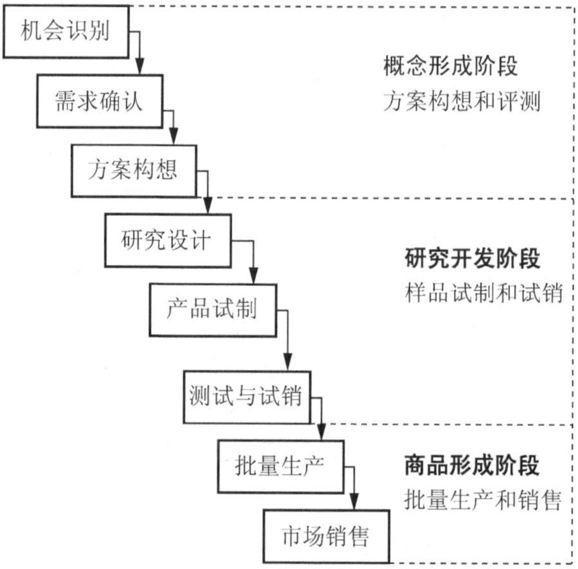

图 9-3　产品创新的过程模式

1)概念形成阶段

(1)机会的识别。当人类的某种需求没有得到满足或者没有得到完全的满足，这时就有可能给企业带来机会，企业产品创新就是从发现识别市场机会而形成创意开始，一种新的创意思想的产生需要鼓励创新人员，广开言路，集思广益。新颖的产品创意，还要把市场机会和技术上的可行性正确地结合起来，通盘考虑。现代技术越来越复杂，一项新技术的应用需要许多技术条件和物质设备，企业要客观地评估这些条件的具备程度，正确处理好技术的先进性和适用性的关系。

(2)需求把握。企业的产品创新可能源于技术推动，也可能源于市场拉动，但都必须符合市场需求。因此，企业在实施产品创新时，首先必须进行市场调查，确认需求。在确认需求时，不但要分析现实的需求，而且也要分析潜在的需求。对用户的需求进行细分，分析特定的需求。如按年龄需求、性别需求、地理分布需求、知识层次需求、收入层次等细分。还应对购买力进行分析。如，收割机刚开发出来时，美国农民有旺盛的需求，但他们无钱购买，也就是说没有购买力。这时，创新销售“分期付款”，农民一下子就有购买力了。

(3)方案构想和筛选。产品创新构想，要灵活运用创造技法，充分发挥创造者的创造性思维，特别是发散思维能力。考虑到市场需要什么样的产品及其发展趋势，并根据收集的各种信息，发挥人的想象力，提出初步设想方案，新设想越多越好。初步设想可能源于新发明、新技术、新材料、新工艺等技术性突破；也可能源于市场营销部门经过调查研究，捕捉到消费者或用户对产品所表露出的新欲望、新需求，或者发现现有产品的新用途，从而出现了新产品的灵感，启迪对新产品的设想；也可能源于竞争对手的产品分析。

有关创新产品的设想可以来自企业内部，也可以来自企业外部。前者主要包括企业内部技术进步引发的新创意、沿企业现有产品线的拓展及寻找改善企业现有产品缺陷的可能性。后者主要是指市场需求变化引发的新创意、从市场现有产品缺陷发现的创新机会、用户创新提供的新创意及率先创新企业的新创意。

企业一旦收集到足够多的创新产品的概念，就需要对其进行筛选和评估，即企业运用一系列评价标准，根据社会需要和技术、经济上的可行性，对构思进行比较判断，从中找出最有成功希望的构思的一种“过滤”过程，排除那些不适当或不实际的产品创意，形成产品概念和创新方案。一般把这个过程称为 “创新的漏斗”。如图 9-4，美国辉瑞公司新药开发中，3000 个初始设想中，仅仅有一项能够在商业中获得成功。

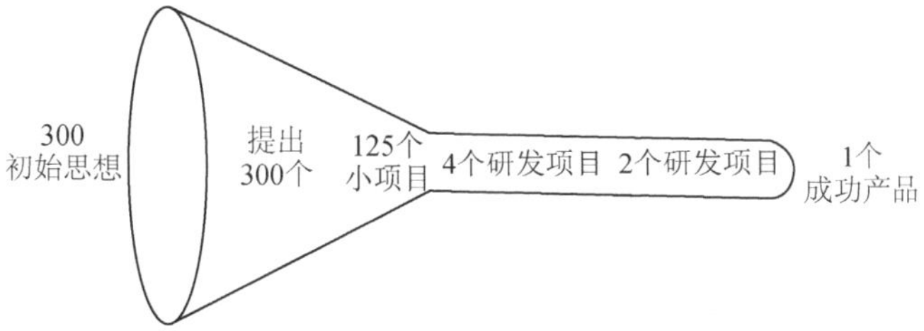

图 9-4　创新的漏斗

在筛选和评估中，形成的创新方案使既能兼顾企业长远发展和当前市场需要，又符合产品创新的正确方向，最大限度避免不必要的重复和不合适的设计，避免可能给企业带来人力、财力的重大损失。

对于筛选出来的产品创意，要有产品创新部门对其进行进一步构思而形成若干产品创新方案，然后从技术、制造和商业角度对产品方案进行方向性分析，即初期评价，做出产品创新决策。

2)研究开发阶段

(1)产品研究设计。产品创新方案经过筛选和评测后，可以进行产品研发设计，即进入产品创新实施阶段。需要投入大量人力、物力和财力以解决各种技术、工艺和生产方面的问题。在这期间，如果企业内部条件发生变化，或者消费者的购买倾向发生变化，或者竞争者发生变化，都可能引发许多难以预料的困难。需要对原始创新方案加以必要的修改、补充和完善，以确保设计工作不致中断。产品设计一般可分为初步设计、技术设计和施工图设计三大程序。

(2)产品试制。这是按照一定的技术模式实现产品的具体化或样品化的过程，也称中试。它包括新产品试制的工艺准备、样品试制、样品试验、样品鉴定和小批试制等几方面的工作。新产品试制是为了实现产品大批量投产的一种准备或实验性的工作，因而无论是工艺准备、技术设施、生产组织，都要考虑实行大批量生产的可能性。通过产品试制，验证流程设计质量，为正式批量生产做好必要的准备。

(3)产品试销。新产品试销就是市场试验，用以检验新产品是否能够达到预期目标，所选择的营销组合是否合适。如果新产品市场试验获得成功，那就要根据对市场试验结果的分析结论，修订市场营销计划，调整生产能力，修改生产计划，准备正式产销。

同时，还需对试制品能否批量生产进行可行性分析，即中期评价。分析的内容主要包括工艺技术评价和新产品商业化预期财务效益分析。前者主要是评价所采用的工艺、设备对批量生产新产品的保障程度，以及采用新技术的转换成本；后者主要是测算新产品商业化的投资收益率、财务净现值、内部收益率、动态投资回收期以及风险收益，以判断新产品商业化的经济可行性。

企业在新产品实体试制、测试、试销、评价完成后，一旦决定某一新产品商品化，就应进行新产品商品化准备，为使新产品进入市场做各类准备工作。

3) 商品形成阶段

所谓商业制造是正式投产与市场销售同步进行，在某些稳定的情况下，甚至是先进行市场销售，拿到订货合同后再进行生产。这一阶段，是产品创新的实现阶段，一项产品创新项目是否成功，将在这一阶段得到了最终的验证。因此，也是产品创新成果的收获阶段。这一阶段工作的重心，是如何进行市场创新，最终赢得创新产品的经济效益和社会效益。

(1) 商品批量生产。在决定产品的商业性投产之前，除了要对实现投产的生产技术条件、资源条件进行充分准备以外，还必须对新产品投放市场的时间、地点、销售渠道、销售对象、销售策略的配合以及对销售服务进行全面规划和准备，这些是实现新产品商业性投产的必要条件。不具备这些必要的条件，商品性投产就不可能实现，产品创新就难以获得最后的成功。

(2) 市场销售。新产品上市就是按照确定的产销计划，组织生产和销售，开拓新产品市场和占领市场。如果新产品上市成功，就进入了成长期。这时就要密切注视新产品及其组合的市场竞争动向，适时调整市场产销策略，测算和分析用户的重复购买率，即后期评价，以保持企业能在较长时期内获得可观的利润。

产品创新按照以上三大阶段、八个步骤顺序进行，是一种传统的做法。这种顺序进行的传统做法将会使得处于各阶段的创新人员之间没有直接的交流，造成产品创新周期延长，质量将得不到保证。为此，许多现代企业将产品创新的八大步骤，由顺序进行改为部分并行进行，即在一个步骤结束之前，下一个步骤就已提前介入，使处于两个不同阶段的创新人员有一个接触交流的时间，从而达到部分同步设计，使得整个产品创新过程被压缩，周期缩短。同时，也减少了需要重新设计产品的可能性，减少了费用开支，是一种值得推广的做法。

二、工艺创新

1. 工艺创新的涵义

工艺是指企业员工利用生产工具对各种原材料、制品进行加工处理，使之成为合格产品的技术方法、过程。在现代工业生产中，工艺创新是一种常见的技术创新形式。

工艺创新，又称过程创新(Process Innovation)，是指产品生产技术的重大变革，它包括新工艺、新设备及新的管理和组织方法。

工艺创新和产品创新都是为了提高企业的社会经济效益，但二者途径不同，方式也不一样。产品创新侧重于活动的结果，而工艺创新侧重于活动的过程；产品创新的成果主要体现在物质形态的产品上，而工艺创新的成果既可以渗透于创新者、资源和创新对象之中，还可以渗透在各种生产力要素的结合方式上；产品创新的创新者主要是为用户提供新产品，而工艺创新的创新者也是创新的使用者。

2. 工艺创新基本类型

通常按照不同的分类方法，工艺创新可以有以下几种分类形式。

(1) 从创新活动的时序与创新源看，工艺创新可以分为工艺预创新、工艺实时创新和工艺后创新。

① 源于企业发展战略的工艺预创新。它包括未来型号发展所必需的关键工艺、从技术发展趋势看必然要发展的技术(如 CAD、CAPP、CMS 等)、为提高产品技术水平需要解决的一些关键工艺，其创新源是企业的发展战略。

② 源于产品创新的工艺实时创新。即产品研制阶段的工艺创新，其创新源是产品。

③ 源于规模经济的工艺后创新。即批量生产阶段的工艺创新，其创新源是规模经济。

(2) 根据技术变化大小可将工艺创新分为全新工艺创新和改进工艺创新。

① 全新工艺创新。即采用新的技术原理，同时伴有根本性的技术变化。如早期福特公司采用的流水作业及现代的集成制造系统，炼钢用的纯氧顶吹转炉和钢铁生产中的炼铸系统等。

② 改进工艺创新。即对产品工艺的某些改进，提高生产效率的某些措施，或降低生产成本的某些方法等。

3. 工艺创新的原则

(1) 保障原则。工艺创新的首要原则应是保障通过一系列生产工艺环节，实现新设计产品的功能、结构、质量等特征指标。通过一系列的工艺环节与措施，保障产品生产过程的投入产出效率，保障产品生产的规模性要求。

(2) 经济合理性原则。经济合理性原则要求，过程创新之后要较之创新之前取得更好的经济效益。因而，不管工艺技术先进性如何，企业必须对过程创新的投资、成本、新增的收益等作综合分析，同时还应考虑不同工艺创新方案的生产能力、原材料单耗、基建投资、劳动生产率、成本和投资回收期等。

(3) 技术先进性和适用性原则。工艺技术先进性是相对的。技术先进性的时间相对性要求创新以动态的观点选择工艺技术，立足现有技术基础，着眼未来产品及技术发展。技术先进性的空间相对性表现在不同地区和部门因条件不同所要求的技术水平不尽相同。一般而言，先进工艺技术对配套条件有较严格的要求。适用性原则要求企业在进行过程创新时，必须从我国的实际情况出发，从本企业的实际情况出发，综合考虑设备、设施、资金、人员和场地等条件的限制，走自己的路。既要追求工艺的先进性，又要注意本企业的技术基础和管理水平，合理地把握先进性和实际基础之间的平衡，使过程创新能够立足于现实基础上，扎扎实实地稳步向前发展，避免单纯贪大、贪洋、求新、求快等不切合实际状况的做法。否则，只能是欲速则不达，不仅不能实现企业过程创新的目的，甚至还会留下一些棘手的问题。

(4) 生产可靠性原则。工艺创新的生产可靠性是指所选工艺技术是否成熟。若所采用的工艺技术不成熟，就会影响企业的正常生产，甚至使新产品无法投产。所选工艺技术，尤其是尚在试验阶段的新工艺必须是成熟的，经过实验鉴定，以求稳妥可靠。

(5) 可持续发展原则。资源与环境是人类生存与发展的基础和条件。资源的永续利用和生态系统的可持续性的保持是人类持续发展的首要条件。可持续发展要求企业根据可持续性的条件不断地调整其生产方式，进行生产过程创新，最大可能地减少对资源的消耗和对环境的破坏。

4. 工艺创新的程序

工艺创新一般要经过以下三个阶段。

(1) 调查阶段。这一阶段主要是了解各种成熟的工艺方法，根据企业生产规模和产品创新方向，收集国内外同类生产厂家的有关工艺资料，包括行业各类工艺方法在生产中的应用程度、采用后的实际效果、原材料供应要求及消耗量、产品质量、所需投资、三废治理和工艺参数等。同时，还需要关注国家的宏观政策导向和市场趋势。

(2) 工艺方案分析阶段。这一阶段主要是将各种可能的工艺方案进行分析对比。工艺创新是为产品创新配套的，则主要分析对比的内容是：

① 新产品的工艺要求，如结构、质量、规格要求。

② 新产品要求的原材料性质。

③ 新产品的生产类型和生产规模。

④ 新产品生产的三废治理、环境保护要求。

⑤ 新产品生产可用的各种工艺方法的国内外应用情况及发展趋势。

⑥ 所需资金规模及保障程度。

⑦ 其他需要关注的问题。

(3)评价选择阶段。在前一个阶段分析比较的基础上，这一阶段主要是对初步选定的各个工艺方案的工艺流程进行进一步的详尽分析，用流程图配以文字说明工艺流程、基本生产过程、主要设备配置、物料转化过程和物耗、能耗等，然后，对各种备选方案进行技术可行性、经济合理性及环境影响评价，以便最终确定适当的工艺方案。

【例 9-1】　方便面的创新

方便面是一种只用开水一冲就能食用的快餐食品，它以不需烹调并且味道鲜美可口而深受消费者欢迎。发明方便面条的是日本日清食品公司的安藤百福(原名吴百福，我国台湾人)。正是这一创新，使他的小作坊一跃成为食品行业的明星。同时方便面条以其“方便”的特点，激发出许多别具风格的快餐食品，促进了食品工业的发展。因此，方便面条的问世，写下了食品发展史上重要的一页。

五十年代末期，日本一家食品作坊的老板安藤百福，每天下班都要乘电车返回住地。在车站，他看见许多人在饭店前排队等吃热面条。安藤百福早就不安于现状，思考着如何扩大他的经营规模。面对排队等吃面条的情景，他不由得灵机一动，“我就搞面条!”

当时，日本市场上倾销美国面粉，政府为了增加销售，曾奖励人们吃面包。安腾是经营食品的，他知道面粉比较容易搞到手。他不愿意开面包房加工面包，而是考虑做别的食品。他在观察中得到“日本人喜欢吃面”的结论，并直觉地感到面条一定有销路。

不过，他也不愿意去加工普通的面条。他认为传统的普通面条需要用开水煮二十多分钟才能吃，而且还得准备调料。这种面条当然不会大量销售。如果能生产一种“只要用开水一冲就可以吃”的面条，估计居家旅行者出于方便一定会愿意大量购买。于是，他当即确定了开发“方便面条”的新设想。安藤百福把此设想告诉了自己的职工，大概是由于人们看不起面条业的缘故，得到的反应却很冷淡。职工们都劝他不必枉费心机。但是，自信的安藤百福认为方便面条能方便人们，肯定是有销路的。于是，他搭起一间简易的工棚，买了一台轧面机，在众人的怀疑眼光下开始了他的创新工作。

要想制作只用开水一冲就吃的面条，就应当往面粉里加调料，然后轧成面条，蒸熟烘干，这是安藤百福首先想到的制作方法。他一边想一边干，不知为什么，轧出来的并不是一根一根的面条，而是一堆堆像米饭一样的团块。安藤百福这才感到想象中的方便面条制作起来并不那么简单。

轧不出面条，原因在哪里呢？他先认为是面粉缺乏弹性，于是和面时又加进了鸡蛋，结果情况更糟。是不是肉汤里的肉末颗粒太粗了呢？他又把肉汤过滤后再试，结果还是轧不出面条。

经过几次失败，他放弃了将调料加进面粉里的想法，决定采用另外添加调料的方式。他把面粉轧成普通面条，蒸熟后再浸到酱汤里，使面条吸进咸味。从而解决了轧面和加味的问题。接着，他着手解决面条烘干保存的问题。他想到过太阳能的利用，也曾考虑过用热风吹干的方法。但是，这两种办法都太浪费时间，不适合于工厂的大规模生产。后来，他想到了用油炸的方法。这样，可以很快把面条炸干，而且，油炸后面条上出现好多细孔，这些细孔在热水浸泡时起吸水作用，可以使面条很快变软。此外，油炸后的面条味道更好。

不过，这种方法也有问题，为了调味把面条浸在酱汤里，会使面条表面多少有些溶解，再用油一炸，溶解部分就起了黏接剂的作用，使面条和面条粘在一起，用开水把它冲开后，面条即使变软了，也不是一根根的，仍成为一个面团。面对新的问题，安藤百福冥思苦想，终于找到了解决问题的办法，即先进行预备性干燥，然后把它放进一个特制的“模具”里，经油炸后就得到成形的面条。

经过三年的煞费苦心，安藤百福的“鸡肉方便面”终于发明成功。它在超级市场一露面马上成为热门货。1962 年，安藤百福的日清食品公司获得了制造方便面的专利权。与此同时，方便面条业在销售和专利两力面都进入了竞争的时代。在鸡肉加味方便面的基础上，外添调料式方便面、方便炒面、盒(杯)式方便面等纷纷上市。

思考与训练

1. “例 9-1”中安藤百福创新成功的原因是什么？他的成功对你有何启示？从方便面的“方便”二字，能否提出新的设想和发明创造呢？
2. 简述技术创新的过程，并设计一份技术创新的方案或创业计划。
3. 你认为为什么有那么多创造发明最终没有产生经济效益呢？
4. 简述技术创新的特点及其评价因素。

第十章　专 利 知 识

【例 10-1】　高通卖专利起家终成 3G 时代霸主(第一财经日报　2007-05-02　上海)

没有工厂，仅凭借专利授权就能跻身世界 500 强，在通信巨头高通的美国总部中，你只要稍加留心就能发现高通取得这样“奇迹”的原因。

高通专利墙

在高通总部，矗立着几面“专利墙”。高通将自己的每一项专利都刻制在一块牌匾上，然后统一挂在墙上，“专利墙”上的每一个牌子所描刻的是专利的简单陈述、结构图以及颁发机构和时间等。这是高通的核心资产和利润来源。

目前已挂在墙上的专利达 3000 多项，而在墙上张贴的一个说明中可以看到，目前有上千项专利在申请和批复过程中。如今，高通专利墙已经在高通管理层专用大楼一层的楼道里往两边继续延伸。

参观者可以通过这些专利墙，直观地认识到高通专利的数量和价值。在标准专利化的时代，第一次出现了这种纯粹的专利“食利者”。

高通也是在市场中逐步摸索才形成了目前的模式。1985 年，51 岁的麻省理工学院电子工程学教授欧文·雅各布退休后不甘寂寞，与其他六名同事创办了质量通讯公司——高通公司的前身。

高通公司特殊的经营模式经历了三个阶段：1985 年成立之后到取得香港和记的第一单之前，是高通公司最艰难的时期。而从这之后到 1999 年，高通公司把系统业务卖给爱立信，把手机部门卖给京瓷则意味着高通的发展模式已定型。从那以后直到现在，是高通公司的第三阶段，在此期间及以后，高通公司着重于推动 CDMA 和以 CDMA 技术为基础的 3G 产业链在全球的发展和壮大。

高通把 CDMA 商用产品做出来后，到处演示推广，但开始时少人问津。直到 1995 年，香港和记决定在香港部署第一个 CDMA 网络，才慢慢走上商用。

韩国是高通最成功的一个 CDMA 技术和商用发展的范例。当时韩国政府想在移动通信这个新兴的行业有所作为，想抓住移动通信行业提升国家产业的层次。如果采用当时以欧洲和北美为代表的 GSM 和 TDMA 技术的话，产品基本上被欧美厂家主导了。而日本则专注于基于“自主知识产权”的第二代移动通信技术 PDC。韩国要想在消费电子产品和通信行业取得一个突破性进展的话，只有移动通信这个行业。韩国看到了 CDMA 的技术优势后，就全面采用了 CDMA 技术。

在韩国模式推广成功以后，越来越多的移动通信系统和终端生产厂家加入到这个全球 CDMA 产业链条，在美国、亚洲、南美洲市场已经获得了越来越多的认同。

高通的知识产权授权方式帮助韩国迅速成为一个庞大而成功的 CDMA 商用市场，而且作为一个 CDMA 产品制造中心，这是一个重大的转折。

随着 CDMA 产品和市场逐渐成熟，高通开始步入正轨，靠专利许可收费生存，随即卖掉了手机部和基站部。现在，高通的主要业务是 CDMA 手机芯片的设计和 CDMA 技术许可费。在高通公司去年 75.3 亿美元的收入中，专利许可费用已经占到收入的三分之一。31.6

亿美元的税前利润有三分之一至四分之一来自许可收入。

“把持”专利终成3G时代霸主

有人反感高通对专利的“把持”，但却不得不折服其创造和运用知识产权的能力。

为了抢进3G市场，高通多年来积极从事CDMA的专利部署，并推动CDMA成为3G产业的标准协议。这样做的目的是使得从事3G产品制造与销售的公司，都必须与高通签订专利授权合同。

早在1989年时，高通就已经申请与3G相关的专利，截至目前，比较重要的专利大约有42项。现在高通公司掌握的3G专利是如此之多，以至于连它的竞争对手都不得不使用它的专利，受制于高通。

3G的每一个技术标准，都无法绕开高通。3G的技术标准都源自于同一技术CDMA，而高通拥有其中主要的知识产权。

高通公司高级副总裁、中国公司董事长汪静表示，从知识产权的角度来说，高通3G核心知识产权涵盖3个主流的3G标准，包括CDMA2000、WCDMA和TD-SCDMA。全球有125家3G设备厂商已经和高通签订了CDMA2000知识产权授权协议(其中包括中国领先的通信设备厂家)，有50家全球3G设备厂商已和高通签订了WCDMA和TD-SCDMA知识产权授权协议，其中包括大家熟知的诺基亚、爱立信、西门子、阿尔卡特和UT斯达康等。

业界销售每一台基于CDMA的设备、终端和系统，都要向高通缴纳一定的专利许可费。每售出一部WCDMA手机，销售商大约要缴纳销售额5%到10%的专利费，其中约有半数进入了高通的口袋。

目前，高通公司与竞争对手的商务诉讼覆盖了美国和欧洲。中国正在大力发展TD-SCDMA，也牵扯了与高通的专利谈判。

高通最好地诠释了什么是知识产权最大化：利用知识产权保护的机制，直接生产知识产权。CDMA的基本专利已全部控制在高通手上。高通利用知识产权这一利器，不仅抵御了比其强大百倍的竞争对手，而且开辟了一种新的商业模式——知识产权专卖店。

高通以技术标准、技术转让和技术捆绑芯片为自己打造了一个巨大的生态圈，高通在这个生态圈中占尽优势。

首先，手机生产商若想取得CDMA手机开发授权，必须缴纳标准授权费。按照高通公司的规定，全世界不管是生产CDMA系统设备还是手机的公司，都要交纳大约1亿元人民币的“入门费”。其次，生产CDMA手机时，需要购买高通公司的芯片，并且按销售额给高通提成。每台手机中收取6%的技术使用费。此外，为了升级支持芯片的软件，CDMA手机生产商每一次都要支付几十万美元的授权费。

CDMA发展组织宣布，2006年，CDMA新增用户达1亿，用户数量以每年24%的速度增长，全球CDMA用户总数达3.735亿。2006年，CDMA2000手机出货量高达1.90亿部。

迄今为止，100多个国家的230多家运营商已经部署或正准备部署CDMA2000；82个国家的192家运营商已实现CDMA2000的商用。

第一节　专利的概念

一、专利概述

1. 专利概念及性质

“专利”一词是从英语 Patent 翻译而来，意指一项公开的文件。世界上第一部专利法是 1474 年 3 月由威尼斯共和国颁布的，迄今已有 500 多年的历史。而 1624 年英国制定的《垄断法规》则被视为现代专利法的发端。现在，专利制度已在世界上 160 多个国家和地区实行。

从不同角度叙述有不同含义：从法律角度来说即专利就是“专利权”的简称，指的是一种法律认定的权利；从技术发明的角度看，专利就是取得专利权的发明创造，是具有独占权的专利技术；从保护的内容看，专利是指公开的专利文献，即记载着授予专利权的发明创造说明书及其说明书附图、说明书摘要、权利要求书、外观设计的图片或照片等公开的文献。

专利权属于知识产权的范畴，是无形财产权的一种，与有形财产相比，专利权具有明显的独占性、地域性和时间性等特征。

(1)独占性：专利权的独占性，又称专利权人的专有权或垄断性，指的主要是专利的排他性质。我国《专利法》第 11 条规定：“发明和实用新型专利权被授予后，除本法另有规定的以外，任何单位或者个人未经专利权人许可，都不得实施其专利，即不得为生产经营目的制造、使用、许诺销售、销售、进口其专利产品，或者使用其专利方法以及使用、许诺销售、销售、进口依照该专利方法直接获得的产品。外观设计专利权被授予后，任何单位或者个人未经专利权人许可，都不得实施其专利，即不得为生产经营目的制造、许诺销售、销售、进口其外观设计专利产品。”如果违反本条就是对专利权的侵犯。侵权者不但要赔偿专利权人的经济损失，情节严重者还要接受法律的制裁。

(2)地域性：专利权的地域性，是指一项发明创造专利权的有效范围仅限于授予国的领土范围内。也就是说，经某一个国家法律认可的专利，仅在该国法律管辖范围内受到保护；而在那些未授予专利权的国家内，该项专利权便不复存在。

(3)时间性：各国对专利权的有效保护期限都有一定的规定。我国《专利法》第 42 条规定：“发明专利权的期限为二十年，实用新型专利权和外观设计专利权的期限为十年，均自申请日起计算。”保护期限届满后，专利权自行终止，任何人均可使用。

专利权的上述三个性质与一般的财产权明显不同，因此，对于创造者来说，掌握并充分利用专利权的上述性质，必然会有利于创造活动的开展。

2. 专利制度概述

专利制度是依照专利法授予发明人创造专利权的方式来保护和鼓励发明创造，促使发明创造的推广应用，推动科学技术进步和经济发展的一种法律制度。专利制度的核心内容中包括专利、专利权和专利法。

早在 1236 年，英国王室就曾发给一位市民制作色布的独占权，为期 15 年。14 世纪，出于振兴工业的考虑，英国国王特准欧洲大陆技术人员在英国国内自由执业、并享有一定的独家特权。1421 年，意大利的佛罗伦萨对建筑师勃罗纳来什发明的装有吊机的驳船授予了 3 年的垄断权。1474 年，威尼斯共和国颁布了世界上第一部具有现代专利制度特点的专利法。按照这一法律，权利人对其发明享有 10 年的垄断权，任何人未经同意不得仿造与受保护的发明相同的设施，否则赔偿 100 金币，并销毁全部仿照的设施。

1624 年，为了奖励技术发明，同时也为了防止滥用特权，英国颁布了《垄断法》，这是世界上第一部具有现代意义的专利法。1790 年之后，美国、法国、西班牙、印度、德国和日本等相继建立起本国的专利制度，确立了技术发明人获得独占性财产权利的法律依据。

随着工业经济的不断发展，许多国家在建立专利制度的基础上，不断地完善和修改各项事关发明人利益的实质性内容。如增加发明的创造性或新颖性作为专利构成的基本条件，建立专利审查制度等。此外，专利制度建设国际化进程也得以加快。1883 年，一些发达国家签订了《保护工业产权巴黎公约》，标志着专利申请的国际化。1978 年《欧洲专利公约》和《专利合作条约》的签署，标志着专利法沿着国际化方向的协调和统一工作的开始。1991 年 12 月 18 日，十个工业发达国家与包括我国在内的十个发展中国家在关贸总协定乌拉圭回合中初步达成的《与贸易有关的知识产权(包括假冒商品贸易)协议》，预示着专利保护标准的国际化体系逐步走向成熟。

1980 年，我国成立了专利局。同年 6 月，我国加入世界知识产权组织。1984 年 3 月 12 日，全国人大常委会审议通过并颁布了《中华人民共和国专利法》。1985 年 3 月，中国加入《保护工业产权巴黎公约》。1992 年 9 月 4 日，全国人大常委会通过了《关于修改中华人民共和国专利法的决定》，修订后的《专利法》于 1993 年 1 月 1 日起正式实施。这次修正案扩大了专利保护的技术范围，延长了三种专利，即发明、实用新型和外观设计专利的保护期限。2000 年 8 月 25 日，全国人民代表大会再次通过关于《专利法》的第二次修正议案。这次修改主要吸收了已有的立法成果和经验，加大了专利保护的力度，简化了专利审批程序。修改后的《专利法》于 2001 年 7 月 1 日生效。2006 年开始对《专利法》进行第三次修改，2008 年 12 月 27 日第十一届全国人民代表大会常务委员会第六次会议又一次通过了关于修改《中华人民共和国专利法》的决定，修改后的《专利法》将于 2009 年 10 月 1 日起施行。这次修改严格了授予专利的条件，即将新颖性判定中的“现有技术”由国内扩展到国内外为公众所知的技术。

我国《专利法》明确规定专利权人在专利权有效期间享有法律赋予的权利和义务，即独占实施权、许可实施权、专利转让权、专利标记权、署名权、获得奖励和报酬的权利，和公开发明创造的内容、缴纳年费的义务。

二、专利权的客体与主体

(一)专利权的客体

所谓专利权的客体，是指专利权人的权利和义务所指向的对象，就是指依法取得专利权的发明创造。《专利法》第 2 条规定：“本法所称的发明创造是指发明、实用新型和外观设计”这就表明、专利权客体在我国有三种：发明、实用新型和外观设计。需要指出的是，以专利形式保护发明是所有专利制度国家的通行做法，而对实用新型和外观设计并不都是以专利形式给予保护。《保护工业产权巴黎公约》第 1 条第 2 款所讲的作为工业产权保护对象的“专利”也仅指发明专利而言，不包括实用新型和外观设计。

1. 发明

我国《专利法实施细则》第 2 条第1款规定：“专利法所称的发明，是指对产品、方法或者其改进所提出的新的技术方案。”作为专利权客体的发明必须具有技术属性，必须是一种新的技术方案，它不同于科学发现。新的技术方案是指利用自然规律创造出或提出解决技术问题的方案。

根据发明的定义，可以将发明分为两大类：产品发明和方法发明。产品发明可以是成品，如机器、仪器、设备、用具等独立的产品或一个产品的独立部件；可以是材料，如化学材料合成物等，而未经人的加工、属于自然状态的物质不能作为产品发明，如矿物质等。方法发明多种多样，一般可以分为两类：一类是制造某种产品的方法，如制造某种机器的方法、合成某种材料的方法等；另一类是其他方法，如测量方法、通信方法、分析方法等。

2. 实用新型

实用新型通常称为小发明。按专利法规定，实用新型是指对产品的形状、构造或者其结合所提出的适于实用的新的技术方案。

3. 外观设计

外观设计是指对于产品的形状、图案或者其结合以及色彩与形状、图案的结合所做出的富有美感并适于工业应用的新设计。

4. 不授予专利权的客体

从我国的国情出发，参照国际惯例，我国《专利法》第 5 条、第 25 条对排除在专利权之外的客体做出明确规定。这些客体大体上可以划分为三类：

(1)违反国家法律、社会公德或者妨害公共利益的发明创造，不授予专利权。对违反法律、行政法规的规定获取或者利用遗传资源，并依赖该遗传资源完成的发明创造，不授予专利权。这一规定符合国际惯例，因为这些发明创造对社会有害无益，违背《专利法》宗旨。如有人设计了伪造假币的工具，即使该发明创造的水平再高，也不能授予专利。还有，对一些严重污染环境的技术因其对公共利益构成损害也不能授予专利。

(2)不属于发明创造的智力成果。主要包括：

① 科学发现。科学发现是指人对自然界中客观存在的未知物质、现象变化过程及其特点和规律的认识它虽是一种智力成果，但不是对客观世界的改造提出的技术方案，因而不是专利意义上的发明创造。如牛顿发现的万有引力定律和爱因斯坦发现的相对论原理。

② 智力活动的规则和方法。它们是指导人们思维、推理、分析和判断的，而不是对自然规律的利用过程，因此也不是技术方案，如速算法、生产管理方法、情报检索方法、比赛或游戏规则等。但进行这类活动的新设备、新工具等，如果符合专利性，是可以授予专利权的。

③ 疾病的诊断和治疗方法。疾病的诊断和治疗方法包括以有生命的任何动物作为直接实施对象的诊病诊治方法，如西医的外科手术方法、中医的搭脉和针灸方法等。这些方面不能在工业上应用，不具备专利法所说的适用性，但在诊断和治疗中所用的仪器、装置等医疗设备可以在工业上制造，可以获得专利权，如 B 超机、X 光机等。

(3)特定技术领域的发明创造。根据《专利法》第 25 条规定，不授予专利权的技术领域主要有两类：

① 动物和植物品种。动物和植物品种的发明创造是指人工饲养动物和人工培养的植物中新品种本身而言的。目前，美国、法国、德国、日本、意大利、丹麦、瑞典等可授予植物新品种专利权，美国等还授予动物新品种专利权。

② 用原子核变换方法获得的物质。这种物质发明除美国等极少数国家以外，绝大多数国家均不授予专利权。我国不授予专利是考虑到这些物质可用于军事目的，而且我国核工业水平较低，不授予专利权可以保护我国核工业。

(二)专利权的主体

专利权的主体是指依法能够申请并获得专利权的人，既可以是自然人，也可以是法人。我国《专利法》根据发明创造的性质，规定专利的主体有非职务发明创造的发明人或设计人、职务发明创造的所在单位、符合《专利法》规定的外国人或外国企业等。

(1)发明人和设计人。我国《专利法实施细则》第12条规定：“专利法所称发明人或者设计人，是指对发明创造的实质性特点做出创造性贡献的人。在完成发明创造过程中，只负责组织工作的人、为物质技术条件的利用提供方便的人或者从事其他辅助工作的人，不是发明人或者设计人。”发明人或设计人只能是自然人，不能是法人或其单位。

在一项发明活动中，如果有两个或两个以上的人对该项发明创造的实质性特点都做出了创造性贡献，那么这些人统称为共同发明人或共同设计人。共同发明人或共同设计人也应当是自然人，且他们的权利和义务是相等的，排名前后次序上没有本质的区别。

(2)职务发明创造的专利权归属。我国《专利法》第6条指出：“执行本单位的任务或者主要是利用本单位的物质技术条件所完成的发明创造为职务发明创造。职务发明创造申请专利的权利属于该单位；申请被批准后，该单位为专利权人。”这里首先对职务发明创造的含义进行了解释。其中执行本单位的任务可分为三种情况：本职工作中做出的发明创造；履行本单位交付的本职工作以外的任务时做出的发明创造；退职、退休或者调动工作后一年内做出的，与其在原单位承担的本职工作或者原单位分配的任务有关的发明创造。其中主要利用本单位物质条件完成的发明创造中所称本单位的物质条件，是指本单位的资金、设备、零部件、原材料或者不对外公开的技术资料等。

对于职务发明创造，申请专利的权力属于发明人或设计人所在的单位。《专利法》第8条规定：“两个以上单位或者个人合作完成的发明创造，除另有协议的以外，申请专利的权力属于完成或者共同完成的单位或者个人。”无论何种职务发明创造，如果专利申请被授权后，专利权均归申请单位所有。

为了适应科技计划项目管理体制改革，特别是课题制的实施需要，现在的《专利法》中第6条第3款引入合同优先原则，其中规定：“利用本单位的物质技术条件所完成的发明创造，单位与发明人或者设计人订有合同，对申请专利的权利和专利权的归属做出约定的，从其约定。”即允许科技人员和单位通过合同约定发明创造的归属，对于主要利用单位的物质条件完成的发明创造，发明人按照事先约定向单位返还资金或交纳使用费，可不作为职务发明。

(3)非职务发明创造的发明人或设计人。所谓非职务发明创造，是相对于职务发明创造而言的，是指职务发明创造以外的发明创造。我国《专利法》第6条规定了非职务发明创造，申请专利的权力属于发明人或者设计人。不仅如此，《专利法》第7条还规定：“对于发明人或者设计人的非职务发明创造专利申请，任何单位或个人不得压制。”

此外，还有外国人、或外国企业以及委托和合作完成发明创造的归属等、这些在《专利法》中都有详细的规定。

三、授予专利权的条件

我国《专利法》第22条规定：“授予专利权的发明和实用新型，应当具备新颖性、创造性和实用性。”这就是说，一项专利权的申请，必须具备应有的条件。它们是：

(1)新颖性。新颖性是指申请专利的发明或实用新型是前所未有的。《专利法》第22条第

2 款规定："新颖性，是指该发明或者实用新型不属于申请日以前在国内外为公众所知的技术；也没有任何单位或者个人就同样的发明或者实用新型在申请日以前向国务院专利行政部门提出过申请，并记载在申请日以后公布的专利申请文件或者公告的专利文件中。"这是判断新颖性的具体标准。

新颖性是获得技术发明的首要条件，如果一项技术发明不是先行技术的组成部分，即没有被现有技术所包围，则它就是具有新颖性的。新颖性主要侧重于判断某项创新技术是否前所未有，主要考察技术发明与现有技术是否有差异。

(2)创造性。创造性是指申请专利的发明或实用新型要比现有技术先进，这是对技术水平的要求。《专利法》第 22 条第 3 款规定："创造性，是指与申请日以前在国内外为公众所知的技术相比，该发明具有突出的实质性特点和显著的进步，该实用新型具有实质性特点和进步。"

技术发明的创造性、侧重于判断技术发明的水平问题。世界知识产权组织根据多数国家的法律界定指出：技术发明仅仅有别于现有的技术还不够。它同现有技术的区别还必须体现在以下两个特点上：它必须有所创造，即它必须是创造性构思的成果；它必须有显著的进步，这一进步还要求必须是有意义的、实质性的，要以与现有技术的区别所包含的实质性构成要素为特点。

创造性的概念比较抽象，判断创造性的标准不易掌握。在长期实践中，人们总结出一些判断创造性的实用规则作为实际工作的参考，主要有：开拓性发明创造、解决某技术领域难题发明创造、克服技术偏见的发明创造、效果显著的发明创造等。

(3)实用性。《专利法》第 22 条规定："实用性，是指该发明或者实用新型能够制造或者使用，并且能够产生积极效果。"根据此规定，实用性包括可实施性、再现性和积极效果。

技术发明的实用性，指技术发明能够制造或使用，并且能够产生积极效果。这里的制造和使用主要指能够在工业上制造和使用。能够产生积极效果是对实用性的进一步要求，它包括技术发明社会的经济的和技术的效果。

四、专利的申请与审批

(一)专利申请原则

一件发明创造完成后，并不能自动获得专利权，需要履行一定申请程序并经严格的审查，才能授予专利权。专利法规定的申请原则主要是：

(1)书面原则。专利申请必须以书面形式提交国务院专利行政部门，即国家专利局。不仅是申请，以后整个审批程序中的所有手续，都必须以书面形式办理。不能以口头说明或提交实物来代替书面申请，或者以口头说明代替对申请进行修改补正。

(2)先申请原则。同样内容的发明创造在一国领土范围内只能授予一项专利权。所以，两个以上的申请人分别就同一个发明创造申请专利时，专利权授予最先申请人。我国《专利法》第 9 条规定："两个以上的申请人分别就同样的发明创造提出申请，专利权授予最先申请的人。"如果是在同一天申请的，申请人应当在收到国务院专利行政通知后自行协商确定申请人，协商不成的，该发明即成为社会公有技术。以申请人专利申请文件递交到专利行政部门之日算起。专利申请一旦被受理，专利行政部门立即给该申请一个编号，称为申请号。此号在专利权授予后即作为专利号。目前，世界上绝大多数国家都采用先申请原则。

例如，20 世纪 70 年代瑞士一位工程师发明了电子表技术，但瑞士手表业满足于称雄世界机械表市场，没有申请专利保护，更没意识到它会引起手表工业的革命。日本人却看到了其巨大的市场价值，遂利用该技术申请了专利，并投入巨资开发，一举登上电子表王国的宝座。日本电子表的冲击，造成瑞士很多工厂倒闭，大量工人失业。这说明，谁先进入市场并不重要，关键是谁先申请获得专利权。

(3) 优先权原则。我国《专利法》第 29 条规定："申请人自发明或实用新型在外国第一次提出专利申请之日起 12 个月内，或者自外观设计在外国第一次提出专利申请之日起 6 个月内，又在中国就相同主题提出专利申请的，依照外国同中国签订的协议或者共同参加的国际条约，或者依照相互承认优先权原则，可以享有优先权。申请人自发明或实用新型在中国第一次提出专利申请之日起 12 个月内，又向国务院专利性行政部门就相同主题提出专利申请的，可以享有优先权。"这种权利的实际意义是，以其第一次提出专利申请日为判断新颖性的时间标准，第一次提出申请的日期，成为优先权日。

(4) 单一性原则。我国《专利法》第 31 条规定："一件发明或实用新型专利申请应当限于一项发明或实用新型。属于一个总的发明构想的两项以上的发明或者实用新型，可以作为一件申请提出。一件外观设计专利的申请应当限于一种产品所使用的一项外观设计。用于同一类别并且成套出售或者使用的产品的两项以上的外观设计，可以作为一件申请提出。"

(二) 专利申请文件的准备

1. 发明和实用新型专利申请提交的文件

我国《专利法》第 26 条规定："申请发明或者实用新型专利的，应当提交请求书、说明书及其摘要和权利要求书等文件。"

请求书应当写明发明或者实用新型的名称，发明人的姓名，申请人姓名或者名称、地址，以及其他事项。

说明书应当对发明或者实用新型作出清楚、完整的说明，以所属技术领域的技术人员能够实现为准。必要的时候，应当有附图。摘要应当简要说明发明或者实用新型的技术要点。

权利要求书应当以说明书为依据，清楚、简要地限定要求专利保护的范围。

2. 外观设计专利申请提交的文件

我国《专利法》第 27 条规定："申请外观设计专利的，应当提交请求书、该外观设计的图片或者照片以及对该外观设计的简要说明等文件。"申请人提交的有关图片或者照片应当清楚地显示要求专利保护的产品的外观设计。

(三) 专利审批程序

国务院专利行政部门受理专利申请后，必须依照专利法规定的程序进行审查，对符合专利法规定的才授予专利权。我国《专利法》对不同的专利权客体规定采取不同的审查制度，如发明专利采用"早期公开、延迟审查"；而对于实用新型和外观设计专利申请采用初步审查的制度。具体说来，发明专利的具体程序包括受理申请—初步审查—公开申请—实质审查—受权公告。

第二节 专 利 文 献

专利是人类共同的知识财富，专利文献以其明显的国际化、情报化和权威性而全面及时地反映现代科学技术的发展水平。全世界最新的技术发明成果几乎全部首先见于专利文献，专利文献是创造发明的一个巨大宝库。有效地利用前人的发明专利，不仅是创造发明的重要源泉，还可避免走很多弯路和造成不必要的损失。例如，20 世纪 80 年代，某钻石公司遇到的问题是需要把有裂纹的大钻石，在裂纹处分开，以生产满足用户尺寸大小要求的钻石。公司技术人员花费大量时间、精力和财力的研究，最后发现可以用加压减压爆裂的方法，可以实现在大钻石的裂纹处使钻石破碎或分开。问题虽然解决了，但他们不知道类似的问题在几十年前就在其他的领域早已解决(1945 年有人申请了辣椒果肉与果核分离的加压减压爆裂装置)。又如，美国一位在钢铁厂工作的化学家曾耗资 5 万美元完成了一项技术改进，之后图书馆工作人员告诉他，该馆收藏了一份德国早年的资料(专利说明书)，只需花 5 美元复印费便可得到解决其问题的全部资料。

据报道，仅仅因为没有充分利用现有科技情报而致使项目重复研究所造成的损失，美国曾经是每年 11 至 13 亿美元；英国每年是 2000 万至 3000 万英镑。我国在这方面的浪费也是十分惊人的。在这方面，日本的做法很值得借鉴，日本非常擅长搜集和利用其他国家的发明创造成果，从而使自己站在高起点上向更高的目标前进。

由此可见，人们进行创造发明一定要熟悉专利文献及有关资料，充分利用已有的专利资料可少走弯路、多出和快出成果。

一、专利文献概述

1. 专利文献概念

世界知识产权组织 1988 年出版的《知识产权教程》对现代专利文献的概念这样阐述：“专利文献是包含已经申请或被确认为发现、发明、实用新型和工业品外观设计的研究、设计、开发和试验成果的有关资料，以及保护发明人、专利所有人及工业品外观设计和实用新型注册证书持有人权利的有关资料的已出版物或未出版的文件(或其摘要)的总和。”该教程还指出：“专利文献按一般的理解主要是各国专利局的正式出版物。”例如：专利说明书、专利公报、专利文摘、专利索引、专利分类表等。目前中国专利局出版的专利文献包括：①发明专利公报、实用新型专利公报和外观设计专利公报；②发明专利申请公开说明书、发明专利说明书；③实用新型专利说明书；④专利年度索引。其中专利说明书是专利文献的核心。一般所说的专利文献，多是指专利说明书而言

2. 专利文献的特性

作为科技文献之一的专利文献，在内容和形式上都具有自身独特的性质，主要特性归纳如下。

1)新颖性强，反映新技术快

专利文献具有新颖性，这是由专利本身的性质决定的。申请人往往在发明试验获得(或接近)成功就及时申请专利，从而使专利文献对于新技术的报道往往先于其他文献。据有关统计，同一发明成果出现在专利文献中的时间比出现在其他媒体上的时间平均早 1～2 年。许多有价

值的发明，如雷达、电视机、气垫船等，都是在专利文献上公布好几年以后才见诸其他文献。

2) 数量庞大、知识覆盖面大

专利文献涉及的内容广泛，包罗万象，几乎覆盖了人类所有应用科学技术领域。从人类的日常生活(例如水杯、自行车、鼠标、灭火器等)到现代尖端的科学技术(如原子能发电设备、远程导航飞行器、纳米材料等)，都能在专利文献中找到有关信息。因此有人称专利文献是世界上最大的技术信息宝库，包含着巨大的价值。

3) 内容描述具体详尽、可靠性强

专利说明书一般对于发明技术(目的、用途、特点、背景、效果和采用的原理、方法等)都有明确阐述，往往还有各种附图和各种公式及表格，其详尽程度非一般科技文献所能比。根据《专利法》规定，申请人要获得专利许可权，必须通过专利局的层层审查，确定其是否具有新颖性、创造性和实用性，因此其专利文献所传递的信息不仅内容翔实，而且具有可靠性，是获取技术信息的可靠信息源。

4) 统一的规范格式，标准化的分类体系，为专利文献的广泛传播和利用提供了有利条件

在经济全球化的今天，国际之间的技术交流与合作越来越频繁，作为重要技术信息来源的专利文献必然朝着国际化、标准化的方向发展。在国际组织的协调作用下，目前每个国家对出版专利文献撰写格式有统一的规定，而且为了方便专利文献能在国际范围内得到传播和利用，专利文献均采用国际专利分类法，从而使各国的人们都能采用统一的检索人口进行检索，减少了语言及不同分类体系所带来的障碍。

5) 寓技术、法律和经济情报于一体

每一种专利文献都记载着解决某种技术课题的新方案，同时它又是宣布发明所有权和权利要求的文件。专利文献可为想采用这项发明的人们提供洽谈购买专利许可证的对象和地址，也能供人们根据授予专利权的不同国家和地理分布分析产品和技术的销售情况、潜在市场等情报，并进而为该项发明的经济价值评价提供有关信息。这是专利文献优于其他科技文献的最主要的一点。

6) 系统地收录了技术发展的全过程

很多企业为了在竞争中取得优势，因而对于产品或工艺在发展过程中的每个方面和有关环节，即使是极小的一步改进，都要谋求专利的保护。所以，普查检索一项技术的全部发明说明书，通过分析某一家企业所取得的专利，就可能对其研制设计项目、产品技术水平以及经营规模和动向有所了解。由于发明说明书均要对该项发明课题的背景情况和现有技术予以简述和比较，所以专利文献可以向人们提供关于某课题方面的系统知识。

7) 出版交叉重复

不同的国家有不同的专利制度和审查程序。由于实行不同的审查制度、专利文献往往被出版多次，如实行早期公开制的国家，申请 18 个月后即公开发明，经过实质性审查后再第 2 次出版，因此造成了一定量的重复出版。再者，专利的保护具有地域性，同样的专利如果需要在更大范围内获得法律保护，则需要在多个国家进行申请，这也造成相同技术文献多次重复出版。据统计，每年世界上大约有三分之二的专利文献是重复的。如此众多重复出版的专利文献，虽然给收藏和管理增加了负担，在一定程度上也增加了检索利用的难度，但从文献利用角度看，这种重复公布常为读者选择语种和国别提供多种机会，并能弥补外语能力不高和馆藏不全的种种缺陷。同时，通过分析重复的数量，也有助于评价一项发明的重要性。

综上所述，专利文献是一个巨大的知识宝库，但它也有一定的局限性。如专利法规定，一项发明应为一件专利申请，即一件专利说明书只叙述一项发明，如果需要对某产品做全面了解，即想了解产品的全部设计、生产和测试，就必须把各个有关环节的专利说明书检索查阅一遍才行，人们很难企望毕其功于一役、会查寻出一篇包罗各方面技术在内的专利来。另外，西方世界的一些大企业为了竞争的需要，他们一方面充分利用专利文献收集竞争对手的技术情报，另一方面又竭力避免自己企业内部机密的公开，为此他们有时还会故意抛出一些虚假专利，使竞争对手摸不清自己的底细。这也给专利文献的检索查阅制造了不少困难和某些混乱。

3. 专利文献的作用

1) 为政府部门以及企业做出正确决策提供依据

现代社会科技高度发展，科学技术成了第一生产力，经济的增长主要依靠技术的进步。国家政府部门在制定宏观专利战略决策时，必须重视专利文献的作用，通过对专利文献的分析研究，准确评估国外及国内的专利开发能力，制定适合本国国情的专利战略；在微观上则要进行准确的技术预测，为科研工作正确导向，最终为本国的经济建设服务。

作为经济、贸易活动的主体企业来说，专利文献的作用同样不可小视。一方面企业通过分析同领域竞争对手的专利申请情况，可以积极主动地开发新产品，及时申请专利取得法律保护，抢先占领市场，维护自己的优势地位；另一方面，也可根据不同情况采取专利技术的二次开发、技术引进、专利对抗、专利诉讼等方式抵御竞争者的专利攻势等。

2) 专利文献是各国专利局进行专利审查的必要依据

在各国专利局或者国际性专利组织进行专利审查的过程中，如何判定一件专利申请是否符合专利授予的条件，主要依靠对相关专利文献的检索与利用，从而实现对新颖性、创造性和实用性的判定。因此，在审查过程中，利用专利文献的数量、质量一定程度上决定了相关单位的审批能力。

3) 为实施专利法律保护提供依据

专利文献作为一种特殊的科技文献，不仅传递经济信息、技术信息，其中也包括了法律信息。根据专利法的规定，专利文献中明确限定了对该发明保护范围及此专利权人的姓名、地址、申请日等，这些信息具有直接的法律效力，因此在技术贸易中，专利文献可用于了解专利技术的法律状态，避免出现侵权或者保护自己的合法权益。专利文献阐明专利权人对该发明创造所要求的保护范围，在各有关执法部门进行侵权判定时，专利文献又可作为审理案件的法律依据。

4) 为科研工作服务，促进技术交流

据世界知识产权组织统计，利用专利文献，可节约 40%的科研经费，同时少花 60%的研发时间。因此，作为科研机构，在进行技术开发时，应首先利用专利文献进行查询工作，确认即将开展的研究是否有前人进行过。如果有，有什么样的研究成果，是否可以在此基础上进行进一步的利用和开发；如果没有，则可着手进行。因此，在新技术研发工作开展前期做好专利文献检索工作至关重要，能避免大量人力、物力、财力的浪费。同时，专利文献作为人类科技信息的宝库，它的广泛传播和利用加速了科学技术的交流与发展，促进了科学技术的进一步国际化。

5) 利用专利进行发明创造

① 通过调查检索专利进行创造发明。

由于专利文献的内容广泛，知识覆盖面大、反映新技术快，同时往往又系统收录了某项技术发展的全过程。因此，通过对专利的检索和调查，可使创造者掌握动态、选择目标、寻求启示，从而进行必要的创造活动。例如，1970 年联邦德国公布了世界上第一件电子表专利，次年又出现了液晶显示器专利。日本人在全面调查、检索有关的专利资料以后做出了判断——将会出现一个电子表时代，于是利用该专利大力研制电子表，并于 1975 年抢先投放市场。结果，在世界上掀起了巨大的电子表冲击波，甚至震动了被称为“钟表王国”的瑞士。中国乐凯胶片公司也十分注重收集国内外各种感光材料方面的专利资料，并对其进行剖析、研究，然后找出自己产品与这些专利间的差距，再设法减小其中的差距，从而创造出自己的专利产品。

利用专利进行创造活动，一般是按创造者确定的发明对象从专利文献中寻找有关资料以供借鉴参考，并在其基础上进行更先进的创造发明。当然，也有直接在检索专利文献中找出符合自己需要的发明对象并进行创造研究的。中国矿业大学的一个大学生，就是在调查专利文献过程中受到启发而发明了新型扑克并获得了国家专利的。

② 综合专利进行创造发明。

综合就是创造。在实际创造发明中，有时单凭一两篇专利文献是很难有助于问题解决的，这时，往往可采用综合专利文献的方法进行创造发明。比如，日本发明家丰田佐吉发明蒸汽机驱动的织布机，就是采用综合专利方法实现的。丰田佐吉开始研究时，其目标并不是一下子就明确为是针对织布机的。他为了寻找有利于自己企业发展的技术，便开始系统地对专利文献进行检索和调查。当丰田佐吉和他的助手审阅了有关纺织的所有发明并对每个发明都做了简短评语以后，才发现了发明自动织布机的目标，从而研制出优良的动力自动织布机。这一发明的成功曾使英国大为吃惊。

在我国，有关粮食科研部门开展的“新型米蛋白发泡粉”课题研究，也是在综合专利的基础上进行的。研究人员首先系统地查阅了近 30 年来国外有关专利文献，并把有关内容逐一摘录登入卡片，再将资料卡片分类、排列和组合。对专利文献全面综合研究之后发现，发泡剂的生产工艺几乎一律都是采用碱发工艺，而另一种酶发工艺的效率低、成本高，则很少被采用。用何种更先进的方法和工艺取代它呢？如何在综合别人工艺长处的基础上进行创造呢？研究人员又进一步收集和研究各国最新的有关研究成果以及生产工艺、设备、方法等方面的情报资料，最后终于研究成功了“新型米蛋白发泡粉”并获得了国家创造发明奖。

③ 寻找专利空隙进行创造发明。

“千里之行，始于足下”。一切发明创造活动，都是从选择发明创造课题开始的。怎样才能选择一个好的发明创造课题呢？寻找专利空隙不失为一个好的办法。

有资料表明，迄今为止在已公布的我国专利中，具有推广实用价值的专利约占 10%～15%(其他国家则更低)。那么，这些专利乃至未被推广应用的专利是否还有可利用的价值呢？毋庸置疑，答案是肯定的。在已公布的浩瀚专利文献中，人们不仅能找到许多成功发明的脉络，也可找到许多失败技术的脉络，还可找到许多潜在的、经过再一步努力即可望成功的技术的脉络。对于这些脉络思想的系统仔细研究和缜密思考，人们就可以找到其成功或失败的原因以及现有专利未能实用化之关键所在。

C.F.卡尔森发明的干印术就是一例。卡尔森毕业于加利福尼亚大学物理系，工作期间他看到复写文件需要花费大量繁重劳动，于是决心发明一种新的复制方法。最初的几次试验均告失败，在以后的三四年中，他利用大部分业余时间到纽约图书馆专门调查专利文献。他发现以前虽然也有人研究过复制，但都是采用化学方法而未想到采用光电效应。于是，他利用专利文献存在的这一知识空隙提出了将光导电性和静电学原理相结合的新系统——干式照相技术，终于获得了静电复印技术的基础专利。

总之，人们利用专利文献，一方面可以从中受到很大启发而激发自己的创意，另一方面又可寻找有关课题并进行创造性构思，因此，在发明创造过程中应当充分重视和认真对待现有的专利文献。应当着重指出，当今的社会是信息化社会，现代化的科学技术手段为创造者进行创造发明提供了前所未有的获取有用知识信息的机会和途径，因此充分利用人类社会创造的一切文明成果，科学利用专利(法)来进行发明创造不仅便捷可行，而且对于推动我国科技进步、发展生产力、增强综合国力和提高人民生活水平也具有重要的现实意义。

二、专利文献类型

1. 专利说明书

专利说明书是指专利申请人向专利局递交的有关发明目的、构成和效果的技术文件，包括未经过专利性审查的申请说明书，如中国发明专利申请公开说明书、德国的公开说明书、日本公开特许公报等，以及经过专利性审查的专利说明书，如中国发明专利说明书、美国的专利说明书等。

2. 专利公报、专利文摘出版物、专利索引

专利公报是专利局报道最新发明创造专利申请的公开、公告和专利授权情况以及专利局业务活动和专利著录事项变更等信息的定期连续出版物。专利公报是查找专利文献、检索各国最新专利信息和了解有关工业产权局审查业务活动的主要工具。我国专利公报按周出版。

专利文摘出版物主要有两类：一类是作为补充性出版物与题录型专利公报同时出版的文摘，报道最新的专利申请或授权的专利技术；另一类检索性专利文摘，最著名的是英国德温特公司的《世界专利文摘》杂志，他按分类编排报道世界40多个国家、地区级国际性专利组织的专利信息。

专利索引是指引用户快速查询专利文献的重要检索工具。主要有：专利分类索引、专利权人索引、号码对照索引、综合索引等。

三、专利文献检索

1. 中国专利文献检索工具

(1)《中国专利公报》。

(2)《中国专利年度索引》。

(3)《中国专利分类文摘》。

(4)《中国专利说明书全文》光盘。

(5)中国专利网上检索系统。

① 国家知识产权局专利数据库(http://www.sipo.gov.cn)。

该数据库收录了1985年中国专利法实施以来公开的全部发明专利、实用新型专利和外观设计专利的著录项目及摘要，可免费浏览和下载说明书全文和外观设计图形。是目前通过网络查找、获取中国专利的最全面、最权威的检索工具。

② 中国知识产权网专利检索系统(http://www.cnipr.com)。

中国知识产权网站通过“中外专利数据库服务平台”为公众提供中外专利信息检索服务。该平台数据资源丰富，涵盖面广泛，除了拥有完整、权威的中国专利数据库，还包含“六国(美、

日、英、法、德、瑞士）两组织（世界知识产权组织、欧洲专利局）”在内的海量专利数据库，以及经过深度加工标引的中国中药专利数据库和中国专利说明书全文全代码数据库，总量超过千万件，是集专利信息采集、加工、检索、分析于一体的专利信息服务平台。

中外专利数据库服务平台的免费用户可以检索、浏览和下载专利的文摘信息。如果要查看法律状态和获取专利说明书全文，则需购买“专利文献阅读卡”，成为中国知识产权网的专利检索正式会员。

③ 中国专利信息中心（http://www.cnpat.com.cn）。

中国专利信息中心主办。提供中国专利文摘信息（含英文版）全文信息和法律状态信息的检索服务，可免费下载说明书全文。

④ 中国专利信息网（http://www.patent.com.cn）。

由国家知识产权局专利检索咨询中心主办，免费会员可任意检索中国专利文摘数据库、付费会员可任意下载发明专利、实用新型专利的全文说明书及其他个性化服务。

⑤ 万方数据资源系统的专利技术数据库（http://www.wanfangdata.com.cn）。

收录了从1985年至今专利局受理的全部发明专利、实用新型专利、外观设计专利信息，数据即时更新 授权用户可以查询、浏览和下载专利信息的文摘及全文。

2. 主要外国专利文献检索工具

(1) 美国专利文献数据库（http://www.uspto.gov/patft/index.html）。

是由美国专利商标局（USPTO）建立并维护的、免费提供美国专利文献全文的数据库，每周更新一次。该数据库由“授权专利数据库（Issued Patents）”和“专利申请数据库（Patent Applications）”两部分构成。Issued Patents 提供1790年至今的各类授权的美国专利，1976年以后还提供全文文本说明书；Patent Applications 提供2001年3月15日至今的专利申请说明书全文文本和图像页。

(2) 欧洲专利数据库（http://ep.espacenet.com）。

由欧洲专利组织及其成员国提供，可免费检索1920年（各国起始年代有所不同）以来世界上72个国家和地区出版的专利文献。

(3) 世界专利数据库（http://www.wipo.int/ipdl/en）。

世界专利数据库是世界知识产权组织所建立的知识产权图书馆的主要组成部分，提供世界各国专利文献数据的检索服务。收录了1997年以来PCT（专利合作条约）专利申请电子公报，最近一年内的PCT专利公报。目前免费提供专利文献的全文扫描图像下载。

思考与训练

1. 从例10-1高通专利墙，你想到了什么？
2. 为什么要进行创造成果保护？
3. 专利的“三性”是什么？
4. 查询相关的专利文献，尝试提出一种技术发明方案，看看能否申请一项技术发明专利。

第十一章　国家创新体系

第一节　国家创新体系及其系统结构

一、国家创新体系的产生和发展

国家创新体系，也称为国家创新系统，这一概念是在国家体系和创新理论研究的基础上提出的，它的提出是对科学技术与经济发展关系的认识不断深化的结果。德国弗里德里希克·李斯特在1841年发表的《政治经济学的国家体系》一书中首次提出国家体系的概念。哈佛大学教授奥地利经济学家熊彼特(J.A.Schumpeter)于1912年在《经济发展理论》一书中第一次提出创新的理论。国家体系和创新这两个理论的提出奠定了国家创新体系的两块基石。

在20世纪五六十年代人们深信，对基础研究的投资可自动地转化为一国的经济竞争力。但后来人们发现，开发设计、质量控制、教育、培训及来自市场的反馈等都对科技成果商业化有着重要的影响，许多技术创新可以在没有正式的研究开发的基础上产生。于是，人们发展了技术创新的概念，即必须把从新设想的开始到其商业化看作是一个过程，其中研究开发只是创新的一个阶段，设计、试验、制造和营销是实现技术创新链环的其他阶段。

国家创新体系的研究是技术创新研究的一个新的发展阶段，标志着创新研究发展到了一个新的阶段，把一般性的微观创新活动上升到国家的宏观层次，把一个国家内的各种创新活动看作是一个系统和一个整体。因而使创新理论成为从微观到中观(产业、区域)和宏观、从主体到环境、从小改小革到产业结构调整、从发展到改革的一种科技和经济、教育培训和文化有机结合的系统的理论、观点、途径和方法。

国家创新体系这一概念是由英国学者克里斯托弗·费里曼(Christopher Freeman)首先提出的。基于探寻日本经济奇迹，通过研究日本企业组织、生产组织、企业间关系、政府的作用，深入探讨了日本“技术立国”政策和技术创新机制，费里曼发现，在日本技术的追赶和跨越中，日本通产省是如何从一个长远的、动态的视野出发，寻求资源的最优配置，成功地推动产业和企业的技术创新的。通产省的特殊作用，使得这位学者1987年在《技术和经济运行：来自日本的经验》中，第一次提出了“国家创新体系”的概念。弗里曼认为，国家创新体系是国家内部系统组织及其子系统间的相互作用，是一种在公私领域内的机构网络，其活动和互动行为启发、引进、改造和扩散新技术。几乎与此同时，理查德·纳尔森(Richard Nelson)在其著作《作为演化过程的技术变革》中也提出了“国家创新系统”的概念，纳尔森研究了美国大学、政府、企业在新技术生产中的作用，认为创新是大学、企业等有关机构的复合体制，制度设计的任务是在技术的私有和公有两方面建立一种适当的平衡。

此后，波特尔、伦德瓦尔和帕维迪以及经济合作与发展组织和其他国家的许多学者加入到了研究行列，使国家创新体系的理论研究得到了不断地发展。特别是经济合作与发展组织(简称OECD)1997年的《国家创新系统》报告指出，创新是不同主体和机构间复杂的互相作用的结果。技术变革并不以一个完美的线性方式出现，而是系统内部各要素之间的互相作用和反馈的结果。这一系统的核心是企业，是企业组织生产和创新、获取外部知识的方式。外部知识的主要来源则是别的企业、公共或私有的研究机构、大学和中介组织。因此，企业、科研机构和高校、中介机构是创新系统的主体。该报告还指出，研究国家创新体系的政策含义是纠正技术创新中的系统失效和市场失效：即纠正企业因过短的眼光而对技术开发的投入不足。通过创新的产、学、研合作计划，网络计划，建立创新中介机构，以纠正创新的系统失效。国家创新体系的政策意义之一是加强整个创新系统内的互相作用和联系的网络。包括加强：①企业与企业间的创新合作联系，企业与科研机构和高校的创新合作联系；②中介机构在各创新主体间的重要桥梁作用；③政府在创新中的产业发展战略与政策引导作用，以及政府各部门在工作职能上的协调一致和集成。

目前，国家创新体系理论还在不断地发展和完善，取得了比较多的成果，主要有：

(1)国家创新体系的存在决定了一国技术创新能力，国家在创新过程中担负领导角色，国家是创新活动的决定因素。

(2)国内创新活动比国际间相互合作的创新活动更加重要。

(3)调节国家创新体系网络的杠杆有四个：资金、政策法律、市场和社会。

(4)国家创新体系的差异性，从而形成了几种典型的国家创新体制。

从国家创新体系产生和发展过程看，国家创新体系理论在创新产生方面的先进性在于：

(1)它强调了创新是一个系统化的行为。认为大量的创新是多个行动者协作行动的结果。因此，从系统的角度来探讨创新生成是对现实的更为精确的反映。

(2)它强调了制度等因素在创新发展中的作用。技术创新的生成取决于当地情况。市场条件、产业组织、企业结构、社会政治法律制度等因素在创新生成中都发挥着极为重要的作用。创新不是在真空中进行的，创新所处的环境和制度，可能会约束创新行为，也可能激励创新行动。综观现有的关于国家创新体系的研究，其研究的主要交叉点是技术学习、相互作用、网络和联盟。

二、国家创新体系的涵义

国家创新体系的涵义是随着时代变化而逐步演化的，目前还没有一个普遍接受的定义。一些学者根据不同的背景及研究给出了不同的定义，代表性的定义有：

(1)1992 年，弗里曼就国家创新体系做了进一步解释，他认为，国家创新体系有广义和狭义之分。广义的国家创新体系包括国民经济中涉及引入和扩散新产品、新过程和新系统的所有机构。狭义的国家创新体系涵盖了与科学技术活动直接相关的机构，包括大学实验室、产业的研究开发实验室、质量控制和检验、国家标准机构、国立研究机构和图书馆、科技协会和出版网络以及支撑上述机构的、由教育系统和技术培训系统提供的高素质人才。

(2)伦特瓦尔(Bengt.AkeLundvall)在 1992 年给出的定义是：国家创新体系是产生、扩散和使用经济上适应的新知识过程中相互作用的要素及联系。这些要素和联系既包括植根于国内的，也包括地处国外的。

(3)纳尔森在 1993 年提出的定义是：国家创新体系是一组机构，通过其相互作用决定某国企业创新活动的绩效。

(4)帕维迪(Pavitt)在 1994 年把国家创新体系定义为：决定一个国家内技术学习的方向与速度的国家制度、激励结构和竞争力。

(5)梅特考菲(Metcalfe)在 1995 年提出的定义是：国家创新体系是共同或独自服务于新技术的开发与扩散、为政府提供用以制定和执行干预创新过程的政策框架。这是创造、储存和转移知识、技能及新技术产品的相互联系的机构所构成的系统。

(6)经济合作与发展组织(简称 OECD)在 1997 年出版的《国家创新体系》研究报告中列举了不同学者的五种定义，其中较有代表性的是“国家创新体系是一组独特的机构网络，这些机构分别和联合地推进科学技术的研究、开发和扩散，提供政府形成和执行关于创新的政策框架，是创造、储存和转移知识、技能和新技术的相互联系的多种机构组成的系统。”

路甬祥院士等认为，国家创新体系是由与知识创新和技术创新相关的机构和组织构成的网络系统，其骨干部分是企业、科研机构和高等院校。广义的国家创新体系还包括政府部门、其他教育培训机构、中介机构和起支撑作用的基础设施等。促进和进行知识的生产、传播和应用是国家创新系统的基本功能。所以，国家创新体系又可称为国家知识创新体系。

从以上论述我们可以看出，国家创新体系是国家建立的，由政府、企业、大学、科研机构、金融机构及中介服务机构等构成的相互作用的，具有综合性、动态性和开放性的网络系统。其功能和目的是创造、扩散和应用新的知识和技术；其任务是全面推进社会各方面的知识创新和技术创新；其目标是促进国家创新资源的优化配置，培养和造就创造型人才，以提高和发展国家、民族及各组织的创新能力。

三、国家创新体系特征

(一)国家创新体系的一般特征

由于各国的政治、经济和文化背景不同，不同国家创新体系要素的作用和相互作用的方式各不相同，从而使各国的国家创新体系呈现出不同的特色，但作为一个系统，国家创新体系具有系统的一般特征。主要包括：

1. 系统性

国家创新体系就是由不同创新活动主体构成的一个网络系统，该系统内各类不同的创新活动主体、相关的制度以及相应的政策环境作为一个整体构成了该国的国家创新体系，其中任何一部分都不能称作国家创新体系。

2. 开放性

国家创新体系是一个开放的系统。系统内各主体要素(如政府、企业、研究机构、大学和中介机构等)除了系统内部自由流动外，需要进行系统间的相互流动。知识和技术扩散及应用的过程，推动着系统之间要素的流动。例如，技术引进就是以技术为载体，传递着技术输出国创新体系中要素主体对技术输入国创新体系内要素主体的作用，从而促进技术引进国创新能力的发展。

3. 综合性

国家创新体系是一个综合体系，是科技与经济在整个社会范围内的有机结合。它在整个运作过程中，从制度、政策、组织、体制和机制等层面上，将企业、研究机构、高等学校、中介机构和政府部门等融为一体，其整合效能直接影响着国家创新能力的高低。

4. 动态性

国家创新体系的创建和发展，始终是一个动态的过程。这是因为，一方面创造、创新本身就是一个不断演进的动态过程，技术创新作为企业发展的原动力，影响着整个社会科技、经济和文化的发展；另一方面，创造和创新者的意识、市场环境、消费者群体结构与需求等因素都是不断变化发展的。

5. **经济性**

虽然国家创新体系是涉及经济、技术、政策、科学文化等多个方面的系统，并且把促进科技与经济的结合作为一项重要内容，但从根本上说它是一个宏观的经济系统概念，是指有关一国经济增长的宏观运行及其相关体制组成的系统。

（二）国家创新体系的本质特征

作为国家实现知识和技术生产、流通及使用的创新体系，除了具有系统的一般特征外，尚有以下 4 个方面的本质特征。

1. **国家创新体系是一个知识创新与技术创新紧密结合的体系**

所谓知识创新，是指通过科学研究获得新的基础科学和技术科学知识的过程，其目的是寻求新的规律和方法。而技术创新是指学习、革新和创造新技术的过程。在实际生活中，技术创新表现为新产品的制造、新工艺或设备的首次商业应用等有关技术、设计、制造及商业活动，包括产品创新、工艺创新和创新成果的应用与扩散。由此可见，知识创新和技术创新既有着各自不同的作用领域，又有彼此不可分割的联系。知识创新强调基础性的科学研究，是技术创新不可或缺的基础；技术创新则侧重应用型的产业研究，强调知识向产品和市场的转化，为知识创新提供发展思路和方向，推动知识创新向更高水平发展。

2. **国家创新体系是一个市场行为和政府行为共同作用的体系**

在分析国家创新系统的微观基础时，伦德瓦尔指出："创新活动应是立足于市场之中的。"但是，这个市场究竟是"纯粹的市场"还是"有组织的市场"呢？他认为，在纯粹市场中，当生产者和用户被分割时，仅靠少量的信息来确定资源配置，对于形成良好的创新活动环境是无效的。这是因为，市场的力量毕竟是有限的，技术进步作为一个渐进的过程，具有内在的浪费性；市场中各创新主体的创新行为也大多是立足于自身发展需要进行的，具有盲目性和重复性。仅靠市场进行调节不可避免地会造成创新资源配置的浪费，并进而造成研究与发展的低效。事实上，大多数市场都是有组织的市场，是"由组织因素与市场因素结合起来的杂交形式"控制着市场中的创新活动。

在国家创新体系的研究之初，政府行为在创新体系中的作用就受到了极大重视。费里曼在对日本国家创新体系的研究分析中，特别强调了政府的作用，尤其是通产省的作用。政府行为不仅为某些关键产业的研究与发展活动定下了基调，而且引导着企业创新活动的方向。政府行为在国家创新体系中的作用主要有 4 个方面，即：引导创新活动的方向、激励创新主体积极参与创新、保护创新成果及其应有的收益、协调各创新主体间的关系。不同国家的创新体系，其政府参与创新的形式各有不同，因而在创新中发挥的作用也不尽相同。市场力量与政府力量在国家创新体系中的作用是相辅相成、互为补充、缺一不可的。所以说，国家创新体系的有效运行，离不开市场行为与政府行为的共同作用。

3. **国家创新体系是一个知识、技术"私有化"过程和"公有化"过程同时进行的体系**

创新活动往往带有私有性，这表现为创新者率先的创新行为会使其拥有对创新成果(如新产品、新知识或新工艺)的暂时垄断，从而为创新者带来相应的创新收益，形成了创新的机制和动力。正是基于这种吸引，创新主体的创新行为从一开始就带有私有化的倾向，这在一定程度上不利于知识、技术的扩散和传播。

创新的公有性表现为两种：一方面率先创新者的垄断地位并非广泛而持久的，它会因竞争和由此而来的大量模仿而逐渐减弱，直至走向社会化；另一方面，创新行为本身就暗含着技术共享与合作研究的要求，那些与基础科学相关的技术创新更是如此。于是各创新主体逐渐走向合作与共同研究的道路，创新开始从私有变为公有。由此可见，创新过程中私有化过程与公有化过程能够同时进行的根本原因在于：创新的私有化与公有化并不是完全矛盾和对立的，二者有一种相互协调和限制的关系。在这个关系下，创新的私有化与公有化要求都得到一定程度的满足。正如纳尔逊所言："制度设计的任务，是在技术的私有和公有两方面建立一种适当的平衡，既保持足够的私人刺激以鼓励创新，又保持足够的公有性促进技术广泛应用。"国家创新体系的优点在于，它在保留了创新利润动机的同时，通过企业、研究机构、大学的作用，中介机构以及政府的扶持，避免了创新结果私有化所带来的技术创造和应用方面的浪费。

4. 国家创新体系的专业化和经济全球化

有学者认为，国家创新体系的专业化正在成为一种趋势，以下三个方面的生产率指标说明了各国之间专业化程度的差异。

(1) 科学专业化，主要通过国家的出版物来测度各国在科研诸领域的相对优势与劣势。据此分析，德国和日本在工程、技术、化学和物理学方面具有共同的专业化特征，法国、德国、意大利在化学、物理学和数学方面具有较强的专业化倾向，而美国在科学的各个方面的发展都比较均衡，表现出与大多数国家明显不同的特征。

(2) 技术专业化，主要通过国家的专利活动和研究开发强度来测度各国在产业化技术领域中的相对优势与劣势。一般来说，由于技术能力的积累需要时间，因此技术专业化往往存在着某种路径依赖的特点。

(3) 贸易专业化，主要通过出口业绩指标来描述各国贸易部门的相对专业化程度，说明各国以技术为基础的部门的国际竞争力优势与劣势，一般来说，技术能力强弱能够在出口实绩方面清楚地反映出来。

第二节　国家创新体系的构成

一、国家创新体系的系统结构

国家创新体系的系统结构主要由知识创新系统(科研机构和研究型大学)、技术创新系统(主体是企业)、管理创新系统和制度创新系统(政府部门和大学、社科研究机构)、人才创新系统(高等教育、职业培训系统和人才开发等)和知识应用系统五大类构成，见表 9-1。

表 9-1　国家创新体系系统结构表

名称	核心部分	其他部分	主要功能
知识创新系统	国立科研机构和研究教学型大学	其他高等教育机构、企业科研机构、政府部门基础设施及中介机构	知识的生产、扩散和转移
技术创新系统	企业	科研机构、教育培训机构、政府部门、中介机构和基础设施	学习、革新和创造、传播、应用新技术
制度和管理创新系统	国家政府部门	国家社科研究机构和大学相关的科研机构、企业	对知识创新、技术创新及国家创新体系制定政策，提供组织管理和服务
人才创新系统	高等教育系统、职业培训系统和人才资源开发系统	政府部门、企业科研培训机构，中介机构和基础设施	传播知识、培养人才，为整个国家创新体系提供人才保障
知识应用系统	社会和企业	政府部门、科研机构以及其他机构和组织	促进知识和技术的实际应用，促使科学知识和技术知识转变成现实生产力

(1) 知识创新系统。是由与知识的生产、扩散和转移相关的机构和组织构成的子网络系统。知识创新是指通过科学研究获得新的基础科学和技术科学知识的过程，它是技术创新的基础和源泉。知识创新系统的核心是国立科研机构和研究型大学，它还包括其他高等教育机构、企业科研机构、政府部门和起支撑作用的基础设施等。知识创新系统的主要功能是知识的生产、传播和转移。政府行为起主导作用。

(2) 技术创新系统。是由与技术创新全过程相关的机构和组织构成的子网络系统。技术创新是指学习、革新和创造新技术并使其商业化的过程，它是企业发展的根本。技术创新系统的核心是企业，它还包括政府部门、科研机构、高等院校、其他教育培训机构、中介机构和基础设施等。技术创新系统主要功能是组织科技攻关力量创新技术。发达国家的技术创新更多地由市场机制起作用。

(3) 制度和管理创新系统。主要是由政府、企业、科研机构与大学等组成的子网络系统，核心机构是政府，主要是通过政府对现行体制的改革、创新，为其他子系统的良好运行提供合理的制度保障。

(4) 人才创新系统。主要指高等教育系统和职业培训系统，包括高等院校、科研机构、企业等组成的子网络系统。其主要功能是培养具有高素质、高技能、新知识、创新意识与创新能力的人力资源。国家知识和信息基础设施、知识和信息传播网络等在知识传播中也发挥着越来越重要的作用。政府行为在知识传播中起主导作用，同时应注意利用市场机制，充分发挥各方的积极性。

(5) 知识应用系统。知识应用系统主要是由包括政府部门、企业、科研机构和其他机构组成的子网络系统。核心主体是社会和企业。该系统的主要功能应用新知识和新技术提高决策能力，提高社会生产率、促使科学知识和技术知识转变成现实生产力。知识应用主要是市场机制起主导作用，社会和企业是行为主体。政府的作用是制定并执行法律、法规和政策，引导、监督和宏观调控社会和企业的行为，应用知识作出科学的决策，以提高知识转化为现实生产力的能力和效率，促进知识密集型制造业和服务业的发展等。

上述几个子系统在国家创新体系中各有重点、相互交叉、互相支持，共同构成一个运行有序、统一开放的国家创新体系有机整体。各子系统的相互关系是：知识创新系统是技术创新系统的基础和源泉，技术创新是企业发展的根本，通过知识传播系统来培养高素质人才，知识应用系统促使科学知识和技术知识转变为现实生产力，而国家通过制度创新系统来进行制度安排，以调控整个国家创新体系的良好运行。

国家创新体系的系统结构，还可按照领域、地区等进行细分。可分成若干行业创新体系和地区创新体系，例如国防创新体系、国家农业创新体系、国家医学与卫生创新体系、国家工业创新体系、国家中小企业创新体系、国家能源工业创新体系、××地区创新体系等。

二、国家创新体系的构成要素及主要职能

国家创新体系是在国家层面上组织技术创新，技术创新必然涉及新思想和新发明的产生、产品设计、试制、生产、营销和市场化等一系列活动，也必然涉及许多部门和组织。由此国家创新体系主要由企业、高校和科研机构、教育培训机构、各级政府以及致力于技术和知识转移的中介机构所构成，其中企业是创新体系的核心。国家创新体系具有很强的网络性和互动性，它从系统观点出发，强调了国家创新体系中角色的相互作用和科技知识的流动性以及它们与宏观经济、调控范围等的关系。

1．企业

企业作为社会经济的细胞，是国家创新体系中最基本的要素，也是最重要的要素。在这里，作为创新主体的企业是指现代企业制度意义上的企业，他们具有创新的能力和动力，是创新投入、创新活动和创新收益的主体。创新作为生产要素的重新组织或组合，只有在企业家的领导和指挥下，通过市场来实现。这个作用是其他任何组织和个人无法替代的。

企业作为生产过程的主体，也是创新过程的主体。生产过程与创新过程不能互相替代，生产过程是一个重复的过程，其目标是扩大产量，而技术创新过程是一个连续和积累的过程，特别强调推出新技术和新产品等创造活动的重要性。因此，企业本身的创新意识和创新能力决定了它在国家创新体系中发挥作用的程度。企业是国家技术创新体系的核心，它以知识创新和技术运用为主，同时进行知识传播，并以此提高员工的素质，强化企业的竞争能力。作为以营利为目的的经营实体、企业非常注重其各种研究投入的回报时间和程度。企业参与技术创新和知识应用的形式主要有两种：一是企业内部设立专门的研究机构，从事研究和开发(R&D)活动；二是企业与外部独立的研究机构或大学合作进行创新活动。无论以何种形式创新，利润最大化始终是企业的追求，企业真正关心的是创新收益。创新收益有短期与长期之分，也有无形和有形之分，当企业的创新投入获得了相应的回报时，企业才会具有持续的创新动力和创新能力。

企业是研究开发的主体，是创新投入、产出及其收益的主体。没有高水平的企业创新系统，就不可能建立一个强大的国家技术创新体系。

2．政府

政府是国家创新体系中一个十分关键的要素，它与其他要素不同的地方在于，它不仅是创新过程的主要参与者，更是创新活动的重要推动者。政府部门的职能应从目前组织创新活动为主，转向以宏观调控、创造良好环境和条件、提供政策指导和服务、促进各组成部分间和国际间的交流与合作为主。

政府在技术创新过程中的作用分为直接作用和间接作用两种类型。

⑴直接作用：就是指政府直接参与，成为创新的投资者、组织者和控制者，主要有以下4种形式和范畴。

① 关系国家安全的一些具有重大战略价值的创新项目，如“两弹一星”航天计划等。这些项目集中领导的成分高，创新目标、完成后时间、集成方法、组织形式等均由政府制定，是典型的政府主导方式。

② 外溢性很强、非一个企业所能承担的、能形成社会效益的一些共性技术项目。此类项目多由科研机构所承担，它关系到国家创新体系的健康发展，须重点支持。

③ 关系到国家整体竞争力的科技研发项目，如大规模集成电路设计、制造、工艺和装备技术，生物工程技术，电动汽车，光电子技术，微电子、微机械和纳米技术以及国家重大专项技术的集成创新等。这些领域的技术关系到国家科学技术的发展方向，其研发成果可以对提高众多行业的竞争力产生促进作用。

④ 通过立法打破技术因素合理流动的各种障碍，完善知识产权保护，通过制定政策加强基础设施建设，营造良好的创新环境。

⑵间接作用：是指政府着力于维护市场机制与活力，创造公平竞争的环境，建设创新基础设施(如科技创新园区、孵化中心等)，通过间接方式推动创新。政府职能主要是引导、激励、保护和协调，其作用影响着知识和技术创新、扩散及应用的整个过程。

3. 研究型大学和研究机构

研究型大学和科研机构在国家创新体系中的根本目标是开发新的已有较强共用性质的技术资源，为企业技术创新提供知识供给。其研究活动多属基础性、前沿性、战略性的涉及国计民生的高风险、高投入的工作。这里所说的研究机构既包括中央政府所属的国家科研机构、部门科研机构，也包括地方政府所属的地方科研机构以及民间的非营利科研机构。国家科研机构和部门科研机构以知识创新为主，同时进行技术创新和知识转移；地方科研机构和民间的非营利科研机构主要从事与技术创新和技术转移相关的工作。

4. 高等院校为主体的教育与培训机构

高校被公认是科学技术和知识的存储器，它在教学中传播、提取知识，又通过学术研究，扩展知识的存储。以高等院校为主体的教育与培训机构在国家创新体系中的主要功能是开发具备必要技术技能、知识和创造力的人力资源，同时还从事大量的基础研究，为某些领域的技术创新提供知识支撑。也就是说，高等院校以知识传播和高素质人才培养为主，同时进行知识创新和知识转移。

5. 中介服务机构

中介机构是国家创新体系中传播和扩散知识与信息的桥梁，是科技产业化的中间环节。中介机构是沟通知识流动，尤其是沟通研究机构与中小企业间知识流动的一个重要环节。一般包括生产力促进中心、创业服务中心、咨询服务公司等。各国都把这种中介机构的建设看作是政府推动知识和技术扩散的重要途径。

创新体制要求建立与完善有利于技术的创新、传播、产业化和市场的立法、司法、咨询中介服务机构，为发展技术市场、人才市场、技术创新和产业化提供充分的法律、金融、咨询和中介服务。这是增强各要素主体之间信息流动的一条有效途径，使原本属于政府部门的组织协调等工作由市场来承担，既减轻了要素主体的交易和沟通成本，提高了资源的配置效率，又有利于营造一个良好的创新环境，从而推动整个国家创新体系的高效运行与协调发展。德国北莱茵—威斯法伦州创办的“创新和技术转移中心”，在技术支持、协调、融资等关键方面具有很强的综合服务能力，是整个创新服务支撑体系的重要组成部分。

科技创新中介服务体系提供的服务主要有 6 个方面，即科技咨询服务、人才培训和人才需求服务、科技投资需求服务、科技企业经营管理咨询服务、科技创新企业的基础设施提供、国家科技政策咨询和预测未来的发展趋势。特别需要强调的是要重视预测未来的发展趋势。二战后，西方主要是美国的军事战略家退役后，组建了多种为企业和个人服务的中介组织，形成了庞大的网络，为政府、企业提供规范的咨询服务，造就了许多思想家、战略家、政治家，以及专业的规划、设计专家，如麦克拉马拉、基辛格、布热津斯基等，为西方国家的持续发展和稳定做出了贡献。在美国，每年约有 10 万家企业破产倒闭或者被兼并，同时也有 10 余万家新注册企业开业，如电信产业的传统霸主 IBM 近年来就敌不过新秀微软等。不管企业拥有多少资产，其领导人总是如履薄冰，任何有才干的企业家，仅靠自己的知识、智慧和能力往往不能正确把握方向，必须借助于“内脑”（企业员工的建议）和“外脑”（咨询公司的战略和对策研究），只有把“内脑”和“外脑”两种资源集成起来，才能立于不败之地。

一个国家创新体系的效率取决于以下两个方面：创新体系内各要素构成在创新中的功能定位是否恰当；创新体系内各要素之间的联系是否广泛与密切。这两个问题都与我国的经济体制和科技体制改革相关。在职能定位上，创新体系内部资源的配置是关键。

在创新要素间的联系上，关键是加强企业与企业间的创新合作联系，企业与科研机构、高等院校的创新合作联系；加强中介机构在各创新构成要素间的重要桥梁作用；加强政府在创新中的产业发展战略与政策引导作用以及政府各部门在工作职能上的协调一致和集成。

三、国家创新体系各要素实现功能耦合的基本条件

国家创新体系是一个由组织和制度构成的网络系统。任何系统的功能都离不开各主体要素的功能及其功能的耦合(相互协调和促进)。在国家创新体系中，各主体要素相互作用的过程也是国家创新体系运行的过程，而各主体要素相互作用的效果直接决定着该体系的运行效率。要实现国家创新体系内各要素的功能耦合，提高国家创新体系的运行效率，必须创建如下的良好条件。

1. 有效的市场化机制

市场过程是一个对创新活动进行自我组织的过程。在主体要素进行创新活动的过程中，市场竞争为各主体要素提供创新的压力和动力，市场也为创新收益的最终实现提供源泉和空间。良好的市场化机制，有利于优化资源的配置，有利于通过价格信息引导创新。随着我国社会主义市场经济体制的建立与发展，原有的体制逐渐被打破，政府的直接干预作用在减弱，市场机制的作用虽有所加强，但并没有完全发挥其应有的作用。要真正改变这一局面，必须加快市场机制建设，确保各要素在市场中的主体地位，规范市场行为，从而使市场这只“看不见的手”充分发挥作用。

2. 充分的信息流动

在知识创新和技术创新、扩散和应用的过程中，成分信息流动是一个不容忽视的条件。信息资源是这个创新过程中不可或缺的因素。创新资源在各主体要素间的配置，主要依靠信息流动和分布来决定。信息的流动，会带动创新资源的流动；创新主体间的相互作用也离不开信息流动，主体要素获取信息的充分程度决定其在创新过程中的优势大小。目前在我国的国家创新体系内部，信息流动不充分仍是一个比较突出的问题，各主体要素间往往缺乏足够的了解，尤其是对彼此需求的了解，因此难以建立起有效的功能耦合。

四、国家创新体系的主要功能

国家创新体系的主要作用是知识创新、技术创新、知识传播和知识应用，主要功能是优化创新资源配置，协调国家的创新活动，具体包括：国家创新资源(包括人力、财力、信息资源等)的配置功能、国家创新制度与政策体系建设功能、国家创新基础设施建设功能和部分创新活动的执行功能。

(1)国家创新资源的配置功能。国家创新体系应包括有利于创新活动的国家宏观调控(财政手段和金融手段)体系、人力资源管理体系、教育与培训体系、信息服务体系和创新资源的分配体系。创新资源的配置主要靠市场机制，结合产业技术政策、投融资机制等进行调节，使创新资金、人才和技术投向能够产生创新集群、形成新的经济增长点的领域。

(2)国家创新制度与政策体系建设功能。主要为全社会提供良好的制度安排和政策环境，具体的工作包括政策和法律的制定、知识产权的保护、创新主体的激励、创新主体行为的规范、维护国家和公众的利益等。

(3)国家创新基础设施建设功能。国家创新体系应能为创新活动提供良好的条件，包括国家科技基础设施、教育基础设施、情报信息基础设施、创新中介服务等。

(4)部分创新活动的执行功能。企业是创新活动投入和应用的主体，市场行为占主导地位；

研究机构和高等院校则主要从事知识创新、知识传播和人才培养，政府行为占主导地位。在促进企业和科研单位进行技术创新的基础上，政府可根据国家经济发展的战略目标，确定产业竞争力培育的优先领域，主要是对支柱产业的重大关键技术以及产业间的基础、共性技术，由政府出面组织重大创新计划和项目、组织产学研合作、推广创新成果、开展国际合作与交流等多种形式，促进知识、技术和人才的合理流动。

第三节　国家创新体系的建设

1997年底，中国科学院向党中央、国务院提交了《迎接知识经济时代，建设国家创新体系的报告》，引起了国家领导人高度重视和肯定。从此，国家创新体系不仅成为科技经济界讨论的热点，也成为我国科技体制改革的重点。

一、国家创新体系建设的基本原则和方法

1. 国家创新体系的基本原则

(1) 目标原则。国家创新体系是为了实现国家目标，实现民族进步。建设创新型国家与可持续发展两大战略就是国家目标在现阶段的体现。国家创新体系的各系统的建设，无论是知识创新、技术创新、产品创新、产业创新、制度创新、创新人才的培养、管理创新，都是国家创新体系有机整体结构的一部分。它们之间不仅存在线性的连续关系，更重要的是互动的网络关系，要按互动性、网络性、结构性设计各个子系统的定位与功能。任何子系统的功能实现，都不能替代整体功能的国家目标的实现，相反于系统的功能实现，要融于国家目标的实现之中，在国家目标的实现中，完成子系统的功能发挥。

(2) 国情原则。建设国家创新体系按照有中国特色社会主义市场经济的原则建设符合中国国情的国家创新体系。

(3) 动态原则。国家创新体系建设要把改革与发展相结合，近期与长期相结合，局部与整体相结合，确定整体长远目标，可分阶段实现。机构调整可以有步骤、分阶段实施，功能定位可先期确立，先易后难，循序渐进。改革不可能没有阵痛，但要在稳定中发展，企业、大学、研究机构等主要阵地，要在动态中有步骤地发展。

(4) 创新原则。国家创新体系的核心是知识创新和技术创新，围绕核心由企业、政府、大学和科研机构、中介服务机构组成的网络系统。这个系统是跨行业、跨部门、多层次的科技、经济、社会复杂的系统。它的总体设计、实施方案、政策协调，乃至于局部调整，都具有很大的难度，基本上是在缺乏经验的条件下探索。首先，国家创新体系的建设及子系统的建设就需要突破和超越，需要创新意识和创新精神，才能克服风险取得成功。其次，国家创新体系是知识经济时代基础设施建设，它要满足未来经济时代的功能要求，既要立足于现实基础，更要面向未来，从一定意义讲，国家创新体系是超时代的建设工程，以创新的观念建设未来的现实。

总之，国家创新体系的功能，要符合创新的目标，同时，国家创新体系本身的建设，更要体现创新的精神，以创新建设实现创新的目标。

2. 建设国家创新体系的方法

按照OECD报告的看法，国家创新体系首先是一种方法，是我们认识和处理知识与经济之间的关系，认识和处理知识体系内部之间关系的一种好方法。掌握和运用这种方法，对于

进一步深化科技体制改革，建设创新型国家战略的实施，是有现实意义的。建设国家创新体系方法有如下几个特点：

(1) 强调知识流动的重要性。国家创新体系方法强调，机构之间和人员之间的技术和信息流动是创新过程的关键。

(2) 系统方法的重要性。在创新能力的建设和创新过程的推进上，使用系统方法代替传统的“线型模式方法”。线型方法把知识流动看得过于简化，认为创新起源于科学，科学投入的增加会直接增加创新的数目。然而实际上，创新设想来自于多种源泉，来自于研究、开发、销售、技术扩散的任何阶段。在线型方法中，科研院所似乎处于创新体系的中心，常作为创新活动的最重要主体。在系统方法中，创新是各种机构各种角色之间相互作用的结果，大多通过系统内部的反馈环路实现，很少以线型序列方式发展。企业因而处于创新体系的中心，是创新活动的最重要主体。企业组织生产和创新的方式、企业获取外部知识的渠道在创新体系中都十分重要。

(3) 重在解决“系统失效”与“市场失效”。科技发展中的“市场失效”主要表现在一些重要的、长远的研究开发项目和基础性的、公益性的研究开发项目很难吸引企业投资，同时，由于短期利益的影响，一些企业也不愿意增加研究开发投入。为此，政府必须保证对基础性、长远性和公益性研究项目的支持。为了增加企业对 R&D 的投入，政府常常需要在税收、补贴等方面采取激励措施；为避免市场的扭曲作用，需要健全科技法规和加强政府的引导作用。“系统失效”主要表现在系统内部各类角色之间的相互联系和合作较差，各政府部门间的面向创新体系的各种努力缺乏协调，政府研究机构的基础研究和企业的应用研究、技术开发之间不匹配、技术转移机构的作用发挥不好，企业的信息获取和技术吸收能力较差等。为此，促进创新网络建设和提高企业吸收能力的政策十分重要。

为了加强和完善国家创新体系的建设，使我们的创新体系能够极大地提高我国的创新能力，并最好地运用这种能力去提高国家的经济竞争能力和经济绩效。以下四个方面是目前值得关注的重点。

(1) 增加知识储备。国家的创新能力与国家的知识生产能力和知识储备有着密切的关系。要从根本上提高国家的创新能力，就需要在培养更多的具有创新能力的科技人才，进行更多的具有前瞻性的、对高新技术产业的发展具有战略意义的重大研究项目上下工夫。

(2) 加强企业创新主体。国家的创新能力最终又体现在企业的创新能力上。提高企业的创新能力，是我国目前国家创新体系建设和完善中一项十分紧迫而艰巨的任务。企业创新能力的建设包括企业的研究开发能力，企业的组建和利用网络的能力，企业的鉴别技术和信息及吸收技术的能力，企业在技术、管理、组织等方面的更新能力等。为此，要进一步完善技术引进和技术改造政策，把重心放在提高企业的消化吸收能力上；要进一步强化国家财政、税收对企业研究开发的激励措施；要积极推进“技术创新工程”的实施。

(3) 发展创新网络。国家创新体系用以解决“系统失效”的最重要办法是建立创新网络。通过发展创新网络，改善和加强创新体系内各种机构各种角色之间的相互联系和合作，是使国家创新能力能够得以有效利用并转化为竞争能力和经济绩效的有效途径。同时发展创新网络，也是提高企业创新能力，特别是吸收技术能力的重要手段。因此，要进一步加强产学研合作工程的实施，采取更为有力的措施，推动产学研合作网络的发展和完善。要进一步加强高新技术开发区的建设，使它们成为联结高校、科研院所和企业的重要网络。要进一步加强技术市场、工程研究中心、生产力促进中心、创业服务中心等创新中介服务机构的建设，使它们在促进产学研合作、企业之间的战略技术联盟、生产者与用户之间的网络等发展方面，发挥更大的作用。

(4)保持协调与一致。在国家创新体系的建设与完善中，最重要的是要保证从事知识的生产、扩散与应用的许多子系统之间的紧密联系与合作，形成和谐一致的整体化系统。每个子系统都有自己的目标和功能，子系统的功能发挥得好，有助于国家创新体系总体目标的实现，但是子系统目标不应逾越和取代国家创新体系的总体目标。保持各子系统之间的协调与一致其实在很大程度上是要保持与子系统有关联的政府各有关部门之间的协调与一致。建设和完善国家创新体系，不可能是一个部门的事情，需要许多政府部门的共同努力。明确的职责，高度的责任感，良好的分工，紧密的联系，主动的配合，对实现国家创新体系的总体目标十分重要。

二、中国国家创新体系建设进展——国家创新体系的“三大工程”

中国国家创新体系是由科研机构和研究型大学为主的知识创新系统，以企业为核心的技术创新系统，高等院校和培训机构为主的知识传播、人才培养系统，中介机构的信息交流服务系统和社会、企业的知识应用系统所构成。

（一）《知识创新工程》

《知识创新工程》报告中提出中国科学院 1997 年专门成立了一个研究小组，从国家的整体利益出发，站在 21 世纪发展的战略高度，就一系列重大问题进行了研究，最终形成了《迎接知识创新时代，建设国家创新体系》的研究报告。报告呈送党中央和国务院后，受到了中央领导同志的高度重视。在党中央、国务院领导同志的亲自指导下，中国科学院进一步开展了作为国家创新体系的重要组成部分——《知识创新工程》的研究工作，并向国务院呈送了《关于中国科学院开展〈知识创新工程〉试点的汇报提纲》。1998 年 6 月 9 日国家科技教育领导小组举行的第一次会议，审议并原则通过了中国科学院关于开展“知识创新工程”试点的汇报提纲。

1.《知识创新工程》的目标和基本内容

《知识创新工程》的总体目标是：在国家宏观层面，形成国家创新体系完整的总体战略布局；到 2010 年前后，形成高效运行的国家知识创新体系及其运行机制；建成一批国际知名的国家知识创新基地，不断取得具有国际水平的重大科技成果；使我国知识创新实力达到世界中等发达国家水平，中国科技的国际竞争力进入世界前 10 名。

《知识创新工程》的基本内容：

① 深化体制改革，建立与国际基本接轨并具有我国特色的现代国立科研机构体制。

② 转变管理机制，建立现代科研院所管理制度。

③ 调整结构，集中力量，重点建设一批国际知名的国家知识创新基地。

④ 创造有利于知识创新的良好环境，提高知识创新的效率。

⑤ 培养和造就具有创新意识和能力的高素质人才。

⑥ 在对国立科研机构的基础研究和战略性研究部分采用机构性预算支持的同时，巩固和完善科学基金制，继续组织国家重点科技计划，鼓励科研人员通过项目竞争承担国家科技计划任务和社会委托任务，促进知识和技术的转移。

2. 中国科学院《知识创新工程》试点工作简介

(1)试点的基本思路和任务。中国科学院《知识创新工程》试点的基本思路是明确方向，深化改革，建设基地，造就人才，开拓创新，加快发展。试点的基本任务是形成和保持强大的国家知识创新能力；加速最新科技知识的传播；全面推进知识和技术的转移；为国家宏观决策提供科技咨询；建设和保持一支具有国际水平的科技队伍；不断加强国家知识创新基地建设。

(2)试点的具体目标。在 1999 年 1 月 25 日中国科学院召开的工作会议上，中国科学院院长路甬祥院士在题为《认清形势、抓住机遇，迎接新挑战、解放思想，开拓创新，迈向新世纪》的工作报告中，就《知识创新工程》试点工作提出了科技创新目标、体制改革目标、机制转换目标、队伍建设目标和文化建设目标等具体目标。

科技创新目标。该目标是根据中国经济、社会发展的战略需求与世界科技发展态势对中国科学院科技工作的导向而设置，主要体现在七个方面。

① 对中国实现第三步战略目标、提高中国国际竞争力有战略意义的高技术，如信息科学技术、材料科学技术等。

② 发挥中科院综合优势，为国家基础产业和支柱产业提供强有力的科学技术支撑，如农业高新技术、传统支柱产业改造的关键技术和工艺等。

③ 对中国社会可持续发展起重要基础作用的科学技术，如地球科学、生态与环境科学和环保技术、重大自然灾害的防止理论与方法、资源和能源科学技术等。

④ 在社会主义市场经济环境下，由中央政府支持的、体现国家长远目标和保障国家安全的重要科技工作，如空间科学技术、大科学工程和与国家安全有关的高新技术等。

⑤ 发展迅速的科学技术，特别是可能在中长期对中国农业、人口与健康产生重要影响的科学技术，如生命科学和生物技术等。

⑥ 对科学技术发展起重要基础作用的科学，如数学和物质科学前沿等。

⑦ 按一定比例，长期、稳定地支持一些有重要科学意义、有可能为中华民族在国际科学舞台争取巨大科学荣誉的基础研究。

从上述战略需求出发，中科院初步提出了 9 个重点发展领域：农业高新技术领域；人口与健康领域；信息与自动化领域；能源领域；生态与环境领域；空间科学与技术领域；新材料领域；地球科学领域；重大交叉领域。

体制改革目标。建设 10 个重要科技基地，这些基地由有共同战略目标、处于同一地域或学科有密切联系的若干研究所经过调整后组成。从长远看，一些基地应是实体化的研究所群，具有法人地位，在确定重点科技目标、制定发展规划、管理科研经费、制定政策和规章制度等方面拥有自主权。基地内的研究所应是以科技创新活动为主的组织单元，而不再是集行政功能、社会功能和科技功能为一体的社会单元。按创新工程的高标准和新机制建设好一批核心研究所。积极主动地与部门、地方、企业、大学共建研究机构。一些研究所将通过转制方式，成为在市场经济下独立运行的科技开发机构或高技术企业。

机制转换目标。要大力提倡和坚持“以人为本”的管理思想。进一步提倡学术自由，鼓励创新，尊重知识尊重人才。建立并完善机构开放、人员流动、公平竞争、择优支持、评价从严、待遇从优、动态优化、鼓励创新的新机制。全面实行按需设岗、公开招聘、竞争上岗、契约管理、转岗分流、动态更新的基本人事制度。使科技人员的创造性劳动得到应有的体现，切实优先提高做出创新贡献的科技人员的生活水平和社会地位。要进一步扩大和保证科研机构的自主权。中国科学院继续实行两级法人制度，具有事业法人资格的科研团体是基本单元。当前在创新工程建设中，尤其要从制度上保证其为适应迅速变化的外部需求和科技自身发展需求而必需的自主调整和反应能力，提高其从事高创新度科技工作的风险承受能力。

队伍建设目标。按照开放、流动、竞争、择优的原则，建设中国最具创新能力和最高水平的自然科学与高技术创新队伍。这支队伍将拥有一批国际著名的科学家，一批朝气蓬勃的中、青年科技骨干，一支精干高效的技术支持和管理队伍。

文化建设目标。建设具有鲜明特色的创新文化。真正形成既能在既定科技目标下集中攻坚，又有充分的学术自由；既能充分调动各类人员的积极性，又能充分发挥高水平科技专家个人创造性的创新环境。倡导求真唯实、鼓励创新精神、严谨严格的科学精神，形成尊重人才和有利于青年人才脱颖而出的文化氛围。

(3)试点的内容。中国科学院开展《知识创新工程》试点的核心内容是，深化改革，调整结构，转换机制，建设国家知识创新的基地。主要内容是：

① 调整结构，突出创新，建立国家科研机构新体制。

② 转换机制，管理创新，建立现代科研院所制度。

③ 优化资源配置，调整机关职能，提高整体创新效率。

（二）《技术创新工程》

1996年，国家经贸委和原国家科委遵照党中央、国务院领导同志对技术创新工作的指示精神，决定实施《技术创新工程》。该“工程”的指导思想、主要目标和主要内容如下。

1. 指导思想

《技术创新工程》的指导思想是紧密围绕国民经济和社会发展总目标，以企业为主体、市场为导向、1000户大中型企业为重点，从政府、企业、社会三方面系统地推进技术创新工作，把研究开发、生产以及实现商业利益作为一项系统工程，提高企业的市场竞争能力和经济效益，加速形成有利于自主创新的技术进步机制，推动经济体制和经济增长方式的转变，促使国家经济持续、快速、健康地发展。

2. 主要目标

到2010年前后，基本形成适应社会主义市场经济体制和符合现代企业自身发展规律的技术创新体系和运行机制；大型企业都拥有自主知识产权的主导产品、名牌产品和关键技术的开发能力，产品在国内具有较高市场占有率，并在国际市场上具有一定竞争优势；技术进步成为提高我国经济增长质量和效益的主要途径，为我国实现第三步战略目标奠定坚实的基础。

3. 主要内容

(1)转变观念和工作方式，积极引导企业开展以市场为导向、以产品为龙头、以效益为中心、以管理为基础的技术创新工作。

(2)加强宏观调控体系建设，引导和规范技术创新活动。研究制定技术创新工作的规划、计划、政策、措施和法规。

(3)努力提高企业的技术创新能力，大力加强企业技术开发建设。积极开展“产学研”联合，鼓励企业积极创造条件，吸引国内外科技力量以各种形式进入企业。

(4)鼓励企业加大技术开发经费的投入，逐步建立以企业为主体、多渠道、全方位的资金支持、投入保障体系。

(5)加强技术创新人才队伍的建设。

(6) 鼓励和扶持企业大力开展技术开发、产品创新。

(7) 加速科技成果转化，重点组织推广应用量大面广、制约行业和区域发展的技术，并形成一定的技术扩散面。组织具有市场潜力的重大技术、产品进行工业性试验，为科技成果转化和高技术产品产业化奠定基础。

(8) 加快引进技术的消化吸收和创新，继续有选择地组织一批重大引进技术，消化吸收创新"一条龙"项目和重大技术装备研制和国产化的骨干企业。

(9) 推动社会技术创新服务组织机构建设。

(10) 积极引导企业开展群众性技术活动，鼓励和支持企业开展技术革新、合理建议、专利发明等活动。

(11) 组织编制滚动的《国家技术创新重点项目计划》，采取研究开发、产业化、商品化系统安排的办法，推动有市场、技术含量高、附加值高以及具有自主知识产权的产品和技术的开发、产业化和商业化。

(12) 积极推动 20 户技术创新试点企业的工作。

（三）"211 工程"

为加强我国高等教育，1993 年国家出台了"211 工程"计划，即面向 21 世纪，重点建设 100 所左右的高等学校和一批重点学科点。该工程的实施旨在大力推动高等教育体制的改革，提高我国高等教育的教育质量、科研和管理水平，促进科学技术和文化发展，增强综合国力和国际竞争力，实现立足于国内的高层次人才培养，为我国进入 21 世纪准备骨干人才。

1. "211 工程"的总目标

经过若干年的努力，使 100 所左右的高等学校以及一批重点学科在教育质量、科学研究、管理水平和办学效益等方面有较大提高，在高等教育改革特别是管理体制方面有明显进展，成为立足国内培养高层次人才和解决国家经济建设、科技和社会发展重大科技问题的基地。使这些高等学校和重点学科，在总体上处于国内先进水平，其中一部分重点高等学校和一部分重点学科，接近或达到国际同类学校和学科先进水平，大部分学校的办学条件得到明显改善，基本形成适应社会主义现代化建设需要、结构布局合理、各具特色的重点学科点和示范带头学校，在人才培养、科学研究上取得较大成绩。

2. "211"工程建设的主要内容

"211"工程建设的主要内容包括：学校整体条件建设，重点学科建设和高等教育公共服务体系建设三大部分。

(1) 学校整体条件建设。造就一大批学术造诣较深、在国内外有一定影响的学术带头人和骨干教师。特别应加速青年学术带头人的培养，保持一支政治业务素质优良、结构合理、人员精干、相对稳定的教师队伍和管理干部队伍；深入进行教育、教学改革，优化学科(专业)结构，促进学生德智体全面发展，确保教育质量有较大提高；加强教学、科研必需的基础设施建设、实验室建设等，为培养及吸引优秀人才创造必需的条件；提高办学规模效益；加强科学研究工作，努力实现科研成果产业化，加快科学技术转化为现实生产力的步伐；推动办学体制改革，深化学校内部管理体制的改革；增强高等学校国际交流与合作，扩大中国高等教育在国际上的影响。

(2) 重点学科建设。主要是增强科技前沿领域高层次人才培养的能力。在部分有条件的学校中选择一些对国家经济建设、科技进步、社会发展和国防建设等领域产生重大影响，能够解决本领域的重大科技问题，并有希望取得突破性成果的重点研究基地。加强培养人才的实验室条件，拓宽学科面，形成一批学科基础相关、内在联系紧密、资源共享、具有特色和优势的学科群、学科基地，以持续培养本领域高水平的骨干人才。努力形成覆盖全国经济建设和社会发展主要行业和领域、带动学科和科技发展、分工合理、相互配套的重点学科体系。

(3)高等教育公共服务体系建设。主要包括中国教育和科研计算机网、图书文献保障系统、现代化仪器设备共享系统等内容。中国教育和科研计算机网将连接全国主要高等学校并与国际网络联网，为中国教育、科技和社会各界提供信息服务。图书文献保障系统以中国教育和科研计算机网为依托，设立全国综合文献中心和一批学科文献中心，与国内外文献系统广泛联网，建立文献信息子网。根据地区优势，在全国高等学校比较集中的中心城市，结合高等学校重点学科的建设，设立现代化仪器设备共享服务中心，提高设备的使用效率。

第四节　国家创新体系建设中协调问题及亟待解决的问题

一、中国国家创新体系建设中协调问题

国家创新体系建设水平和国家创新能力代表着一国的整体竞争力水平。要使我国在全球竞争中立于不败之地，必须拥有强大的国家创新能力，而这个创新能力又必须建立在一个健全的、有效运行的国家创新体系之上。我国的创新体系虽已具一定规模，但创新执行机构的构成不合理，基础设施不完备，创新资源配置不合理，创新环境有待改善，国际互动需加强。这些问题限制着我国整体创新能力的发展。我们面临的任务是要对现有的国家创新体系进行创新。

国家创新体系的建设、完善和创新是一项涉及社会、经济、科技等多方面的系统工程，各个部门的积极性和创造性是国家创新体系富有活力和健康运行的主要基本保证。然而，多年来我国在国家创新体系建设中，有关部门条块分割而导致有限的创新资源不能有效的集成和使用的问题却越来越受到关注。在国家创新体系建设中，如何发挥部门、地区的积极性和如何避免因部门、地区的分割而造成资源浪费成为矛盾的主要方面。只能在持续推进技术创新、制度创新这样一个过程中来促进国家创新体系建设，并使之不断完善。问题是如何在一个不太长的时期内，在创新基础设施相对薄弱的前提下，尽快建立起我国有自身特色的国家创新体系，迅速提高我国的国际竞争力，并努力实现赶超世界先进水平。在这里首先要协调处理好以下几方面关系：

1. 协调好创新人才、创新项目和创新基地的关系

能否形成适应知识经济时代的人才培养体制和机制，能否培养出一大批适应不同层次需要的创新人才，是实现国家创新体系功能的基本保证。抓住了创新人才这个根本，就拥有了创新的基本主动权。项目(包含基础研究、应用开发研究和高新技术研究项目)是实现创新的物质载体。人的创新能力和创新精神、国家创新实力的强弱具体体现在高新技术项目的研究水平、开发实力和产业化程度上。特别是在一些高技术领域，一项重大的创新成果，一项产业关联度大、市场前景好的重大项目，会带动产业的升级换代，形成新的经济增长点，往往会带来经济的飞速发展。因此在国家层次上抓一批全局性的重大创新项目，这将会大大加快高新技术产业的进程。

创新基地的建设是构筑国家创新体系的重要环节。对那些单项技术、生产过程中的具体

技术难题，可采取课题招标的形式，以松散的组织方式和流动的人员机制来完成，并不需要建立固定的创新基地。而对那些面向未来发展的重大技术创新课题，则必须有相应的创新基地来支撑，并形成有利于创新人才开展工作的管理体制和运行机制。创新人才、创新项目和创新基地是相互关联、互为条件、相互依存的，是一个有机的整体。离开了基地，创新人才和项目失去了创新的物质条件；离开了人才，创新工作无从谈起；离开了项目，创新人才和基地也就难以有用武之地。因此，在建立国家创新体系过程中，必须要处理好人才、项目和基地的关系。

2. 协调好创新过程中的产、学、研合作关系

产、学、研三方，各有优势，互为补充；只要结合得好，形成合力，也有可能取得重大的创新成果。无论是知识创新，还是技术创新；无论是高技术开发，还是高新技术产业化；无论是基础研究、应用研究，还是高技术研究，在创新的每一个阶段，每个环节都有产、学、研合作的问题。产、学、研合作形式多种多样，都有着机制、体制、利益和协调问题。构筑国家创新体系框架，推动创新体系的建设，必须从我国经济、社会发展的战略高度，重新认识和评价产、学、研合作问题，通过实践和探索，走出一条具有中国特色的产、学、研结合之路，加快我国国家创新体系的建设步伐。

3. 协调好创新体系建设过程中的市场机制和政府行为的关系

只有面向社会和国家安全需求，充分依靠市场机制，创新体系才具有活力，才能生机勃勃。这也是目前一些发达国家和大的企业集团实现创新的成功经验。紧紧依靠市场，贴近市场，运用市场杠杆，创新才能成功，才能具有不断的创新潜力。但同时，政府行为对建立国家创新体系也是至关重要的。政府行为主要表现在宏观调控，制定政策，完善科技立法，健全创新环境，制定引导性创新计划，提供创新的资金支持和建立风险基金，协调创新体系中各创新承担者之间的关系等。政府职能、企业行为和市场机制必须区分开来。这是优化创新外部环境所必需的。正确处理好市场机制和政府行为之间的关系，这是技术创新全面实施和国家创新体系建设的根本保证。

4. 协调好国家创新体系中科技体制、经济体制和教育体制改革的关系

国家创新体系是指一个国家内公有和私有、各有关部门和机构相互作用而形成的创新网络系统，它覆盖了社会、经济、科技和教育部门。从创新体系的组成上看，经济部门、科技部门、教育部门体制改革的力度，适应市场机制的能力，体制之间的配套改革程度，都或多或少地制约着国家创新体系的建设。作为技术创新主体的经济运行部门和企业，其体制改革进展如何，企业创新主体地位能否落实，将会直接影响到企业实现技术创新的动力和需求。企业改革不到位，就大大削弱了其对科技成果、创新人才的吸引力；科技体制改革滞后，就会影响到科技政策的制定、科技经费的有效使用、科研成果的奖励和评价、科技人才潜能的发挥，也不利于科技成果的产业化，就会拉大科技与经济结合的距离；教育体制改革得如何，将会直接制约着国家创新体系中创新人才的数量和质量，特别是在知识经济即将到来的时代，创新对人才需求日益迫切。如果教育体制不能从教学内容、教学方法、教学手段上进行全面改革，不能实施素质教育，不能培养一大批适应创新体系建设需要的高水平创新型人才，那就会不利于创新体系的建设，不利于高科技产业的发展。经济体制、科技体制和教育体制是在构筑国家创新体系过程中和外部环境体制创新中的一个有机组成部分，三者相互关联，互为条件，相互依托，缺一不可。

二、建立和完善国家创新体系亟待解决的问题

在建设国家创新体系的过程中，我们的工作应是有所侧重，系统推进，而不能不分主次，四面出击，更不能仅从部门角度出发，寻求自身利益最大化。建立符合我国国情的国家创新体系应首先考虑以下几个方面的对策：

1．培养具有创新能力的人才

知识经济的第一资源是智力资源，拥有智力资源的是人才。知识经济的第一支柱产业是高科技产业，高科技产业需要高素质的人才。具有创新能力的人才，将是知识创新和技术创新的主力军，所以在国家创新体系中应注重具有创新能力人才的培养，这将是国家创新体系中基础的基础。我国的教育对基础知识的牢固性培养比较强，虽然也开始加强了学生动手能力等多种素质的培养，但对创新性思维的培养严重不足。另外，由于社会环境的影响和各种机制条件的限制，使许多人失去了创新的欲望和能力，所以在建立国家创新体系中，应积极开展创新能力人才的培养工作。①加快发展教育事业，建立起激励政府以外的主体向教育投资的机制；②加快教育体制改革，尽快使教育模式从应试教育模式转向创造教育模式；③建立起终身教育与培训的综合机制；④完善科技成果向生产力转换的机制，从各方面激励现有人才发挥创新能力。只有加快人力资源的开发和合理配置，才能为知识经济和国家创新体系提供智力依托。

2．加快和完善市场机制建设

市场机制的形成是社会主义市场经济体系建立的主要标志，也是国家创新体系运行的基础。我国目前由传统的计划经济向社会主义市场经济的转轨仍未完成，在制度安排方面仍然存在许多不尽合理乃至阻碍生产力发展的因素。因此，在探索建立符合国情的国家创新体系过程中，制度创新的任务十分紧迫而艰巨，要按照市场经济规律，只要符合“三个有利于”，就可以从法律、法规、产权、分配、交易等多方面，大胆地进行改革和制度创新。

3．加快改革步伐，尽快使企业成为技术创新的主体

一个国家的创新能力最终体现在该国企业的创新能力上。然而，我国企业，尤其是国有企业，其资产和能力构成具有严重的缺陷，企业的生产能力远大于研究开发的能力，企业的经营观念仍然以生产为核心。这种能力与观念的落后体现在一大批企业管理者身上。因此，当务之急是通过新的管理机制的引入、企业制度的完善、国家政策的调整，来激励、推动和扶持企业进行创新，使企业成为研究开发投入的主体、技术创新活动的主体和创新成果应用的主体。

企业成为技术创新主体的实现途径：

(1) 发挥市场机制的调节作用，真正做到政企分开。应建立政策管理的机制，以政策引导企业技术创新。

(2) 出台面向所有企业的、针对研究开发能力建设和活动本身的减免税政策。

(3) 国家应鼓励企业创建研究开发机构，重视面向企业研究开发能力的建设和活动。

(4) 有更具体的促进中小企业技术创新的政策措施。

(5) 应有强度更大的、针对企业家和创新者的创新激励政策，如企业家、创新者可参与企业创新之后的利润分成、持股，而不仅仅是领固定工资的职员。

4．加强创新社会服务体系及基础设施建设

重点开展三方面的工作：一是加强创新中介机构建设。创新中介机构可有效地解决科技

成果向市场转化难的问题，为知识的供求提供一个场所。通过为企业诊断、技术咨询、项目评估、信息网络服务等，充分发挥创新中介机构的服务功能和连接政府与企业的纽带作用。二是要深入推进多种形式的产、学、研联合，鼓励企业与科研院所和高等院校合作建立技术中心、合作进行技术开发、合资建立高科技产业和经济实体等多种形式，加快科技成果的转化和产业化。三是深入推进科研院所体制改革，使它们走向社会，进入市场，并使其中部分院所转制为区域性、行业性的技术中心或中介机构，更好地为经济建设服务。

5. 转变政府职能，创造良好环境

在国家创新体系建设中，政府部门起着关键性作用。政府的职能应从直接进行知识与技术等的创新活动转向宏观调控、制定法律和法规、提供政策指导和服务等，以创造良好的创新活动条件和环境。政府应采取更有力的措施，增加投入，改进管理，促进知识广泛而有效的传播；制定并实施和社会发展相结合的国家科技发展规划；促进人才合理流动，从法律、法规和政策上鼓励知识创新和技术创新，尤其是健全知识产权法规，并加大执法力度，使国家创新体系牢固地建立在法律的基础上；在全社会形成有利于建设国家创新体系的舆论环境，形成一个尊重知识、尊重人才、重视知识创新与技术创新的社会风气；加强基础设施建设，包括国家信息基础设施、科研基地、教育基础设施、企业技术中心、高新技术产业园区的建设，确保科教兴国战略的实施；要加强政府和各级与创新活动直接相关的部门之间的合作，做到分工合理、步调一致、政策统一；建立政府与企业的新型关系，确立企业创新主体的地位；加强产、学、研之间的合作，促进技术向生产力的转化；创造国际科技合作与交流的良好环境与氛围，参与国际创新活动和国际市场的竞争与合作。

6. 完善创新政策体系

针对目前我国创新政策方面所存在的创新政策力度不够，还未能形成一个相对完整的体系等问题，在创新政策体系建设方面我们所要做的主要工作是：从需求、供给及环境等多方面入手，着眼于建立完整的创新体系。一方面，要进一步加大已有政策的推行力度，提高创新政策的实施效果；另一方面，从创新主体(主要是企业)的创新机制、能力、资源及环境等多方面入手，逐步建立和完善系统高效的创新政策体系。

7. 加强部门工作的协调与集成

现阶段的创新能力弱还与部门职能分割使创新资源不能集成密切相关。首先是资金与创新不匹配的突出矛盾。银行决策者对创新项目如何评估缺乏知识准备，信贷政策仍然不能适应企业创新的需要，如风险资金、担保资金的相关政策至今没有出台。因此，有必要用国家创新体系的思路重新思考我国的金融体制改革。在国家的科技计划中，不协调的现象经常发生。在原来的技术改造计划中，由于企业可获得较优惠的政策贷款，可从国外购买先进技术，造成国有大企业的技术进步基本上与科研部门无关，许多国内已有能力的技术仍从国外进口及重复引进的局面。从科技角度看，国家的一些重大科技计划，主要是面向科研机构，对企业的影响有限，企业参与的比例很少。上述局面造成了科研院所与企业、科研院所与设计单位在技术创新工作上的脱节，即造成了科技与经济发展的脱节，资源不能有机地集成。而从现实看，我国很多产业的技术创新应该是建立在技术引进的基础上，但部门计划不协调造成难以在引进的基础上创新。因此，有必要调整各项计划的实施方式，加强计划间的集成，通过计划促进企业与研究机构、高校的密切合作。

8. 建立支持创新的投融资体系

在知识创新和技术创新的活动中，投资是一个必不可少、极其重要的因素。在国家创新体系中建立起一个功能完善的支持创新的投资体系，是保证创新能否持续发展的关键。目前我国科研与创新的投资主体是国家的财政拨款和银行贷款，在这两个投资主体中，国家财政拨款主要支持基础研究和少部分的国家重大科技项目，而银行从自身的效益出发，仅给有担保的技术成熟的项目贷款，而对于创新项目，由于风险较大，银行一般不予贷款。因此，在国家创新体系中就必须建立一个支持创新的投资体系，这就是风险投资体系。风险投资是一个专门用于高新技术研究开发的具有高风险和高潜在收益的资本投资，旨在促进新技术成果尽快商业化。在国外，特别是美国的“硅谷”，正是由于风险投资机制强有力的支持，才产生了像“微软”、“英特尔”这样的知识经济代表性企业，才能使美国走在知识经济的前列。所以为了加速我国国家创新体系的建设，支持知识创新和技术创新，加快高新技术的开发及向生产力的转化，从根本上提高我国的经济实力和国际竞争力，尽快建立和完善风险投资机制。

9. 建设各具特色和优势的区域创新体系和产业创新体系

建设具有特色的优势的区域创新体系，可促进地方与中央科技力量的有机结合，发挥高等学校、科研机构和高新技术产业开发区的牵引作用，增强科技创新对区域经济社会发展的支撑力度。

国家创新能力最终体现在创业的创新能力上，因此建设具有优势的创业创新体系就显得尤为重要。国家现在有许多面向产业的科技计划，但这些计划并没有真正解决战略产业的选择和扶植一两个重点产业的问题，进而以点带面地提高整个产业的创新能力。为使科技计划达到提高国家的技术创新能力和实现国家的技术创新战略的目的，科技计划必须向企业开放，使企业更全面、更深层次地参与到科技计划中。只有这样，才能真正调动企业的积极性，提高项目的效率，减少国家的财政负担。

要建设好国家创新体系，需要从经济、社会、科技等多方面入手，但其中最重要的还是要紧紧抓住两大关键：一是作为国家创新体系核心要素的技术创新；二是作为国家创新体系基本变量的制度创新。二者需统筹兼顾，有机结合，不可偏废。如若忽视了上述两大关键，或以偏概全，或用其他内容取而代之，建设国家创新体系就会流于形式或成为一句空话，这一点需要我们切记。

对中国未来创新体系的设想应结合中国的国情，结合知识经济时代的国际趋势。理想的国家创新体系在构成上应该以企业为技术创新的主体，科研院所和大学、教育和培训机构为主要参与者，以国家创新战略为引导，以市场为激励机制，以人才资源开发为保证，以推动知识的流通为中心。外围是与创新有关的法律、金融、信息及文化等创新环境的建设。国家的重要作用是对创新源头的支持，创新主体的激励，创新环境的培育，创新成果的保护，并辅之以一定的创新战略的引导。

也就是说，理想的国家创新体系应该是：以国立公共研究所、国家重点实验室和高校为主体的基础研究和应用研究体系，构成创新体系的知识供应链；以企业为主体的应用和开发型研究体系，构成创新体系的核心链；以政策和规范为主要手段的制度和管理体系，构成创新体系的调控链；以教育和培训机构及中介服务机构为主的创新人才培养和人才资源开发体系，构成创新体系的支持链；以国家创新政策、科技计划和创新战略为引导的国家创新引导体系，构成创新体系的引导链。

思考与训练

1. 大学、企业、个人、政府机构和中介机构等作为创新者的优势和劣势各是什么？

2. 研究表明，合作研发在全世界已成一种趋势，合作研发变得越来越流行的原因是什么？

3. 国家创新体系在一个国家创新能力形成中的作用是什么？

附录一　TRIZ 的 39 个通用工程参数与矛盾矩阵表

恶化的工程参数 / 改善的工程参数		运动物体的重量	静止物体的重量	运动问题的长度	静止物体的长度	运动物体的面积	静止物体的面积	运动物体的体积	静止物体的体积	速度	力	应力或压力	形状	结构的稳定性	强度	运动物体作用时间	静止物体作用时间	温度	光照度	运动物体的能量	静止物体的能量	功率	能量损失	物质损失	信息损失	时间损失	物质或事物的数量	可靠性	测试精度	制造精度	物体外部有害因素作用的敏感性	物体产生的有害因素	可制造性	可操作性	可维修性	适应性及多用性	装置的复杂性	监控与测试的困难程度	自动化程度	生产率
		1	2	3	4	5	6	7	8	9	10	11	12	13	14	15	16	17	18	19	20	21	22	23	24	25	26	27	28	29	30	31	32	33	34	35	36	37	38	39
运动物体的重量	1	+	-	15,8,29,34	-	29,17,38,34	-	29,2,40,28	-	2,8,15,38	8,10,18,37	10,36,37,40	10,14,35,40	1,35,19,39	28,27,18,40	5,34,31,35	-	6,29,4,38	19,1,32,	35,12,34,31	-	12,36,18,31	6,2,34,19	5,35,3,31	10,24,35	10,35,20,28	3,26,18,31	1,3,11,27	28,27,35,26	28,35,26,18	22,21,18,27	22,35,313,39	27,28,1,36	35,3,2,24	2,27,28,11	29,5,15,8	26,30,36,34	28,29,26,32	26,35,18,19	25,3,24,37
静止物体的重量	2	-	+	-	10,1,29,35	-	35,30,13,2	-	5,35,14,2	-	8,10,19,35	13,29,10,18	13,10,29,14	26,39,1,40	28,2,10,27	-	2,27,19,6	28,19,32,22	19,32,35	-	18,19,28,1	15,19,18,22	18,19,28,15	5,8,13,30	10,15,35	10,20,35,26	19,6,18,26	10,28,8,3	18,26,28	10,1,35,17	2,19,22,37	35,22,1,39	28,1,9	6,13,1,32	2,27,28,11	19,15,29	1,10,26,39	25,28,17,15	2,26,35	1,28,15,35
运动问题的长度	3	8,1,29,34	-	+	-	15,17,4	-	7,17,4,35		13,4,8	17,10,4	1,8,35	1,8,10,29	1,8,15,34	8,35,29,34	19	-	10,15,19	32	8,35,24	-	1,35	7,2,35,39	4,29,23,10	1,24	15,2,29	29,35	10,14,29,40	28,32,4	10,28,29,37	1,15,17,24	17,15	1,29,17	15,29,35,4	1,28,10	14,15,1,16	1,19,26,24	35,1,26,24	17,24,26,16	14,4,28,29
静止物体的长度	4		35,28,40,29	-	+	-	17,7,10,40	-	35,8,2,14	-	28,10	1,14,35	13,14,15,7	39,37,35	15,14,28,26	-	1,10,35	3,35,38,18	3,25	-		12,8	6,28	10,28,24,35	24,26	30,29,14		15,29,28	32,28,3	2,32,10	1,18		15,17,27	2,25	3	1,35	1,26	26		30,14,7,26
运动物体的面积	5	2,17,29,4	-	14,15,18,4	-	+	-	17,7,10,40		29,30,4,34	19,30,35,2	10,15,36,28	5,34,29,4	11,2,13,39	3,15,40,14	6,3	-	2,15,16	15,32,19,13	19,32	-	19,10,32,18	15,17,30,26	10,35,2,39	30,26	26,4	29,30,6,13	29,9	26,28,32,3	2,32	22,33,28,1	17,2,18,39	13,1,26,24	15,17,13,16	15,13,10,1	15,30	14,1,13	2,36,26,18	14,30,28,23	10,26,34,2
静止物体的面积	6	-	30,2,14,18	-	26,7,9,39	-	+	-		-	1,18,35,36	10,15,36,37		2,38	40	-	2,10,19,30	35,39,38		-		17,32	17,7,30	10,14,18,39	30,16	10,35,4,18	2,18,40,4	32,35,40,4	26,28,32,3	2,29,18,36	27,2,39,35	22,1,40	40,16	16,4	16	15,16	1,18,36	2,35,30,18	23	10,15,17,7
运动物体的体积	7	2,26,29,40	-	1,7,4,35	-	1,7,4,17	-	+	-	29,4,38,34	15,35,36,37	6,35,36,37	1,15,29,4	28,10,1,39	9,14,15,7	6,35,4	-	34,39,10,18	2,13,10	35	-	35,6,13,18	7,15,13,16	36,39,34,10	2,22	2,6,34,10	29,30,7	1,4,1,40,1	25,26,28	25,28,2,16	22,21,27,35	17,2,40,1	29,1,40	15,13,30,12	10	15,29	26,1	29,26,4	35,34,16,24	10,6,2,34
静止物体的体积	8	-	35,10,19,14	19,14	35,8,2,14	-		-	+	-	2,18,37	24,25	7,2,35	34,28,35,40	9,14,17,15	-	35,34,38	35,6,4		-		30,6		10,39,35,34		35,16,32,18	35,3	2,35,16		35,10,25	34,39,19,27	30,18,35,4	35		1		1,31	2,17,26		35,37,10,2
速度	9	2,28,13,38	-	13,14,8	-	29,30,34	-	7,29,34	-	+	13,28,15,19	6,18,38,40	35,15,18,34	28,33,1,18	8,3,26,14	3,19,35,5	-	28,30,36,2	10,13,19	8,15,35,38	-	19,35,38,2	14,20,19,35	10,13,28,38	13,26		10,19,29,38	11,35,27,28	28,32,1,24	10,28,32,25	1,28,35,23	2,24,35,21	35,13,8,1	32,28,13,12	34,2,28,27	15,10,26	10,28,4,34	3,34,27,16	10,18	
力	10	8,1,37,18	18,13,1,28	17,19,9,36	28,10	19,10,15	1,18,36,37	15,9,12,37	2,36,18,37	13,28,15,12	+	18,21,11	10,35,40,34	35,10,21	35,10,14,27	19,2		35,10,21	-	19,17,10	1,16,36,37	19,35,18,37	14,15	8,35,40,5		10,37,36	14,29,18,36	3,35,13,21	35,10,23,24	28,29,37,36	1,35,40,18	13,3,36,24	15,37,18,1	1,28,3,25	15,1,11	15,17,18,20	26,35,110,18	36,37,10,19	2,35	3,28,35,37
应力或压力	11	10,36,37,40	13,29,10,18	35,10,36	35,1,14,16	10,15,36,28	10,15,36,37	6,35,10	35,24	6,35,36	36,35,21	+	35,4,15,10	35,33,2,40	9,18,3,40	19,3,27		35,39,19,2	-	14,24,10,37		10,35,14	2,36,25	10,36,3,37		37,36,4	10,14,36	10,13,19,35	6,28,25	3,35	22,2,37	2,33,27,18	1,35,16	11	2	35	19,1,35	2,36,37	35,24	10,14,35,37
形状	12	8,10,29,40	15,10,26,3	29,34,5,4	13,14,10,7	5,34,4,10		14,4,15,22	7,2,35	35,15,34,18	35,10,37,40	34,15,10,14	+	33,1,18,4	30,14,10,10	14,26,9,25		22,14,19,32	13,15,32	2,6,34,14		4,6,2	14	35,29,3,5		14,10,34,17	36,22	10,10,16	28,32,1	32,30,40	22,1,2,35	35,1	1,32,17,28	32,15,26	2,13,1	1,15,29	16,29,1,28	15,13,39	15,1,32	17,26,34,10
结构的稳定性	13	21,35,2,39	26,39,1,40	13,15,1,28	37	2,11,13	39	28,10,19,39	34,28,35,40	33,15,28,18	10,35,21,16	2,35,40	22,1,18,4	+	17,9,15	13,27,10,35	39,3,35,23	35,1,32	32,3,27,16	13,19	27,4,29,18	32,35,27,31	14,2,39,6	2,14,30,40		35,27	15,32,35		13	18	35,24,30,18	35,40,27,39	35,19	32,35,30	2,35,10,16	35,30,34,2	2,35,22,26	35,22,39,23	1,8,35	23,35,40,3
强度	14	1,8,40,15	40,26,27,1	1,15,8,35	15,14,28,26	3,34,40,29	9,40,28	10,15,14,7	9,14,17,15	8,13,26,14	10,18,3,14	10,3,18,40	10,30,35,40	13,17,35	+	27,3,26		30,10,40	35,19	19,35,10	35	10,26,35,28	35	3,5,28,31,40		29,3,28,10	29,10,27	11,3	3,27,16	3,27	18,35,37,1	15,35,22,2	11,3,10,32	32,40,25,2	27,11,3	15,3,32	2,13,25,28	27,3,15,40	15	29,35,10,14
运动物体作用时间	15	19,5,34,31	-	2,19,9	-	3,17,19	-	10,2,19,30	-	3,35,5	19,2,16	19,3,27	14,26,28,25	13,3,35	27,3,10	+	-	19,35,39	2,19,4,35	28,6,35,18		19,10,35,38		28,27,3,18	10	20,10,28,18	3,35,10,40	11,2,13	3	3,27,16,40	22,15,33,28	21,39,16,22	27,1,4	12,27	29,10,27	1,35,13	10,4,29,15	19,29,39,35	6,10	35,17,14,19
静止物体作用时间	16	-	6,27,19,16	-	1,40,35	-		-	35,34,38	-				39,3,35,23		-	+	19,18,36,40		-		16		27,16,18,38	10	28,20,110,16	3,35,31	34,27,6,40	10,26,24		17,1,40,33	22	35,10	1	1	2		25,34,6,35	1	20,10,16,38
温度	17	36,22,6,38	22,35,32	15,19,9	15,19,9	3,35,39,18	35,38	34,39,40,18	35,6,4	2,28,36,30	35,10,3,21	35,39,19,2	14,22,19,32	1,35,32	10,30,22,40	19,13,39	19,18,36,40	+	32,30,21,16	19,15,3,17		2,14,17,25	21,17,35,38	21,36,29,31		35,28,21,18	3,17,30,39	19,35,3,10	32,19,24	24	22,33,35,2	22,35,2,24	26,27	26,27	4,10,16	2,18,27	2,17,16	3,27,35,31	26,2,19,16	15,28,35
光照度	18	19,1,32	2,35,32	19,32,16		19,32,26		2,13,10		10,13,19	26,19,6		32,30	32,3,27	35,19	2,19,6		32,35,19	+	32,1,19	32,35,1,15	32	13,16,1,6	13,1	1,6	19,1,26,17	1,19		11,15,32	3,32	15,19	35,19,32,39	19,35,28,26	28,26,19	15,17,13,16	15,1,19	6,32,13	32,15	2,26,10	2,25,16

续表

恶化的工程参数 / 改善的工程参数		运动物体的重量	静止物体的重量	运动问题的长度	静止物体的长度	运动物体的面积	静止物体的面积	运动物体的体积	静止物体的体积	速度	力	应力或压力	形状	结构的稳定性	强度	运动物体作用时间	静止物体作用时间	温度	光照度	运动物体的能量	静止物体的能量	功率	能量损失	物质损失	信息损失	时间损失	物质或事物的数量	可靠性	测试精度	制造精度	物体外部有害因素作用的敏感性	物体产生的有害因素	可制造性	可操作性	可维修性	适应性及多用性	装置的复杂性	监控与测试的困难程度	自动化程度	生产率
		1	2	3	4	5	6	7	8	9	10	11	12	13	14	15	16	17	18	19	20	21	22	23	24	25	26	27	28	29	30	31	32	33	34	35	36	37	38	39
运动物体的能量	19	12,18,28,31	-	12,38	-	15,19,25	-	35,13,18	-	8,15,35	16,26,21,2	23,14,25	12,2,29	19,13,17,24	5,19,9,35	29,35,6,18	-	19,24,3,14	2,15,19	+	-	6,19,37,18	12,22,15,24	35,24,18,5		35,38,19,18	34,23,16,18	19,21,27	3,1,32		1,35,6,27	2,35,6	28,26,30	19,35	1,15,17,28	15,17,13,16	2,29,27,28	35,38	32,2	12,28,35
静止物体的能量	20	-	19,9,6,27	-		-		-		-	36,37			27,4,29,18	35				19,2,35,32	-	+			28,27,18,31			3,35,31	10,36,23			10,2,22,37	19,22,18	1,4					19,35,16,25		1,6
功率	21	8,36,38,31	19,26,17,27	1,10,35,37		19,38	17,32,13,38	35,6,38	30,6,25	15,35,2	26,2,36,35	22,10,35	29,14,2,40	35,32,15,31	26,10,28	19,35,10,38	16	2,14,17,25	16,6,19	16,6,19,37		+	10,35,38	28,27,18,38	10,19	35,20,10,6	4,34,19	19,24,26,31	32,15,2	32,2	19,22,31,2	2,35,18	26,10,34	26,35,10	35,2,10,34	19,17,34	20,19,30,34	19,35,16	28,2,17	28,35,34
能量损失	22	15,6,19,28	19,6,18,9	7,2,6,13	6,38,7	15,26,17,30	17,7,30,18	7,18,23	7	16,35,38	36,38			14,2,39,6	26			19,38,7	1,13,32,15			3,28	+	35,27,2,37	19,10	10,18,32,7	7,18,25	11,10,35	32		21,22,35,2	21,35,2,22		35,32,1	2,19		7,23	35,3,15,23	2	28,10,29,35
物质损失	23	35,6,23,40	35,6,22,32	14,29,10,39	10,28,24	35,2,10,31	10,18,39,31	1,29,30,36	3,39,18,31	10,13,28,38	14,15,18,40	3,36,37,10	29,35,3,5	2,14,30,40	35,28,31,40	28,27,3,18	27,16,18,38	21,36,39,31	1,6,13	35,18,24,5	28,27,12,31	28,27,18,38	35,27,2,31	+		15,18,35,10	6,3,10,24	10,29,39,35	16,34,31,28	25,10,24,31	33,22,30,40	10,1,34,29	15,34,33	32,28,2,24	2,35,34,27	15,10,2	35,10,28,24	35,18,10,13	35,10,18	28,35,10,23
信息损失	24	10,24,35	10,35,5	1,26	26	30,26	30,16		2,22	26,32						10	10		19			10,19	19,10		+	24,26,28,32	24,28,35	10,28,23			22,10,1	10,21,22	32	27,22				35,33	35	13,23,15
时间损失	25	10,20,37,35	10,20,26,5	15,2,29	30,24,14,5	26,4,5,16	10,35,17,4	2,5,34,10	35,16,32,18		10,37,36,5	37,36,4	4,10,34,17	35,3,22,5	29,3,28,18	20,10,28,18	28,20,10,16	35,29,21,18	1,19,26,17	35,35,19,18	1	35,20,10,6	10,5,18,32	35,18,10,39	24,26,28,32	+	35,38,18,16	10,30,4	24,34,28,32	24,26,28,18	35,18,34	35,22,18,39	35,28,34,4	4,28,10,34	32,1,10	35,28	6,29	18,28,32,10	24,28,35,30	
物质或事物的数量	26	35,6,18,31	27,26,18,35	39,14,35,18		15,14,29	2,18,40,4	15,20,29		35,29,34,28	35,14,3	10,36,14,3	35,14	15,2,17,40	14,35,34,10	3,35,10,40	3,35,31	3,17,39		34,29,16,18	3,35,31	35	7,18,25	6,3,10,24	24,28,35	35,38,18,16	+	18,3,28,40	13,2,28	33,30	35,33,29,31	3,35,40,39	29,1,35,27	35,29,25,10	2,32,10,25	15,3,29	3,13,27,10	3,27,29,18	8,35	13,29,3,27
可靠性	27	3,8,10,40	3,10,8,28	15,9,14,4	15,29,28,11	17,10,14,16	32,35,40,4	3,10,14,24	2,35,24	21,35,11,28	8,28,10,3	10,24,35,19	35,1,16,11		11,28	2,35,3,25	34,27,6,40	3,35,10	11,32,13	21,11,27,19	36,23	21,11,26,31	10,11,35	10,35,29,39	10,28	10,30,4	21,28,40,3	+	32,3,11,23	11,32,1	27,35,2,40	35,2,40,26		27,17,40	1,11	13,35,8,24	13,35,1	27,40,28	11,13,27	1,35,29,38
测试精度	28	32,35,26,28	28,35,25,26	28,26,5,16	32,28,3,16	26,28,32,3	26,28,3,3	32,13,6		28,13,32,24	32,2	6,28,32	6,28,32	32,35,13	28,6,32	28,6,32	10,26,24	6,19,28,24	6,1,32	3,6,32		3,6,32	26,32,27	10,16,31,28		24,34,28,32	2,6,32	5,11,1,23	+		28,24,22,26	3,33,39,10	6,35,25,18	1,13,17,34	1,32,13,11	13,35,2	27,35,10,34	26,24,32,28	28,2,10,34	10,34,28,32
制造精度	29	28,32,13,18	28,35,27,9	10,28,29,37	2,32,10	28,33,29,32	2,29,18,36	32,23,2	25,10,35	10,28,32	28,19,34,36	3,35	32,30,40	30,18	3,27	3,27,40		19,26	3,32	32,2		32,2	13,32,2	35,31,10,24		32,26,28,18	32,30	11,32,1		+	26,28,10,36	4,17,34,26		1,32,35,23	25,10		26,2,18		26,28,18,23	10,18,32,39
物体外部有害因素作用的敏感性	30	22,21,27,39	2,22,13,24	17,1,39,4	1,18	22,1,33,28	27,2,39,35	22,23,37,35	34,39,19,27	34,39,19,27	13,35,39,18	22,2,37	22,1,3,35	35,24,30,18	18,35,37,1	22,15,33,28	17,1,40,33	22,33,35,2	1,19,32,13	1,24,6,27	10,2,22,37	19,22,31,2	21,22,35,2	33,22,19,40	22,10,2	35,18,34	35,33,29,31	27,24,2,40	28,33,23,26	26,28,10,18	+		24,35,2	2,25,28,39	35,10,2	35,11,22,31	22,19,29,40	22,19,29,40	33,3,34	22,3.5,13,24
物体产生的有害因素	31	19,22,15,39	35,22,1,39	17,15,16,22		17,2,18,39	22,1,40	17,2,40	30,18,35,4	35,28,3,23	35,28,1,40	2,33,27,18	35,1	35,40,27,39	15,35,22,2	15,22,33,31	21,39,16,22	22,35,2,24	19,24,39,32	2,35,6	19,22,18	2,35,18	21,35,2,22	10,1,34	10,21,29	1,22	3,24,39,1	24,2,40,39	3,33,26	4,17,34,26		+					19,1,31	2,21,27,1	2	22,35,18,39
可制造性	32	28,29,15,16	1,27,36,13	1,29,13,17	15,17,27	13,1,26,12	16,40	13,29,1,40	35	35,13,8,1	35,12	35,19,1,37	1,28,13,27	11,13,1	1,3,10,32	27,1,4	35,16	27,26,18	28,24,27,1	28,26,27,1	1,4	27,1,12,24	19,35	15,34,33	32,24,18,16	35,28,34,4	35,23,1,24		1,35,12,18		24,2		+	2,5,13,16	35,1,11,9	2,13,15	27,26,1	6,28,11,1	8,28,1	35,1,10,28
可操作性	33	25,2,13,15	6,13,1,25	1,17,13,12		1,17,13,16	18,16,15,39	1,16,35,15	4,18,39,31	18,13,34	28,13,35	2,32,12	15,34,29,28	32,35,30	32,40,3,28	29,3,8,25	1,16,25	26,27,13	13,17,1,27	1,13,24		35,34,2,10	2,19,13	28,32,2,24	4,10,27,22	4,28,10,34	12,35	17,27,8,40	25,13,2,34	1,32,35,23	2,25,28,39		2,5,12	+	12,26,1,32	15,34,1,16	32,26,12,17		1,34,12,3	15,1,28
可维修性	34	2,27,35,11	2,27,35,11	1,28,10,25	3,18,31	15,13,32	16,25	25,2,35,11	1	34,9	1,11,10	13	1,13,2,4	2,35	11,1,2,9	11,29,28,27	1	4,10	15,1,13	15,1,28,16		15,10,32,2	15,1,32,19	2,35,34,27		32,1,10,25	2,28,10,25	11,10,1,16	10,2,13	25,10	35,10,2,16		1,35,11,10	1,12,26,15	+	7,1,4,16	35,1,13,11		34,35,7,13	1,32,10
适应性及多用性	35	1,6,15,8	19,15,29,16	35,1,29,2	1,35,16	35,30,29,7	15,16	15,35,29		35,10,14	15,17,20	35,16	15,37,1,8	35,30,14	35,3,32,6	13,1,35	2,16	27,2,3,35	6,22,26,1	19,35,29,13		19,1,29	18,15,1	15,10,2,13		35,28	3,35,15	35,13,8,24	35,5,1,10		35,11,32,31		1,13,31	15,34,1,16	1,16,7,4	+	15,29,37,28	1	27,34,35	35,28,6,37
装置的复杂性	36	26,30,34,36	2,26,35,39	1,19,26,24	26	14,1,13,16	6,36	34,26,6	1,16	34,10,28	26,16	19,1,35	29,13,28,15	2,22,17,19	2,13,28	10,4,28,15		2,17,13	24,17,13	27,2,29,28		20,19,30,34	10,35,13,2	35,10,28,29		6,29	13,3,27,10	13,35,1	2,26,10,34	26,24,32	22,19,29,40	19,1	27,26,1,13	27,9,26,24	1,13	29,15,28,37	+	15,10,37,28	15,1,24	12,17,28
监控与测试的困难程度	37	27,26,28,13	6,13,28,1	16,17,26,24	26	2,13,18,17	2,39,30,16	29,1,4,16	2,18,26,31	3,4,16,35	30,28,40,19	35,36,37,32	27,163,1,39	11,22,39,30	27,3,15,28	19,29,39,25	25,34,6,35	3,27,35,16	2,24,26	35,38	19,35,16	18,1,16,10	35,3,15,19	1,18,10,24	35,33,27,22	18,28,32,9	3,27,29,18	27,40,28,8	26,24,32,28		22,19,29,28	2,21	5,28,11,29	2,5	12,26	1,15	15,10,37,28	+	34,21	35,18
自动化程度	38	28,26,18,35	28,26,35,10	14,13,17,28	23	17,14,13		35,13,16		28,10	2,35	13,35	15,32,1,13	18,1	25,13	6,9		26,2,19	8,32,19	2,32,13		28,2,27	23,28	35,10,18,5	35,33	24,28,35,30	35,13	11,27,32	28,26,10,34	28,26,18,23	2,33	2	1,26,13	1,12,34,3	1,35,13	27,4,1,35	15,24,10	34,27,25	+	5,12,35,26
生产率	39	35,26,24,37	28,27,15,3	18,4,28,38	30,7,14,26	10,26,34,31	10,35,17,7	2,6,34,10	35,37,10,2		28,15,10,36	10,37,14	14,10,34,40	35,3,22,39	29,28,10,18	35,10,2,18	20,10,16,38	35,21,28,10	26,17,19,1	35,10,38,19	1	35,20,10	28,10,29,35	28,10,35,23	13,15,23		35,38	1,35,10,38	1,10,34,28	18,10,32,1	22,35,13,24	35,22,18,39	35,28,2,24	1,28,7,10	1,32,10,25	1,35,28,37	12,17,28,24	35,18,27,2	5,12,35,26	+

注：带“+”的方格，表示产生的矛盾是物理矛盾,不在技术矛盾应用范围之内。带“-”方格表示没有找到合适的发明原理来解决问题,当然只是表示研究的局限，并不代表不能够应用发明原理。

附录二　诺贝尔自然科学奖得主及成果

一、诺贝尔物理学奖历年得主名单（1901～2014年）

年份	得主姓名	国籍	获奖贡献
1901	伦琴（W.C.Roentgen）	德国	发现X射线
1902	洛伦兹（H.A.Lorentz）	荷兰	研究磁场对辐射现象的影响
	塞曼（P.Zeeman）	荷兰	研究磁场对辐射现象的影响
1903	贝克勒尔（H.A.Becquerel）	法国	发现天然铀元素的放射性
	居里（P.Curie）	法国	研究贝克勒尔发现的放射性现象，发现放射性元素针与镭以及发现针也有放射性
	玛丽·居里（女）（Marie.S.Curie）	波兰	
1904	瑞利（Lord Rayleigh）	英国	研究气体的密度和发现氩
1905	伦纳德（P.Lenard）	德国	阴极射线研究
1906	汤姆逊（J.J.Thomson）	英国	通过气体电传导性的研究测出电子的电荷与质量的比值
1907	迈克尔逊（A.A.Michelson）	美国	创制精密的光学仪器，和用以进行光谱学和度量学的研究并精确测出光速
1908	李普曼（G.Lippmann）	法国	发明应用干涉现象的天然彩色照相法
1909	马可尼（G.Marconi）	意大利	发明无线电报及其对发展无线电通信的贡献
	布劳恩（C.F.Braun）	德国	
1910	范德瓦尔斯（J.D.Vander Waals）	荷兰	有关气态和液态方程的研究
1911	维恩（W.Wien）	德国	发现有关热辐射的定律
1912	达伦（N.G.Dalen）	瑞典	发明灯塔与浮标照明用的瓦斯自动调器
1913	欧奈斯（H.K.Onnes）	荷兰	在低温下研究物质的性质并制成液态氦
1914	劳厄（M.Von Laue）	德国	发现晶体的X射线衍射，既用于决定X射线的波长又证明了晶体的原子点阵结构
1915	布拉格（父）（W.H.Bragg）	英国	利用X射线研究晶体结构
	布拉格（子）（W.L.Bragg）	英国	
1916	未颁奖		
1917	巴克拉（C.G.Barkla）	英国	发现标识元素的次级伦琴辐射
1918	普郎克（M.V.Planck）	德国	发现基本量子，提出能量量子化的假设，解释了电磁辐射的经验定律
1919	斯塔克（J.Stark）	德国	发现阴极射线中的多普勒效应和原子光谱线在电场中的分裂
1920	居尔劳姆（C.E.Guillaume）	德国	发现镍钢合金的反常性以及在精密仪器中的应用
1921	爱因斯坦（A.Einstein）	美国	提出了光量子假说，阐明了光电效应
1922	玻尔（Niels Bohr）	丹麦	研究原子结构和原子辐射，提出他的原子结构模型
1923	密里根（R.A.Millikan）	美国	研究基本电荷和光电效应，特别通过著名的油滴实验，证明电荷有最小单位
1924	塞格巴恩（K.M.Siegbahn）	瑞典	X射线光谱学方面的发现和研究
1925	弗兰克（J.Franck）	德国	发现电子与原子之间碰撞的定律
	赫兹（G.L.Hertz）	德国	
1926	佩林（J.B.Perrin）	法国	有关物质不连续结构的研究，特别是淀积平衡的发现
1927	康普顿（A.H.Compton）	美国	发现X射线的波长经散射后有所增长的“康普顿效应”
	威尔逊（C.T.Wilson）	英国	发明威尔逊云雾室，用蒸汽凝结法使带电粒子的轨迹变为可见

续表

年份	得主姓名	国籍	获奖贡献
1928	理查森(O.W.Richardson)	法国	在热离子现象方面的工作。特别是发现理查森定律(金属加热后发射出的电子数和温度的关系)
1929	德布罗意(L.V.De Broglie)	法国	发现电子的波动性
1930	拉曼(C.V.Raman)	印度	研究光的散射并发现拉曼效应
1931	未颁奖		
1932	海森堡(W.Heisenberg)	德国	创立量子力学并导致氢的同素异形的发现
1933	狄拉克(P.A.Dirac)	英国	发现了有效的、新型的原子理论并预言正电子的存在
	薛定谔(E.Schrodinger)	奥地利	发现了有效的、新型的原子理论
1934	未颁奖		
1935	查德维克(J.Chadwick)	英国	发现中子
1936	安德森(C.D.Anderson)	美国	发现正电子
	赫斯(V.F.Hess)	奥地利	发现宇宙射线
1937	戴维森(C.J.Davisson)	美国	实验上发现晶体对电子的衍射作用
	汤姆森(G.P.Thomson)	英国	实验上发现受电子照射的晶体中的干涉现象
1938	费米(E.Fermi)	意大利	用中子轰击产生的新放射性元素的发现，以及发现原子核吸收慢中子所引起的有关核反应
1939	劳伦斯(E.O.Lawrence)	美国	发明与发展回旋加速器以及利用它所取得的成果，特别是有关人工放射性元素的研究
1940～1942	未颁奖		
1943	斯特恩(Otto Stern)	德国	发展分子束的方法，发现质子磁矩
1944	拉比(I.I.Rabi)	奥地利	以共振方法测量原子核的磁性
1945	泡利(W.Pauli)	奥地利	发现泡利不相容原理
1946	布里奇曼(P.W.Bridgman)	美国	发明高压装置以及利用这种装置在高压物理学领域中所作出的许多发现
1947	阿普尔顿(A.V.Appleton)	英国	研究大气层的物理性质，特别是发现阿普尔顿层
1948	布莱克(P.M.Blackett)	英国	改进威尔逊云雾室方法，并在核子物理和宇宙射线领域的发现
1949	汤川秀树(Hideki Yukawa)	日本	在核力理论研究的基础上预言介子的存在
1950	鲍威尔(C.F.Powell)	英国	研究核过程的照直乳胶记录法以及发现介子
1951	科克洛夫特(J.D.Cockcroft)	英国	用人工加速粒子使原子核衰变
	凡尔顿(E.T.Walton)	英国	
1952	布洛赫(F.Bloch)	美国	核磁精密测量新方法的发展及有关的发现
	珀塞儿(E.M.Purcell)	美国	
1953	泽尔尼克(F.Zernike)	荷兰	论证相衬法，特别是发明位相差显微镜
1954	伯恩(Max Born)	英国	对量子力学的基础研究，特别是量子力学中波函数的统计解释
	波特(W.W.Bothe)	德国	用符合电路法分析宇宙辐射
1955	拉姆(W.E.Lamb)	美国	有关氢光谱精细结构的发现
	库什(P.Kusch)	美国	精密测定电子磁矩
1956	肖克莱(W.Shockley)	美国	在半导体方面的研究，且发现电晶体可代替真空管作为放大器
	巴丁(J.Bardeen)	美国	
	布拉顿(W.H.Brattain)	美国	
1957	杨振宁(Chen Ning Yang)	美国	提出弱相互作用下宇称不守恒，从而使基本粒子研究获得重大发现
	李政道(Tsung Tao Lee)	美国	
1958	切伦科夫卜(P.A.Cherenkow)	前苏联	发现和解释切伦科夫效应(高速带电粒子在透明物质中传递时放出蓝光的现象)
	弗朗克(L.M.Frank)	前苏联	
	塔姆(I.Y.Tamm)	前苏联	
1959	塞格雷(E.Segre)	美国	发现反质子
	张伯伦(O.Chamberlain)	美国	

续表

年份	得主姓名	国籍	获奖贡献
1960	格拉夫(D.A.Glaser)	美国	发明气泡室
1961	霍夫施塔特(R.Hofstadter)	美国	由高能电子散射研究原子核的结构
	穆斯堡尔(R.L.Mossbauer)	德国	研究伽马射线的无反冲共振吸收和发现穆斯堡尔效应
1962	兰道(L.D.Landau)	前苏联	对于物质凝聚态理论的研究，特别是液氦的研究
1963	威格纳(E.P.Wigner)	美国	原子核基本粒子的理论贡献，特别是发现和应用对称性基本原理方面的贡献
	迈耶(女)(M.G.Mayer)	美国	发展原子核结构的壳层模型理论，成功地解释原子
	詹森(J.H.Jensen)	德国	
1964	汤斯(C.H.Townes)	美国	在量子电子学领域中的基础研究导致了根据微波激射器和激光器的原理制成振荡器和放大器
	巴索夫(N.G.Basov)	苏联	用于产生激光束的振荡器和放大器的研究工作
	普罗霍罗夫(A.M.Prokhorov)	苏联	在量子电子学中的研究工作导致微波激射器和激光器的制作
1965	费曼(R.P.Feynman)	美国	量子电动力学方面的基础工作，包括对基本粒子物理学的意义深远的结果
	施文格(J.S.Schwinger)	美国	
	朝永振一郎(Sinitiro Tomonaga)	日本	
1966	卡斯特勒(A.Kastler)	法国	发现并发展光学方法以及研究原子中的核磁共振
1967	贝蒂(H.A.Bethe)	美国	核反应理论的贡献，特别是发现关于恒星能量产生方面的理论
1968	阿尔瓦雷(L.W.Alvarez)	美国	对基本粒子物理学的决定性的贡献，特别是通过发展氢气泡室和数据分析技术而发现许多共振态
1969	盖尔曼(M.Gellmann)	美国	关于基本粒子的分类和相互作用方面的发现，提出“夸克”粒子理论
1970	阿尔文(H.O.G.Alfven)	瑞典	磁流体动力学方面的基础研究和发展，并在等离子体物理学中找到广泛的应用
	涅尔(L.E.Felix.Neel)	法国	反铁磁性和铁氧体磁性的基本研究和发现，这在固体物理中具有重要的应用
1971	加波(D.Gabor)	英国	全息照相术的发明与发展
1972	巴丁(J.Bardeen)	美国	提出所谓 BCS 理论的超导性理论
	库伯(L.N.Cooper)	美国	
	施莱夫(J.R.Schrieffer)	美国	
1973	约瑟夫(B.D.Josephson)	英国	关于固体中隧道现象的发现，从理论预言了超导电流能够通过隧道阻挡层(即约瑟夫森效应)
	贾埃佛(I.Giaever)	挪威	从实验上发现超导体中隧道效应
	江崎玲于奈(Leo Esaki)	日本	从实验上发现半导体中隧道效应
1974	赖尔(Martin Ryle)	英国	射电天文学方面的先驱眯研究，特别在孔径综合技术方面的创造与发展
	赫威斯(Aotony Hewish)	英国	射电天文学方面的先驱性研究，在发现脉冲星方面充当决定性角色
1975	玻尔(Aage Niels Bohr)	丹麦	发现原子核中集体运动与粒子运动之间的联系，并在此基础上发展了原子核结构理论
	莫特尔逊(Ben Roy Mottelson)	丹麦	原子核内部结构的研究工作
	雷恩瓦特(Leo James Rainwater)	美国	
1976	丁肇中(Chao Chung Ying)	美国	分别独立地发现了 J/φ 粒子
	李希特(Burton Richter)	美国	
1977	安德森(Philip W. Anderson)	美国	对晶态与非晶态固体的电子结构作了基本的理论研究，提出“固体”物理理论
	莫特(Nerill Francis Mott)	英国	对磁性与不规则系统的电子结构作了基本研究
	范弗莱克(J.H.Van Vleck)	美国	

续表

年份	得主姓名	国籍	获奖贡献
1978	彭齐亚斯（A.Allan Penzias）	德国	宇宙微波背景辐射的发现
	威尔逊（Robter W.Wilson）	美国	
	卡皮查（P.L.Kapitza）	苏联	在低温物理学领域的基础发明与发现
1979	格拉肖（S.Lee.Glashaw）	美国	对基本粒子之间弱相互作用与电磁相互作用的“统一”的理论贡献，特别是预言弱中流的存在
	温伯格（Steven Weinberg）	美国	
	萨拉姆（Abdus Salam）	巴基斯坦	
1980	菲奇（Val Logsdon Fitch）	美国	发现 CP 不对称性
	克罗宁（James Wstson Cronin）	美国	
	布洛姆伯根（N.Bloembergen）	美国	研究非线性光学及激光光谱学
1981	肖格（Arthur L.Schowlow）	美国	为发展激光光谱学和高分辨率电子光谱学作出贡献
	西格巴恩（K.M.Siegbahn）	瑞士	发展高分辨率测量仪器，对光电子和轻元素定量分析作出贡献
1982	威尔逊（Kenneth G.Willson）	美国	建立了相变的临界现象理论
1983	福勒（Willian A.Fowler）	美国	在核天体物理实验和理论研究方面，讨建立化学元素起源的核生成理论作出贡献
	昌德拉塞克（Chandrasekhar Subrahmanya）	美国	研究恒星结构及演化过程，精确预言了白矮星的结构和变化
1984	鲁比亚（Cale Rubbia）	意大利	发现 W±和 Zo 粒子及其各种性质最终确定了弱电统一理论的正确性，再一次肯定了规范不变原则是相互作用理论中的一条基本原则
	范德梅尔（Simon Van der Meere）	荷兰	
1985	克里金（Claus von Clitzing）	德国	发现了量子霍尔效应
1986	鲁斯卡（Ernst Ruska）	德国	对电子光学和电子显微学作出贡献
	罗雷尔（H.Rohrer）	瑞士	设计了第一台扫描式隧道显微镜
	比尼格（Gerd Binnig）	德国	
1987	米勒（K.A.Muler）	瑞士	在超导研究中作出重大贡献
	贝德诺尔斯（Georg Bednorz）	德国	
1988	斯坦伯格（Jack Steinberger）	美国	在研究高能物理中作出重大贡献
	施瓦茨（Melvin Schwartz）	美国	在研究 μ 子型中微子实验中作出重大贡献
	莱德曼（Leon Lederman）	美国	
1989	拉姆齐（Norman F.Ramsey）	美国	创造出世界上最准确的时间计测法
	保罗（Wolffang Paul）	德国	
	德默尔特（Hans G.Dehmelt）	美国	
1990	弗里德曼（Jerome I.Friedman）	美国	首次用实验证明了夸克的存在
	泰勒（Richard E.Taylor）	加拿大	
	肯德尔（Hanry W.kendall）	美国	
1991	热纳（Pierre Gilles De Gennes）	法国	研究液晶及反应高分子物理中做出贡献
1992	夏帕克（Georges Charpak）	法国	对高能物理学粒子探测器方面尤其是多丝正比室的发明及发展作出重大贡献
1993	赫尔斯（Russel A.Hulse）	美国	发现脉冲双星，由此间接证实了爱因斯坦所预言的引力波的存在
	泰勒（Joseph H.Taylor）	美国	
1994	布罗克豪斯（Bertram Brockhouse）	加拿大	率先从事中子散射技术的开发，发展了中子光谱学
	沙尔（Clifford G.Shull）	美国	率先从事中子散射技术的开发，发展了中子衍射技术
1995	佩尔（Martin L.Perl）	美国	发现比质子重 2 倍、比电子重 3500 倍的轻子
	赖斯（Frederick Reines）	美国	探测到中级子的存在（50 年代），开辟了中级子物理学新领域
1996	李（David Lee）	美国	发现了可以在无摩擦的低温度状态下流动的氦
	奥谢洛夫（Douglas Osheroff）	美国	
	理查森（Robert C.Richardson）	美国	

续表

年份	得主姓名	国籍	获奖贡献
1997	朱棣文(Steven Chu)	美国	发明了应用激光束冷却和控制原子的方法
	克劳德·科恩塔偌基(Claude Cohen Tannoudji)	美国	
	威廉·菲利普(William D. Phillips)	美国	
1998	劳格林(Robert B. Laughlin)	美国	用部分控制激活的方法发现了一种新型的量子液体
	斯突尔莫(Horst L. Stormer)	美国	
	崔琦(D.C.Tsui)	美国	
1999	霍夫特(Gerardus T.Hooft)	荷兰	提出了关于亚原子粒子之间电磁作用和弱相互作用的量子结构
	韦尔特曼(M.J.G.Veltman)	荷兰	
2000	阿尔费罗夫(Zhores I.Alferov)	俄罗斯	通过发明快速晶体管、激光二极管和集成电路
	克勒默(Herbert kroemer)	美国	
	基尔比(Jack S.Killby)	美国	
2001	科纳尔(Eric A.Cornell)	美国	发现碱性原子稀薄气体的玻色——爱因斯坦凝聚态
	威依迈(Carl E.Wieman)	美国	
	凯特纳(Wolfgang Ketterle)	德国	
2002	戴维斯(Raymond Davis)	美国	他们在天体物理学领域做出的先驱性贡献，其中包括在“探测宇宙中微子”和“发现宇宙X射线源”方面的成就
	贾科尼(Riccardo Giacceni)	美国	
	小柴昌俊(Masatoshi Koshiba)	日本	
2003	阿布里科索夫(A.A.Abrikosov)	美国	表彰三人在超导体和超流体领域中做出的开创性贡献
	莱格特(Anthony J.leggett)	美国	
	金茨堡(Vitaly L.Ginzburg)	俄罗斯	
2004	格罗斯(David J.Gross)	美国	对量子场中夸克渐进自由现象的发现
	普利策(H.David Polizer)	美国	
	维尔泽克(Frank Wilczek)	美国	
2005	格劳伯 Roy J. Glauber	美国	对光学相干的量子理论的贡献
	约翰·霍尔(John L. Hall)	美国	对基于激光的精密光谱学发展作出的贡献
	亨施(Theodor W. Hänsch)	德国	
2006	约翰·马瑟(John Mather)	美国	发现了黑体形态和宇宙微波背景辐射的扰动现象
	乔治·斯穆特(George Smoot)	美国	
2007	艾尔伯·费尔(Albert Fert)	法国	表彰他们发现巨磁电阻效应的贡献
	皮特·克鲁伯格(Peter Grünberg)	德国	
2008	南部阳一郎(Yoichiro Nambu)	日本	发现了亚原子物理的对称性自发破缺机制
	小林诚(Makoto Kobayashi)	日本	提出了对称性破坏的物理机制，并成功预言了自然界至少三类夸克的存在
	益川敏英(Toshihide Maskawa)	日本	
2009	高琨(Charles Kuen Kao)	英国	在光学通信领域中光的传输的开创性成就
	博伊尔(Willard S.Boyle)	美国	发明了成像半导体电路—电荷耦合器件图像传感器CCD
	乔治·E.史密斯(George E.Smith)	美国	
2010	海姆(AndreGeim)	英国	研究二维材料石墨烯的开创性实验
	诺沃肖洛夫(Konstantin Novoselov)	英国	
2011	索尔•珀尔马特(Saul Perlmutter)	美国	透过观测遥远超新星而发现宇宙加速膨胀
	布莱恩·保罗·施密特(Brian Paul Schmidt)	美国	
	亚当•里斯(Adam Guy Riess)	美国	
2012	塞尔日·阿罗什(Serge Haroche)	法国	提出了突破性的实验方法，使测量和操控单个量子体系成为可能
	大卫·维因兰德(David Wineland)	美国	
2013	弗朗索瓦·恩格勒(François Englert)	比利时	希格斯玻色子的理论预言
	彼得·希格斯(Peter Higgs)	英国	
2014	赤崎勇	日本	“发明了高效的蓝色发光二极管”，让明亮且节能的白色光源成为可能
	天野浩		
	中村修二		

二、诺贝尔化学奖历年得主名单
（1901～2014年）

年份	得主姓名	国籍	获奖贡献
1901	范特霍夫(J.H.Vant Hoff)	荷兰	发现化学动力学和渗压的规律
1902	费希尔(Emil Fischer)	德国	合成糖、嘌呤衍生物、肽
1903	阿累尼乌斯(S.Arrhenius)	瑞典	研究稀溶液中化学电解分离问题，首次提出一个新学说—电离理论
1904	拉姆赛(W.Ramsay)	英国	发现氦、氖、氩、氪、氢、氧并确定了它们在元素周期表中的位置
1905	拜耳(A.von Baeyer)	德国	研究染料和有机化合物，合成靛蓝和含砷物
1906	莫瓦桑(H.Moissan)	法国	制成纯氟和发明电炉
1907	布赫纳(E.Buchner)	德国	研究生物化学和发现无胞发酵
1908	卢瑟福(E.Rutherford)	英国	在揭示原子奥秘方面做出卓越贡献
1909	奥斯瓦尔德(F.W.Ostwald)	德国	在研究催化剂、化学平衡和化学反应率方面有重大贡献
1910	瓦拉赫(O.Wallach)	德国	研究脂环族物质
1911	居里(M.Curie)	法国	发现镭和钋提炼出镭和研究镭的化合物
1912	格利雅(V.Grignard)	法国	发现用于合成有机化合物的格利雅试剂—有机镁试剂
	萨巴蒂厄尔(P.Sabatier)	法国	发明用金属作为催化剂在有机化合物中加进氢气的方法
1913	维尔纳(A.Werner)	瑞士	建立了络合物的配位理论
1914	理查兹(T.W.Richards)	美国	精确测定了多种元素的原子量
1915	威尔斯泰(R.Willstater)	德国	研究植物的叶绿素和其他色素
1916～1917	未颁奖		
1918	哈贝尔(F.Haber)	德国	发明由氮气和氢气合成氨的哈贝尔一勃赤法
1919	未颁奖		
1920	能斯特(W.Nerst)	德国	发现化学反应过程中的热交换
1921	索迪(F.Soddy)	英国	研究放射性物质，是同位素理论创建人
1922	阿斯顿(F.W.Aston)	英国	用质谱仪发现多种同位素，和发现原子结构以及原子量的整数规则
1923	普雷格尔(F.Pregl)	奥地利	发明一种对有机物进行微量分析的方法
1924	未颁奖		
1925	席格蒙迪(R.Zsigmondy)	德国	以其研究胶体的方法得奖
1926	斯维德伯格(T.Svedlberg)	瑞典	研究悬浮液和胶体化学并发明超速离心机
1927	维兰德(H.Wieland)	德国	研究鞭酸和有关的物质并发现了巴比一维兰德反应
1928	温道斯(A.Windaus)	德国	研究固醇及其与维生素的关系，发现了维生素D3
1929	哈登(A.Harden)	英国	发现了发酵的生化机理和引起发酵的酶
	奥伊勒-歇尔平(H.von Euler-Chelpin)	德国	
1930	费舍尔(H.Fischer)	德国	因研究血液和叶子的色素和合成氯化血红素得奖
1931	博施(C.Bosch)	德国	发明生产氨和液化煤的高压法
	贝吉乌斯(F.Bergius)	德国	
1932	兰米尔(I.Langmuir)	美国	发现表面吸附的分子薄层
1933	未颁奖		
1934	尤里(H.C.Urey)	美国	发现氘(重氢)
1935	约里奥·居里(F.Joliot-Curie)	法国	共同发明了人工合成新的放射性元素
	约里奥·居里(女)(I.Joliot-Curie)	法国	

续表

年份	得主姓名	国籍	获奖贡献
1936	德拜(P.Debye)	荷兰	研究分子偶极矩，电子的衍射和气体中的X射线
1937	霍沃思(W.Haworth)	英国	研究碳水化合物和合成了维生素C
	卡雷(P.Karrer)	瑞士	研究类胡萝卜素、核黄素、维生素
1938	库恩(R.Kuhn)	德国	研究类胡萝卜素和维生素
1939	布特南特(A.Butenandt)	德国	研究性激素的化学
	卢启卡(L.Ruzicka)	瑞士	研究聚甲烯有开创性成就
1940～1942	未颁奖		
1943	赫维西(G.Hevesy)	匈牙利	第一个使用同位素作为化学上的指示剂
1944	哈恩(O.Hahn)	德国	发现了原子裂变
1945	维西塔南(A.Virtanen)	芬兰	发明研究农业生物化学的新方法
1946	沙姆纳(J.B.Sumner)	美国	发现酵素可以晶化
	斯坦利(W.M.Stanley)	美国	第一个制成纯酵素和纯病毒蛋白
	诺斯罗普(L.H.Northrop)	美国	
1947	鲁宾逊(R.Robinson)	英国	研究对生物学具有重大意义的植物物质
1948	帝塞留斯(A.W.K.Tiselius)	瑞典	发现了血清蛋白的性质
1949	吉奥克(W.F.Giauque)	美国	研究对极冷的反应
1950	迪尔斯(O.Diels)	德国	发明一种合成二烯族有机化合物的方法(双烯合成法)
	阿尔德(K.Alder)	德国	
1951	麦克米伦(E.M.McMillan)	美国	发现钚等8种元素和一些放射性同位素
	西博格(G.T.Seaborg)	美国	
1952	马丁(A.Martin)	英国	发明分溶液层析法(一种分离化合物的方法)
	辛格(R.Synge)	英国	
1953	施陶丁格尔(H.Staudinger)	德国	以其高分子化学方向的发现得奖
1954	鲍林(L.Pauling)	美国	以研究物质的聚合力得奖
1955	维格诺德(V.Du Vigneaud)	美国	发现一种合成多肽激素的方法
1956	欣谢尔伍德(C.Hinshelwood)	英国	对化学反应动力学有卓越贡献
	谢苗诺夫(N.Semyonov)	俄国	对研究化学连锁反应机理有贡献
1957	托德(A.R.Todd)	英国	深入研究了细胞的蛋白成分
1958	桑格(F.Sanger)	英国	发现胰岛素分子的结构
1959	赫罗弗斯基(J.Heyrovsky)	捷克	发明极谱分析法
1960	利比(W.F.Libby)	美国	发明放射性碳年代测定法
1961	卡尔文(M.Calvin)	美国	研究光合作用成绩突出
1962	肯德鲁(J.C.Kendrew)	英国	研究球形蛋白成绩显著
	佩鲁茨(M.F.Perutz)	英国	
1963	纳塔(G.Natta)	意大利	对理解高分子作出贡献
	齐格勒(K.Ziegler)	德国	以制成有机金属化合物得奖，他与纳塔的研究成果导致塑料制品的改进
1964	霍奇金(女)(D.C.Hodgkin)	英国	用X射线对诸如维生素B_{12}和青霉素等化合物进行研究而得奖
1965	伍德沃德(R.B.Woodward)	美国	合成了维生素B_{12}并发表了分子轨道对称性守恒原理
1966	马利肯(R.S.Mulliken)	美国	创立化学结构分子轨道学说
1967	艾根(M.Eigen)	德国	发明测定快速化学反应的技术
	诺里什(R.G.W.Norrish)	英国	
	波特(G.Porter)	德国	
1968	翁萨格(L.Onsager)	美国	创立多种热动作用之间的相互关系的理论

续表

年份	得主姓名	国籍	获奖贡献
1969	巴顿（D.H.R.Barton）	英国	以研究关于分子的三度空间形态的化学反应得奖
	哈塞尔（O.Hassel）	挪威	
1970	莱洛伊（L.F.Leloir）	阿根廷	发现影响生物的化学能贮存的化学化合物
1971	赫茨伯格（G.Herzberg）	加拿大	因研究分子结构特别是某些称为游离原子团的分子碎片而得奖
1972	安芬森（C.B.Anfinsen）	美国	对酶（生物的基本物质）的化学作出重大贡献
	穆尔（S.Moore）	美国	
	斯坦利（W.H.Stein）	美国	
1973	G.威尔金森（G.Wilkinson）	英国	研究有机金属化合物（由有机化合物和金属原子组成的化合物）得奖
	E.O.费舍尔（E.O.Fischer）	德国	
1974	P.F.弗洛里（P.J.Flory）	美国	研究高分子化学得奖
1975	J.W.康福思（J.W.Cornforth）	澳大利亚	因对以酶催化的反应进行立体化学研究得奖
	V.普雷洛格（V.Prelog）	瑞士	因研究有机分子和反应的立体化学得奖
1976	W.N.利普斯科姆（W.N.Lipscomb）	美国	因研究氢化硼及其衍生物的结构和组合得奖
1977	普利戈金（I.Prigogine）	比利时	研究非平衡态的不可逆过程热力学，提出“耗散结构”理论
1978	米切尔（P.D.Mitchell）	英国	创立了“化学渗透理论”
1979	布朗（H.C.Brown）	美国	发明了有机硼烷，研究出氢硼化钠还原剂，制造出新的昆虫性激素——非乐蒙
	维蒂希（G.Wittig）	德国	发现重排反应即“维蒂希反应”
1980	伯格（P.Berg）	美国	第一个建立重组脱氧核糖核酸分子，开创了现代基因工程学
	吉尔伯特（W.Gilbert）	美国	提出了测定核苷酸顺序的化学降解法
	桑格（F.Sanger）	英国	发现胰岛素分子的结构，在决定接脱氧核糖核酸（DNA）R 的顺序方面作出贡献
1981	福井谦一	日本	建立了边缘轨道理论
	霍夫曼（R.Hoffmann）	美国	发现分子轨道对称守恒理论，提出著名的“伍德沃德—霍夫曼规则”
1982	克鲁格（A.Klug）	英国	将 X 射线衍射技术应用到电子显微镜中
1983	陶布（H.Taube）	美国	在金属配合化合物电子转移反应机理研究方面成绩突出
1984	梅里菲尔德（B.Merifield）	美国	对生物化学及相关学科做出了重要贡献
1985	豪普特曼（H.A.Hauptman）	美国	首创开发了应用 X 射线衍射确定物质晶体结构的直接计算法
	卡尔（J.Karle）	美国	
1986	李远哲（Yuan Tseh Lee）	美国	在分子反应动力学研究领域贡献卓越
	赫希巴奇（D.R.Herschbach）	美国	将交叉分子束方法应用于分子反应动力学研究的缔造者
	波利亚尼（J.C.Polanyi）	加拿大	创立了红外线化学发光技术，在分子反应动力学研究领域有杰出贡献
1987	克拉姆（D.Cram）	美国	首先提出“主宾化学”概念，开辟“主宾化学”新领域
	莱恩（J.M.Lehn）	法国	创立了“超分子化学”新的科学领域
	裴德森（C.Pedersen）	美国	首先发现“冠醚”的结构和特性并由此为化学、生物学、医学作出重要贡献
1988	米歇尔（H.Michel）	德国	在确定光合作用反应中心的立体结构中作出了重要贡献
	胡伯尔（R.Huber）	德国	
	戴森霍弗（J.Deisenhofer）	德国	

续表

年份	得主姓名	国籍	获奖贡献
1989	奥尔特曼(S.Altman)	美国	发现细胞中核糖核酸(RNA)的生物催化作用
	切赫(T.R.Cech)	美国	
1990	科里(E.J.Corey)	美国	创立了一种独特的有机合成理论——逆合成分析理论
1991	恩斯特(R.R.Ernst)	瑞士	发明了傅里叶变换核磁共振分光法和二维核磁共振技术
1992	马库斯(R.A.Marcus)	美国	电子转移过程理论的奠基人
1993	穆利斯(K.B.Mullis)	美国	发明“聚合酶链式反应”法，可使DNA片段复制几百万次
	史密斯(M.Smith)	加拿大	开创“寡聚核苷酸定点诱法”
1994	欧拉(G.A.Olah)	美国	发现碳阳离子的新性质
1995	克鲁岑(PaulCrutzen)	荷兰	证明了人造化学物质对地球上空起保护作用的臭氧层构成破坏作用
	莫利纳(MarioMolina)	美国	
	罗兰(F.SheRwoodRowland)	美国	
1996	柯尔(Robert F. Curl)	美国	发现了碳原子结合成富勒氏球状C60
	斯莫利(Richard E. Smalley)	英国	
	克罗托(Harold W. Kroto)	英国	
1997	伯益尔(PaulD.Boyer)	美国	阐明了合成三磷酸、三腺苷(ATP)的酶内在的机制
	沃克尔(John Ernest Walker)	美国	
	斯库(Jens C.Skou)	英国	第一次发现了一种运输离子的酶——钠离子、钾离子、三磷酸、三腺苷酶(Na+，K+—ATPase)
1998	科恩(Walter Kohn)	美国	创立并发展了关于密度功能的理论
	波普尔(John A. Pople)	美国	研究发展了量子化学计算方法
1999	泽维尔(Ahmed H. Zewail)	美国	应用快速激光技术(10-15 秒光谱仪)来观察分子中原子进行化学反应时运动的情况
2000	白川英树(Hideki Shirakawa)	日本	发现和发展导电聚合物
	黑格(Alan J. Heeger)	美国	
	马克迪尔米德(Alan G. MacDiarmid)	美国	
2001	诺尔斯(William S. Knowles)	美国	在不对称合成方面所取得的成绩
	野依良治(Ryoji Noyori)	日本	
	夏普雷斯(K. Barry Sharpless)	美国	
2002	芬恩(John B. Fenn)	美国	在生物大分子研究领域的贡献
	田中耕一(Koichi Tanaka)	日本	
	维特里希(Kurt Wüthrich)	瑞士	
2003	阿格雷(Peter Agre)	美国	发现细胞膜水通道，以及对离子通道结构和机理研究作出的开创性贡献
	麦金农(Roderick MacKinnon)	美国	
2004	切哈诺沃(Aaron Ciechanover)	以色列	表彰他们发现了泛素调节的蛋白质降解
	赫什科(Avram Hershko)	以色列	
	罗斯(Irwin Rose)	美国	
2005	肖万(Yves Chauvin)	法国	在有机化学的烯烃复分解反应研究方面作出了贡献
	格拉布(Robert H. Grubbs)	美国	
	施罗克(Richard R. Schrock)	美国	
2006	罗杰·科恩伯格(Roger D.Kornberg)	美国	因在“真核转录的分子基础”研究领域所作出的贡献
2007	格哈德·埃特尔(Gerhard Ertl)	德国	在“固体表面化学过程”研究中作出的贡献
2008	马丁·查尔菲(Martin Chalfie)	美国	发现并发展了绿色荧光蛋白(GFP)而获得该奖项
	下村修(Osamu Shimomura)	美国	
	钱永健(Roger Yonchien Tsien)	美国	

续表

年份	得主姓名	国籍	获奖贡献
2009	拉马克里希南(Venkatraman Ramakrishnan)	美国	对核糖体结构和功能的研究
	施泰茨(Thomas A.Steitz)	美国	
	约纳特(女)(Ada E.Yonath)	以色列	
2010	理查德·赫克(Richard F.Heck)	美国	在“钯催化交叉偶联反应”研究领域做出了杰出贡献
	根岸英一(Ei-ichi Negishi)	日本	
	铃木章(Akira Suzuki)	日本	
2011	丹·谢赫特曼(Daniel Shechtman)	以色列	发现准晶体
2012	罗伯特·莱夫科维茨(Robert Lefkowitz)	美国	对G蛋白偶联受体的研究
	布莱恩·克比尔卡(Brian K. Kobilka)	美国	
2013	马丁·卡普拉斯(Martin Karplus)	美国	发展复杂化学体系多尺度模型
	迈克尔·莱维特(Michael Levitt)亚利耶·瓦谢尔(Arieh Warshel)	美国	
	亚利耶·瓦谢尔(Arieh Warshel)	美国	
2014	埃里克·白兹格(Eric Betzig)	美国	超越光学显微镜的局限——超高分辨率荧光显微镜的发展
	斯蒂芬·黑尔(Stefan W. Hell)	德国	
	威廉·莫尔纳(William E. Moerner)	美国	

三、诺贝尔生理学或医学奖历年得主名单（1901～2014年）

年份	得主姓名	国籍	获奖贡献
1901	贝林(E.A.Von Behring)	德国	发现白喉抗毒素并用于预防和治疗
1902	罗斯(Ronald Ross)	英国	研究疟疾并发现疟疾由疟蚊传播
1903	芬森(N.R.Finsen)	丹麦	用光辐射治疗疾病，特别是治疗狼疮
1904	巴甫洛夫(I.P.Pavlov)	俄国	研究消化生理学方面取得开拓性研究成果
1905	科赫(R.Koch)	德国	研究结核病、发现结核杆菌与结核菌素
1906	戈尔季(C.Golgi)	意大利	发明了研究中枢神经系统的神经组织染色体法(铬酸盐—渍盐法)
	卡哈尔(S.R.Y.Cajal)	西班牙	改良和证明了戈尔季的铬盐染色法并运用于神经系统研究
1907	拉韦朗(C.L.A.Laveran)	法国	发现原生动物引起的疾病中所起的作用
1908	埃利希(P.Ehrlich)	德国	对免疫力的研究，成为免疫化学的先驱
	梅奇尼科夫(I.I.Metchnikoff)	俄国	对免疫力的研究作出贡献
1909	克歇尔(E.T.Kocher)	瑞士	研究甲状腺生理、病理及其外科手术的贡献杰出
1910	科塞尔(A.Kossel)	德国	研究细胞化学、蛋白质及核质成就卓越
1911	古尔斯特兰德(A.Cullstrand)	瑞典	研究眼睛屈光学方面有接触成就
1912	卡雷尔(A.Carrel)	法国	研究血管缝合和器官移植做出杰出贡献
1913	里谢特(C.R.Richet)	法国	因关于血清治疗法及过敏性研究
1914	巴拉尼(R.Barany)	奥地利	研究内耳中平衡器官之功能与疾病
1915～1918	未颁奖		
1919	博尔德特(J.border)	比利时	在免疫性血清治疗上有重大发现
1920	克劳(S.A.S.krogh)	丹麦	发现毛细血管作用系统
1921	未颁奖		
1922	希尔(A.V.Hill)	英国	发现肌肉内产生热的过程
	迈耶霍夫(O.Meyerhof)	德国	以其肌肉内产生乳酸之学说
1923	班廷(F.G.Banting)	加拿大	发明糖尿病特效药，发现胰岛素
	麦克劳德(J.J.R.Macleod)	英国	发现胰岛素
1924	爱因托文(W.Elnthoven)	荷兰	发现心电图机理，发明心电图描记器
1925	未颁奖		
1926	菲比格(J.Fibiger)	丹麦	发现致癌寄生虫
1927	姚雷格(J.W.Von Jauregg)	奥地利	发现治疗麻痹的发热疗法，首创了治疗疟疾的特效药—奎宁
1928	尼科尔(C.J.H.Nicolle)	法国	研究斑疹伤寒有独特贡献
1929	艾克曼(C.Eijkman)	荷兰	发现预防脚气病的维生素
	霍普金斯(F.G.Hopkings)	英国	发现促进生长之维生素，分离了谷胱甘肽并确定了它的性质
1930	兰德斯坦(K.Langdsteiner)	美国	发现人的四种主要血型
1931	瓦尔堡(O.H.Warburg)	德国	发现酶有助于组织的呼吸
1932	艾德里安(E.D.Adrian)	英国	发现神经细胞之功能——诱发电位等
	谢林顿(C.S.Sherrington)	英国	发现中枢神经反射规律，揭示了神经细胞及能量在神经系统中传递情况
1933	摩根(T.H.Morgon)	美国	研究染色体在遗传中的作用

续表

年份	得主姓名	国籍	获奖贡献
1934	迈诺特(G.R.Minot)	美国	三人发现贫血病的肝脏疗法
	墨菲(W.P.Murphy)	美国	
	惠普尔(G.H.Whipple)	美国	
1935	施佩曼(H.Spemann)	德国	发现在胚胎生长过程中的组织导体效应
1936	戴尔(H.H.Dale)	英国	发现神经冲动的化学传递
	勒维(O.Loewi)	美国	发现神经末梢的化学传递
1937	森特热尔季(A.Szent Gyorgyi)	匈牙利	发现关于组织中的氧化并发现维生素C
1938	海曼斯(C.J.F.Heymans)	比利时	发现呼吸调节中颈动脉窦和主动脉的机理
1939	多马克(G.Domagk)	德国	发现最早的磺胺药“百浪多息”
1940～1942	未颁奖		
1943	达姆(C.P.H.Dam)	丹麦	发现维生素K
	多尹西(E.A.Doisy)	美国	成功地合成维生素K
1944	厄兰格(J.Erlanger)	美国	发现单神经纤维的高度机能分化等
	加塞(H.S.Gasser)	美国	
1945	弗莱明(A.Flemin)	英国	三人发现青霉素
	弗洛瑞(B.H.W.Florey)	美国	
	钱恩(E.B.Chain)	英国	
1946	马勒(H.J.Muller)	美国	发现X射线能引起果蝇发生突变
1947	科里(C.F.Cori)	美国	对糖原的合成、分解代谢研究取得重大成就
	科里(女)(G. F.Cori)	美国	
	何塞(B.A.Houssay)	阿根廷	研究胰腺及垂体腺取得卓越成就
1948	米勒(P.H.Muller)	瑞士	合成高效有机杀虫剂DDT
1949	赫斯(W.R.Hess)	瑞士	发现脑的某些部分如何控制人体器官和对脑研究作出巨大贡献
	莫尼茨(E.Moniz)	葡萄牙	创建脑血管照相术，始创脑前叶切除术
1950	亨奇(P.S.Hench)	美国	三人发现“可的松”与肾上腺素及结构和生物效应
	肯德尔(E.C.Kendall)	美国	
	赖希斯泰因(T.Reichsterin)	瑞士	
1951	蒂勒(M.Theiler)	南非	制出黄热病疫苗(17- D)
1952	瓦克斯曼(S.A.Waksman)	美国	首先发现链霉素
1953	李普曼(F.A.Lipmann)	美国	发现辅酶A生物合成及新陈代谢作用
	克雷布斯(H.A.krebs)	英国	他阐明了合成尿素的鸟氨酸循环，证明了三羧酸循环理论
1954	恩德斯(J.F.Enders)	美国	三人共同发现在试管内培养小儿麻痹症病毒的简易方法
	韦勒(T.H.Weller)	美国	
	罗宾斯(F.C.Robbings)	美国	
1955	西奥雷尔(A.H.T.Theorell)	瑞典	发现氧化酶的性质及作用
1956	库南德(A.F.Cournand)	美国	改进了心脏导管插入术及对血液循环病理杰出的研究
	理查兹(D.W.Richards)	美国	
	福斯曼(W.T.O.Forssmann)	德国	首创了心脏导管术
1957	博韦特(D.Bovet)	意大利	发现抗组织胺
1958	比德尔(G.W.Beadle)	美国	两人以在生化遗传学方面做出贡献
	塔特姆(E.L.Tatum)	美国	
	莱德伯格(J.lederberg)	美国	发现细菌的基因重组和遗传结构
1959	奥乔亚(S.Ochoa)	美国	在核酸研究上作出了贡献
	科恩伯格(A.Kornberg)	美国	用人工方法制成DNA

续表

年份	得主姓名	国籍	获奖贡献
1960	伯内特(F.M.Burnet)	澳大利亚	两人发现和证实了获得性免疫耐受性
	梅达沃(P.B.Medawar)	英国	
1961	贝克西(G.V.Bekesy)	美国	对听觉理论作出了创造性的贡献
1962	沃森(J.D.Watson)	美国	三人共同建立了脱氧核糖核酸双螺旋结构模型
	克里克(F.H.C.Crick)	英国	
	威尔金斯(M.H.F.Wilkins)	英国	
1963	埃克尔斯(John C.Eccles)	澳大利亚	发现了神经细胞之间信息传递的秘密
	霍奇金(Alan Hodgkin)	英国	两人在研究神经的兴奋和传导方面有卓越成就
	赫胥黎(A.F.Huxley)	英国	
1964	布洛赫(K.E.Bloch)	美国	在胆固醇及脂肪酸生物合成方面有重要贡献
	吕南(F.Lynen)	德国	揭示了细胞中胆固醇生物合成的奥秘
1965	雅各布(F.Jacob)	法国	有关酶的遗传控制和病毒组合发现
	雷沃夫(A.M.Lwoff)	法国	
	莫诺(Jacgues Monod)	法国	
1966	劳斯(F.P.Rous)	美国	发现一种致癌的病毒
	哈金斯(Charles Huggins)	美国	发现肿瘤化学疗法和内分泌疗法
1967	格拉尼特(Ragnar Granit	瑞典	在视觉生理学方面作出了贡献
	哈特兰(H.K.Hartline)	美国	在研究视觉和视网膜上作出了卓越贡献
	沃尔德(G.Wld)	美国	研究眼睛的化学及生理视觉过程成绩显著
1968	霍利(R.W.Holley)	美国	提出了转移核糖核酸(TRNA)并证明其在蛋白质合成中的作用
	霍纳德(Khorana Har Gobind)	美国	他们在基因密码破译、蛋白质合成机理、核酸和酶方面的研究功绩显著
	尼伦伯格(W.M.Nieenberg)	美国	
1969	德尔布吕克(Max Delbruck)	美国	发现病毒复制机制和遗传结构
	赫尔希(Alfred Hershey)	美国	
	卢里亚(S.E.Luria)	美国	
1970	阿克尔罗德(Julius Axclrod)	美国	发现单胺代谢等药物在神经冲动中所起的作用
	卡兹(B.katz)	英国	阐明了神经肌内接点的传递机理
	奥伊勒(Von Enler Uif)	瑞典	发现前列腺素，验明去甲肾上腺素是交感神经系统的神经传递介质
1971	萨瑟兰(E.W.Sutherland)	美国	在研究激素作用机理方面作出了重大贡献
1972	埃德尔曼(G.M.Edelman)	美国	发现抗体的化学结构
	波特(R.R.Porter)	英国	测定抗体的分子结构方面作出了贡献
1973	廷伯根(Nikolaas Tinbergen)	英国	动物行为学创始人之一
	洛伦兹(K.Z.Lorenz)	奥地利	开创了比较动物行为学
	弗里斯(Karl Von Frisch)	德国	生物行为科学创始人之一
1974	迪福(C.Duve)	比利时	对细胞生物学方面有开创性贡献
	帕拉德(G.Palade)	美国	发现核抽核蛋白体
	克劳德(Albert Claude)	美国	对细胞生物学方面有开创性贡献
1975	巴尔的摩(David Baltimore)	美国	发现肿瘤病毒与细胞的遗传物质之间的相互作用
	特明(H.m.Temin)	美国	
	杜尔贝可(R.Dulbecco)	美国	
1976	布卢姆伯格(B.S.Blumberg)	美国	发现了乙型肝炎病毒表面抗原并阐明病因和传播方式
	盖奇塞克(D.GAjdusek)	美国	研究传染病成就显著
1977	吉尔曼(R.Guillemin)	美国	对脑垂体激素的研究卓有成效
	沙利(A.Schally)	美国	在分离、鉴定和合成下丘脑激素方面做有卓越贡献
	雅洛(P.Yalow)	美国	发明了放射免疫分析法

续表

年份	得主姓名	国籍	获奖贡献
1978	内森斯(D.Nathans)	美国	对脱氧核酸限制性内切酶的应用研究做出了卓越贡献
	史密斯(H.E.Smith)	美国	发现了II型脱氧核酸限制性内切酶，揭开了遗传工程研究的序幕
	阿尔伯(Werner Arber)	瑞士	在遗传工程学方面作出草越贡献
1979	科马克(Cormack A.Mac Leod)	美国	在X射线诊断领域内作出了杰出贡献
	豪斯菲尔德(G.H.Hounsfield)	英国	对诊断影像学作出了卓越贡献
1980	贝纳塞拉夫(B.Benacerraf)	美国	在免疫学方面有重大发现
	斯内尔(George Snell)	美国	对器官和组织移植的相容性基因及免疫强化现象的研究富有成就
	多塞(Jean Daussey)	法国	对抗原体在输血及组织器官移植中作用的研究有巨大贡献
1981	斯佩里(Roger W.Sperry)	美国	对大脑两半球的功能研究卓有成就
	休伯尔(David H.Hubel)	美国	在大脑半球职能分工方面和视觉系统的信息加工方面有伟大发现
	维塞尔(Jorsten N.Wiesd)	瑞典	在揭小大脑如何分析视觉系统的编码信息方面富有成果
1982	文(J.R.Vane)	英国	发现了前列腺素及其药理学作用
	贝里斯特伦(Sune K.Bergstrom)	瑞典	在前列腺素方面的研究卓有成就
	萨米艾二松(Bengt I.Samuelsson)	瑞典	在前列腺素和有关生物活性物质的发现方面作出了重大贡献
1983	麦克林克(女)(Barbara Mclintock)	美国	提出了"可移动的遗传基因学说"
1984	科勒(G.F.Koehler)	德国	在遗传卜程研究中做出了杰出贡献
	米尔斯坦(Thaza Milstein)	美国	在建立单克隆抗体技术方面作出了重要贡献
	杰尼(Neils Jen)	丹麦	对免疫系统特性理论的研究，开创了现代的细胞免疫学
1985	戈德斯坦(Jost Goldstein)	美国	关于胆固醇代谢及有关疾病的研究方面做出了卓越贡献
	布朗(M.Brown)	美国	
1986	科恩(Stantey Cohen)	美国	为生长因子的发现作出了贡献
	蒙特西尼(女)(Rita L.Montalcini)	意大利	她发现了神经生长因子(NGF)
1987	利根川进(Susumu Tonegawa)	日本	在探索免疫系统的错综复杂的现象方面取得了卓越成就
1988	布莱克(James Black)	美国	在研制β受阻滞剂和H2受体拮抗剂中做出的重要贡献
	希钦斯(George H.Hitchings)	美国	他们在研制不损害人的正常细胞的抗癌药物方面做出了突出贡献，并对药的研究原理作出了重要发现
	艾丽昂(女)(Gertrude B.Elion)	美国	
1989	毕晓普(J.Michael Bishop)	美国	在探明癌从因的核心秘密方面取得了成绩
	瓦慕斯(Harold E.Varmus)	美国	在癌病起因研究中发现癌基因的核心秘密
1990	默里(Joseph E.Murray)	美国	在器官移植技术方面作出了突出成就
	托马斯(E.Donnall Thomas)	美国	在临床移植方面所做的革命性工作
1991	内尔(Erwin Neher)	德国	共同发明了"膜片钳技术"
	萨克曼(Bert Sakmann)	德国	
1992	费希尔(Edmond H.Fischer)	美国	共同揭开了"蛋白质可逆磷酸化作用"原理，对现代生物化学研究起到了关键性作用，并开创出分子生物学新的研究领域，共同得奖
	克雷布斯(Edwin G.Krebs)	美国	
1993	罗伯兹(Richard Roberts)	英国	发现断裂基因，一个基因可以是不连续的，出现在彻底分离的几个DNA片断中
	夏普(Phillip Sharp)	美国	

续表

年份	得主姓名	国籍	获奖贡献
1994	吉尔曼(Alfred G.Gilman)	美国	发现了G蛋白以及它们在细胞传导信号方面的作用
	罗德贝尔(Martin Rodbell)	美国	
1995	刘易斯(Edward Lewis)	美国	证明基因如何控制果蝇早期胚胎的发育
	威斯乔斯(Eric Wieschaus)	美国	
	尼斯莱因—福尔哈德(Christiane Nusslein-Volhard)	德国	
1996	多尔蒂(Peter Doherty)	意大利	发现免疫系统如何识别受到病毒感染的细胞
	津可纳格尔(Rolf Zinkernagl)	瑞士	
1997	普路新纳尔(Stanley Prusiner)	美国	发现一种叫“prions”的新的生物感染规则
1998	弗奇戈特(Robert F.Furchgott)	美国	发现了心血管系统中含一氧化氮分子起传递信号的作用
	伊格纳罗(Louis J.Ignarro)	美国	
	穆拉德(Ferid Murad)	美国	
1999	布洛贝尔(Günter Blobel)	美国	发现了蛋白质具有的支配其在细胞中传输和定位的信号
2000	卡尔松(Arvid Carlsson)	瑞典	人类脑神经细胞间信号的相互传递的重大发现
	格林加德(Paul Greengard)	美国	
	坎德尔(Eric R. Kandel)	美国	
2001	哈特韦尔(Leland H. Hartwell)	美国	发现细胞周期中的关键调节因子
	亨特(R. Timothy Hunt)	英国	
	诺斯(Paul M. Nurse)	英国	
2002	布伦纳(Sydney Brenner)	英国	发现器官发育和细胞程序性细胞死亡(细胞程序化凋亡)的遗传调控机理
	霍维茨(H. Robert Horvitz)	美国	
	苏尔斯顿(John E. Sulston)	英国	
2003	劳特伯(Paul C. Lauterbur)	美国	关于核磁共振成像的研究
	曼斯菲尔德(Peter Mansfield)	英国	
2004	阿克塞尔(Richard Axel)	美国	关于嗅觉的研究
	巴克(Linda B.Buck)	美国	
2005	马歇尔(Barry J. Marshall)	澳大利亚	发现了幽门螺旋杆菌以及该细菌对消化性溃疡病的致病机理
	沃伦(J. Robin Warren)	澳大利亚	
2006	法尔(Andrew Fire)	美国	发现了RNA(核糖核酸)干扰机制
	梅洛(Craig C.Mello)	美国	
2007	卡佩奇(Mario Capecchi)	美国	在涉及胚胎干细胞和哺乳动物DNA重组方面的一系列突破性发现。这些发现导致了一种通常被人们称为“基因打靶”的强大技术
	史密西斯(Oliver Smithies)	美国	
	埃文斯(Martin John Evans)	英国	
2008	郝森(Harald zur Hausen)	德国	发现人乳突淋瘤病毒引发子宫颈癌
	西诺希(女)(Francoise Barre Sinoussi)	法国	发现人类免疫缺陷病毒
	蒙塔尼(Luc Montagnier)	法国	
2009	布莱克本(Elizabeth H. Blackburn)	美国	发现端粒和端粒酶是如何保护染色体的
	格雷德(Carol W. Greider)		
	绍斯塔克(Jack W. Szostak)		
2010	爱德华兹(Robert G. Edwards)	英国	在体外授精技术领域做出的开创性贡献
2011	布鲁斯·博伊特勒(Bruce Beutler)	法国	关于先天免疫机制激活的发现
	朱尔·A.奥夫曼(Jules A. Hoffmann)		
	拉尔夫·斯坦曼(Ralph Marvin Steinman)	加拿大	

续表

年份	得主姓名	国籍	获奖贡献
2012	约翰·伯特兰·格登(John Bertrand Gurdon)	英国	在细胞核重新编程研究领域的杰出贡献
	山中伸弥(Shinya Yamanaka)	日本	
2013	詹姆斯·罗斯曼(James E. Rothman)	美国	在研究人类细胞内物质运输方面取得了杰出成就，解释了细胞如何组织自身的物质运输系统这个问题
	兰迪·谢克曼(Randy W. Schekman)	美国	
	托马斯·苏德霍夫(Thomas C. Südhof)	德国	
2014	约翰·欧基夫(John O'Keefe)	美国	发现构成大脑定位系统的细胞
	梅-布里特·莫泽(May-Britt Moser)	挪威	
	爱德华·莫索(Edvard I. Moser)	挪威	

参考文献

[德]海纳特．1986．创造力．陈钢林译．北京：工人出版社．

[美]S•阿瑞提．1987．创造的秘密．钱岗南译．沈阳：辽宁人民出版社．

[美]奥斯本．1987．创造性想象．盖莲香，王明利译．广州：广东人民出版社．

[美]奥斯本．1989．我是最懂创造力的人物．严厉译．厦门：鹭江出版社．

[美]查理斯•奇克•汤姆森．2002．引爆灵感．刘晓坤译．海口：南海出版公司．

[美]罗伯•史登堡，特德•鲁巴特．2000．不同凡响的创造力．洪兰译．北京：中国城市出版社．

[美]罗伯特•J•斯滕博格．2004．创造力手册．施建农等译．北京：北京理工大学出版社．

[美]恰安，沃格尔．2004．创造突破性产品．辛向阳译．北京：机械工业出版社．

[美]塔克．2004．创新才有增长．燕清联合译．北京：新华出版社．

[美]希林．2005．技术创新的战略管理．谢伟等译．北京：清华大学出版社．

[美]伊区．1985．当头棒喝　如何激发创造力．黄宏义译．北京：中国友谊出版公司．

[日]丰泽丰雄．1987．文职人员的创造力．王福康译．上海：上海科学普及出版社．

[日]高桥诚．1989．创造技法手册．蔡林海等译．上海：上海科学普及出版社．

[日]高桥浩．1987．怎样进行创造性思维．未申，王晶译．北京：科学普及出版社．

[日]高桥浩．1988．眼皮底下的发明——大众发明技法趣谈．宋金玉译．南京：江苏人民出版社．

[日]高桥浩．1989．创造性设想的新开发．冯霓，谭国钧译．长沙：湖南科学技术出版社．

[苏]阿利赫舒列尔．1990．创造是一门精密的科学．吴光威，刘树兰译．北京：北京航空航天大学出版社．

[英]爱德华•德•波诺．2006．水平思考—个人和团队不断获取新创意的系统方法．冯杨译．北京：科学技术出版社．

[英]贝弗里奇．1979．科学研究的艺术．陈捷译．北京：科学出版社．

[英]贝弗里奇．1987．发现的种子．金吾伦等译．北京：科学出版社．

[英]伯龙．2003．思维与决策．胡苏云译．成都：四川人民出版社．

陈仁政．2004．科学偶然故事．北京：北京出版社．

陈仁政．2004．科学失误故事．北京：北京出版社．

傅世侠，罗玲玲．2000．科学创造方法论——关于科学创造与创造力研究的方法论探讨．北京：中国经济出版社．

甘子恒．2003．创造学原理和方法——广义创造学．北京：科学出版社．

黄友直，肖云龙．1995．创造工程学．长沙：湖南师范大学出版社．

兰毅辉．2003．创造力训练教程．北京：中国教育文化出版社．

李建军．2002．创造发明学导引．北京：中国人民大学出版社．

凌云，王立军．2004．技术创新的理论与实践．北京：中国经济出版社．

刘二中．2006．技术发明史．合肥：中国科学技术大学出版社．

刘继光．2002．创新才能与方法论．成都：电子科技大学出版社．

刘仲林．2001．中国创造学概论．天津：天津人民出版社．

路甬祥．1998．创新与未来——面向知识经济时代的国家创新体系．北京：科学出版社．

罗玲玲．1998．创造力理论与科技创造力．沈阳：东北大学出版社．

秋华．2003．现代企业管理．北京：中国社会科学出版社．

孙家胜．1998．创造发明技法．天津：天津人民出版社．

涂铭旌．2007．材料创造发明学．成都：四川大学出版社．
王极盛．1986．科学创造心理学．北京：科学出版社．
吴国盛．2008．科学的历程．北京：北京大学出版社．
徐晓琳．2007．专利实务教程．重庆：重庆大学出版社．
杨清亮．2006．发明是这样诞生的：TRIZ 理论全接触．北京：机械工业出版社．
余华东．2004．创新思维训练教程．北京：人民邮电出版社．
袁张度，徐方启，张琼．2003．国际创造学学术讨论会论文集．上海：东华大学出版社．
张庆林，曹桂康主编．2004．创造性心理学．北京：高等教育出版社．
周道生，陶晓春．2000．实用创造学．南京：南京师范大学出版社．
周耀烈．2000．创造理论与应用．杭州：浙江大学出版社．
庄寿强．2006．普通(行为)创造学．3 版．徐州：中国矿业大学出版社．